HIGH-TECH-DIESEL VON VOLKSWAGEN

VON DER WIRBELKAMMER ZUM PUMPE-DÜSE-TDI

Mit Beiträgen von
Jörg Ahrens
Konrad Barnert
Ralf Bergholz
Peter Deja
Ulrich Dörges
Norbert Ermisch
Volkmar Fleischer
Angus Forysth
Semih Gökesme
Rolf Graupmann
Raphael Hartung
Steffen Hunkert
Eberhard Kittler
Hermann Krüger
Gerd Lange
James Liang
Ingolf Löhner
Hermann Oetting
Wilfried Rhode
Günter Roost
Uwe Scher
Wolfgang Schnorbus
Hartmut Stehr
Dirk Warnecke
Günter Wellbrock
Bernd Wiedemann
Michael Willmann

Herausgegeben von Michael Willmann und Eberhard Kittler

Motor buch Verlag

Einbandgestaltung: Sven Rauert

Bildnachweis: Die zur Illustration dieses Buches verwendeten Aufnahmen stammen – wenn nicht anderes vermerkt ist – aus der Sammlung der Stiftung AutoMuseum Volkswagen oder von den Mit-Autoren.

Produkthinweis:
Dieses Buch wurde nach den geltenden Vorschriften der General Product Safety Regulation (GPSR) entwickelt.
Bei Fragen oder Problemen wenden Sie sich bitte an den Verlag unter der folgender E-Mail-Adresse:
gprs@paul-pietsch-verlage.de

ISBN: 978-3-613-04678-8

1. Auflage 2025

Sie finden uns im Internet unter www.motorbuch.de

Lektorat: Joachim Kuch
Innengestaltung: Jürgen Knopf, 74321 Bietigheim
Druck und Bindung: DZS GRAFIK d.o.o, 1210 Ljubljana, Slovenia
Printed in Slovenia

INHALT

Teil II: Die Entwicklung der Pkw-DI-Motoren

Der Golf IV mit 150 PS starkem Pumpe-Düse-TDI aus dem Jahr 2000. Foto: Volkswagen

Teil III: Rekorde und Rennen

Erfolgreicher Golf III Renndiesel von 1997 mit dem beteiligten VW-Team. Foto: Volkswagen Motorsport

Vorwort

Wir schreiben die Geschichte so, wie wir sie erlebt haben und wie sie uns nach 50 Jahren in Erinnerung ist. Andere Zeitzeugen haben einen anderen Blickwinkel auf die Ereignisse. Die Summe aller Berichte kommt der Wahrheit aber wohl sehr nahe.

Zwei Bücher zur Motoren-Historie von Volkswagen - zum einen der Weg vom Boxer- zum Reihenmotor (2019), zum anderen zu den Hightech-Hochleistungsbenzinern des Hauses (2021) - sind bisher vom Motorbuch Verlag Stuttgart herausgebracht worden. Nun folgt das dritte Werk, das die Geschichte des Dieselmotors bei Volkswagen bis ins Detail beleuchtet.

Geschildert werden Entwicklung, Erprobung und Serieneinführung des Selbstzünders bei Volkswagen von den Anfängen bis zum Jahr 2000, als mit der Pumpe-Düse-Hochdruckeinspritzung ein auch von Fachleuten nicht für möglich gehaltenes Niveau erreicht worden ist. Damit einhergegangen ist eine Komplexität des Themas, die den Umfang des vorliegenden Werkes gesprengt hätte. Mittlerweise haben Dieselmotoren ihren Zenit erreicht - vor allem wegen der politisch gewollten Hinwendung zum elektrischen Antrieb.

Mit seiner Idee zum Volkswagen-Dieselmotor leitete Prof. Fiala Anfang der 70er-Jahre eine unglaubliche Erfolgsgeschichte ein.

Volkswagen gehört zu den Treibern der Diesel-Technologie. Die Wolfsburger waren zwar nicht die Ersten, aber wohl die Erfolgreichsten. Im Zuge der kriegsbedingten Kraftstoffverknappung in den 40er-Jahren wurde ein luftgekühlter Dieselmotor erwogen. Mit dem VW Golf von 1976 kam der Diesel dann in die Großserie, nach und nach wurden fast alle Baureihen damit bestückt.

Handelte es sich zunächst noch um heftig nagelnde Wirbelkammer-Motoren, die schon bald in aufgeladener Form eine beeindruckende Reife erlangten, starteten in den 90ern die Direkteinspritzer. Längst waren die Motoren der reinen Nutzwertigkeit und Sparsamkeit entrückt - und standen nun für Spritzigkeit, Drehmoment und Laufkultur, wobei der hohe Wirkungsgrad immer weiter verbessert wurde.

Prof. Ernst Fiala

Geboren 02.09.1928 in Wien
Studium Maschinenbau TU Wien
1954 Promotion
1954 Sicherheitsforschung Daimler
1963 Ordinarius TU Berlin
1970 zu Volkswagen, Forschung
1973-1988 Vorstand F. u. Entwicklung
ab 1988 Honorarprofessor TU Wien

Die Entscheider
bei Volkswagen bis zur Jahrtausendwende

Vorstandsvorsitzende	
1948 - 1968	Heinrich Nordhoff
1968 - 1971	Kurt Lotz
1971 - 1975	Rudolf Leiding
1975 - 1982	Toni Schmücker
1982 - 1992	Carl Horst Hahn
1993 - 2002	Ferdinand Piëch

Entwicklungs-Vorstände	
1949 - 1961	Josef Kales
1962 - 1969	Helmut Orlich
1970 - 1972	Werner Holste
1973 - 1988	Ernst Fiala
1988 - 1993	Ulrich Seiffert
1993 - 1995	Herbert Schuster
1995 - 1996	Ferdinand Piëch
1996 - 2002	Martin Winterkorn

Bereichsleiter-Aggregate	
1962 - 1967	Josef Kales
1968 - 1972	Gerhard Chonè
1972 - 1978	Ferdinand Piëch
1978 - 1987	Peter Hofbauer
1987 - 1988	Ulrich Seiffert
1988 - 1995	Hermann Oetting
1995 - 2001	Karl-Heinz Neumann

Franz Hauk, Aggregate-Entwicklungschef von Audi, war zusätzlich Chef des Aggregate-Managements im Konzern. Er koordinierte von 1986 bis 1996 die Aggregate-Entwicklungen in Wolfsburg, Ingolstadt und Neckarsulm.

Konzern-Forschungschefs	
1970 - 1972	Ernst Fiala
1972 - 1979	Wolfgang Linke
1979 - 1987	Ulrich Seiffert
1987 - 1990	Peter Walzer
1990 - 1993	Heiko Barske
1993 - 1996	Gunnar Larson
1996 - 1999	Friedrich Quissek

Grundlage dieses Buches sind zum einen wiederum die unzähligen Veröffentlichungen in Fachzeitschriften, Vorträgen während einschlägiger Fachkongresse sowie Produkt- und Presseinformationen, zum anderen Gespräche mit einer Vielzahl von Zeitzeugen vor allem aus der Motorenentwicklung. Sie haben sich dankenswerterweise in einem unglaublichen Maß an Engagement und Empathie in dieses Buch-Projekt eingebracht. Unzählige Redaktionsrunden im Motoren-Kabinett des AutoMuseums Volkswagen – dem gleichermaßen herzlichst gedankt sein soll – bescherten eine unglaubliche Menge an Hintergrundwissen. Unser Anliegen war, die Kollegen, die die Arbeit an den Entwicklungen der VW-Dieselmotoren gemacht haben, zu Wort kommen zu lassen. Alle die vielen Beteiligten hier aufzuführen, würde jedoch den Rahmen dieses Buches sprengen.

Die Herausgeber Michael Willmann – langjähriger Motoren-Forscher und -Entwickler – und Eberhard Kittler (früherer Motorjournalist und bis Ende 2020 Vorstand der Stiftung AutoMuseum Volkswagen) brachten das Ganze so zusammen, dass es zwischen zwei Buchdeckel passt. Was manchmal einer Sisyphosaufgabe ähnelte – aber letztlich zu einem guten Ende führte.

Teil I

Die Wirbelkammer-Motoren

I.1. Erste Fahrzeug-Dieselmotoren

I.1.1 Die wichtigsten Meilensteine auf dem Weg zum Pkw-Diesel

Von Michael Willmann

Eugen Diesel, Rudolfs Sohn, hat in seinem Buch »Die Geschichte des Personenwagen-Dieselmotors« selbige umfassend dokumentiert. Im Folgenden sollen nur die wichtigsten Meilensteine auf dem Weg zum Diesel-Personenwagen aufgeführt werden.

Warum sich Dieselmotoren gegenüber vielen anderen Erfindungen durchsetzten

Der hohe Wirkungsgrad und damit niedrige Kraftstoffverbrauch ist das Hauptargument für den Dieselmotor. Die wesentlichen Merkmale des Diesel-Verfahrens sind:

- hohe Verdichtung der Luft vor der Verbrennung
- Gemischbildung im Brennraum
- heterogenes Gemisch ($0 \leq \lambda \leq \infty$)
- Verdichtungszündung
- Leistungsregelung durch die Kraftstoffmenge

Bei den Nutzfahrzeugen bestimmen die Betriebskosten über den wirtschaftlichen Erfolg eines Unternehmens. Deshalb erfolgte die Umstellung von Benzin auf Diesel zuerst bei den Lkw.

Diesels 1910er-Fahrzeugmotor, der keiner war

Rudolf Diesel äußerte sich bereits 1897 überzeugt: »*Besondere Eigenschaften meines Motors lassen ihn gerade für den Automobilismus fast mit Sicherheit den Sieg über alle anderen erhoffen.*« Diesels Erkenntnis aus seinen Versuchen an Stationärmotoren war 1894: »*Das direkte Einspritzen hat einen theoret. Fehler, der es eigentl. undurchführbar macht: die eingespritzte Menge hängt näml. von der Zeitdauer der Düsenöffnung ab. Dieselbe Steuerung wird also bei langsamerem Gang des Motors viel mehr einspritzen als bei rascherem. Die Steuerung wäre nur für eine einzige Tourenzahl richtig. ... Es scheint unmöglich für diese geringen Quantitäten eine richtig saugende und drückende Pumpe herzustellen.*«

Weil keine funktionierende Kraftstoff-Einspritzausrüstung zur Verfügung stand, wandte Diesel die Einblasung des Kraftstoffs mittels Pressluft direkt in den Brennraum an. Mit einem Kompressor wurde die Luft verdichtet und in einer Flasche gespeichert. Mit dieser Pressluft konnte der Motor auch angelassen werden, um ein Ankurbeln von Hand zu vermeiden.

Der Originalmotor von 1910 befindet sich heute im Deutschen Museum in München. Mit 110 mm Bohrung und 151 mm Hub beträgt der Hubraum 5,7 Liter, wie beim Benzinmotor. Die Leistung lag bei 25 PS (18,4 kW, 3,2 kW/l). Bei höherer Drehzahl und Last zeigte sich exzessiver Schwarzrauch. Foto: M. Willmann

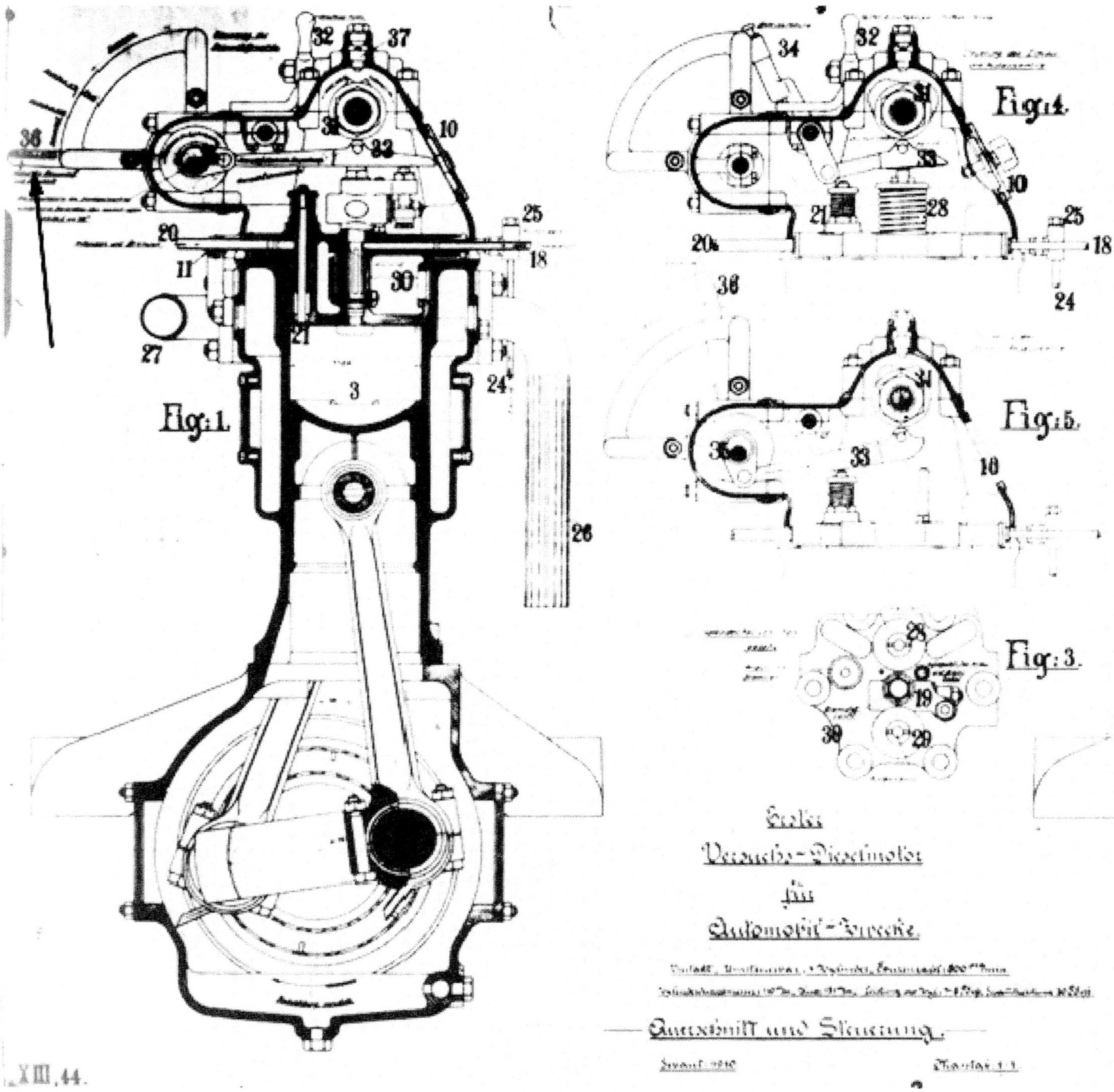

Im Zylinderkopf ist ein Druckluftventil mit verstellbarer Schlepphebelbetätigung für das Startventil angebracht (Fig. 5). Diesel wollte den Motor auch als Bootsmotor einsetzen. Um ein Wendegetriebe zu vermeiden, sollte auf Rückwärtslauf umgesteuert werden können (Fig. 4). Das führte zu dem komplizierten Ventiltrieb. Zeichnung: Heinrich Dechamps

1907 begann der Münchner Ingenieur Heinrich Dechamps im Auftrag Rudolf Diesels mit der Konstruktion eines Fahrzeug-Dieselmotors auf der Basis des 42-PS-5,7-l-Vierzylinder-Ottomotors der Schweizer Firma Saurer. Realisiert wurde dies bei SAFIR in Zürich.

Die Regelung war für einen Fahrzeugeinsatz zu träge. *»Die Umsteuerung hat recht wesentlich dazu beigetragen, Diesel die Lust am ganzen Projekt zu verderben«,* schrieb Rudolfs Sohn Eugen. Er wurde nie in ein Fahrzeug eingebaut. 1910 stellte Diesel die Arbeiten am Fahrzeugmotor ein.

Doch mit Lufteinblasung?

Schon 1921 testete die Société des Automobiles Peugeot auf ihrem Prüfstand in Sochaux einen vom Ingenieurbüro Tartrais entwickelten Schwerölmotor. Es war ein Zweizylinder-Zweitakter zunächst mit Zündkerzen. Der französische Ingenieur Eugene H. Tartrais hat den Motor konstruiert. *»Mit so genanntem Schwerölmotor wurde der Peugeot 156 zum Urahn der heutigen Diesel-Pkw.«*

Der Tartrais-Peugeot 156 zählt zu den allerersten Diesel-Pkw.
Foto: Sammlg. M. Willmann

Eugen Diesel klassifizierte den Tartrais-Motor wegen seiner relativ geringen Verdichtung von 9,2 als Semi-Diesel. Er wurde auch als »Mitteldruckmotor« bezeichnet. Dass Tartrais zeitweise mit Zündkerzen arbeitete, zeugt von problematischer Kompressions-Zündung. Der Motor wurde in den Pkw Peugeot 156 eingebaut. Die Franzosen produzierten in den Jahren 1925 und 1926 eine erste Serie von hundert Schwerölmotoren für Last- und Personenwagen.

Während die eigentliche Serienfertigung von Diesel-Fahrzeugen bei Peugeot dann doch mit Nutzfahrzeugen begann, debütierte 1936 ein schnelllaufender 2,3-Liter-Vierzylinder-Viertakt-Selbstzünder, der für die avantgardistischen Peugeot 402 im Stromliniendesign vorgesehen war. Der Ausbruch des Zweiten Weltkriegs verhinderte die Großserienfertigung.

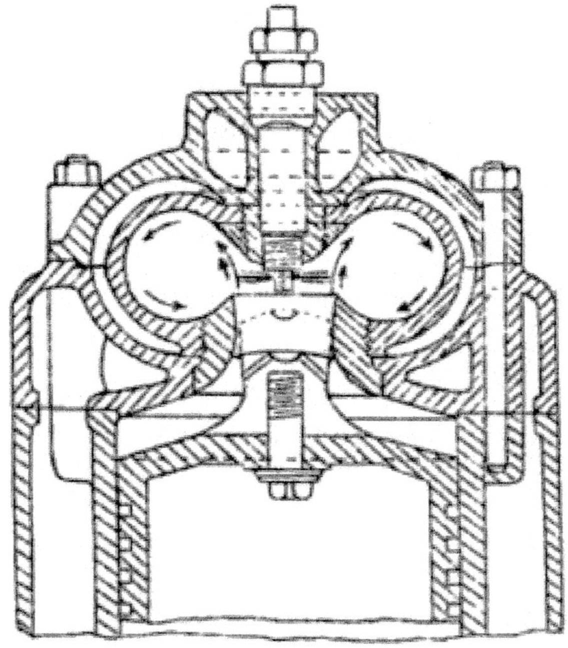

Der Brennraum des Tartrais-Motors mit Verdränger-Aufsatz auf dem Kolben und einer Toruskammer zur Erzeugung der Luftbewegung. Die Einspritzstrahlen scheinen quer in die Toruskammer zu zielen. Aus den genannten Abmessungen ergibt sich ein Hubraum von 3,4 Litern. Die Leistung betrug angeblich 18 PS (13,8 kW, 4,1 kW/l). Quelle: Wikipedia

Dieselmotoren in Nutzfahrzeugen

Bei den Nutzfahrzeugmotoren sprachen neben der Wirtschaftlichkeit auch die Robustheit und lange Lebensdauer für den Dieselmotor. 1923 wurde an mehreren Stellen intensiv am Dieselmotor für Lastwagen gearbeitet. Im Daimler-Werk Marienfelde entstand unter der Leitung von Prof. Alfred Reinsch ein Vierzylinder-Fahrzeug-Dieselmotor mit Lufteinblasung und 40 PS bei 1.000 U/min. Ab August 1923 wurden ausgedehnte Versuchsfahrten unternommen, aber durchsetzen konnte sich dieses Diesel-Verfahren nicht.

Prosper L'Orange verbesserte das Vorkammer-Verfahren des schwedischen Ingenieurs Leissner. Zweizylinder-Motoren wurden in Benz-Sendling Traktoren eingesetzt (siehe dazu auch Abb. oben links auf Seite 12). Ab 1922 wurden Vierzylinder-Dieselmotoren in Lkw erprobt und 1924 auf der Berliner Automobilausstellung gezeigt.

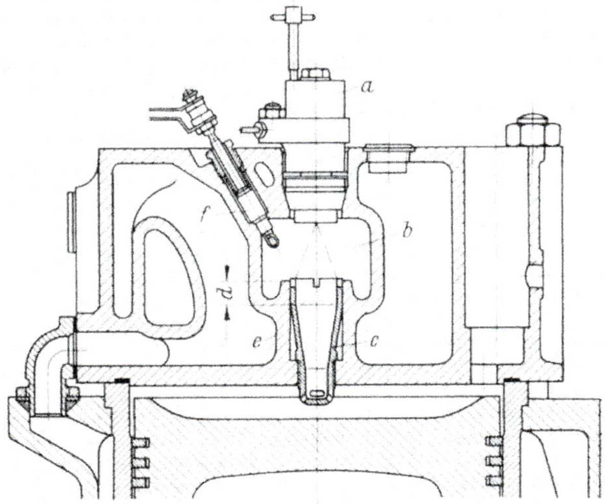

Das Vorkammerverfahren nach L'Orange-Patent. Die Luft wird während der Kompression durch die kleinen Bohrungen im Vorkammereinsatz gedrosselt in die Vorkammer gepresst. In die hochverdichtete Luft wird der Kraftstoff durch eine Düse eingespritzt. An der heißen Luft verdampft der Kraftstoff, bildet ein Gemisch und zündet. Durch die Verbrennung steigen Temperatur und Druck in der Vorkammer, und das heiße Gas schießt durch die kleinen Löcher in den Hauptbrennraum über dem Kolben. Dort entsteht eine hohe Turbulenz im Gas, und die restlichen Kraftstoffmoleküle werden verbrannt. Die Verbrennung findet also in zwei Stufen statt. Der Arbeitsprozess nähert sich dem Gleichdruckprozess an, was thermodynamisch ungünstig ist. Außerdem ist der Wärmeverlust wegen des großen Oberflächen/Volumen-Verhältnisses und der Wärmeübertragung beim Überströmen groß. Vorteilhaft sind der begrenzte Druckgradient und das niedrige Verbrennungsgeräusch. Die Ansprüche an die Kraftstoffeinspritzung sind bei diesem Verfahren nicht so hoch wie bei direkter Einspritzung. L'Orange verwendete eine selbst entwickelte Einspritzpumpe. Quelle: Sass

Direkteinspritzung bei MAN in Augsburg

Seit 1897 trieb MAN-Direktor Heinrich von Butz die Entwicklung von Fahrzeug-Dieselmotoren zunächst ohne Erfolg voran. Einspritzpumpen waren auf dem Markt nicht verfügbar; deshalb konstruierte und baute MAN eine eigene Pumpe nach dem Prinzip des ehemaligen MAN-Werksleiters Franz Lang. Der Abspritzdruck im Jahre 1915 betrug 100 kp/cm^2 (98 bar). Damit gelang die instationäre Regelung, die für Fahrzeugmotoren erforderlich ist.

Im Werk Nürnberg wurde ein Lastwagen-Ottomotor für Dieselbetrieb umgerüstet. Die maximale Leistung betrug 40 PS (29,4 kW, 4,7 kW/l) bei 900 U/min. Ein Original 6,3-Liter-Lkw-Dieselmotor von MAN

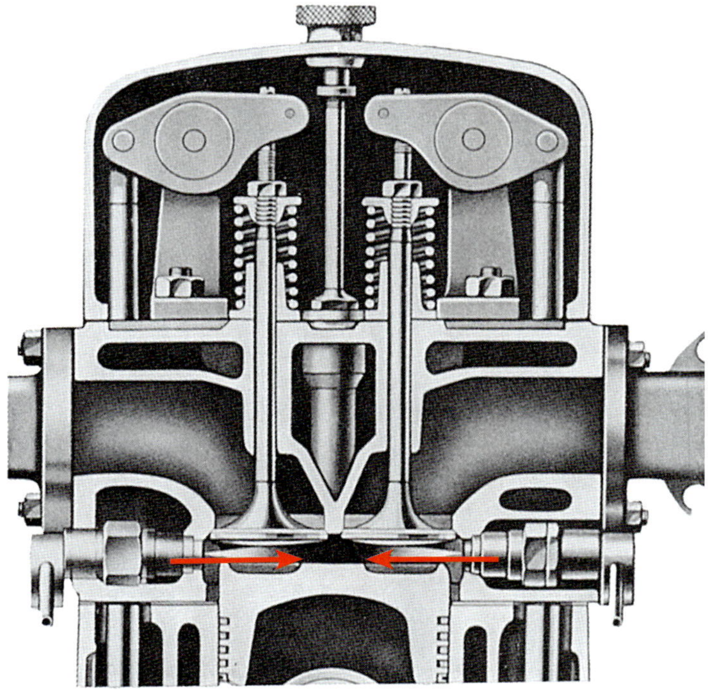

Der scheibenförmige Brennraum und die zwei Einspritzdüsen des Vierzylinder-MAN-Dieselmotors W4V 10/18 von 1923. Zur Drallerzeugung hatten die Einlassventile einen »Wirbelschirm«. Seitlich angebrachte Zweiloch-Einspritzdüsen mit 0,23 mm Düsenlöchern spritzten gegeneinander direkt in den Brennraum (rote Pfeile). Die Idee war, dass die Kraftstofftröpfchen gegeneinander prallen und eine Sekundärzerstäubung kleinere Tröpfchen erzeugt. In der Realität jedoch akkumulierten die kleinen Tröpfchen zu größeren, mit der Folge, dass der Motor fürchterlich rauchte. Quelle: Klein

steht heute im Deutschen Museum in München. Es wurden verschiedene Brennraumformen untersucht, auch eine kugelförmige im Kolben.

Die Lösung des Einspritzproblems

Bosch kaufte die Lang-Patente auf und vereinfachte die Einspritzpumpe. Pumpen und Steuern wurde jetzt mit einem einzigen Plunger mit Schrägkante bewältigt. Für die Versuche mit der Reihen-Einspritzpumpe benutzte Bosch einen Vierzylinder-Dieselmotor von Stoewer mit dem Luftspeicher-Verfahren.

Bosch entwickelte die Kraftstoff-Einspritzung zur Serienreife. Nachdem es gelungen war, »das Problem der Probleme«, wie es Rudolf Diesel auszudrücken pflegte, mit der Einspritzpumpe zu lösen, war der Weg frei für andere Fahrzeug-Hersteller, den Dieselmotor in Lkw und Pkw einzusetzen. Wegen seines um ca. 20 % geringeren Kraftstoffverbrauchs wurde er zum Konkurrenten des Ottomotors. Aber demgegenüber standen auch Nachteile, wie geringere Leistungsdichte, sichtbare Schwarzrauchemission und lauteres Geräusch. Aus diesem Grunde setzte sich der Dieselmotor seit 1924/25 zuerst im Lkw durch.

Die Pioniere, die an der Erforschung und Entwicklung des Pkw-Dieselmotors arbeiteten, waren Mercedes-Benz, Hanomag, Peugeot und Citroën in Frankreich, Clessie Cummins in den USA und andere. 1924 baute auch Hermann Dorner in Hannover einige Prototypen von Pkw-Kleinwagen mit Ein- und Zweizylinder-Schwerölmotoren.

Seiner Zeit zu weit voraus

Meistens wurden die Dieselmotoren von in Serie produzierten Ottomotoren abgeleitet. So auch ein Saurer-Sechszylinder-Dieselmotor für Pkw, der 1935 in vielen Merkmalen Neuland betrat.

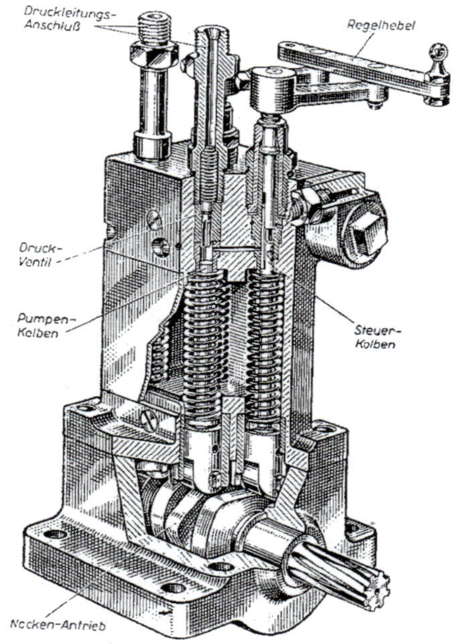

Franz Lang hatte 1924 in der Acro-Gesellschaft in Küsnacht/Schweiz seine Idee in einer Diesel-Einspritzpumpe mit zwei Plungern verwirklicht. Einer diente zur Erzeugung des Drucks und der andere mit der Schrägkante zur Mengenregulierung. Erprobt wurde die Pumpe am Acro-Luftspeichermotor. Damit war der Durchbruch für die Diesel-Einspritzung geschafft.

Grafik: Sammlg. M. Willmann

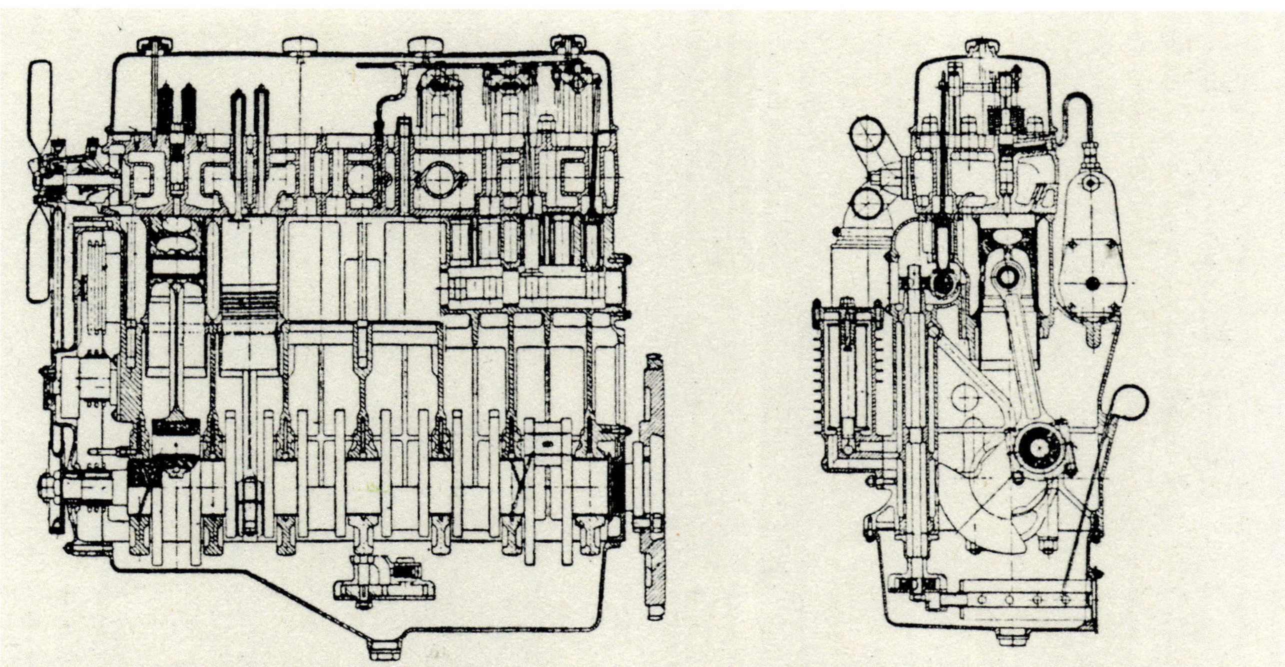

Schnitt durch den Saurer-Personenwagen-Dieselmotor.

Der 3,62 Liter große Saurer-Sechszylinder-Fahrzeug-Dieselmotor von 1935 besaß schon wesentliche Merkmale moderner Dieselmotoren: Luftverteilendes, direkteinspritzendes Brennverfahren, Vierventil-Zylinderkopf, zentrale Einspritzdüse und Leichtmetall-Zylinderkurbelgehäuse aus einer Speziallegierung namens Silumin-Gamma. Die hoch montierte Einspritzpumpe ermöglichte kurze Einspritzleitungen. Die Einspritzdüse wurde von der Nockenwelle mechanisch gesteuert. Der Motor hatte nasse Zylinderlaufbuchsen aus Spezialguss und erreichte eine Leistung von 80 PS (59 kW, 16,2 kW/l) bei 3.000 U/min. Es blieb bei einigen Prototypen, die in amerikanischen Personenwagen erprobt wurden.

Quelle: Automobil Revue

Mercedes 260 D – der erste Serien-Diesel-Pkw

Auch der Mercedes OM 138-Dieselmotor wurde von einem Benzinmotor abgeleitet, heute sagt man »verdieselt«. Für viele Jahre war das Vorkammer-Brennverfahren kennzeichnend bei Mercedes-Motoren für Pkw und anfangs auch Lkw.

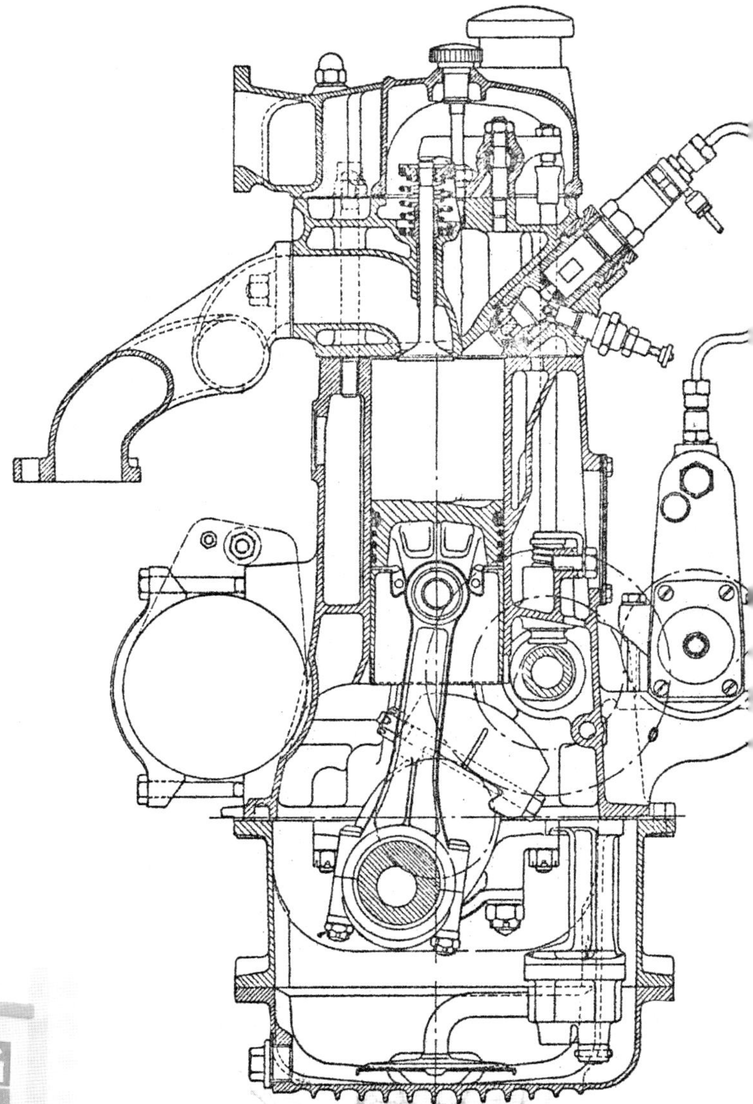

Abb. rechts: Der erste in nennenswerten Stückzahlen gebaute Serien-Dieselmotor für Pkw war der Mercedes OM 138 von 1936 (Zylinderbohrung 90 mm, Kolbenhub 100 mm, Hubraum 2,6 Liter) mit Vorkammer-Verfahren und Reihen-Einspritzpumpe von Bosch. Für den Kaltstart heizt die Glühkerze die Vorkammer vor. Die Leistung betrug 45 PS (33 kW, 12,7 kW/l) bei 3.300 U/min. Er war im Mercedes 260 D verbaut. Quelle: Gebauer

Abb. unten: Mercedes 260 D mit dem neuartigen Dieselmotor an einer »Gasöl«-Tanksäule. Foto: Mercedes-Benz

I.2.1 Der Dieselmotor bei Volkswagen

Von Michael Willmann

Der Diesel im KdF-Wagen

1938 lief die Serienfertigung des »Kraft durch Freude«-Wagens in Wolfsburg an. Er sollte das deutsche Volk motorisieren. Das Volk hatte damals leider nicht viel Freude, wie wir wissen. Die Männer und Jugendlichen durften dann mit dem vom KdF-Wagen abgeleiteten Kübelwagen Typ 82 an vielen Fronten ihren Kopf hinhalten. Es wurden bis Kriegsende weniger als 1.000 KdF-Wagen gebaut, die vor allem an Parteifunktionäre verteilt wurden. Die Produktionskapazität wurde für den Kübelwagen und andere Militärgüter benötigt.

Während des Krieges blockierten die alliierten Streitkräfte die Lieferung von Rohstoffen nach Deutschland. Verfügbares Benzin wurde für die Militärfahrzeuge benötigt. Selbst schwere Panzer wurden von Maybach-Benzinern angetrieben. Für zivile Pkw war Benzin in Deutschland rationiert. Als Ausweg wurden viele Fahrzeuge auf Holzgas-Generatoren umgerüstet. In dieser Situation entstand die Idee eines Dieselmotors für den KdF-Wagen, Typ 60, um der Zivilbevölkerung während des Krieges Mobilität zu ermöglichen. Das Porsche-Entwicklungsbüro erhielt 1944 den Auftrag, einen Selbstzünder zu entwickeln, der in den Motorraum im Heck des KdF-Wagens passte.

Im Motoren-Kabinett des AutoMuseums Volkswagen steht ein ungewöhnlicher Motor. Er sieht aus wie ein Zweizylinder-Boxermotor. Wir identifizieren aber drei luftgekühlte Zylinder - was hat es mit dem dritten, schräg angesetzten Zylinder auf sich?

Bei genauerer Betrachtung erkennen wir die Einspritzleitungen von zwei parallel zu den Zylindern aus-

Auf dem Foto ist die vordere Verblechung abgenommen. Durch das schwarze, gegabelte Vierkant-Rohr wird über den Drosselklappenstutzen Luft von oben angesaugt und zum Kopf und Fuß des dritten Zylinders geleitet, der offenbar eine doppeltwirkende Ladepumpe zur Leistungssteigerung ist. Foto: AutoMuseum Volkswagen

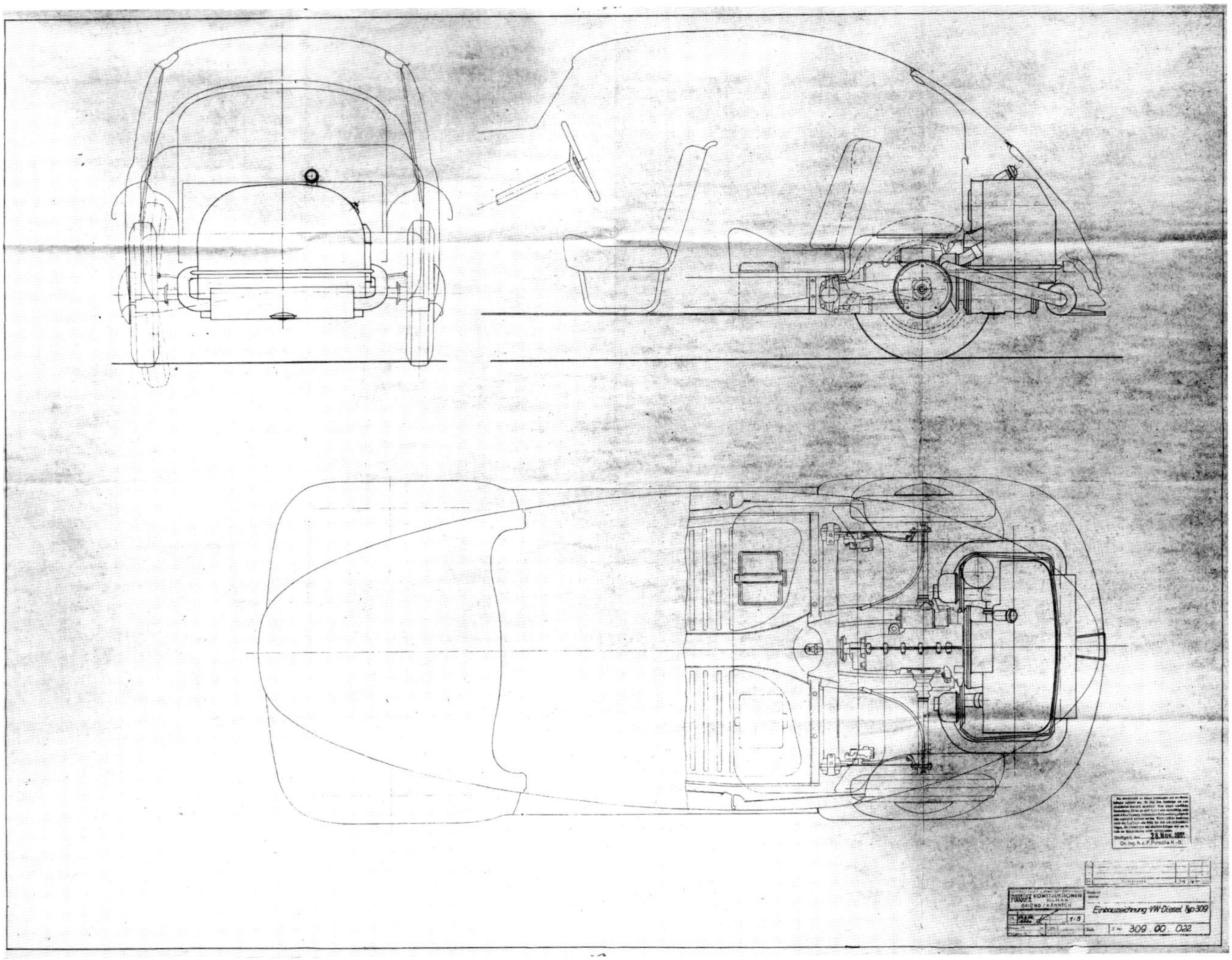

Die Einbauzeichnung des Zweizylinder-Dieselmotors in den Volkswagen wurde in Gmünd/Kärnten im Porsche-Konstruktionsbüro angefertigt. Zeichnung: Porsche

gerichteten Einspritz-Steckpumpen von Bosch zu den in die Zylinderköpfe aus Leichtmetall eingesetzten Einspritzdüsen. Damit handelt es sich offenbar um einen Dieselmotor. Der Diesel-Kraftstofffilter bestätigt die Vermutung. Die Bosch-Einzel-Einspritzpumpen werden direkt von der Kurbelwelle angetrieben, d. h. jede Pumpe spritzt bei jeder Kurbelwellenumdrehung in jedem Zylinder einmal ein. Damit ist klar, dass es sich um einen Zweitaktmotor handelt. Gleiche Zündabstände gibt es bei Zweitaktmotoren mit dieser Zylinderanordnung, wenn beide Pleuel auf einem Kurbelzapfen laufen. Dann spricht man von einem 180°-V-Motor. Dadurch bewegen sich beide Kolben in gleicher Richtung, wobei allerdings der Vorteil des guten Massenausgleichs des Boxerprinzips verlorengeht.

Recherchen des früheren Direktors des AutoMuseums ergaben, dass es sich um den Porsche Typ 309 handelt. In den Technischen Daten wird eine Leistung von 25 PS bei einem Hubraum von 1,135 Liter genannt (18,4 kW, 16,2 kW/l).

Der ausgestellte Motor ist nie in ein Fahrzeug eingebaut worden. Einige Details deuten auf Prüfstandsbetrieb hin. In den Jahren 1944/45 arbeitete Porsche an diesem Projekt. Vermutlich hat das Kriegsende das Projekt gestoppt. Nun ist die Geschichte aber noch nicht zu Ende.

Neuer Anlauf nach dem Krieg

Auch nach Kriegsende herrschte in Deutschland ein Mangel an Kraftstoffen. Wegen seines niedrigen Verbrauchs wurde der Dieselmotor wieder sehr interessant. Auch der Zweizylinder-Dieselmotor wurde erneut aus der Schublade geholt. Autor Joachim Fischer nennt 1949 als Konstruktionsjahr.

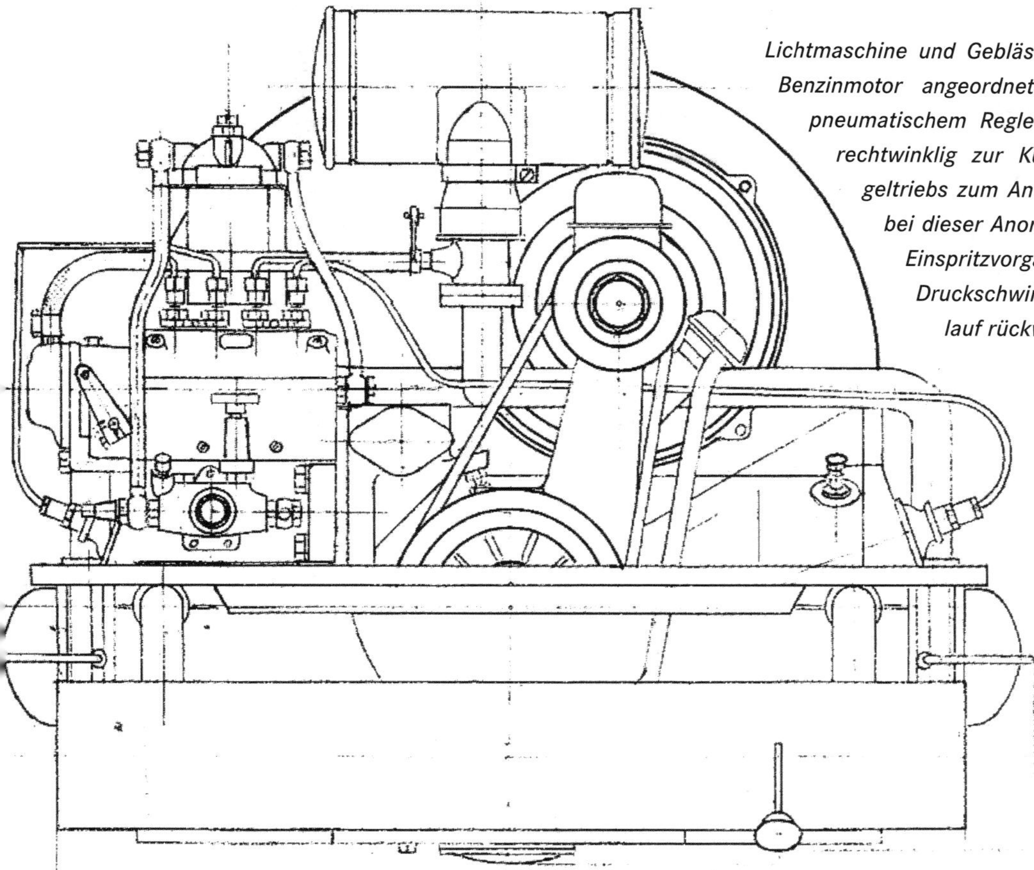

Lichtmaschine und Gebläse des Käfer-Diesels sind wie beim Benzinmotor angeordnet. Die Reihen-Einspritzpumpe mit pneumatischem Regler ist links zu erkennen. Sie steht rechtwinklig zur Kurbelwelle, bedarf also eines Kegeltriebs zum Antrieb. Lange Einspritzleitungen sind bei dieser Anordnung unvermeidlich. Während des Einspritzvorgangs entstehen darin unerwünschte Druckschwingungen, die auf den Einspritzverlauf rückwirken.

Zeichnung: Volkswagen

Weshalb das Projekt wieder beendet wurde, kann man nur vermuten. Die Zylinderabmessungen des Motors passen nicht zum Serienmotor des Volkswagens. Es hätten für den Zweizylinder-Diesel in eigene Fertigungseinrichtungen investiert werden müssen, was sich bei den relativ geringen zu erwartenden Stückzahlen wohl kaum rentiert hätte.

Die hohen Kraftstoffpreise veranlassten viele Pkw-Hersteller, z. B. Borgward, Fiat, Austin und Rover, Dieselmotoren zu entwickeln. Volkswagen hatte keine eigene Entwicklung, so dass das Porsche-Entwicklungsbüro 1950 beauftragt wurde, den luftgekühlten Vierzylinder-Boxermotor zu »verdieseln«. Die Ansichtszeichnung von 1952 zeigt eine quer zum Motor angebaute Reihen-Einspritzpumpe.

Bei Porsche wurde ein Typ-1-Prototyp (so hieß der KdF-Wagen nach dem Kriege) mit Dieselmotor gebaut. 1952 wurde der Diesel-Käfer in Wolfsburg vorgeführt. Er soll 25 PS bei 1,2 Liter Hubraum gehabt haben (18,4 kW; 15,3 kW/l). Damit lag die spezifische Leistung im Rahmen damaliger Pkw-Diesel. Nordhoff stoppte das Projekt. Der Käfer ließ sich allein mit Benzinmotoren gut verkaufen. Danach war Diesel für lange Zeit kein Thema bei VW. Ein Nachbau in einem Brezel-Käfer existiert bei Porsche.

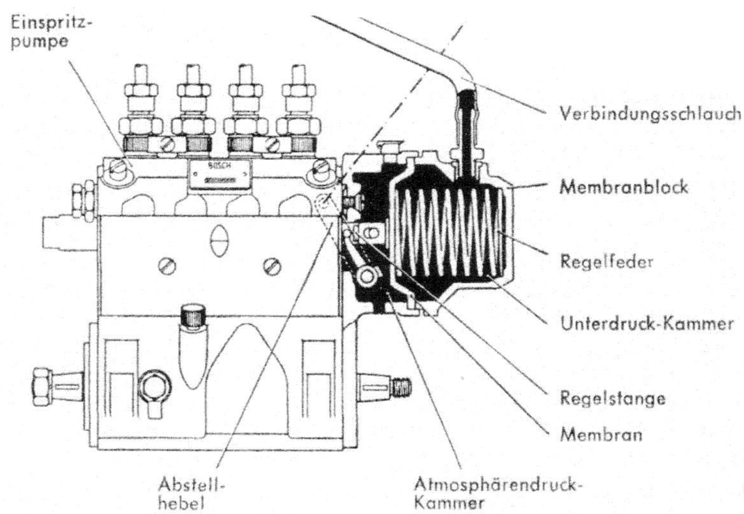

Das Gaspedal ist mit einer Klappe im Ansaugstutzen verbunden. Der Druck wird in ein Membrangehäuse geleitet. Der pneumatische Regler zieht bei steigendem Unterdruck im Saugrohr, z.B. bei Gasrücknahme, die Regelstange zurück ggf. bis auf Nullförderung). Das war Stand der Technik in den 50ern.

Grafik: Bosch

Nachbau des Diesel-Käfers im Stuttgarter Porsche-Museum. Foto: Porsche

Quellen:

- Eugen Diesel: Die Geschichte des Diesel-Personenwagens. Deutsche Verlags-Anstalt, 1955
- Rudolf Diesel: Die Entstehung des Dieselmotors. Steiger Verlag, Moers 1913
- Gert Hack: Der schnelle Diesel. Motorbuch Verlag, Stuttgart 1987
- Lyle Cummins: Diesel's Engine. Carnot Press, Oregon 1993
- Götz Fuchslocher: Peugeot feiert Diesel-Meilenstein Typ 156. In: Automobil Produktion, Nr. 6/2022
- F. Sass: Geschichte des deutschen Verbrennungsmotorenbaus von 1860 bis 1918. Springer Verlag, 1962
- E. Klein: 50 Jahre MAN-Fahrzeug-Dieselmotoren. In: ATZ, Nr. 4/1973
- F. Schildberger et al.: Bosch und der Dieselmotor. Bosch Schriftenreihe 3, 1950
- Automobil Revue, Nr. 50/1935
- R. Gebauer/K. Wieking: Die Motoren der Personenkraftwagen. Chr. Belser Verlagsbuchhandlung, Stuttgart, 1952
- J. Fischer: Zur Geschichte eines Motors. In: Motor Rundschau, Nr. 17/1961
- The War-Time Activities Of Dr. Ing. hc. F. Porsche K.G., Schrift der englischen Besatzer, 1945
- Bosch Dieseleinspritzung. Robert Bosch GmbH, Stuttgart 1987

I.2. Mit dem VW-Dieselmotor gegen die Energiekrise

I.2.1 Der 1,5-Liter-Dieselmotor von VW entstand in der Forschung

Von Peter Deja, Bernd Wiedemann und Michael Willmann

Das Szenario Anfang der 70er-Jahre

Die Energiekrise Anfang der 70er, hervorgerufen durch die Fördermengendrosselung der OPEC-Staaten und durch den Ausfall von Rohöllieferungen aus dem damaligen Persien, mit Preissteigerungen und Sonntagsfahrverboten, löste weltweit bei nahezu allen Pkw-Herstellern verstärkte Entwicklungsaktivitäten im Dieselmotorenbereich aus. Dieselmotoren bieten aufgrund der effizienteren Energieumsetzung bei der Verbrennung einen Kraftstoffverbrauchsvorteil, je nach Betriebspunkt, von ca. 20 % gegenüber Ottomo-

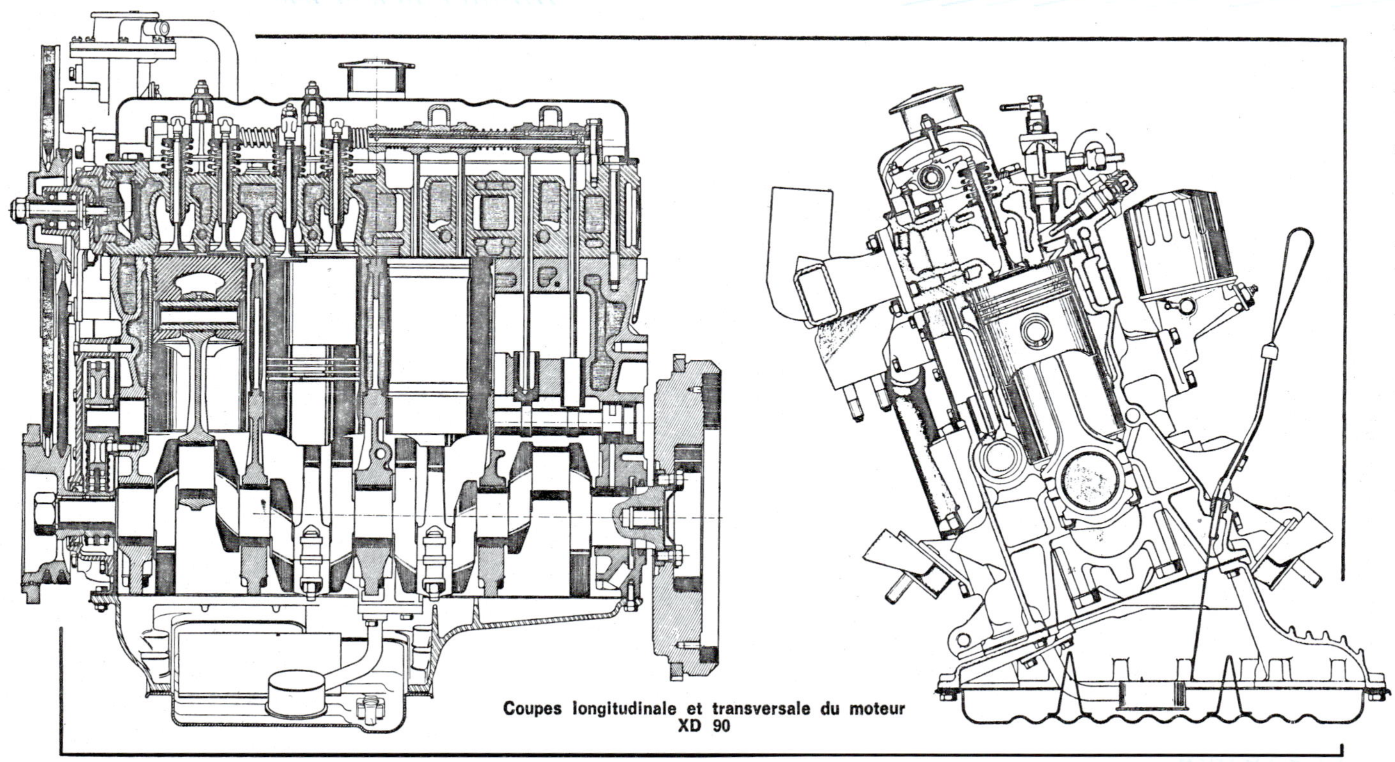

Der moderne XLD-Wirbelkammer-Dieselmotor von Peugeot mit 1,225 Liter Hubraum und obenliegender Nockenwelle, Bosch VAC-Verteilereinspritzpumpe und Aluminium-Kurbelgehäuse mit 40 PS (29,4 kW, 24 kW/l) bei der für Dieselmotoren extrem hohen Nenndrehzahl von 5.000 U/min erschien schon 1968 im 204. Er besaß die von Ricardo entwickelte Wirbelkammer Mk.V. und war im Fahrzeug quer eingebaut. Die Ölwanne war gleichzeitig Getriebegehäuse. Zeichnung: Peugeot

toren. Etablierte Pkw-Diesel-Hersteller waren damals Daimler-Benz, Peugeot, Nissan, Mitsubishi und Austin für Taxis. Opel kam 1973 dazu. Die meisten arbeiteten nach dem Wirbelkammer-Verfahren. Diese Motoren prägten das Diesel-Image, leistungsschwach und laut - mit einer Ausnahme: dem Peugeot 204.

Rudolf Leiding übernahm am 1. Oktober 1971 die Leitung des Volkswagen-Konzerns und brachte Ordnung in die Modellpalette. Er entschied sich glücklicherweise für den EA 827-Vierzylinder-Reihenmotor von Audi, der mit einem Zylinderabstand von 88 mm und der kompakten und robusten Bauweise die besten Zukunftschancen hatte. Der neue Motor wurde 1972 im Audi 80 eingeführt und bildete die Basis für eine Baureihe aus Längs- und Quermotoren in vielen Konzernfahrzeugen.

Gute Chancen für den Diesel

Eine in der VW-Forschung von Dipl.-Ing. Bernd Wiedemann erarbeitete »Systemanalyse Antriebsaggregate« prognostizierte für die folgenden 20 Jahre eine wachsende Bedeutung des Kraftstoffverbrauchs. Das war die Situation, als Prof. Ernst Fiala Mitte 1973 die Chance für den VW-Dieselmotor erkannte: *»Der Diesel konnte die damals absehbaren Vorschriften leicht erfüllen... Also habe ich im Mai 1974 zwei Teams in der Forschung installiert, einen für VW optimalen Weg zum Diesel zu suchen. Das Team Hofbauer sollte den konventionellen, wassergekühlten Weg nehmen, das Team Professor Heitland den luftgekühlten, um einen Diesel-Boxer für den Transporter zu entwickeln.«*

Die verschärften Abgasvorschriften in den USA erforderten Maßnahmen am Ottomotor, die sich noch im Forschungsstadium befanden. Dieselmotoren hatten niedrigere Rohemissionen, was das Einhalten der Grenzwerte leichter machte. Um den Entwicklungsaufwand und die Investitionen möglichst niedrig zu halten, lautete das oberste Konstruktionsziel für den Dieselmotor, möglichst viele Gleichteile und Bearbeitungsschritte von einem unserer Ottomotoren zu übernehmen.

Welches Triebwerk?

Aber welcher von den Serienmotoren war geeignet? Da war einmal der konventionelle M 118, der Mitteldruckmotor, und zum anderen der neue EA 827, der fortschrittliche Konzernmotor.

Um eine fundierte Entscheidung zu treffen, setzte Hofbauer sich ins Auto und fuhr nach Ingolstadt zum Chef der Audi-Motor-Konstruktion, Dipl.-Ing. Franz Hauk, um dessen Rat einzuholen. Hauk war nach seiner Tätigkeit bei Daimler-Benz als Konstrukteur von Lkw-Dieselmotoren an der Konstruktion des Mitteldruckmotors beteiligt und leitete bei Audi die Konstruktion des EA 827-Motors. Einen besseren Fachmann hätte Peter Hofbauer nicht finden können.

Dipl.-Ing. Hauk berichtet über den Besuch: *»Ich war da nur beratend dabei. Wolfsburg hatte ja den Zwang, seine Leute zu beschäftigen. Der Vorentwickler, Herr Dr. Hofbauer, beklagte sich bei mir, er wolle gern einen Diesel machen, aber in Wolfsburg spräche keiner dafür. Da habe ich ihm als erfahrener Dieselmann gesagt: Nehmen Sie den 827, und statt der Zündkerze kommt die Einspritzdüse rein und eine Wirbelkammer dazu, die hat auch noch Platz. Kurbelwelle und Pleu-*

Prof. Peter Hofbauer

Geboren 1941 in Znaim (Österreich)
Studium TU Wien
Wasser-Turbinenbau bei Voest
1968 zu Volkswagen, zunächst Motor-Konstruktion
1970 Ltr. Abt. Unkonventionelle Antriebe (Forschung 2), u.a. Kreiskolbenmotor Ka 5-4, Treiber der Diesel-Entwicklung
1978-1987 Bereichsleiter Aggregate

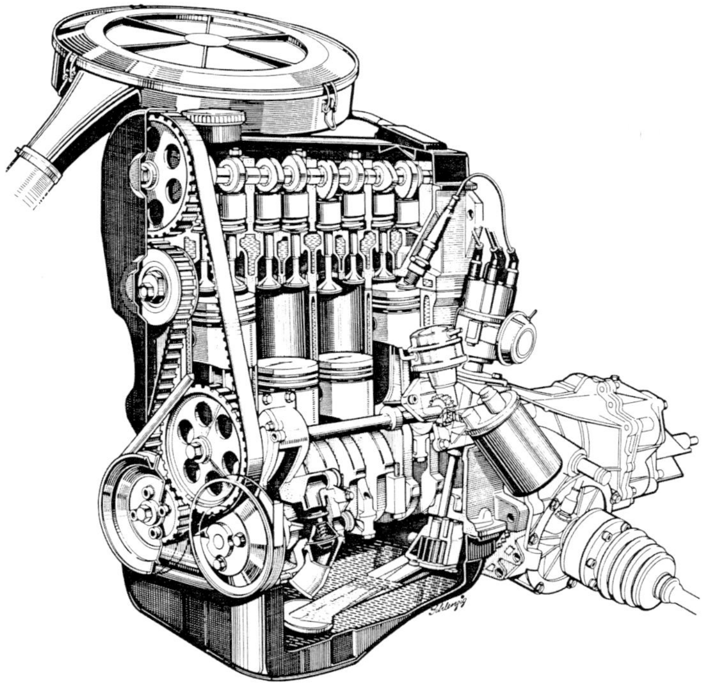

Der EA 827-Ottomotor von Audi war in den Fahrzeugen Audi 80, VW Scirocco, Passat und Golf von Anfang an erfolgreich. Er ist gekennzeichnet durch eine Nebenwelle für den Antrieb von Zündverteiler, Ölpumpe und Kraftstoffpumpe sowie den Zahnriemen-Steuertrieb. Ansonsten entsprach er dem damaligen modernen Trend mit Aluminium-Zylinderkopf und darin platzierter Nockenwelle, die über Tassenstößel die in Reihe angeordneten Ventile antreibt. Der Hubraumbereich reichte seinerzeit von 1,3 bis 1,6 Liter und die Leistung von 42 bis 73,5 kW (46,3 kW/l).
Zeichnung: Audi

elstange sind stark genug, Hub und Bohrung passen – und wenn nicht, dann könnte man das ändern. Wolfsburg hat dann den Diesel mit großem Erfolg und kleinem Aufwand entwickelt und gebaut.«

Der bei Audi unter Leitung von Franz Hauk entwickelte Vierzylinder-Ottomotor EA 827 stellte eine solide Basis für eine »Verdieselung" dar. Das Zylinderkurbelgehäuse war tief unter die Kurbelwellenmitte heruntergezogen und dadurch besonders steif.

Welches Brennverfahren?

Diesel-Brennverfahren werden nach der Gestalt des Brennraums und der Art der Gemischbildung unterschieden. Kammerverfahren haben einen geteilten Brennraum mit scheibenförmigem Raum über dem flachen Kolbenboden und einer Nebenkammer, in die der Kraftstoff eingespritzt wird. Dort beginnt die Verbrennung und pflanzt sich in den Hauptbrennraum über dem Kolben fort. Durch diese zwei Stufen verläuft der Druckaufbau schleppend und thermodynamisch ungünstig, weil vom idealen Gleichraumprozess stark abweichend. Dazu kommen Drossel- und Wärmeverluste bei der Gasströmung in den Verbindungskanälen. Die bekanntesten Kammerverfahren waren die Vorkammer, wie Daimler-Benz sie in Pkw-Motoren verwendete, und die Wirbelkammer, wie sie in den neueren Dieselmotoren zu finden war.

Vorkammer-Verfahren

Die Vorkammer des Daimler-Benz OM 601-Motors stellte eine jahrzehntelange Weiterentwicklung des Patents von L'Orange dar (s. Kap. I.1). Der Einspritzstrahl prallt auf einen Stift in der Vorkammer, was die Zerstäubung fördert. Das Verfahren zeichnet sich durch ein niedriges Verbrennungsgeräusch aufgrund des weichen Druckanstiegs aus. Allerdings ist damit auch ein niedriger Wirkungsgrad verbunden. Damit auch bei niedrigen Umgebungstemperaturen ein sicherer Kaltstart gelang, ragte eine Glühkerze in den Brennraum.

Wirbelkammer-Brennverfahren

Die tangenziale Lage des Schusskanals zwingt beim Verdichtungshub der erwärmten Luft eine Rotation in der Wirbelkammer auf. Der Kraftstoff wird in einem gebündelten Strahl in die Ecke der Wirbelkammer gespritzt und dort größtenteils an der Wand angelagert. An der heißen Oberfläche des Glühstiftes verdampft ein Teil des Kraftstoffs und zündet. Der brennende Gaswirbel reißt den an der Wand angelagerten Kraftstoff mit sich, verdampft, vermischt und verbrennt diesen unter Luftmangel. Damit ist die erste Phase der Verbrennung abgeschlossen.

In der zweiten Stufe, beim Arbeitstakt, strömt das teilverbrannte Gemisch unter hohem Druck in den Hauptbrennraum aus. Dabei dreht der Wirbel um. Der »Widder«, die Vertiefung auf dem Kolbenboden, sorgt für eine Verteilung und Vermischung des brennenden fetten Gemisches mit der Luft im Spalt oberhalb des Kolbens. Nun verbrennen die restlichen HC-Moleküle bei Luftüberschuss weitestgehend.

Direkteinspritzung

Von den Lkw-Motoren war der um ca. 10 bis 18 % höhere Wirkungsgrad der Direkteinspritzung mit dem Brennraum in einer Kolbenmulde im Vergleich zu

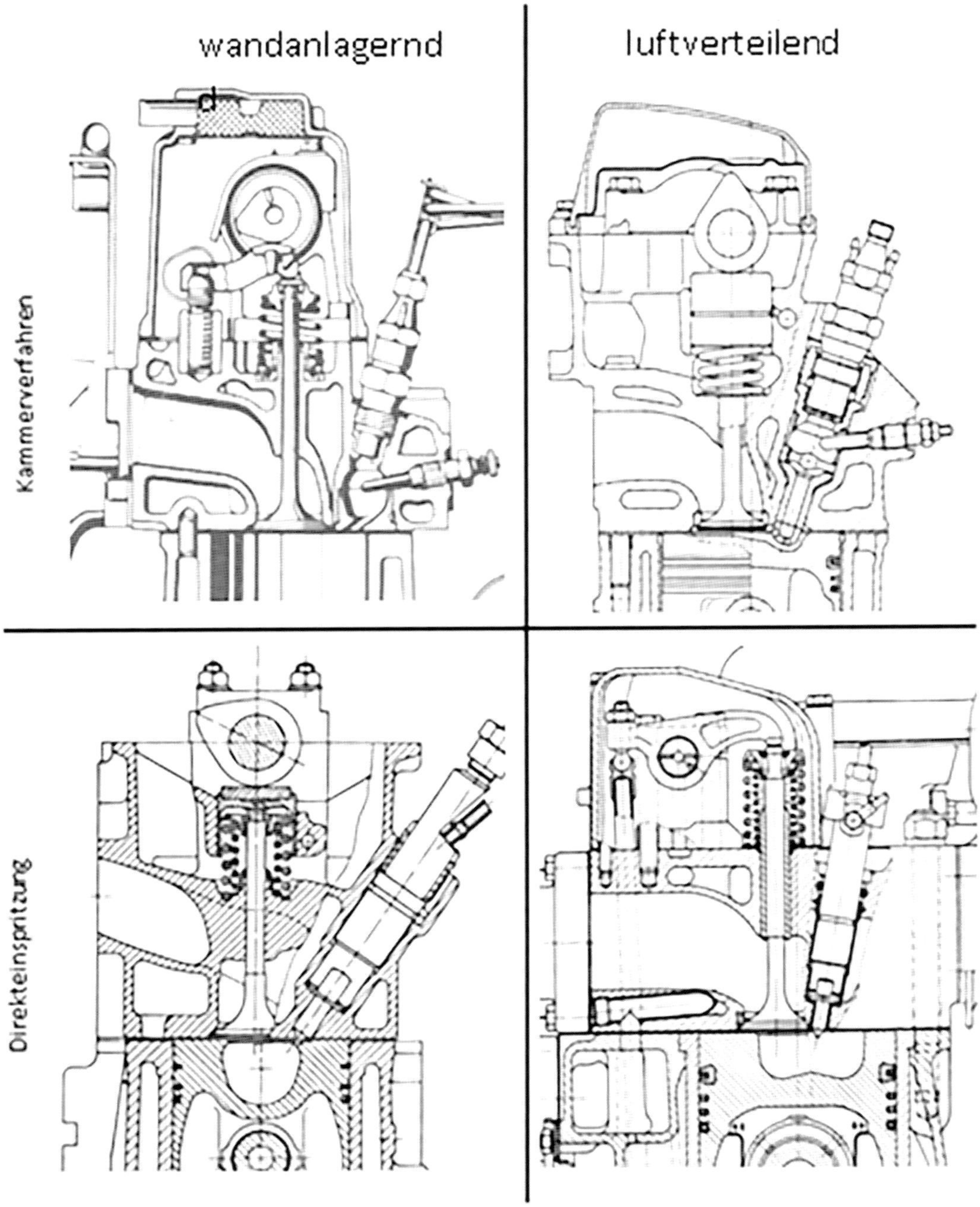

Einteilung der Diesel-Brennverfahren Anfang der 70er-Jahre. Oben Kammerverfahren (links Wirbelkammer, rechts Vorkammer), unten Direkteinspritzung (links Einstrahl-, rechts Mehrstrahlverfahren). Grafik: M. Willmann

Kammermotoren bekannt. Der Verbrauchsvorteil beruht im Wesentlichen auf der schnelleren Energieumsetzung, was den thermischen Wirkungsgrad erhöht. Die Nachteile gegenüber Kammerverfahren waren: lautes Verbrennungsgeräusch, hohe Stickoxidemissionen, eingeschränkter nutzbarer Drehzahlbereich, erreichbarer Mitteldruck und die höhere Triebwerksbelastung wegen höherer Gasdrücke. Zur Förderung der Gemischbildung benötigen die DI-Verfahren (Direct Injection) Einlasskanäle mit starkem Drall, was die Nenndrehzahl begrenzt. Um ein direkteinspritzendes Diesel-Verfahren für den Einsatz in Pkw geeignet zu machen, war noch viel Forschungsarbeit nötig.

Vor- oder Wirbelkammer?

Peter Hofbauer wollte eine Vorkammer ähnlich Daimler-Benz applizieren. Bernd Wiedemann hatte anlässlich einer Urlaubsreise in England privat die Fa. Ricardo in Shoreham-by-Sea besucht (Ricardo war Entwickler des Diesel-Verfahrens für Peugeot). Er stellte die Frage, warum denn die Wirbelkammer besser als die Vorkammer sein sollte. Die Ricardo-Leute hoben den Kraftstoffverbrauchsvorteil von ca. 7 % hervor. Das überzeugte auch Hofbauer, und es wurde ein Beratungsvertrag daraus. Bernd Wiedemann maß in einer Voruntersuchung einen Peugeot-Motor als Sauger und aufgeladen.

Prof. Bernd Wiedemann

Geboren 22.01.1943 in Hamburg
Lehre Schiffsmaschinenbauer (Blohm & Voss)
1965-1971 Studium Maschinenbau,
TU Hannover
07/1971 zu Volkswagen, Aggregateforschung
1977 Ltr. Abt. Aggregate Diversifikation
1988 Ltr. Hauptabt. Dieselmotoren u.
Sonderaggregate
1992 Technik-Vorstand VW Südamerika
2000 Sprecher Markenvorstand VW Nutzfahrzeuge
ab 2003 TU Berlin als Professor Fahrzeugantriebe

Motoren-Konstrukteur
Walter Kiegeland

Geboren 1928
Lehre bei Büssing, Technikerschule
Diesel-Konstrukteur bei Büssing
1970 zu Volkswagen,
Forschung 2 (AL G. Vogelsang),
Konstrukteur verschiedener
WK- u. DI-Dieselmotoren

Olaf von Fersen schrieb dazu: *»Der damalige oberste VW-Chef Rudolf Leiding war bereits nach der ersten Vorführung des mit einem amerikanischen Holset-Turbolader ausgestatteten Peugeot-Diesel (70 PS) so beeindruckt, dass er Hofbauer anwies, die Arbeiten an einem VW-Diesel unverzüglich aufzunehmen.«*

Schließlich wurde trotz der Nachteile im Geräusch zugunsten der Wirbelkammer entschieden, weil sie neben höherer Nenndrehzahl im gesamten Drehzahlbereich niedrigere Kraftstoffverbräuche gegenüber der Vorkammer versprach.

Die Konstruktion

Als Kurbelgehäuse wurde das vom 1,5-Liter-EA 827-Motor mit einem Bohrungsdurchmesser von 76,5 mm verwendet, ebenso dessen Kurbelwelle mit 80 mm Hub. Das ergibt mit dem Hub/Bohrungs-Verhältnis von 1.05 eine für Dieselmotoren günstige, leicht langhubige Auslegung. Wegen des Kaltstarts wurde die Verdichtung bei unserem Dieselmotor relativ hoch auf 23,5 festgelegt. Unterstützt wird der Kaltstart von einem Glühstift.

Hofbauer beauftragte den Motoren-Konstrukteur Walter Kiegeland, ehemals Büssing, in der Konstruktionsabteilung von H. Vogelsang damit, an den Zylinderkopf des EA 827-Motors eine Wirbelkammer zu konstruieren. Das war im Herbst 1973.

Der Wirbelkammer-Einsatz aus wärmefestem Niresist war nötig, weil die Wärmeübertragung im Schusskanal infolge der hohen Temperaturen und Strömungsgeschwindigkeiten besonders groß ist und Aluminium schmelzen würde. Fehlendes Material (auf der Zeichnung Seite 24 oben dunkel ausgelegt) sollte für die ersten Versuche aufgeschweißt werden.

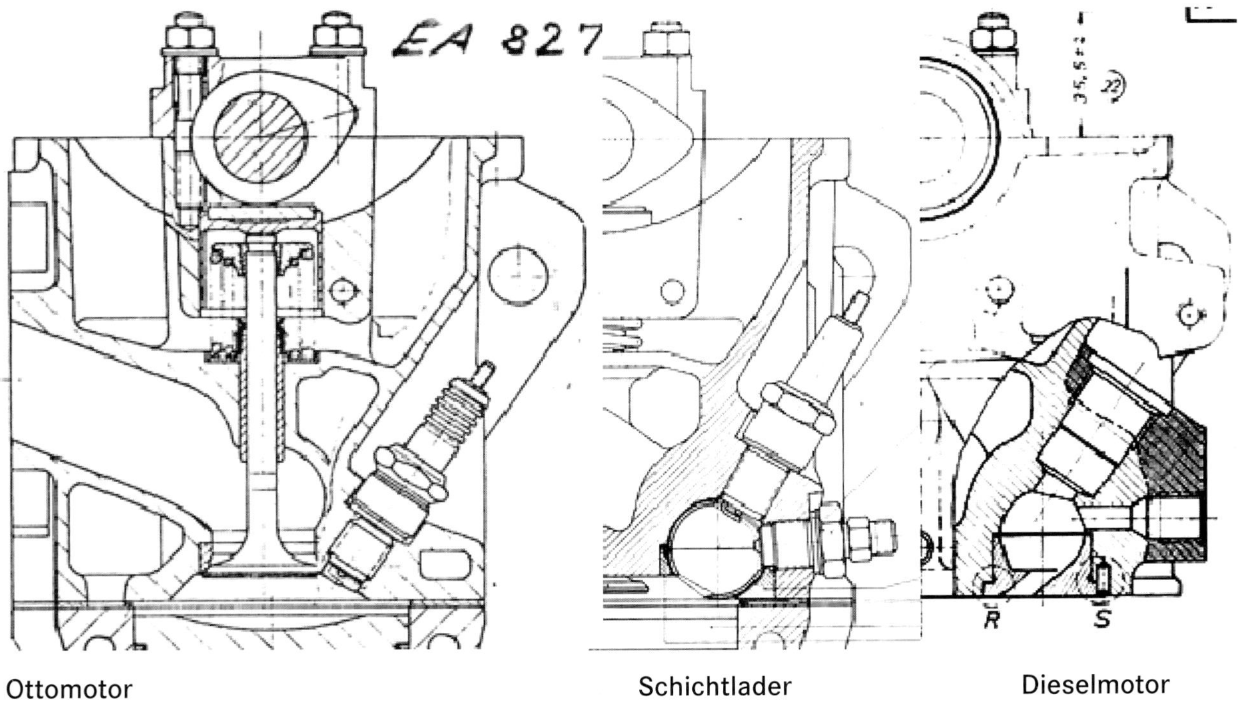

Unterschiede der Zylinderköpfe bei den Brennverfahren, an denen bei VW gearbeitet wurde. Die Lage der Bohrspindel für die Zündkerze im Winkel von 34,5° beim Ottomotor ist identisch mit der Einspritzdüse für den Dieselmotor. Das beim Diesel-Kopf aufgeschweißte Material ist dunkel ausgelegt. Zeichnung: Volkswagen

Wie man schnell zu einem Zylinderkopf kommt

In der VW-Forschung 2 arbeitete ein Team unter Dr. Brandstädter und Dipl.-Ing Decker an Schichtladekonzepten für den EA 827-Benzinmotor. Die Vorkammer im Zylinderkopf des Schichtlademotors ähnelt der Wirbelkammer beim Dieselmotor. Um eine langwierige Kokillenänderung zu umgehen, »besorgte« jemand aus dem Hofbauer-Team aus dem Versuchsbau ein Zylinderkopf-Rohteil vom Schichtlader.

Die Herren Deja und Wiedemann kauften fünf Wirbelkammer-Einsätze vom Peugeot-Händler in Hannover (einer als Souvenir). Fehlendes Material am Zylinderkopf wurde für die ersten Prototypen durch Schweißen im Versuchsbau aufgetragen. Dass den Schichtladern dann ein Kopf fehlte, fiel erst auf, als der Dieselmotor nach so kurzer Zeit schon auf dem Prüfstand lief. So begann die »Bastel-Phase« des Diesel-Projektes, wie sie Dipl.-Ing. Deja bezeichnete. Im späteren Verlauf der Forschungsarbeiten wurden eigene Wirbelkammer-Einsätze aus Stangenmaterial erodiert.

Die Kraftstoff-Einspritzung

»Der Dieselmotor benötigt eine Einspritzpumpe, die den Kraftstoff unter hohem Druck durch Leitungen und Einspritzdüsen in den Brennraum spritzt. Wie bei Opel, haben wir die Bosch VA4-Axialkolben-Verteilerpumpe anstelle des Zündverteilers beim Benziner ‚stehend' angebaut. Sie war leichter als die Reihenpumpe, wie Daimler-Benz sie verwendete, und für höhere Drehzahlen geeignet. Angetrieben wurde sie über die Nebenwelle und einen Schraubtrieb mit halber Kurbelwellen-Drehzahl. Düsenhalter mit Düsen und Glühstiften lieferte Bosch«, schaut M. Willmann zurück.

Herr H. Faupel, Fa. Bosch, übergab die angepasste VA-Pumpe mit der passenden Drehrichtung. Der max. Einspritzdruck betrug pumpenseitig anfangs ca. 250 bar, die Drehzahl 2.500 U/min, dadurch konnte der Motor eine Nenndrehzahl von 5.000 U/min erreichen. Die Einstellung der Einspritzpumpe im OT des ersten Zylinders wurde winkelgerecht zur Nockenwelle mit einem Lineal, das bei vorgegebenem Plungerhub in einen Schlitz in die Nockenwelle gesteckt wurde, mit einer Messuhr vorgenommen.

Dipl.-Ing. Peter Michael Deja

Geboren 1941 in Danzig
1960-1966 Studium Maschinenbau und Schiffbau, TH Danzig
1967-1970 Antriebskonzepte bei Weser AG (HB)
1971 zu Volkswagen, zunächst Dokumentation
1973 Wechsel in Forschung 2 (Unkonventionelle Antriebe, Mitarbeit an KA-Motor u. 1,5-l-Diesel)
1977 Abtltr. Aggregate-Konstr. bei VW do Brasil
1984 Tedchn. Ltg. IAV Berlin, ab 1986 auch GF
1993 Abtltr. Aggregate Pkw-Neuentwicklungen

Erster Motor-Prototyp

Die Wirbelkammer kann als Ersatz des idealen, kugelförmigen Brennraums betrachtet werden, da das Verhältnis des Brennraumvolumens zur Oberfläche am günstigsten ist, jedoch mit Pumpverlusten. Durch die Vorgabe, die Einspritzdüsen unter dem gleichen Winkel wie die Zündkerzen des 827-Ottomotors einzubauen, entfiel die Lizenzgebühr (bei Ricardo 15° bis 30°), und der Zylinderkopf konnte auf der gleichen Fertigungsanlage in Salzgitter gefertigt werden. Dass der Winkel für die Einspritzdüse nicht optimal war, war bekannt. Für Versuche hat Dipl.-Ing. Deja mittels Handskizzen bzw. Roteintragungen verschiedene Düsenwinkel im Versuchsbau anfertigen lassen und auf dem Prüfstand gemessen. Da sich keine wesentlichen Unterschiede zum 34,5°-Winkel ergaben, blieb es dabei.

Der Zahnriementrieb der ersten Baustufe wurde vom Ottomotor übernommen. Das Zahnprofil wurde aufgrund der höheren Belastung verstärkt. Die geringen Umschlingungswinkel des Zahnriemens an der Kurbelwelle und an der Nebenwelle bereiteten beim Dieselmotor Probleme. Die Ölpumpenwelle ist um 10° aus dem rechten Winkel gedreht, was der Beanspruchung des Schraubtriebs bei dieser Konstellation entgegenkommt, uns aber später erhebliche Probleme bereitete. Die Breite des Zahnriemens beim Ottomotor betrug ¾ Zoll. Für einen 1-Zoll-Riemen war kein Platz im Fahrzeug.

Dieser »Prototyp-Motor« wurde in der Werkstatt von Meister Behrends in Halle 16 aufgebaut.

Jugend forscht

Der Motorprüfstand, auf dem die Messtechnik nur eingeschränkt vorhanden war, befand sich in der FE, Halle 72. Zusammen mit dem Prüfstandsfahrer, Herrn Schlüche, wurde der Motor samt Versorgung (Kühlung, Abgas, Dieselkraftstoff) sowie die erforderliche Messtechnik aufgebaut. Am Nikolaustag 1973 machte der 1,5-l-Dieselmotor die ersten Zündungen. Nach kurzem Anlauf schaltete Peter Hofbauer auf volle Leistung. Die Bremse zeigte auf Anhieb 40 PS/29 kW. Damit wurde das Leistungsziel für die künftige Entwicklung auf 50 PS/37 kW fixiert. Hofbauer informierte sofort Prof. Fiala. Der kam auf den Prüfstand, um sich selbst ein Bild zu machen.

Die Enttäuschung war groß, als nach ca. sechs Stunden der Dieselmotor, zur Freude aller Kritiker, ausfiel (das Diesel-Team wurde salopp »Jugend forscht« genannt). Das hohe Stoßmoment der Einspritzpumpe, das den Zahnriementrieb und den Schraubtrieb an der Nebenwelle überlastete, hatte zum Ausfall des Motors geführt. Erkenntnis: Der Antrieb der Einspritzpumpe kann nicht über die Zwischenwelle und schon gar nicht über das Winkelgetriebe Zündverteiler/Ölpumpe erfolgen. Ein geänderter Antrieb für die Einspritzpumpe musste gefunden werden. Wie es mit dem Dieselprojekt weitergehen sollte, war zunächst ungewiss.

Die Versuchsingenieure hatten einen gemeinsamen Arbeitsplatz in der Halle 16 neben der Werkstatt der Forschung 2. Der Zahnriementrieb und die Winkelverzahnung der Zwischenwelle beschäftigten die Entwicklung noch längere Zeit.

Auf dem Motorenprüfstand der FE in Halle 72 begann die Optimierung des Brennverfahrens, um die angestrebten Leistungswerte zu erreichen. Durch guten Kontakt zum Versuchsbau (Meister Schubring, Nikolai u. a.) konnten viele Versuchsteile in direkter Abstimmung gefertigt werden. Unterstützung

Michael Willmann

Geboren am 14.04.1945 in Mölln
Lehre Maschinenschlosser
Bundesgrenzschutz
1968-1971 Studium Maschinenbau, FH Lübeck (Kolbenmaschinen)
10/1971 zu Volkswagen, Forschung 2, Abt. Unkonventionelle Antriebe, Konstruktion Dieselmotoren
Ab 1987 Diesel-Entwicklung, anschließend Diesel-Forschung

kam auch von der Zulieferindustrie. So konnten die Schwingungsbrüche der Einspritzleitungen erst behoben werden, nachdem Herr Stock (Fa. Guido) die Einspritzleitungen fachmännisch ausgelegt und dann Musterteile geliefert hatte. Nach längeren Abstimmungs-Versuchen (auch mit einigen Rückschlägen) konnten die vorgegebenen Leistungswerte von 50 PS (37 kW) bei 5.000 U/min und 8,2 mkg bei ca. 2.500 U/min schließlich erreicht werden.

Weiteres Vorgehen

Michael Willmann arbeitete als Konstrukteur von November 1972 bis Oktober 1973 am Kreiskolben-Motor Ka 5:4, in der Endphase auch als Dieselversion (s. Kap. I.3.1). Er erinnert sich: *»Im April 1974 bekam ich die Aufgabe, den Antrieb der Einspritzpumpe am Vierzylinder-Dieselmotor zu verbessern. Eine Überarbeitung der Lagerung brachte nicht den gewünschten Erfolg. Der geringe Achsabstand führt zu hohen Kräften auf den Zahnflanken des Schraubtriebs.*

Wie sich später herausstellte, hat Audi gemeinsam mit MAN gleiches an einem Diesel-Prototyp auf Basis des M 118-Ottomotors versucht und ist ebenfalls an der Haltbarkeit des Schraubtriebs gescheitert.

Beim Opel-Diesel, der auch eine stehende Anordnung der Verteilereinspritzpumpe erfolgreich verwendete, waren die geometrischen Verhältnisse wegen des größeren Achsabstandes und der 2:1-Übersetzung deutlich günstiger. Daher haben wir im weiteren Verlauf der Entwicklung den Anbau und den Antrieb der Einspritzpumpe geändert.« (s. Kap. I.2.2.)

M. Willmann weiter: *»Wir mussten das Projekt schweren Herzens an die Aggregate-Entwicklung abgeben, weil die Forschung keine Freigaben erteilen kann und auch nicht über die nötige Logistik verfügt. Dr. Lincke als damaliger Forschungsleiter hatte als Dank und Anerkennung für die erfolgreich geleistete Arbeit die ganze Mannschaft zum Essen in den ‚Alten Wolf' eingeladen.*

Bei selbstkritischer Betrachtung im Nachhinein müssen wir akzeptieren, dass wir Jung-Ingenieure anfangs keine Erfahrung mit Dieselmotoren hatten. Aus heutiger Sicht hätten wir einige Umwege vermeiden können.«

Quellen:

- Br.: Aufwind für das Dieselauto? In: Automobil Revue, Nr. 46/1975
- RTa (Reparaturanleitung): Peugeot 204 Diesel, 1971
- P. Hofbauer u. B. Wiedemann: Advanced Automotive Power Systems. Part 1: Morphological System and Systems Analysis. SAE-Paper 760591, 1976
- P. Hofbauer & K. Sator: Advanced Automotive Power Systems. Part 2: A Diesel for a Subcompact Car. SAE-Paper 770113, 1977
- Interview mit Dr. Hauk auf DVD, 2011
- F. van Winsen et al.: Der Mercedes-Benz Personenwagen-Dieselmotor. In: MTZ, Nr. 3/1974
- O. v. Fersen: Der VW Diesel - ein guter Wurf. In: Automobil Revue, Nr. 10/1977
- Bosch: Verteilereinspritzpumpe Typ VE, Technische Beschreibung, 1981

I.2.2 Beginn der Erfolgsstory mit dem EA 086

Von Konrad Barnert, Ingolf Löhner, Peter Deja und Michael Willmann

Die Aggregate-Entwicklung übernimmt das Projekt

Nachdem in der Forschung unter der Leitung von Dipl.-Ing. Hofbauer der Nachweis erbracht worden war, dass ein Dieselmotor auf dem EA 827 Unterbau funktioniert, wurde der Entwicklungsauftrag EA 086 erteilt. Bis zur Serienreife war noch viel Detailarbeit nötig. In der Aggregate-Entwicklung wurde 1974 ein neues Diesel-Team unter der Koordination von Peter Hofbauer installiert, der damit neben der Aufgabe in der Forschung eine zweite erhielt. Hauptabteilungsleiter waren: H. Busch (Motor-Konstruktion) und H. Buttgereit (Motor-Versuch) - genannt »die Bubus«.

Die Entwickler hatten ebenfalls noch keine Diesel-Erfahrung. Da traf es sich gut, dass gerade Diesel-Leute von Hanomag dort das »sinkende Schiff« verließen. Dipl.-Ing. R. Strauß sollte das Konstruktionsteam leiten und Günter Stein als Versuchsmann die Firma Bosch betreuen. Die Forscher sollten unterstützen.

Motor-Konstruktion

Walter Kiegeland und Michael Willmann übergaben die Konstruktionsunterlagen an Kollegen im neu gegründeten Diesel-Team der Motor-Konstruktion, an die Herren Brockmüller und Behrend. Dort wurde die Konstruktion des Diesel-Konzepts seriengerecht und entsprechend den VW-Normen überarbeitet. Beispielsweise waren nicht alle Dichtungen des Tanks und die Kraftstoffleitungen Diesel-verträglich. Auch der Auspuff musste adaptiert werden.

Die höhere Verdichtung von 23,5 gegenüber dem Benziner mit 8,2 erforderte einen stärkeren Anlasser und eine größere Batterie. Es gab weitere Einzellösungen für die geänderten Anforderungen im Fahrzeug, wie etwa Heizung und Kühlung (weniger Wärmeabfuhr des Motors an die Kühlung).

Der im Sommer getankte Dieselkraftstoff war nicht winterfest. Es kam zu Ausflockungen von Paraffin, was den Kraftstofffilter zusetzte. Dr. Kuck blieb bei tiefen Außentemperaturen liegen.

Dipl.-Ing. Strauß war mit dem Hanomag-D28-Dieselmotor vertraut und wollte die alte Ricardo-Mk. III-Wirbelkammer mit kugeliger Mulde auf den VW-Motor übertragen. Außerdem traute er den vier Zylinderkopfschrauben nicht und wollte mit sechs Schrauben erhebliche Änderungen an der Konstruktion einführen. Bernd Wiedemann: *»Ich habe ihm vorgerechnet, dass vier Schrauben bei einem Spitzendruck von 72 bar ausreichen.«*

Hofbauer und wir Forscher sahen dieses Konzept als Rückschritt an. Damit entbrannte ein Machtkampf zwischen R. Strauß und Peter Hofbauer. Letzterer konnte das modernere Ricardo-Mk.V-Verfahren durchsetzen. In der Folge verließ Strauß Volkswagen und wurde Professor an der Fachhochschule in Hamburg.

Motor-Versuch

Konrad Barnert erzählt, wie er zum neuen Team im Motor-Versuch kam: *»Ende 1974 habe ich Peter Hofbauer in der Kantine getroffen. Der war noch in der Forschung und hatte den Auftrag, ein Team für die Entwicklung eines Dieselmotors zusammenzustellen. So kam ich Ende 1974 in die Diesel-Entwicklung. Meine Aufgabe war, das Arbeitsverfahren zu entwickeln, besonders Abgasmaßnahmen für USA. Wir Versuchsingenieure saßen in einem Raum. Zuständig für die Bauteile war Herr Löhner und für die Dauerläufe Herr Gümmer, später auch Herr Stein, ex-Hanomag. Wir arbeiteten unter Peter Hofbauer.*

Herr Leiding hatte im Rahmen der 3-Jahres-Planung Geld für die Entwicklung des Dieselmotors freigegeben. Der erste Diesel mit geschweißtem Kopf kam Anfang 1975 auf den Prüfstand.

Dipl.-Ing. Konrad Barnert

Geboren 13.09.1941 in Oberschlesien
Bundeswehr
1965-1969 Studium FH Wedel (Physik-Technik)
1969 VDO (Frankfurt)
Herbst 1970 zu Volkswagen, Motor-Versuch (Dr. Poppinga/H. Buttgereit)
1974-1976 Diesel-Team,
1977 zurück zum Motor-Versuch

Nach dem Unfall von Dr. Choné, Bereichsleiter Aggregate, wurde Herr Piech Aggregatechef in Personalunion in Ingolstadt und Wolfsburg. Herr Sator kam als Referatsleiter dazu. Er berichtete an Karl-Heinz Menzl, der Ende 1976 nach Streit mit Herrn Piëch zu Zündapp wechselte. Die Zusammenarbeit mit der Konstruktion war problemlos.«

Auch Ingolf Löhner stieß zum Team: *»Dr. Poppinga, in dessen Hauptabteilung ich war, sollte Leute abgeben. Ich hatte gehört, dass Leute für den Diesel gesucht werden. Ich stellte mich direkt bei Herrn Hofbauer vor und stieg in die Diesel-Gruppe mit den Herren Gümmer und Barnert in einem Raum ein. H. Gümmer leitete die Gruppe. Von Kollegen wurden wir noch lange als ‚Dieselstinker' tituliert ... Trotz der begrenzten Ressourcen haben wir gesagt: ‚Wir machen das!' ... Prof. Fiala unterstützte das Diesel-Projekt... Doch das Wichtigste war natürlich, dass die Leute Spaß an ihrer Arbeit hatten, auch wenn nicht immer alles glatt lief.*

Meine erste Aufgabe war, herauszufinden, warum die Motoren bei den Dauerläufen kaputtgegangen sind. Ich setzte ein Glasrohr im Wasserkreislauf ein. Beim Wechsel des Betriebspunktes im Thermoschock saugte die Wasserpumpe zuerst nur Luft an. (Nach der Volllast wird das heiße Kühlwasser abgelassen und kaltes Wasser eingefüllt. Dabei wird die Wasserpumpe nicht vollständig entlüftet und fördert deshalb erst mit Verzögerung Wasser - d.A. = der/die Autor(en)). *Deshalb hielten die Motoren nur 20 Stunden. Ein Motor wurde nach 100 h aufgemacht. Der letzte Zylinder hatte gefressen, und es zeigten sich Risse im Ventilsteg und zur Kammer.*

Auf dem Dauerlauf-Prüfstand wurde ein geschlossenes System wie im Auto eingesetzt; deshalb hatten die Motoren dort gehalten (Zum Vergleich: Ein Daimler-Motor war im Thermoschock-Test nach 60 h defekt; d. A.). *Ich ließ den Zylinderkopf abfräsen und eine*

Dipl.-Ing. Ingolf Löhner

Geboren 30.06.1939 in München
1958-1962 Ingenieurschule Wolfenbüttel
10.1962 zu Volkswagen, zunächst Transporter-Versuch (Fahrwerk), anschließend Motoren-Versuch (Hauptabt. Ltr. Dr. Peter), Arbeiten am Boxer, Mitteldruckmotor und K 70, anschließend Diesel-Team

Glasplatte montieren. Mit einem Kontrastmittel wurde der Strömungsverlauf beobachtet. Am letzten Zylinder kam nichts an.«

Dipl.-Ing. Barnert weiter: *»Herr Piëch erschien einmal wöchentlich in Wolfsburg zur Besprechung. Er wollte den Diesel stoppen.«*

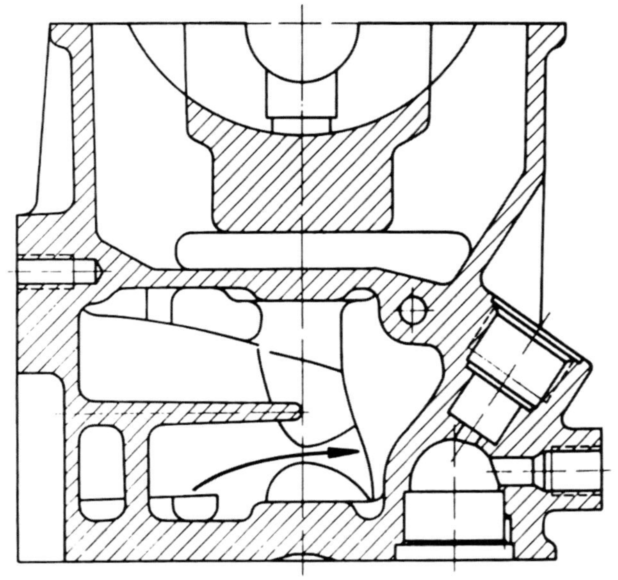

Zylinderkopfdichtung mit unterschiedlich geformten und positionierten Löchern. Eine Rippe leitete das Wasser direkt zur Wirbelkammer, dadurch kam mehr Wasser zum kritischen Ventilsteg. Zeichnung: Volkswagen

Problem Einspritzpumpen-Antrieb

Im Motor-Versuch begann die Erprobungsphase nach dem Prüfkatalog der Aggregate-Entwicklung. Das schwerwiegende Problem des Antriebs der Einspritzpumpe war noch nicht gelöst. M. Willmann: *»Ich, immer noch in der Forschung, wurde eingesetzt, um Lösungen auszuarbeiten, die Hofbauer bei seinem Konstruktionspartner Strauß nicht durchsetzen konnte. Mein Hauptabteilungsleiter, Prof. Heitland, bekam das mit und äußerte sein Missfallen darüber, dass ich als Forscher für die Entwicklung arbeitete.*

Herr Hofbauer hatte erkannt, dass der Antrieb der Einspritzpumpe über die Nebenwelle mit dem ungünstigen Schraubtrieb nicht zum Ziel führen würde. Die impulshaltige Belastung durch die Einspritzpumpe war zu hoch. Er wollte die Pumpe seitlich, parallel zum Motor legen und mit dem Zahnriemen antreiben. Nach einigen Prinzipskizzen und Berechnungen zeichnete ich den Entwurf und die Einzelteile. Bei der neuen Konstruktion trieb die Nebenwelle nur noch die Ölpumpe und die Vakuumpumpe für den Bremskraftverstärker anstelle des Zündverteilers beim Ottomotor an.«

Es zeigte sich, dass selbst das serienmäßige Zahnprofil von Conti zu schwach war (*»Geht nicht besser«*). Auch mit dem neuen HTD-Profil von Uniroyal (runde Zähne) war das Problem nicht zu beheben. Ingolf Löhner erinnert sich: *»Darauf sind Herr Brockmüller und ich zu Pirelli gefahren. Bei Dr. Zotti und seinem Chef Herrn Chiconiani in Mailand fanden wir offene Ohren. Nach einer Krisensitzung sagten sie uns die Lieferung von einem Wickel ihres neuartigen Riemens (RH-Profil, Molykote-Einlage und verstärkte Zuglage, für 4,- DM Stückpreis) zu. Wir besuchten einen Pirelli-Unterlieferanten in den Abruzzen. Die Zufahrt hatte in einem bestimmten Zeitfenster, mit der Mafia abgestimmt, zu erfolgen. Dort wurden in der Produktion Wickel mit Vorspannung gefertigt.«*

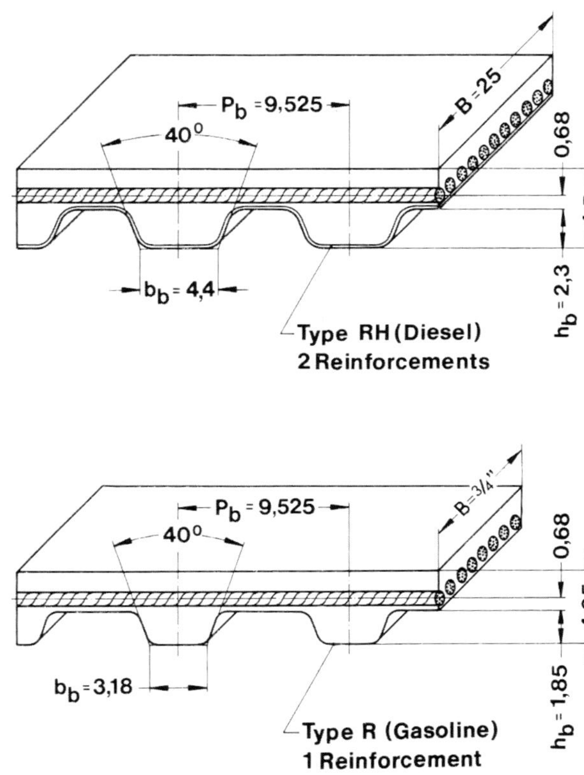

Der neue Pirelli-RH-Riemen für den Dieselmotor im Vergleich zum Riemen für den Ottomotor Zeichnung: Pirelli

Der Überspringversuch

Der Umschlingungswinkel an der Kurbelwelle reichte bei den hohen Kraftspitzen durch die Einspritzpumpe nicht aus. Es kam zum Überspringen der Zähne und damit auch zum Verdrehen der Nockenwelle gegenüber der Kurbelwelle. Die Folge waren Ventilaufsetzer auf dem Kolbenboden. Ein statischer Überspringversuch auf dem Komponentenprüfstand von Dipl.-Ing. Löhner zeigte das Problem. Die Kurbelwelle wurde festgesetzt und an der Nockenwelle konnten wir mit einem ein Meter langen Hebel ein Moment aufbringen. Bei Steigerung des Moments konnten wir verfolgen, wie sich der Zahnriemen im losen Turm am Kurbelwellenrad löste, bis er sprang.

Der geänderte Zahnriementrieb mit der liegenden Einspritzpumpe hatte nur relativ kleine Umschlingungswinkel an der Kurbelwelle und an der Nebenwelle. Mit dem Pirelli-RH-Riemen ergab sich ein Überspringmoment von 17 Nm. Durch leichten Druck mit dem Daumen auf den Riemen am Kurbelwellenrad erhöhte sich das Überspringmoment erheblich auf 30 Nm.

Michael Willmann: *»Das veranlasste mich, zur Erhöhung der Überspringsicherheit eine automatische federbelastete Patent-Spannrolle zu erfinden. Diese hält die Riemenspannung im losen Trum auch bei Belastungsspitzen aufrecht. Dann löst sich der lose Trum nicht mehr vom Kurbelwellenrad. Die Firma INA begann mit der Entwicklung. Aus Kostengründen und weil bei der endgültigen Version des Zahnriementriebs der Umschlingungswinkel an der Kurbelwelle groß genug war, wurde seinerzeit auf einen Serieneinsatz verzichtet. Sie setzte erst viel später in weiterentwickelter Form beim TDI-Motor ein.«*

Bei der Wintererprobung sprang der Zahnriemen über, weil Schnee zwischen die Zähne gekommen war. Daraufhin wurde die Abdeckung verbessert. Als weitere Maßnahme sollte der Umschlingungswinkel am Kurbelwellenzahnrad vergrößert werden. Weil Dipl.-Ing. Hofbauer sich in der Motor-Konstruktion nicht durchsetzen konnte, bekam Michael Willmann den Auftrag.

Die Vergrößerung des Umschlingungswinkels an der Kurbelwelle gelang durch Drehrichtungsumkehr der Nebenwelle, die nun über den Riemenrücken angetrieben wurde. Das konnte gemacht werden, weil nur noch die Ölpumpe und die Vakuumpumpe anzutreiben waren. Beide mussten nicht über Zähne synchronisiert werden. Damit war das Zahnriemenproblem gelöst, aber das alte Problem mit den Zahnrädern des Schraubtriebs an der Nebelwelle bestand weiterhin.

Der Schraubtrieb

Michael Willmann erinnert sich: *»Die Drehrichtungsumkehr der Nebenwelle bewirkte, dass wir uns bei dem Kreuzungswinkel der Schraubenräder von 100° in Richtung der Selbsthemmung bewegten. Die Folge waren hohe Gleitgeschwindigkeiten und hohe Flächenpressung auf den Zahnflanken. Die Zähne waren nach kurzer Laufzeit verschlissen, und mein nächster ‚Feuerwehreinsatz' war 1975 fällig. Große Unterstützung fanden wir im Zentrallabor bei Dr. Pakrasi, der die Werkstoffuntersuchungen machte.*

Berechnungen an der Geometrie der Zähne des Schraubtriebs sollten weitere Verbesserungsmöglichkeiten aufzeigen. Hofbauer traute seiner eigenen Getriebeberechnung nicht und forderte die Auslegung von den Verzahnungsexperten der Firma Hurth. Deren Mitarbeiter Dr. Hirth hat die Geometrie der Zahnräder optimiert. Ich änderte die Zeichnungen und ließ die neuen Teile im Versuchsbau fertigen. Die Versuche machte Herr Löhner. Wir arbeiteten sehr eng zusammen. Wir untersuchten verschiedene Werkstoffe. Bronzeräder waren nach 3 Stunden verschlissen. Mit dem Werkstoff 42CrMo4 wurden verschiedene Härteverfahren erprobt. Die Lebensdauer solcher Räder lag bei maximal 150 Stunden.

Nach vielen Versuchen, auch mit Dämpfungselementen, kam die Rettung von Dr. Pakrasi, der die Oberflächenbehandlung machte, in Form von borierten Zahnrädern mit einer HV-Härte von 2.000. Diese Räder hielten auch einem 2.000 Stunden-DL2-Dauerlauf stand. Damit war das Problem endgültig gelöst.«

Konrad Barnert berichtet über die Dauererprobung: *»Der erste erfolgreiche Dauerlauf von 500 h im DL2 (verschärfter Dauerlauf mit maximalem Drehmoment und maximaler Leistung) war im Januar 1975 abgeschlossen gewesen. Der Block war in Ordnung, aber andere Probleme zeigten sich. Die ersten Kolben brachte Herr Kluck von KS. Die hatten nach 10 h Haarrisse.*

Die nächsten Motoren kamen mit fertig gegossenen Zylinderköpfen aus dem Versuchsbau. Die Kolben, jetzt von Mahle, Betreuer Herr Zeller, bekamen Ringträger aus Niresist für die erste Ringnut. Zwei bis drei Monate später wurden 1.000 Stunden im DL2 erreicht. Äußerlich sahen die Kolben gut aus, aber unter dem Mikroskop zeigten sich kleine Haarrisse.«

Die verbesserte Einspritzpumpe Bosch VE 10

Die Bosch Verteiler-Einspritzpumpe wurde im Laufe der Entwicklung gemeinsam mit Bosch modifiziert und erhielt am Ende die Bezeichnung VE 10.

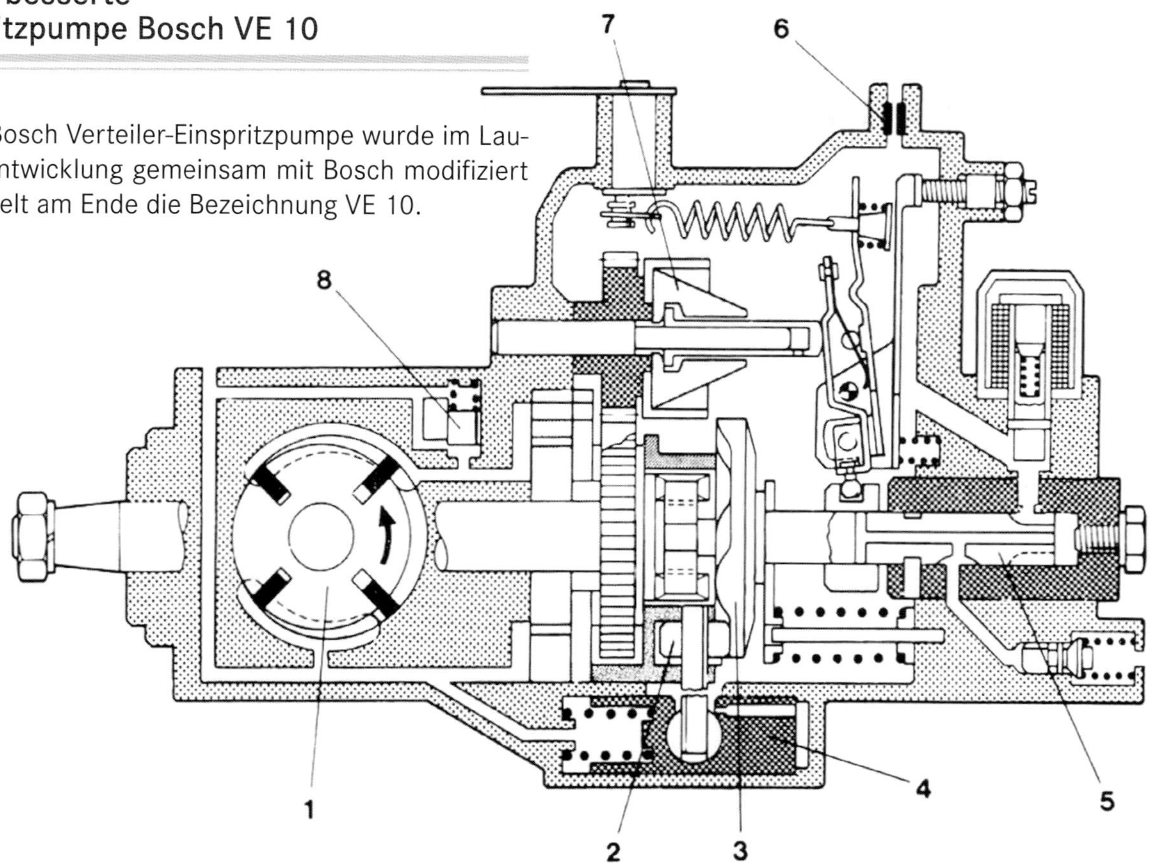

Längsschnitt der Axialkolbenpumpe, bei der die Einspritzung und Verteilung auf die einzelnen Zylinder entsprechend der Zündfolge durch den axialen Plunger 5 geschieht. Der Plunger ist mit der Antriebswelle und der Hubscheibe 3 verbunden und dreht sich. Dabei wälzt sich die Hubscheibe auf dem Rollenring 2 ab und bewirkt den Plungerhub zur Kraftstoffförderung. Eine Bohrung im Plunger verbindet den Druckraum mit dem Druckventil in der Leitung zum jeweils aktuellen Zylinder. Der Spritzbeginn wird durch den Spritzversteller 4, der den Rollenring drehzahlabhängig verdreht, eingestellt. Der Spritzversteller und die Flügelzellen-Förderpumpe sind um 90° verdreht dargestellt. Das Spritzende und damit die Einspritzmenge werden durch die Position des Regelschiebers bestimmt.

Zeichnung: Bosch

Ebenso wie der 1,5-l-Wirbelkammer-Dieselmotor wurden alle folgenden VW- und Audi-Dieselmotoren mit Verteiler-Einspritzpumpen ausgerüstet. Die Kraftstoffansaugung aus dem Tank erfolgt über einen Filter, der auch eine Handpumpe zum Entlüften nach leergefahrenem Tank enthält. Überschüssiger und durch Dichtspalte getretener Kraftstoff wird über einen Rücklauf in den Tank befördert.

Der Ventiltrieb

Beim Wirbelkammerverfahren wird angestrebt, möglichst viel Brennraumvolumen in der Kammer unterzubringen (k-Faktor). Die Grenze ist durch den Mindestabstand zwischen Kolben und Zylinderkopf bzw. den Ventilen gesetzt. Dabei muss ein ausreichender Abstand unter Berücksichtigung von Toleranzen zwischen den Hüllkurven der Ventil- und Kolbenhübe über dem Kurbelwinkel eingehalten werden, damit es nicht zu Ventilaufsetzern kommt.

Eine Ventilüberschneidung konnte deshalb nicht realisiert werden. Mit drei unterschiedlich dicken Zylinderkopfdichtungen wurde die Toleranz des Verdichtungsverhältnisses eingeengt.

Die neu entwickelte Glühstiftkerze Typ R von Bosch verkürzte die Vorglühzeit vor dem Kaltstart. Der Autothermik-Kolben erhielt in der ersten Ringnut einen auch bei hoher Temperatur verschleißfesten Ringträger aus Ni-Resist.

Die Verteiler-Einspritzpumpe von Bosch wurde auch mit VW-Patenten verbessert. Der maximale Pumpendruck betrug 300 bar.

Der Zylinderdruck

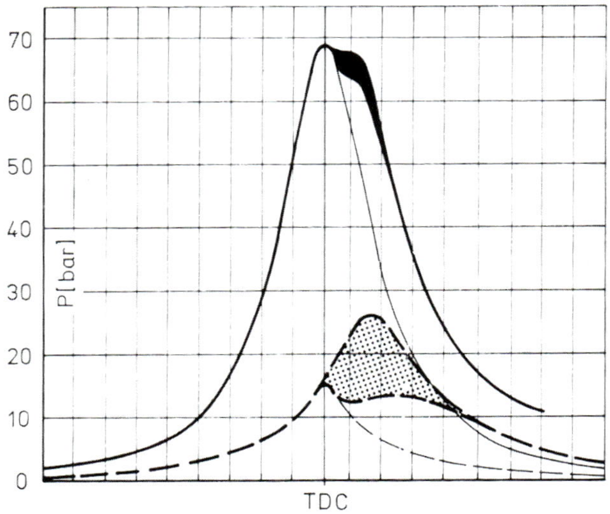

Die Zylinderdruckverläufe bei Teillast des Dieselmotors (durchgezogene Linien) zeigen gegenüber einem Ottomotor (gestrichelt) ein engeres Streuband. Quelle: SAE-Paper

Der maximale Verbrennungsdruck lag mit 75 bar auf einem beherrschbaren Niveau. Die geringe Drucksteigerung über den Verdichtungsenddruck ist eine Folge der zweistufigen, weichen Verbrennung, was einer Gleichdruckverbrennung nahekommt.

Wegen des unakzeptablen Kaltstartgeräuschs und des starken Blaurauchs bei Kaltstart und Warmlauf wurde ein mechanisch von Hand zu betätigender Kaltstartbeschleuniger (KSB), der den Förderbeginn an der Einspritzpumpe vorverstellt, eingeführt. Die Betätigung erfolgte ähnlich dem Choke beim Ottomotor. Die Erforschung weiterer Akustikmaßnahmen wurde begonnen. Konrad Barnert berichtet: *»Der KSB wurde 1976 bei der Wintererprobung in Schweden erfolgreich getestet und danach in der Kältekammer Herrn Prof. Fiala vorgeführt und freigegeben. Auch der von Herrn Stein und mir entwickelte ‚Pkw'-Regler der Einspritzpumpe wurde nach den Fahrversuchen/Lastschlag mit Dr. Lincke kurz vor Serienanlauf freigegeben.«*

Abgastests des Diesels auf der Rolle bei H. Baronik zeigten bessere Werte als beim Benziner (einen Katalysator gab es noch nicht). Im April 1975 war bereits - als Resultat verschiedener erfolgreicher Dauerlauf- und Stresstests - eine ausreichende Lebensdauer nachgewiesen. Im Golf lag der Kraftstoffverbrauch bei 5 bis 6 Liter/100 km. Die Höchstgeschwindigkeit betrug 140 km/h. Anschließend kam der Dieselmotor auch in den Passat.

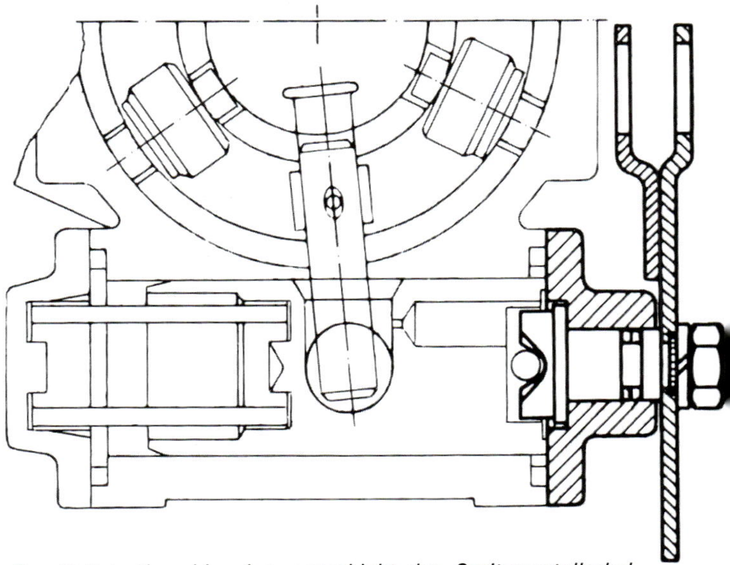

Der Kaltstartbeschleuniger verschiebt den Spritzverstellerkolben der Einspritzpumpe zu einem früheren Förderbeginn. Das verkürzt den Zündverzug und senkt das Geräusch, sowie die HC- und Blaurauch-Emissionen. Die Betätigung erfolgt manuell durch einen Bowdenzug. Quelle: Bosch

Peter Deja: *»Das Werk SZ arbeitete aktiv und unterstützend an der Anpassung der Diesel-Fertigung mit (Herr Treppenhauer). Das Werk in SZ war für den Bau des K 70 errichtet worden. Mit der Entscheidung, die K 70-Fertigung einzustellen, wurde das Werk SZ zum Bau der wassergekühlten Motoren umfunktioniert (Motoren-Leitwerk).«*

Technische Daten 1,5-Liter-Diesel	
Zylinderbohrung	76,5 mm
Kolbenhub	80,0 mm
Verhältnis Hub/Bohrung	1,05
Hubraum	1,471 Liter
Zylindervolumen	0,3677 Liter
Zylinderabstand	88 mm
Verdichtungsverhältnis	23
Ölvolumen	3,5 Liter
Mittlere Kolbengeschwindigkeit	13,3 m/s
Max. Leistung	50 PS (37 kW) bei 5.000 U/min
Max. Drehmoment	82,4 Nm bei 3.000 U/min
Minimaler spezifischer Kraftstoffverbrauch	250 g/kWh
Gewicht (inkl. Kupplung, Öl, ohne Kühler, ohne Anlasser)	125 kg

Die Nenndrehzahl von 5.000 U/min war und ist für Dieselmotoren außerordentlich hoch. Dabei steigen die Reibung und damit der Kraftstoffverbrauch. Die Volllastabstimmung erfolgte, wie seinerzeit üblich, auf eine Schwärzungszahl von 3,5 (Bosch). Die spezifische Leistung von 25,1 kW/l und der max. Mitteldruck von 7,2 bar sowie der effektive Wirkungsgrad von 33 % stellten Spitzenwerte für Pkw-Dieselmotoren dar.

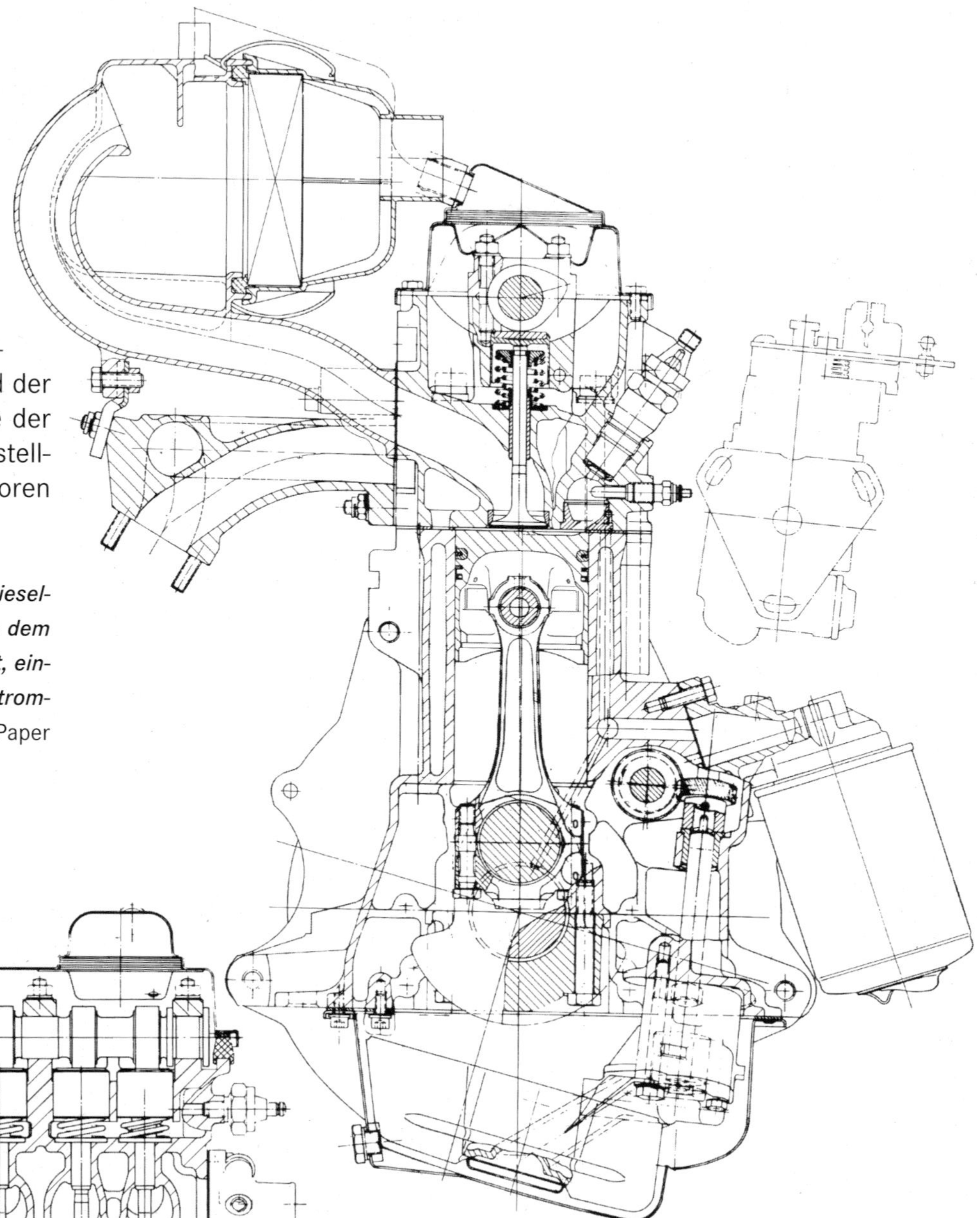

Querschnitt des 1,5-l-Wirbelkammer-Dieselmotors. Im Golf ist der Motor vorn, neben dem Getriebe, quer, um 15° nach hinten geneigt, eingebaut. Die Gaswechselseite des »Gleichstromkopfes« liegt hinten. Quelle: SAE-Paper

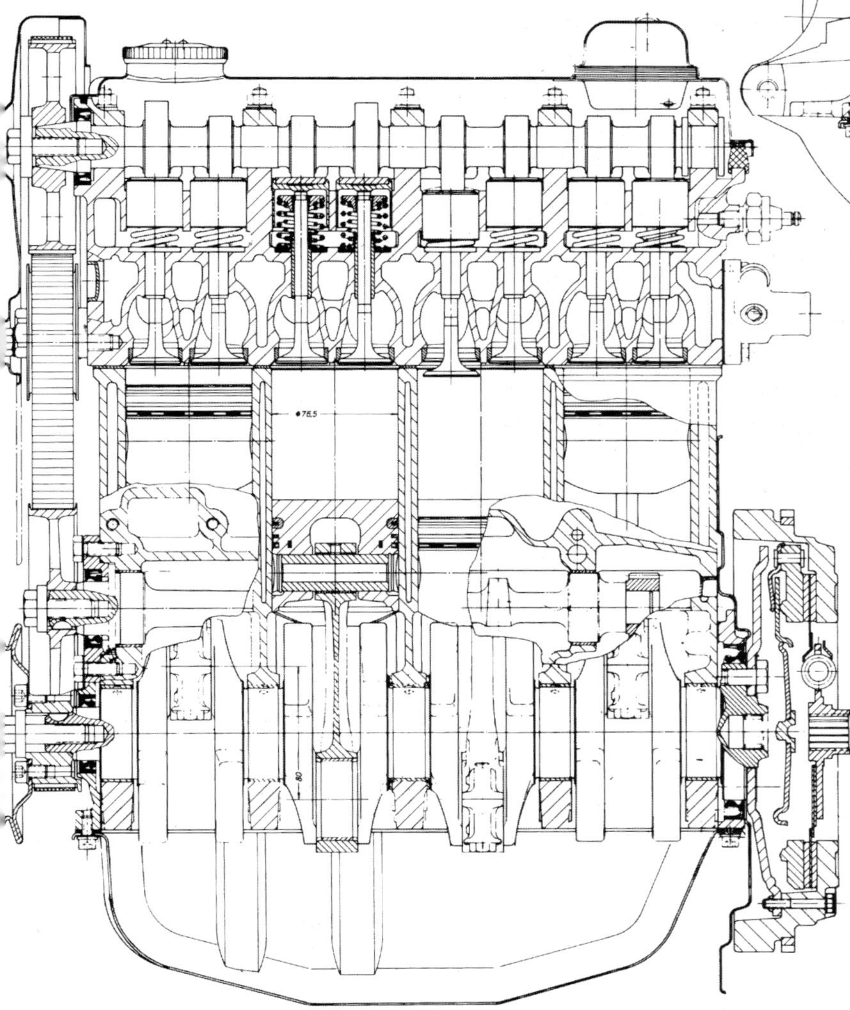

Längsschnitt des 1,5-l-Wirbelkammer-Dieselmotors. Bei einem Zylinderabstand von 88,0 mm und einer Zylinderbohrung von 76,5 mm ist der Zylindersteg mit 11,5 mm extrem klein. Das ermöglichte die für den Quereinbau günstige kurze Baulänge. Quelle: SAE-Paper

Pilot-Vor-Serie

Zwei grüne PV-Serien-Golf Diesel, besetzt mit den VW-Diesel-Forschern, fuhren im Herbst 1975 zum Weindorf nach Heilbronn und besuchten dort die Neckarsulmer Kollegen. Beim Tankstopp kam der Tankwart wild gestikulierend angerannt und rief: *»Das ist eine Diesel-Zapfsäule!«* Er konnte nicht glauben, dass das seine Richtigkeit hatte. An der roten Ampel hielt neben uns ein Taxi. Der Fahrer kurbelte die Scheibe herunter, hielt sein Ohr aus dem Auto und machte ein ungläubiges Gesicht.

Ölstandskontrolle durch die Konstrukteure der ersten Stunde, Walter Kiegeland und Michael Willmann, während der Erprobungsfahrt im Golf I nach Heilbronn. Foto: Sammlg. M. Willmann

Serieneinsatz oder Projektstopp?

Konrad Barnert erinnert sich: *»Im März 1975 musste die FE ihre Aktivitäten dem Herrn Schmücker in der Walhalla vorstellen. Ich hatte gerade als erstes Fahrzeug einen Golf Diesel für den Fahrzeugdauerlauf vorbereitet und stellte das Auto gegen den Willen des Pkw-Versuchs in die Walhalla. Es war schon nach ca. 16:30 Uhr, als mir Herr Buttgereit mitteilte, dass das Diesel-Projekt gecancelt sei. Herr Löhner und ich begleiteten Herrn Hofbauer zu Herrn Prof. Fiala in die Walhalla und baten ihn, den Golf Diesel Herrn Schmücker vorzustellen. Nach kurzer Rücksprache setzten sich beide Herren in den Golf und starteten das Fahrzeug. Später erhielten wir die Freigabe mit der Auflage, die Kosten zu senken.«*

Peter Deja: *»Der Vertrieb, Dr. Burmann, sprach sich gegen die Diesel-Motorisierung im Fahrzeug aus. Sein Argument war, dass es einer Dame nicht zuzumuten sei, an der Tankstelle den Dieselkraftstoff zu tanken.«* Ergänzend berichtet Konrad Barnert: *»1976 war auch Piëch noch nicht ganz überzeugt* (vom VW-Wirbelkammer-Dieselmotor, der kurz vor seinem Serieneinsatz stand; d. A.) *und brachte als Konterprojekt den Elsbeth-DI aus Ingolstadt nach Wolfsburg«* (s. Kap. II.1.1).

Ende 1975 wurden die ersten Motoren der Nullserie auf der Montagelinie in Salzgitter gebaut. Barnert weiter: *»Herr Piëch veranlasste im März 1976 einen Großversuch mit 300 Fahrzeugen. Herr Sator kam aus USA zurück und übernahm die Leitung. Da aber noch einige Probleme zu lösen waren, begann die Serienproduktion des Diesels im Golf erst 8/1976.«*

Zulassung in USA

Peter Deja: *»Im August 1975 erfolgte die erste Zulassung des Golf-Fahrzeugs mit dem 1,5-l-Diesel-Motor bei der EPA in den USA. Dabei waren Herr Hofbauer, Herr Barnert und ich. Das war ein sehr schwieriges Unterfangen mit vielen Stolpersteinen.«*

Konrad Barnert beschreibt die Geschichte so: *»Die Werte lagen im CO und HC weit über dem Grenzwert für Kalifornien, aber besser als beim US-Golf mit Katalysator. Bei den NOx lagen wir gerade auf dem Grenzwert.«*

Um die Ursache zu finden, fuhren Hofbauer und Deja mit dem Auto per Trailer von Ann Arbor nach Chicago zu Bosch, dort wurde die verdreckte Kraftstoffanlage (Verursacher) gesäubert, die Düsen gereinigt, besserer Kraftstoff eingefüllt. Damit haben sie das Auto wieder zum Laufen bekommen und den EPA-Abgastest bestanden.

Sicherheitshalber wurde schnell per Flugzeug ein zweiter Golf Diesel zur EPA transportiert. Die NOx waren mit 1 g/mi am Grenzwert, HC und CO waren 90 % unter den kalifornischen Grenzwerten. *»Zulassung geschafft. Gratulation von Mr. McCollum, EPA-Präsident«*, erinnert sich Barnert.

Pressevorstellung

Konrad Barnert berichtet von seinem Einsatz: *»Ab August 1976 übernahm ich Sonderaufgaben, war offiziell nicht mehr in der Diesel-Truppe. Ich betreute aber noch die Pressevorstellung des Golf Diesel im September in Stockholm. Die Autos wurden vorher in Ehra vom Pkw-Versuch eingefahren, aber durch Salzwasser, woraufhin die Halter verrosteten. Plötzlich hatten die Motoren zu wenig Leistung. Ein Motor wurde ausgebaut und* *geöffnet. Dabei stellte sich heraus, dass Hofbauer eigenmächtig Änderungen an den Wirbelkammern und an den Glühstiften hatte vornehmen lassen. Er wollte die Schadräume minimieren. Daraufhin wurden bei den 300 Motoren die Zylinderköpfe und Halter getauscht. An den Köpfen zeigten sich Risse.«*

In Schweden wurden die Autos von Journalisten auf einem 200-km-Rundkurs zwei Wochen gefahren, am Ende wurde der Durchschnittsverbrauch errechnet. Der Journalist mit dem niedrigsten Verbrauch bekam einen Preis.

Konrad Barnert: *»Problematisch war, dass der Motor im Schubbetrieb und nach dem Abstellen weiterlief. Grund war Öl aus dem Blow-by, das bei den niedrigen Temperaturen auskondensiert war und sich im Saugrohr abgesetzt hatte. Ich ließ Bohrungen zu den vier Einzelrohren anbringen. Dadurch konnte das Öl direkt wieder angesaugt und verbrannt werden. Die Öldämpfe dienten dann auch zur Schmierung und Kühlung der Ventilsitze. Beim Benzinmotor übernimmt das angesaugte Kraftstoff-Luft-Gemisch diese Aufgabe. Bessere Ventilsitze aus Pleuco 300 oder 400 beseitigten das Problem nachhaltig.*

Bei Kälte blieb die Nebenwelle, die auch die Ölpumpe antrieb, infolge größerer Ölviskosität stehen. Die Nebenwelle wurde vom Riemenrücken angetrieben, und die Reibung reichte unter diesen Bedingungen nicht aus. Abhilfe schafften Rillen und Bohrungen auf der Riemenscheibe.«

Entstehung und Entwicklung sowie eine detaillierte Beschreibung der Bauteile samt deren Funktion unseres ersten Dieselmotors sind in der Literatur publiziert.

Vom Serienanlauf zur Weltspitze

Der 1,5-l-Dieselmotor räumte mit dem traditionell schlechten Image des Selbstzünders - schwer, träge, laut, rußend - gründlich auf und legte den Grundstein für den wirtschaftlichen Erfolg der Dieselmotoren des Konzerns. Volkswagen war nach kurzer Anlaufzeit mit mehr als 1.000 Motoren täglich nach Stückzahlen gemessen der weltweit größte Dieselmotoren-Hersteller.

Mit dem Golf Diesel setzte Volkswagen sich im deutschen Markt vor Opel, die etwa gleich viel Benziner-Fahrzeuge verkauften, und übernahm auch die Spitze in Europa. Die Leistungsfähigkeit und der Erfolg des Golf D veranlassten andere Pkw-Hersteller in die Entwicklung von Dieselmotoren für Kompakt-Pkw einzusteigen. Alle Pkw-Dieselmotoren hatten Kammerverfahren, die in den Kapiteln I.1 und I.2.1 beschrieben sind.

Es passte gut in die Zeit, dass der Dieselmotor aufgrund seiner gegenüber dem Ottomotor niedrigeren Rohemissionen bei CO, HC, NOx ohne besondere Maßnahmen die amerikanischen Abgasgrenzwerte erfüllte.

Kraftstoff-Probleme

In den kalten Wintermonaten 1976/77 gab es Probleme mit dem Kraftstoff. Der Kaltstart konnte oft nach einigen Sekunden des Vorglühens noch bewältigt werden. Nach der Abfahrt fiel aber der Druck in der Saugleitung des Kraftstoffsystems, und kühlender Fahrtwind kam hinzu. So wurde der Cold Filter Plugging Point des Dieselkraftstoffs unterschritten, und es kam zu Paraffinausscheidungen im Kraftstofffilter. Dadurch wurde die Leitung verstopft, und der Motor blieb stehen.

Dazu Michael Willmann: *»Unter Dieselfahrern sprach es sich herum, dass man das Problem umgehen konnte, indem man unmittelbar vor oder nach dem Kaltstart einen Eimer heißes Wasser über den Filter und die Einspritzpumpe kippt. Das musste ich auch einmal machen. Es hat funktioniert.«*

Das war natürlich nicht zumutbar, und so erschien in der Betriebsanleitung die Empfehlung, im Winter bis zu 30 % Benzin zum Diesel zuzumischen. Damit wurde die Paraffinkristallisierung zu tieferen Temperaturen verschoben, aber gleichzeitig die Cetanzahl deutlich gesenkt. Die Folge war, dass die Motoren fürchterlich »nagelten«.

Eine Verbesserung wurde erreicht, indem der warme Kraftstoff aus dem Rücklauf von der Einspritzpumpe zum Kraftstofffilter geführt wurde. Nachdem die Mineralölindustrie ab September Winterdiesel mit Temperaturfestigkeit bis -22°C verkaufte, war das Problem behoben.

Der Golf I Diesel ab 1976

Der erfolgreiche Start des Golf D führte dazu, dass der Motor auch in den Passat eingebaut werden sollte. Für den Längseinbau mussten allerdings einige Details, wie z. B. die Anordnung des Ölfilters, modifiziert werden. Ab 1979 konnte man auch den Passat (Limousine und Variant) mit Dieselmotor kaufen.

Golf D und Passat D waren bis zum Modellwechsel 1980 mit diesem 1,5-l-Wirbelkammer-Diesel erhältlich. Dann wurde der Motor überarbeitet und das Hubvolumen auf 1,6 Liter erhöht.

Im Golf I (hier Facelift-Modell) war der Motor quer um 15° nach hinten geneigt eingebaut. Fahrzeuggewicht 805/830 kg (zwei-/viertürig), Spitze 140 km/h, 0-100 km/h in 18 s.

Foto: Volkswagen

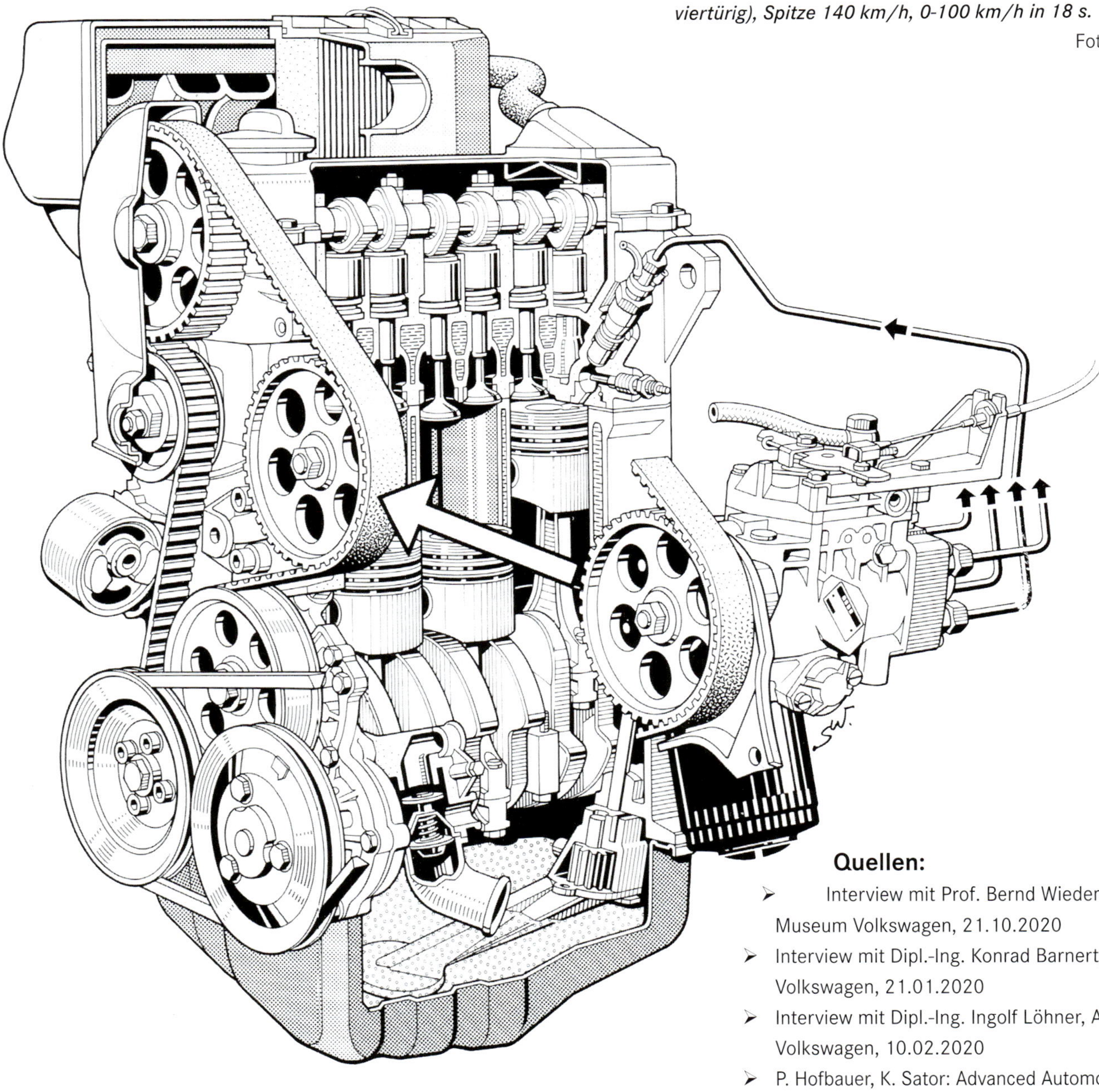

Der moderne 1,5-Liter-Wirbelkammer-Dieselmotor EA 086. Für die Zeichnung wurde die Einspritzpumpe herausgezogen (Pfeil).

Zeichnung: Volkswagen

Quellen:

- Interview mit Prof. Bernd Wiedemann, Auto-Museum Volkswagen, 21.10.2020
- Interview mit Dipl.-Ing. Konrad Barnert, AutoMuseum Volkswagen, 21.01.2020
- Interview mit Dipl.-Ing. Ingolf Löhner, AutoMuseum Volkswagen, 10.02.2020
- P. Hofbauer, K. Sator: Advanced Automotive Power Systems. Part 2: A Diesel for a Subcompact Car
- VW / Audi Kundendienst: Selbststudienprogramm VW-Dieselmotor 1,5 L. VW intern, 1976

I.3. Innovative Diesel-Projekte

I.3.1 Diesel in Forschung und Entwicklung

Von Michael Willmann mit Beiträgen von Jörg Ahrens, Raphael Hartung, Hermann Oetting und Wilfried Rhode

Der Kreiskolbenmotor (KKM) Ka 5:4 als Diesel

In der Abteilung »Unkonventionelle Antriebe« der Forschung 2 wurde unter der Leitung von Peter Hofbauer in Konkurrenz zum NSU-Wankelmotor ein Kreiskolbenmotor der Trochoiden-Bauart Ka 5:4 (Kämmeingriff, äußere Hüllkurve, Übersetzungsverhältnis 5:4), der nach dem Otto-Verfahren arbeitet, untersucht. Michael Willmann: *»1973 holte Herr Hofbauer mich in sein Büro und erklärte mir in zehn Minuten die Funktion des neuartigen Motors. Ich hatte höchstens die Hälfte verstanden.*

Ich bekam die Aufgabe, verschiedene Bauteile des 2,3-Liter-Motors zu konstruieren. Um mich einzuarbeiten, besorgte ich mir aus der VW-Bücherei Veröffentlichungen zu Kreiskolbenmotoren. Das Buch von Felix Wankel, ‚Einteilung der Verdrängermaschinen', gab mir einen Überblick über Systeme, die für einen Verbrennungsmotor geeignet sind. Über die Trochoidenmaschine Ka 5:4 gab es keine Literatur.

Trochoiden-förmiger Verdränger auf der Exzenterwelle im Gehäuse mit der äußeren Hüllkurve. Das Kraftstoff-/Luft-Gemisch vom Vergaser wird durch die hohle Exzenterwelle zentral angesaugt. Der Exzenter diente als Schieber und steuerte die Verbindung zu den Einlasskanälen im Verdränger, die in der Ladungswechselphase im jeweiligen Brennraum radial münden. Um ein Rückströmen zu vermeiden, befinden sich Membranventile in den Einlasskanälen. Das Abgas trat radial in die Auslasskanäle ein und axial aus. Die Auslasskanäle waren wärmeisoliert, um den Wärmeeintrag in den Verdränger zu minimieren. Foto: Volkswagen

Inzwischen konstruierte mein Kollege Walter Kiegeland den Zylinderkopf für den 1,5-Liter-Wirbelkammerdiesel. Nachdem ich einige Einzelteile des Kreiskolbenmotors konstruiert hatte, erhielt ich von Herrn Hofbauer im August 1973 den Auftrag, den KKM Ka 5:4 zu ‚verdieseln'. Ein Vorteil gegenüber der Si 2:3-Maschine ist das hohe mögliche Verdichtungsverhältnis von ca. 100 (einstufig) gegenüber ca. 14 beim Wankelmotor. Das macht das Ka 5:4-Prinzip für das Diesel-Verfahren prinzipiell geeignet.«

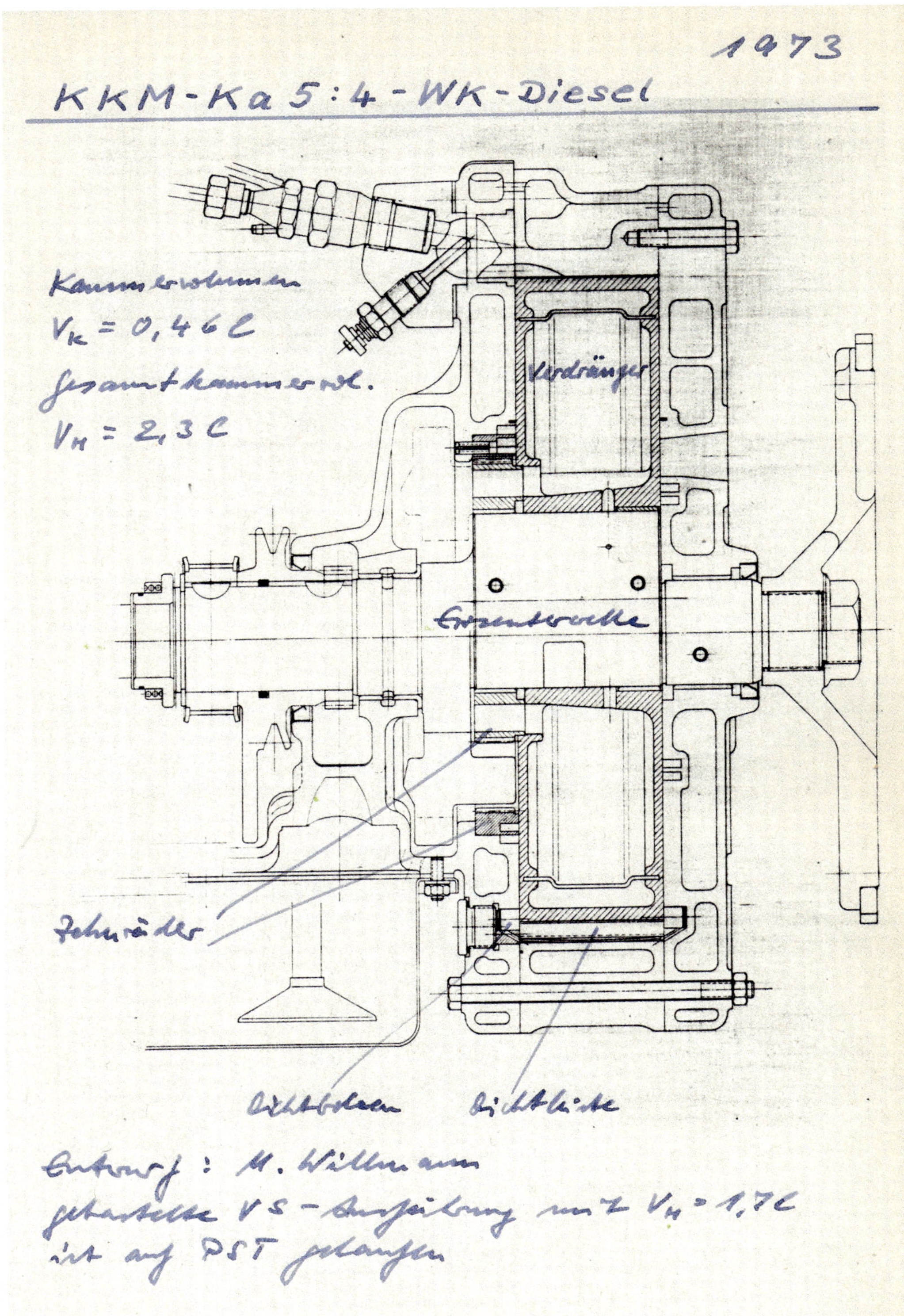

Längsschnitt des KKM Ka 5:4-Wirbelkammer-Dieselmotors mit 2,3 Liter Kammervolumen. Der große Abstand zwischen Gehäuse und Schwungrad wurde vom Abgaskrümmer (hier nicht gezeichnet) gefüllt. Zeichnung: M. Willmann

Bereits an der Ottoversion hatten sich prinzipbedingte Schwächen gezeigt. Die Abdichtung der Brennräume gegen den Ölraum war kompliziert und störanfällig. Hohe Reibung und enge Gaswechselkanäle verhinderten eine hohe Leistung.

Das Hauptproblem war das große Oberflächen/Volumen-Verhältnis der Brennräume, wodurch viel Wärme abfließt und für die Arbeit nicht genutzt werden konnte.

Rudolf Leiding stoppte das Projekt, nachdem deutliche Entwicklungsfortschritte nicht eintraten.

Fazit Willmann: *»Am KKM Ka 5:4 habe ich gelernt, was man an einem Motor alles falsch machen kann. Das hat mein ganzes weiteres Berufsleben geprägt.«*

Noch einmal – der Diesel-Boxer

Der Generationswechsel von den zigmillionenfach gebauten luftgekühlten Boxermotoren als Heckantrieb zu den wassergekühlten Reihenmotoren und Frontantrieb war Mitte der 70er-Jahre bei den Pkw abgeschlossen. Nun hatte Volkswagen aber noch den Transporter T2 mit luftgekühltem Vierzylinder-Boxermotor in der Serie. Der Transporter konnte einen Dieselmotor besonders gut gebrauchen.

Helmut Leptien und Erwin Schulz in der Konstruktionsabteilung von Ing. Gustav Vogelsang erstellten 1974 die Zeichnungen für den Vierzylinder-Boxer-Dieselmotor mit einer Bosch-Verteiler-Einspritzpumpe. Ein Prototyp lief auf dem Prüfstand von Dipl.-Ing. Holger Menrad. Wegen der ungünstigen Anordnung der Wirbelkammer emittierte der Motor heftigen Schwarzrauch.

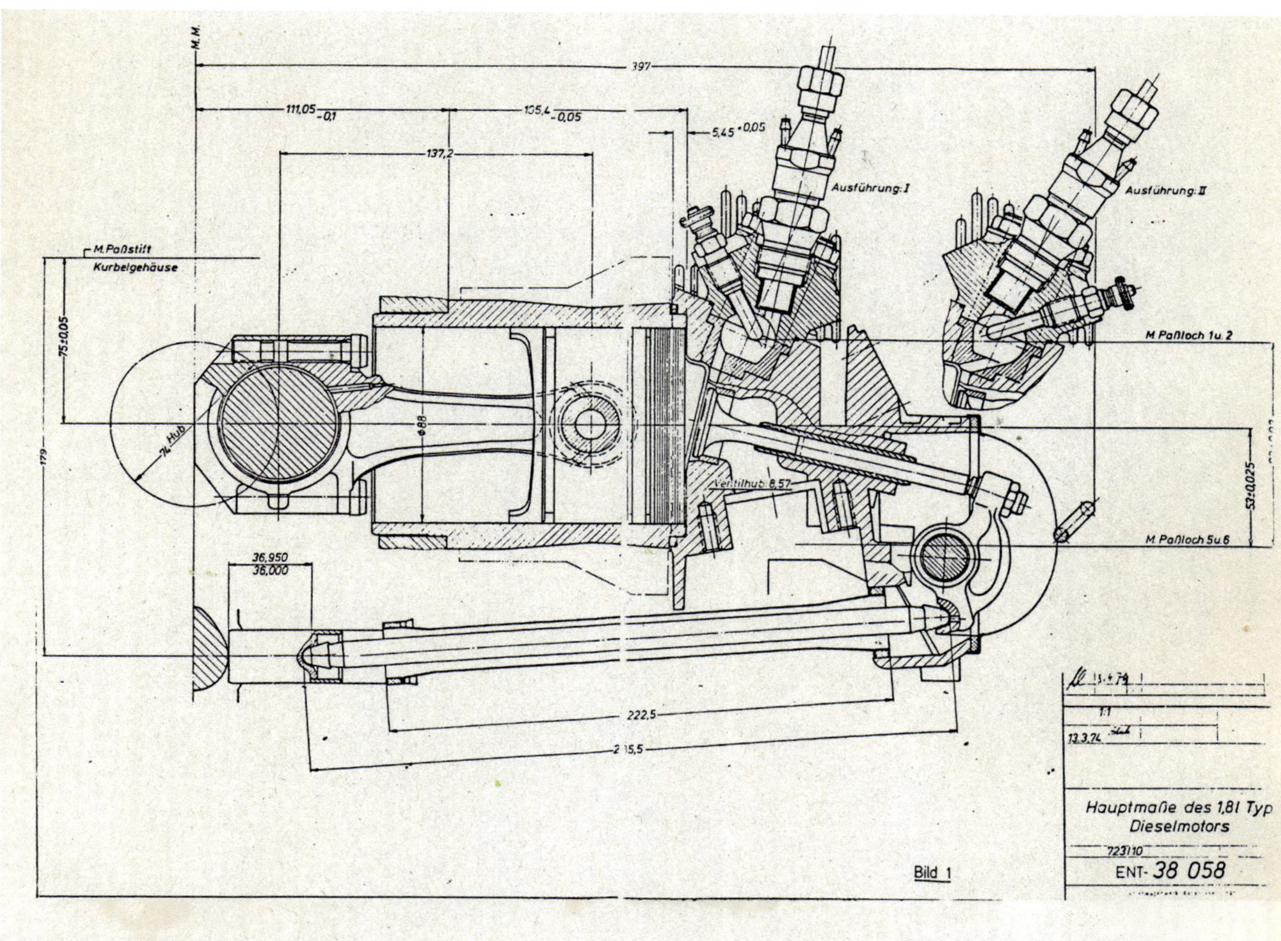

Die Zusammenbau-Zeichnung zeigt zwei Varianten der Wirbelkammer-Anordnung im Zylinderkopf des luftgekühlten Boxermotors. Dabei verhinderte der für Dieselbetrieb ungünstige Keil-Brennraum mit schrägen Ventilen eine optimale Gestaltung.

Zeichnung: E. Schulz

Dipl.-Ing. Gerd Lange berichtet: *»Ich war für vier Jahre mit Herrn Sator in Brasilien. Dort hatten wir zehn Diesel-Boxer. Als Nebenjob hatte ich einen auf dem Prüfstand. Zwei Motoren gingen kaputt. Der dritte leistete 32 kW (44 PS). Geraucht hat der nicht.«*

Warum hat der Motor in Wolfsburg stark geraucht und der in Brasilien nicht? Der Frage ist niemand auf den Grund gegangen. Hatten die Brasilianer etwas Alkohol beigemischt? Dadurch nimmt die Rußemission stark ab. Dafür spricht auch, dass Brasilien so gut wie kein Rohöl besitzt und deshalb damals schon auf Alkohol aus Zuckerrohr als Kraftstoff setzte. Das führte auch zum Ende der Dieselaktivitäten in Brasilien. Auch zeichnete sich das Ende des Boxermotors bei Volkswagen ab, und so wurde das Projekt schließlich ganz eingestellt.

Dipl.-Ing. (»Käpt'n«) Gerd Lange

Geboren 26.09.1942 in Völkensen/Springe
Matrosenbrief, Werkzeugmacher, Schiffsbetriebsmeister, ein Jahr zur See
bis 1977 Studium an der FHS Bremerhafen (Schiffsbetriebsingenieur)
1979 zu IAV (München)
1981 zu Volkswagen, Motor-Versuch
1983 Vorentwicklung Polo G40

Wirbelkammer-Studien am 1,5-Liter

Mit dem Ziel, die Nachteile des Dieselmotors gegenüber dem Ottomotor, wie Spezifische Leistung und höheres Geräusch, zu beseitigen, und die Vorteile, wie geringeren Verbrauch und weniger Schadstoffe im Abgas, weiter zu verbessern, wurde in der Forschung Aggregate-Technik im Rahmen eines BMFT-Projektes (Bundesministerium für Forschung und Technologie) nach dem Serieneinsatz des 1,5-Liter-Dieselmotors weitergearbeitet.

Ein wesentlicher Schwerpunkt war die Brennraumgeometrie. Für das Volumenverhältnis Wirbelkammer zu Hauptbrennraum lag das Optimum bei 50 %. Durch Vergrößerung des Schusskanals, veränderte Steuerzeiten und Entdrosselung des Saugsystems ließ sich die Leistung um 16 % steigern, allerdings auf Kosten des Kraftstoffverbrauchs und der Geräuschemission.

Versuche ohne Glühstift zeigten Vorteile bei betriebswarmem Motor. Daher wurde die Position des Glühstifts so verändert, dass die Wirbelströmung in der Kammer möglichst wenig gestört wird, aber die Kaltstartfähigkeit erhalten bieb.

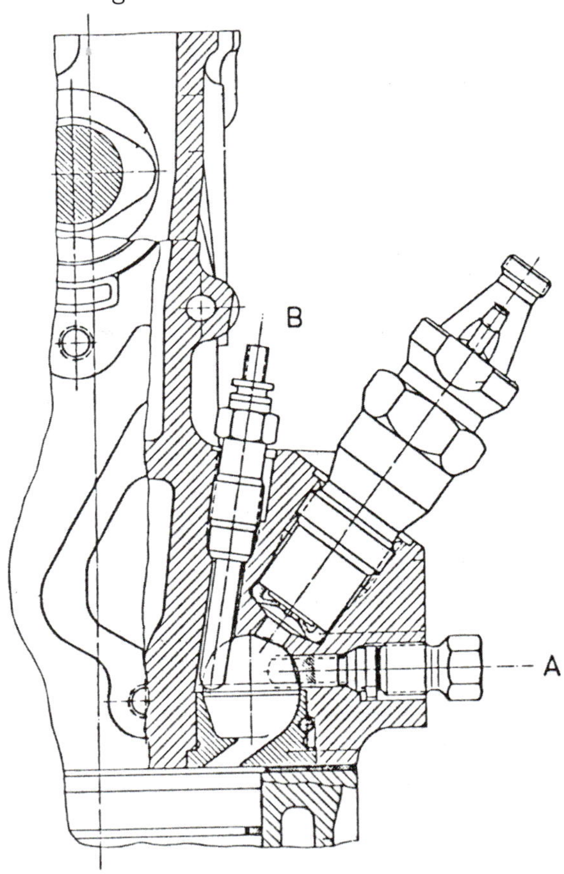

Der Zylinderkopf-Teilschnitt zeigt die optimierte Glühstiftposition B im Vergleich zur Serienlage A. Zeichnung: Volkswagen

Dazu Jörg Ahrens: *»Eine weitere Studie in diese Richtung gab es schon 1985 bei der Entwicklung der VW-Wärmepumpe* (offiziell »Thermodiesel«, siehe Kap. I.6.1). *Dabei unterliegen die Abgasemissionen schärferen Grenzwerten. Hier gab es auch schon eine ‚stehende' Glühstiftkerze und die schlanke ‚Micronozzle' der Fa. CAV. Diese benötigte viel weniger Bauraum, wodurch ein Einspritzwinkel von 26° realisiert werden konnte.«*

Eine Einführung der verbesserten Brennraumgeometrie in die Serie hätte hohe Investitionen in die Zylinderkopffertigung erfordert und wurde nicht umgesetzt. Zur Verringerung der Wandwärmeverluste wurden keramische Wirbelkammern aus Siliziumnitrit und Zirkonoxid untersucht, die aber unter Haltbarkeitsproblemen litten. Auch an Wirbelkammern mit isolierendem Luftspalt (Deckel auf der Wirbelkammer) zwischen Kammer und Zylinderkopf wurde gearbeitet, aber auch hier kam es nicht zu einer Einführung in die Serie.

Die Stickoxid-Rohemissionen sind beim Dieselmotor aufgrund geringerer lokaler Spitzentemperaturen niedriger als beim Ottomotor. Da mit einer weiteren Verschärfung der Grenzwerte gerechnet werden musste, wurden auch Maßnahmen wie Abgasrückführung und Wassereinspritzung untersucht. Beide Verfahren waren für eine Serienanwendung aber ebenfalls noch nicht reif.

Diesel-Aufladung

Von Wilfried Rhode

In der VW-Forschung arbeiteten Dr. Emmenthal und Dipl.-Ing. Rottenkolber an der Aufladung von Pkw-Motoren. Die Arbeiten an den Benzinmotoren sind im Buch »High-Tech Motoren von Volkswagen« beschrieben. Auch Untersuchungen an aufgeladenen Dieselmotoren wurden schon Anfang der 1970er-Jahre durchgeführt.

Durch einen Lader soll die Luftdichte im Zylinder erhöht werden, wodurch bei gleichem Luftverhältnis mehr Kraftstoff verbrannt werden kann. Dadurch wird die Arbeit aus dem motorischen Prozess und damit die Leistung erhöht. So kann ein kleinvolumiger Motor auf die Leistung und das Drehmoment eines größeren Motors angehoben werden, bei geringerer Reibung und damit niedrigerem Verbrauch (Downsizing).

In den 1970er- und -80er-Jahren waren folgende Aufladesysteme aktuell:

- mechanische Aufladung
- Abgas-Turboaufladung
- Druckwellen-Aufladung

Der Dreizylinder-Comprex-Dieselmotor

Wilfried Rhode: *»Im Zuge der Energiekrise wurde Downsizing gefordert. Mein erster Auftrag war, für das Auto 2000 einen 1,2-Liter-R3-Wirbelkammer-Diesel auf Basis des serienmäßigen 1,6-l-Diesel aufzuladen, um etwa die Leistung des 1,6-Liter-Saugmotors zu erreichen.«*

Dipl.-Ing. Wilfried Rhode

Geboren 18.01.1952 in Bad Bevensen
1973-1980 Studium TU Braunschweig (Verbrennungskraftmaschinen, exp. Thermodynamik)
08.1980 zu Volkswagen, Abt. Forschung (Abt. Ltr. P. Rottenkolber)
ab 1985 Motoren-Entwicklung (Arbeit an Diesel und Aufladung)

Ladervergleich

Damals standen Turbolader und mechanische Aufladung in Konkurrenz. Die Abgas-Turbolader litten unter dem »Turboloch«, d. h. niedriger Ladedruck bei niedrigen Drehzahlen wegen zu geringer Abgasenthalpie.

Mechanische Lader waren damals Drehkolbenlader (Roots), z. B. von Aerzener, und Flügelzellenlader von Bendix. Sie benötigten einen mechanischen Antrieb von der Kurbelwelle. Von der eingesetzten Energie kommt ein Teil über die stets positive Ladungswechselschleife zurück.

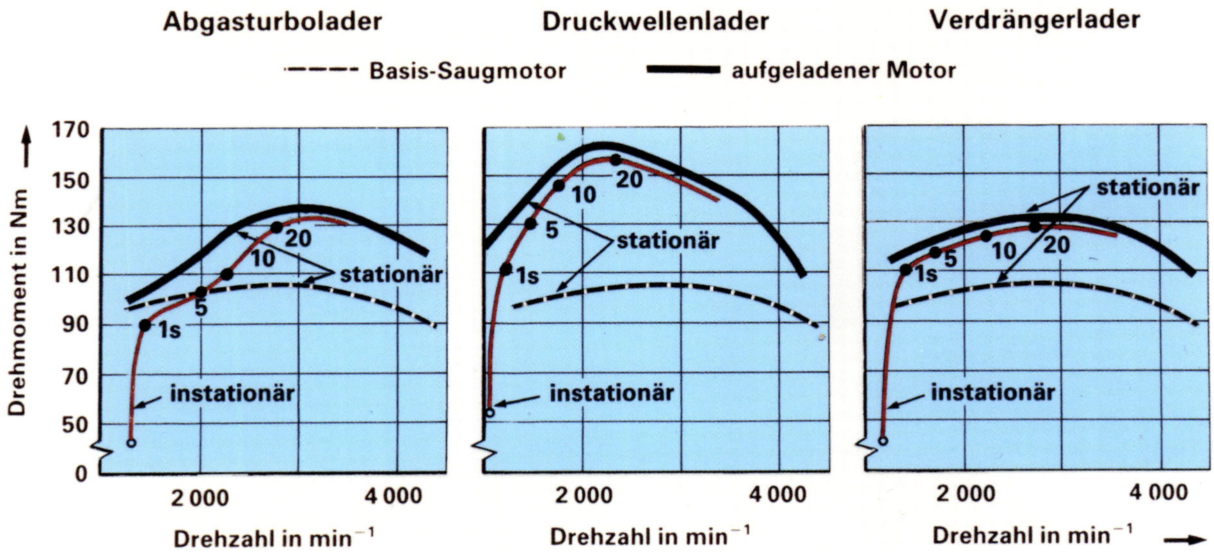

Vergleich der erreichten Drehmomente bei verschiedenen Aufladeaggregaten am 1,6-Liter-Wirbelkammer-Diesel. Mit dem Comprex-Lader wurden die höchsten Drehmomente gemessen. Besonders deutlich wird der Unterschied, wenn man die instationären Drehmomente bei einer Beschleunigung aus niedriger Drehzahl und niedriger Last betrachtet, z. B. die Höhe des Drehmoments nach einer Sekunde als Maß für Spontaneität. Grafik: W. Rhode

Wilfried Rhode schaut zurück: *»Der Drehkolbenlader von Aerzener war zu undicht (Spaltdichtung) und zu schwer und passte nicht für meinen Dreizylinder-Diesel. Der Bendix-Flügelzellenlader war zu groß und hatte wegen hoher Reibung einen schlechten Wirkungsgrad. Bei Emmenthal wurde am G-Lader gearbeitet, aber er war für meine Versuche noch nicht verfügbar; deshalb entschied ich mich für den Comprex-Druckwellenlader von BBC.*

Ich habe den Einlasskrümmer und das Beruhigungsvolumen vor dem Comprex konstruiert. Zusätzlich war ein Antrieb von der Kurbelwelle (5:1) erforderlich, was ein sehr großes Antriebsrad an der Kurbelwelle verlangte. Der Motor erreichte das angestrebte Leistungsziel und hatte ein hervorragendes Ansprechverhalten.«

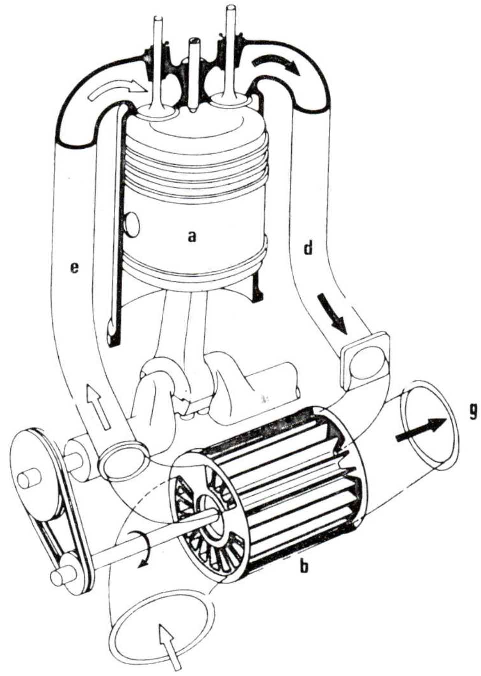

Das Zellenrad wird von der Kurbelwelle angetrieben und sorgt für die zeitliche Steuerung des Prozesses. Ohne Riemen arbeitet das System auch, aber die Beschleunigung wird sehr träge, siehe Kapitel II.1.3. Über Kanäle im Gehäuse wird das heiße Verbrennungsgas aus dem Motor axial in die Zellen des Rades geführt. Der dynamische Druckimpuls verdichtet die Frischluft in der Zelle und presst sie in den Zylinder des Motors. Zeichnung: BBC

Der Comprex-Druckwellenlader

Bei weiterer Drehung des Zellenrades werden die mit Verbrennungsgas gefüllten Zellen mit dem Niederdruck-Auslass verbunden. Das noch unter Druck stehende Gas strömt aus den Zellen, und die Unterdruckwelle pflanzt sich auf die Frischluftseite fort und saugt

Luft in die Zellen. Im Zellenrad kommt es zum Kontakt von Verbrennungsgas mit angesaugter Luft und partieller Vermischung, was in bestimmten Betriebspunkten als interne Abgasrückführung wirkt. Durch hohe Gegendrücke auf den Niederdruckseiten sowohl vor als auch nach dem Zellenrad wird der Druckwellenprozess gestört. Die Funktion ist detailliert in der Literatur beschrieben.

Das Zusammenwirken von Motor und Lader

Wilfried Rhode erinnert sich: *»Der Druckaufbau war schneller als beim Turbolader. Die Leistung betrug ca. 57 PS / 42 kW. Während der Versuche habe ich drei bis vier Motoren kaputt gemacht. Der Grund waren die zu hohen Spitzendrücke, die nach 5.000 bis 7.000 km zu Rissen im Zylinderkopf führten. Der Versuchsträger war ein Golf 1. Mit dem bin ich nie liegengeblieben. Ich habe sogar eine Testfahrt zu BBC nach Baden in die Schweiz gemacht. Dort wurde das Fahrzeug von den Comprex-Entwicklern mit Begeisterung probegefahren. Ich hatte dort auch Gelegenheit, Versuchsfahrzeuge mit Comprex-Aufladung von anderen Herstellern zu testen.*

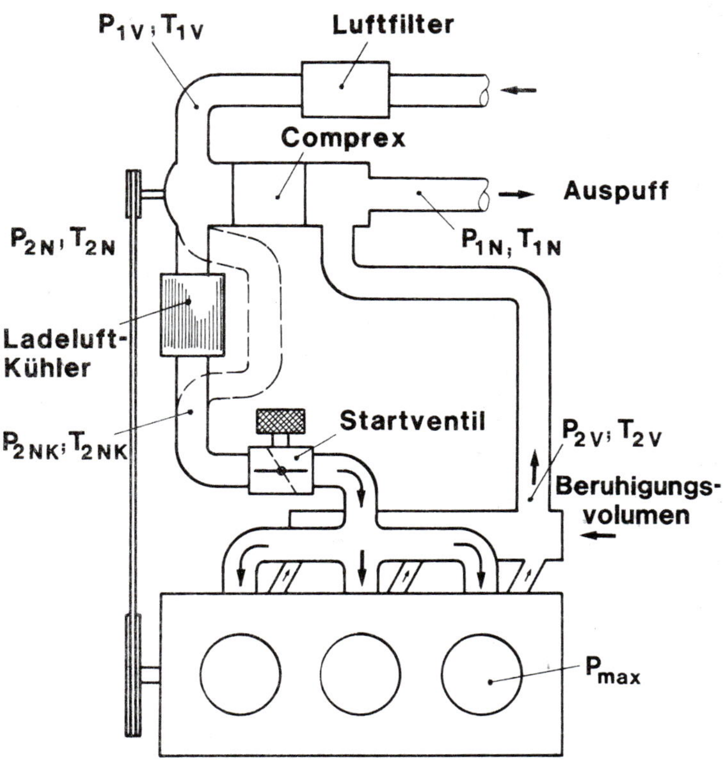

Das Schaltbild zeigt die Verbindungen des Motors mit dem Comprex-Lader. Damit der Druckwellen-Prozess in Gang kommt, braucht der Lader Verbrennungsgas vom Motor. Damit dieser leichter startet, schaltet das Startventil den Lader aus und der Motor saugt über einen Luftfilter widerstandsarm an. Zeichnung: W. Rhode

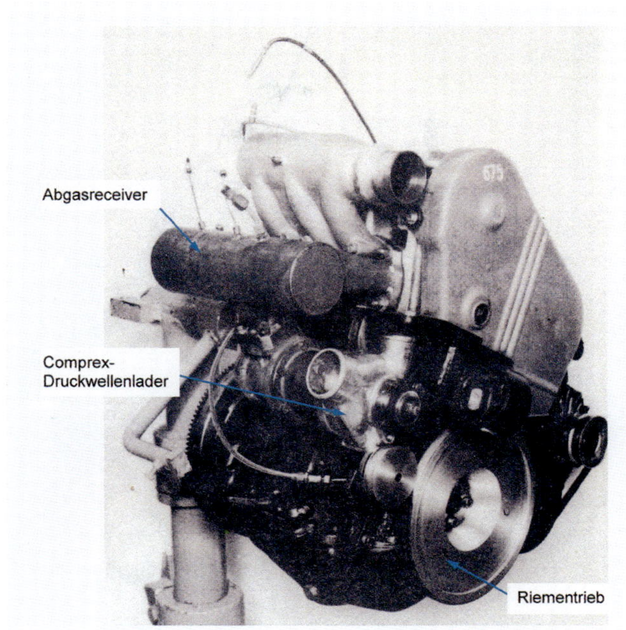

Der 1,191-Liter-Dreizylinder-Forschungsmotor mit Comprex-Lader CX 71 der Schweizer Firma BBC basierte auf dem 1,6-Liter-Vierzylinder-Wirbelkammer-Diesel-Motor. Foto: Volkswagen

Der Saugmotor bot eine gute Voraussetzung für die Aufladung. Mit dem Comprex-Lader und Ladeluftkühlung erreichte ich gute Resultate:

Werte und Änderungen gegenüber dem Saugmotor	
42 kW (35,3 kW/l)	+ 50 %
132 Nm (13,9 bar)	+ 70 %
256 g/kW/h	- 8 %

Der Motor zeigte ein sehr gutes Instationärverhalten. Ein solcher Motor wurde im Auto-2000-Prototyp eingesetzt. Eine Serienentwicklung erfolgte auch wegen zu hoher Kosten nicht. Bei Opel und Mazda waren 1985 bzw. 1987 Comprex-geladene Dieselmotoren für kurze Zeit in Serie.«

Der VR6-Wirbelkammer-Dieselmotor EA 132

Von Raphael Hartung

Michael Willmann kann sich an den Anfang erinnern: *»Wir waren noch in der Forschung, Hofbauer war Hauptabteilungsleiter der Forschung Aggregatetechnik. Ich war junger Forschungs-Ingenieur. Hofbauer schickte mich 1978 zu Dr. Krüger (damals noch Leiter der Motor-Konstruktion 2): ,Holen Sie die Zeichnungen vom VR6-Motor. Wir wollen mal sehen, ob man daraus einen Dieselmotor machen kann.' Ich sagte: ,Warum gehen Sie nicht selber hin?' Hofbauer:'»Mir gibt er die nicht.' Ich ging also zu Dr. Krüger und erzählte ihm von Hofbauers Plan. Es gab gar kein Problem, Dr. Krüger ließ mir einen Zeichnungssatz zusammenstellen und aushändigen.«*

In der Forschung ist nichts daraus geworden. 1978 wurde Hofbauer Bereichsleiter der Aggregate-Entwicklung. Dort griff er den Plan wieder auf. Dipl.-Ing. Raphael Hartung in der Abteilung von H. Buchmüller koordinierte die Konstruktionsarbeiten, die bei Consulting-Firmen durchgeführt wurden.

Konstrukteur Raphael Hartung

Geboren 13.12.1935 in Stendal
1953 Lehre Werkzeugmacher (Volkswagen)
1957 zu Volkswagen
1958 Konstruktion (u .a. »Eiserne Hände«)
1959 Ingenieurschule Hamburg (Flugzeugbau)
1962 Vorentwickler Motoren
1970 Motor-Konstruktion 2

Hartung erzählt: *»1986 arbeitete ich am VR6-Diesel-2,4 l mit siebenfach gelagerter Kurbelwelle. Die hat gegen alle Skepsis gehalten, wurde dann für VR-Ottomotoren übernommen. Hofbauer hatte Interesse daran, den Motor in den Golf zu bringen. Dazu musste der Wasserkasten entfernt und das Saugrohr aus Platzgründen um 50 % verkleinert werden.«*

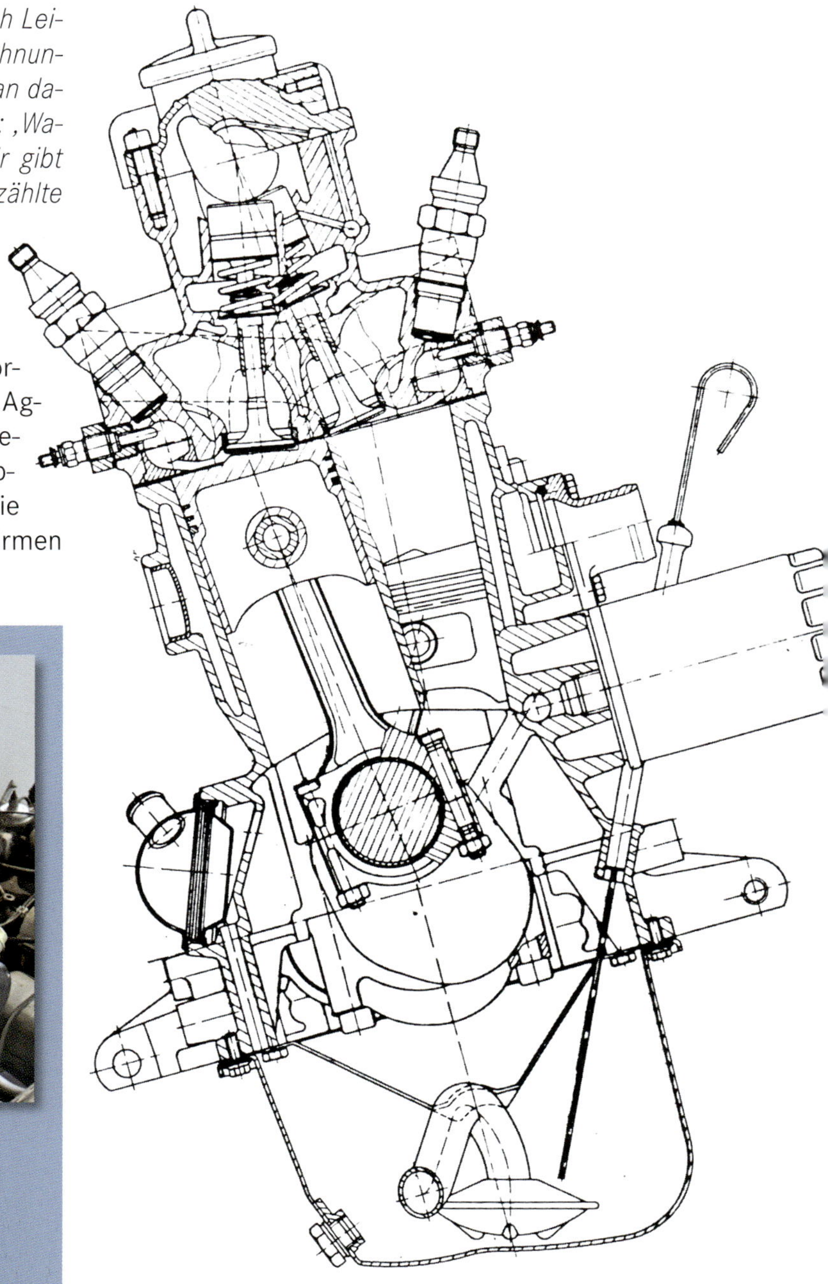

Aus dem 2,4-Liter-VR6-Benzinmotor entstand der Wirbelkammer-Dieselmotor. Der Querschnitt veranschaulicht die kompakte Bauweise. Zur Kraftstoffeinspritzung wurde eine Verteiler-Einspritzpumpe verwendet. Zeichnung: R. Hartung

Mit der Bohrung von 78,0 mm und einem Hub von 82,6 mm war der Kurbeltrieb dieselgünstig langhubig. Der Hubraum war 2,368 Liter groß.

Michael Willmann: *»Der Motor hätte im Motor-Versuch entwickelt werden müssen, landete aber 1986 bei uns in der Abteilung ‚Aggregate-Diversifikation' unter der Leitung von Herrn Wiedemann. Dipl.-Ing. Günter Goergens machte die Abstimmung auf dem Prüfstand für den Fahrzeugeinsatz.«*

Mit freilaufender Einspritzpumpe betrug die Leistung, ohne endgültige Abstimmung, 59 kW (24,9 kW/l), und der maximale Mitteldruck lag bei 8,1 bar bei 3.000 U/min.

Es traten wiederholt Motorschäden auf. Dipl.-Ing. Matthias Weiß von IAV betrieb die Ursachenermittlung und fand Durchblasespuren des Verbrennungsgases ins Kühlmittel. Durch Änderung am Zylinderkurbelgehäuse konnten weitere Kolbenfresser vermieden werden. Nach 42 Stunden Laufzeit trat ein Motorschaden durch einen Bruch am Antriebszahnriemenrad der Nockenwelle und Einspritzpumpe auf. Weiter wurden ein Nockenwellenbruch und ein gebrochenes Nockenwellenlageroberteil festgestellt.

»Ich bin mit dem Golf gefahren, er war sehr laut, was bei nicht fertig entwickelten Prototypen nicht ungewöhnlich ist«, berichtet Raphael Hartung. *»Dann gab es ein Date am Verwaltungs-Hochhaus mit Herrn Hofbauer und Herrn Hauk, der den Ingolstädter V6-90° favorisierte, aber der passte natürlich nicht quer in die Fahrzeuge. Zu einem Serieneinsatz ist es nicht gekommen.«*

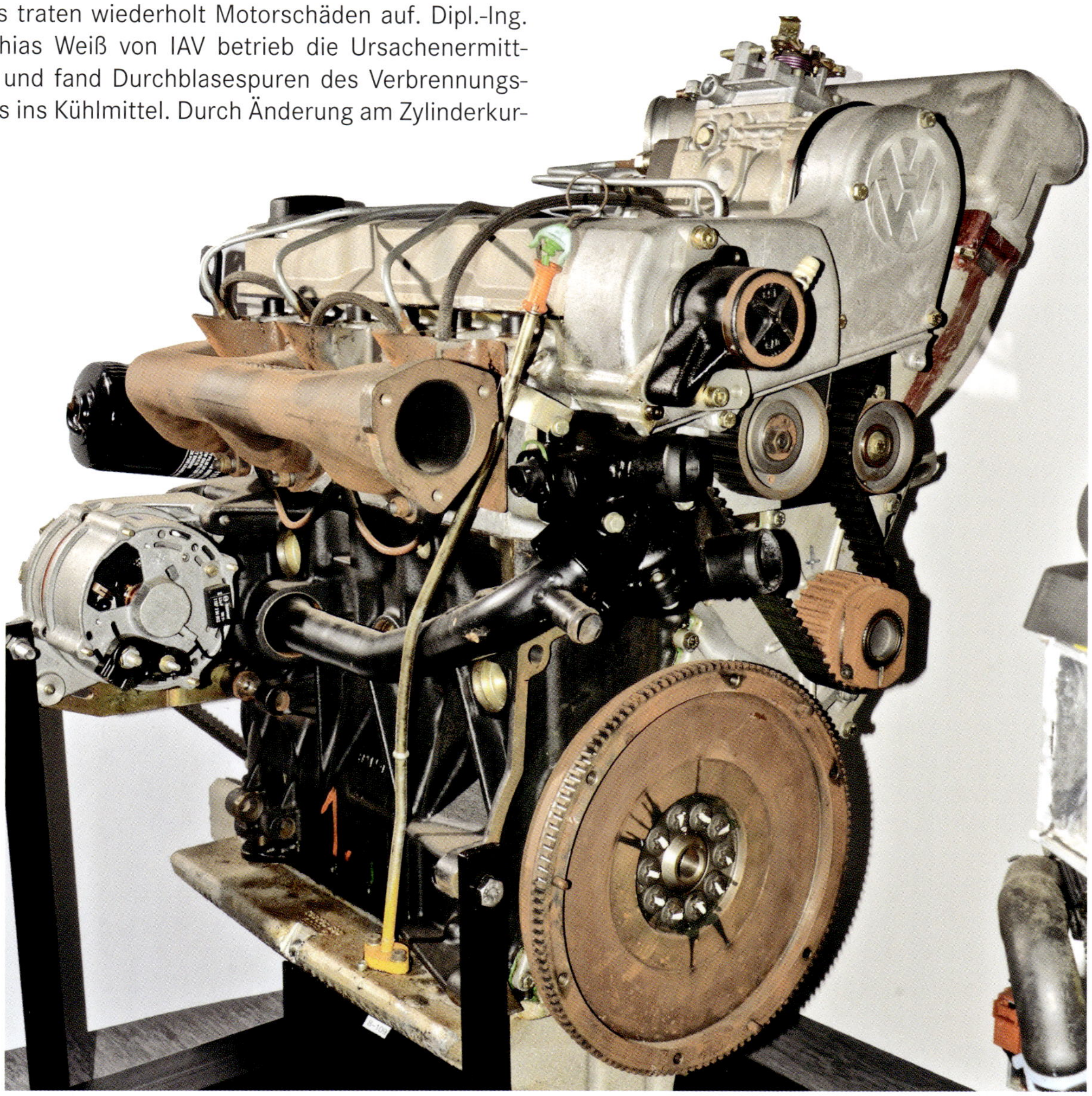

Der 2,4-Liter-VR6-WK-Diesel im AutoMuseum ist erhalten geblieben. Der Einspritzpumpen-Antrieb ist zweistufig auf der Schwungradseite über Kette und Zahnriemen ausgeführt.
Foto: AutoMuseum Volkswagen

Der V8-Diesel auf dem Reißbrett

Von Jörg Ahrens

Im Jahre 1975 kam der Hauptabteilungsleiter der Forschung Aggregate-Technik, Herr Hofbauer, mit der Idee eines relativ günstigen V8-Dieselmotors für Pkw zu den Konstrukteuren. Ich bearbeitete das Projekt ab 1978 unter der Leitung von Helmut Leptien.

Der Bankwinkel sollte, wie bei V8-Motoren üblich, 90° betragen. Dabei sollten so viele Teile wie möglich aus dem bekannten 1,5-l-Wirbelkammer-Motor übernommen werden. So sollten z. B. die Kurbelwelle, der ZSB-Zylinderkopf (2x), die Kolben, die Einspritzpumpe, die Pleuel als Rohteil etc. verwendet werden. Einzig das Kurbelgehäuse sollte ein Neuteil werden. Das Leistungsziel war 100 PS (77 kW).

Bei V-Motoren laufen üblicherweise zwei Pleuel auf einem Hubzapfen. Die Besonderheit war, dass die Baulänge durch die geplante Übernahme der Kurbelwelle des Vierzylinder-Motors nur um den Bankversatz gleich Pleuelbreite, in unserem Fall 19,6 mm, wachsen sollte. Dieses Maß ergab sich durch die Bearbeitung der Serien-Pleuel, die an die vorhandene Breite des Lagers angepasst werden mussten.

Aber leider wurde schnell klar, dass das mit der Übernahme der Serienteile doch nicht so einfach war. So stellte sich heraus, dass man den zweiten Zylinderkopf nicht einfach um 180° drehen konnte. Und das bedeutete eben auch, neben der Kurbelwelle, einen komplett neuen zweiten Zylinderkopf zu entwickeln. Das Gleiche galt dann auch für fast alle anderen Bauteile, beispielsweise Kolben, Einspritzpumpe, Ölwanne, Ölpumpe etc.

Nach den ersten Berechnungen stellte sich heraus, dass die Belastung für die dann sehr schmalen Pleuel-Lagerschalen zu hoch gewesen wäre. Deshalb wurden durch die Grazer Firma AVL, im Auftrag von Volkswagen, umfangreiche Berechnungen der Kurbelwelle durchgeführt. Dabei wurden unterschiedliche Kröpfungen der Kurbelwelle hinsichtlich freier Massenkräfte und Momente untersucht. Als guter Kompromiss wurde zugunsten der Kreuzwelle mit je zwei gegenüberliegenden, benachbarten Kröpfungen (Rolls Royce-Welle) entschieden.

Ein V8-Motor im Pkw stellt eine Komfort-Motorisierung dar. Daher gab es auch Überlegungen, die Diesel-typische Schallabstrahlung vom Motor zu dämmen. Der Konstrukteur Egon Wundrak erstellte den Entwurf eines »Skelettmotors« mit einer motorgetragenen Kapsel. Dabei wird die Ölwanne durch eine weit hochgezogene Unterschale ersetzt, die über elastische Elemente am Triebwerksträger (Skelett) abgestützt wird. Problematisch ist die Durchführung der Kurbelwelle an den Stirnseiten. Einerseits müssen die Dichtelemente weich ausgeführt werden, damit die Körperschallübertragung minimiert wird, andererseits sollen sie aber die Masse der Unterschale tragen. Der obere Teil des Motors wird von einer Blechschale umgeben.

Konstrukteur Jörg Ahrens

Geboren 15.01.1957 in Braunschweig
1974-1977 Lehre Technischer Zeichner (Volkswagen)
1977 Eintritt in Forschung Aggregate zu Volkswagen, (UA Helmut Leptien)
Arbeit u. a. an G-Lader, Thermodiesel und Diesel, Projektleitung EU4-Dieselmotoren weltweit

Auch Dr. Oberg in der VW-Forschung griff das Thema für einen Vierzylinder-Motor wieder auf. Letztendlich konnte sich diese Bauweise nicht durchsetzen.

Die Idee des V8-Diesels kam nie über die Konstruktionsphase hinaus. Die Zeit war noch nicht reif für einen V8-Diesel im Pkw. Aber 1999 stellte Audi einen 3,328-Liter-V8-TDI vor.

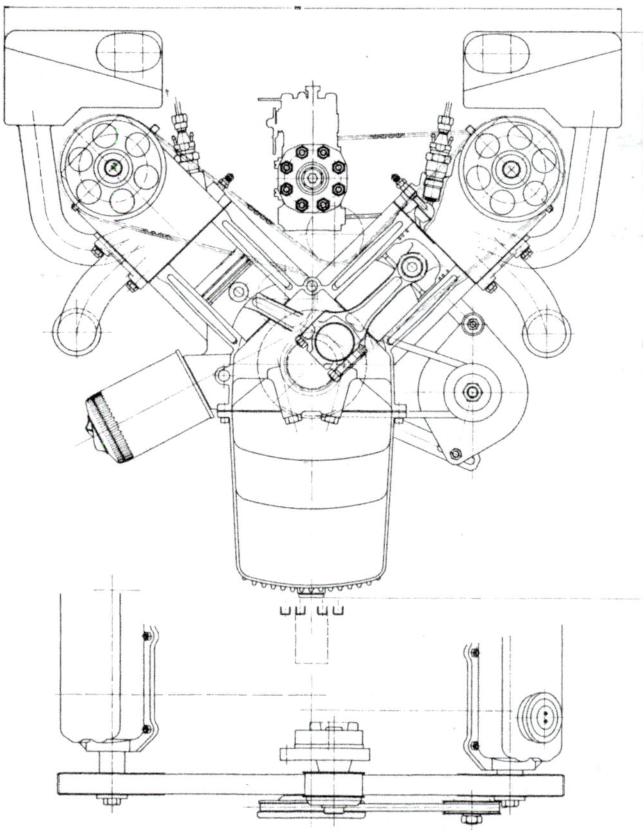

Querschnitt des V8-Dieselmotors mit den Wirbelkammer-Brennräumen, dem Zahnriemenantrieb der obenliegenden Nockenwellen und der Einspritzpumpe im V des Motors. Die Einspritzpumpe wird über eine Nockenwelle und einen zweiten Zahnriemen vom rückwärtigen Ende des Motors angetrieben.

Zeichnung: H. Leptien/J. Ahrens

Der Wirbelkammer-Diesel mit G-Lader

In der VW-Forschung arbeiteten die Ingenieure Erich Gaschler, Walter Eib und Rolf Poltrok 1985 an einem 1,6-Liter-Serien-Dieselmotor, der statt des Turboladers den G40-Lader besaß. Der Lader konnte durch eine Magnetkupplung in der Teillast abgeschaltet werden und so den Kraftstoffverbrauch in diesem Bereich senken. Mit einem Ladeluftkühler erhöhten sie die Leistung auf 82 PS (60 kW) und den Mitteldruck auf 11 bar. Mit einer elektronisch geregelten Einspritzpumpe konnten sie die ab 1987 geltenden US-Abgasgrenzwerte im Passat Variant unterschreiten. Der Rechner im Steuergerät regelte den Spritzbeginn sowie die Einspritzmenge und schaltete den G-Lader, jeweils optimiert für niedrige Abgaswerte und hohes Drehmoment bei ruhigem Motorlauf.

M. Willmann: *»Weshalb arbeiteten die Forscher noch mehrere Jahre am Wirbelkammer-Diesel, wo doch der Dreizylinder-Dieselmotor im Auto 2000 schon Direkteinspritzung hatte und bei uns in der Aggregate-Entwicklung der 1,7-Liter-Direkteinspritzer mit G-Lader, Magnetkupplung, Ladeluftkühler, Abgas-Rückführung, Partikelfilter und EDC mit niedrigerem Kraftstoffverbrauch lief? Rolf Poltrok meint, die Forscher hätten nicht geglaubt, dass der DI alle künftigen Abgasvorschriften erfüllen könne.«*

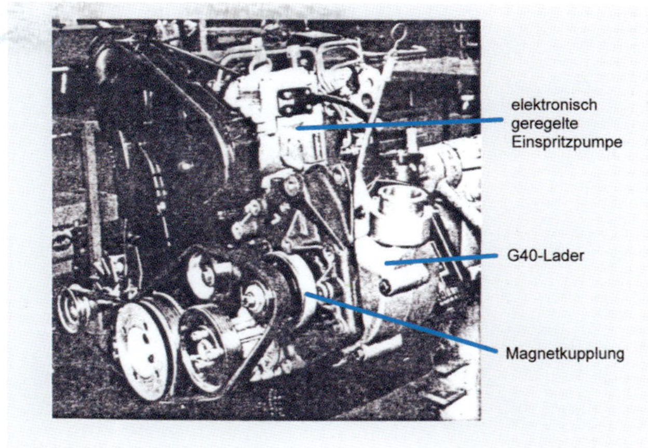

Der 1,6-Liter-Forschungsmotor 1,6-Liter-WK-GL-LLK-EDC.

Foto: Volkswagen

Volkswagens Ellipsen-Motor

Von Dr. Hermann Oetting

Honda hatte für die Rennsaison 1986 einen Motorrad-Rennmotor mit ovalen Kolben entwickelt. Die Abdichtung mit den ovalen Kolbenringen an den tangenzialen Übergängen von den Bögen zu den Geraden war nicht ohne Probleme. Der Motor wurde bei Rennen eingesetzt, aber große Erfolge blieben aus.

David Payne in der Dieselabteilung der Forschung Aggregate-Technik unter Leitung von Dr. Oberg hat den Vorschlag ‚Ovalkolben' als erster gemacht, und wir alle haben den Vorschlag begeistert aufgegriffen. Wir hatten eine Hubraumvergrößerung bei unverändertem Zylinderabstand von 88,0 mm im Kopf, insbesondere natürlich für den Transporter. Auch der Kolbenhub von 86,4 mm sollte beibehalten werden. Damit die Anpressung der Kolbenringe an die Zylinderwände möglichst gleichmäßig auf dem ganzen Umfang stattfindet, wurden die Zylinder nicht oval, wie bei Honda, sondern ellipsenförmig ausgeführt.

Der Motor wurde in einen VW Passat Variant eingebaut und der Presse vorgeführt. Zu der Zeit befand sich der 1,9-Liter-TDI-Dieselmotor kurz vor dem Serieneinsatz. Dieser übertraf den exotischen Ellipsenmotor in punkto Leistung und Drehmoment mit 90 PS

(66 kW) bzw. 182 Nm deutlich. Damit erschien eine Hubraumvergrößerung nicht mehr notwendig.

In der Erinnerung wundere ich mich immer noch darüber, mit welcher Selbstverständlichkeit und geradezu Begeisterung die Mahle-Leute damals mitgespielt haben. Dass daraus nix geworden ist, lag an meiner Versetzung in den Motorversuch. Ich habe damals nicht verstanden, dass sich bei dem Zylinderabstand von 88 mm keine Sau für die Realisierung von 2,3 Liter Hubraum in vier Zylindern interessierte. Der »Ovalkolbenmotor« hätte natürlich genauso gut als DI laufen können, woran er gestorben ist, keine Ahnung. Not invented here?

Abb. links: Der 2,343-Liter-Ellipsenmotor wurde oft als Ovalkolbenmotor bezeichnet. Die lange Achse der Ellipse lag quer zur Kurbelwelle. Er leistete 78 PS (24,5 kW/l) bei 4.500 U/min. Das max. Drehmoment betrug 165 Nm (8,8 bar) bei 2.500 U/min
Foto: auto motor und sport

Quellen:

- P. Hofbauer u. B. Wiedemann: Advanced Automotive Power Systems. Part 1: Morphological System and Systems Analysis. SAE-Paper 760591, 1976
- M. Willmann/E. Kittler: Generationswechsel. Motorbuch Verlag Stuttgart, 2019
- H.-A. Kuck, W. Kurpiers, G. W. Schweimer, M. Willmann: Emissions- und verbrauchsgünstiger Dieselmotor für Kompaktfahrzeuge. BMFT-Statusseminar 1978
- G. W. Schweimer, W. Eib: Wirbelkammer-Dieselmotor mit elektronischer Regelung und mechanischem Lader im VW-Passat. BMFT-Vorhaben
- E. Gaschler: Exhaust Emissions Influenced by Electronic Diesel Control. SAE 860142
- W. Schnepf: Die Geschichte der Honda NR 500. Motorrad, Nr. 6/1985
- C. Becker: Keine runde Sache. auto motor und sport, Nr.14/1990

Zylinderkurbelgehäuse des Ellipsenmotors im Motoren-Kabinett des AutoMuseums Volkswagen Foto: Kittler

I.3.2. Der Fünfzylinder-Diesel aus der Forschung

Von Michael Willmann und Peter Deja

Piëchs Fünfzylindermotoren

Schon während seines Studiums an der TU Wien hatte Ferdinand Piëch einen Fünfzylinder-Motor konstruiert. Die Zahl »5« sollte ihn noch viele Jahre begleiten.

Ferdinand Piëch musste sich, wie alle Familienmitglieder, Ende 1971 aus der Porsche-Geschäftsleitung zurückziehen. Daimler-Benz hatte Interesse an ihm, aber vor einem Wechsel sollte eine *»Anstandsfrist«* gewahrt werden, die mit einem Beratervertrag überbrückt werden sollte.

Piëch berichtete über ein Gespräch mit dem Mercedes-Chef Joachim Zahn: *»Auf der Suche nach einem passenden Thema für diese Tätigkeit stießen wir auf das Problem der Diesel-Aufrüstung. Mercedes wollte die Vierzylinder-Baureihe mit einem Sechszylinder aufstocken, aber es gab Platzprobleme in der bestehenden Karosserie. Ich schlug einen Fünfzylinder-Diesel vor. Der müsste hineinpassen und würde tadellos den Job tun. Es gab noch kein Personenauto mit Fünfzylinder, weder Diesel noch Otto. Jeder kannte die technischen Probleme. Warum ich mir so sicher sei, dass das Ding auf Mercedes-Niveau funktionieren würde, fragte Scherenberg* (Mercedes-Entwicklungschef, d. A.).

Ich hatte in der Porsche-Zeit mit einem Beratungsauftrag für die algerische Regierung zu tun gehabt. Es ging um die Evaluierung von Berliet- und Saviem-Motoren für Lkw, da waren Vier-, Fünf- und Sechszylinder dabei.«

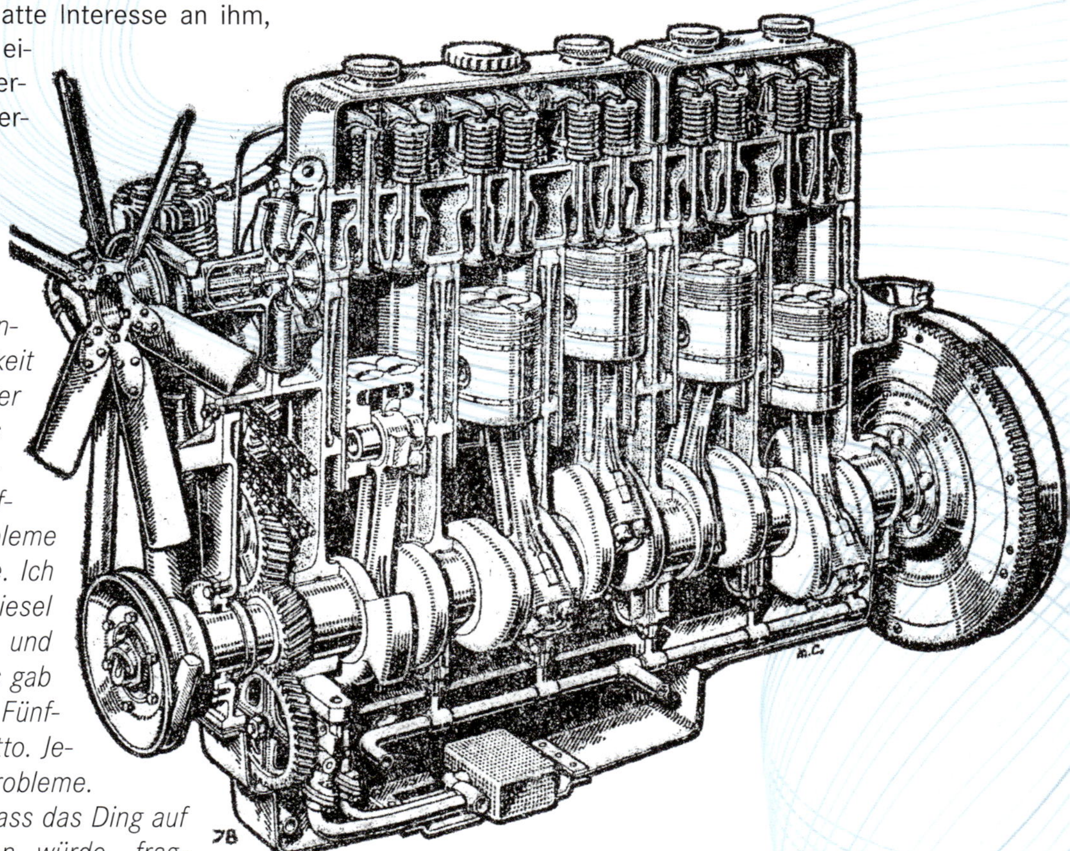

Der 7,9 Liter große Fünfzylinder-Lkw-Dieselmotor von Berliet aus dem Jahr 1950. Quelle: Automobil Revue

Piëch weiter: *»Die guten Erfahrungen mit dem Fünfzylinder in puncto Laufruhe und Geräusch waren bei mir hängen geblieben, und warum sollten sich diese Tugenden nicht auf einen Pkw-Motor übertragen lassen? Wann immer aus Kosten- oder Platzgründen eine schwere Entscheidung zwischen Vier- und Sechszylinder anstehen sollte, gab es aus meiner Sicht keinen Grund, der Zahl Fünf aus dem Wege zu gehen. Scherenberg fragte mich nach dem Preis für fünf schlüsselfertige Fünfzylinder auf Basis des 240 D-Motors, ich nannte nach drei Tagen die Summe, und wir hatten einen Deal.«*

1974 startete die Serienproduktion des Pkw Mercedes-Benz 240 D 3.0.

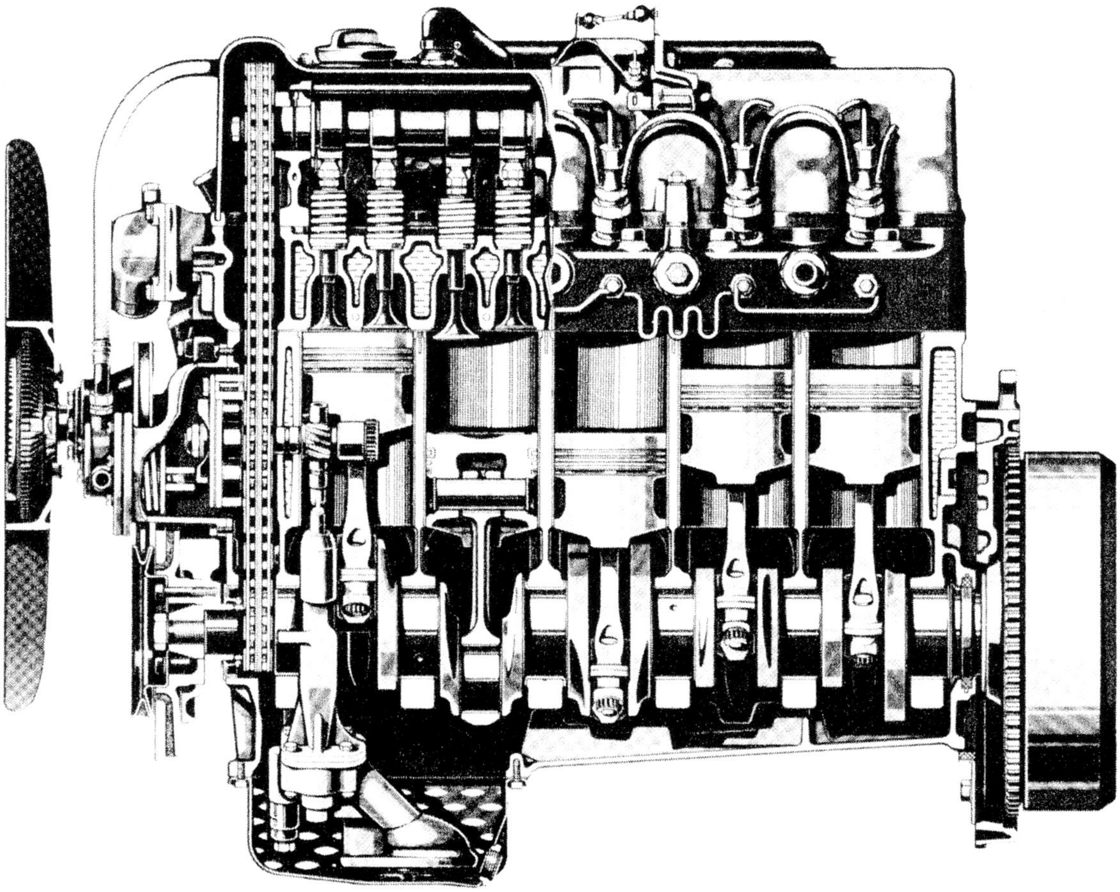

Der Fünfzylinder-Pkw-Vorkammer-Dieselmotor OM 617 von Mercedes-Benz. Zeichnung: Mercedes-Benz

Leistungssuche auch bei Volkswagen

Die Erfolge des 1,5-Liter-Wirbelkammer-Dieselmotors in Golf, Passat und Audi 80 ließen den Wunsch nach einem größeren Dieselmotor mit höherer Leistung für die größeren und schwereren Fahrzeuge des VW-Konzerns aufkommen.

Die Leistungsgleichung zeigt die Hauptparameter:

$$P_e = p_{me} * V_H * \frac{n}{a}$$

Willmann: *»Den effektiven Mitteldruck pme hatten wir beim 1,5-Liter-Turbo-Dieselmotor mit 10,3 bar schon an die Spitze damaliger Pkw-Diesel gebracht, allerdings auf Kosten eines heftigen ‚Turbolochs' bei niedrigen Drehzahlen. Beim damaligen Stand der Turbolader-Entwicklung reichte die Abgasenthalpie des Motors nicht, um bei niedrigem Gasdurchsatz befriedigende Ladedrücke zu generieren.«*

Mit 5.000 U/min ist die Nenndrehzahl n_N bereits ausgereizt, denn darüber steigen Kraftstoffverbrauch und Geräusch stark überproportional an. Der Trend bei nachfolgenden VW-Dieselmotoren und auch beim Wettbewerb ging wieder zu etwas moderateren Nenndrehzahlen bis ca. 4.800 U/min.

Der erste Hauptsatz der Motoren-Entwickler lautet: *»Hubraum ist durch nichts zu ersetzen, es sei denn durch mehr Hubraum.«* Die Vergrößerung des Hubvolumens V_H eines Motors setzt voraus, dass im Zylinderkurbelgehäuse Platz für eine Vergrößerung der Zylinderbohrung und/oder des Kolbenhubs vorhanden ist. Eine Vergrößerung des Zylinderabstands führt zu einem neuen Motor und ist sehr kostenintensiv.

Eine Erhöhung der Zylinderzahl führt auch zu einem neuen Motor, aber es kann eine bewährte Zylindereinheit mit Brennverfahren übernommen werden. Bei Audi in Ingolstadt hatte Dipl.-Ing. Leitner im Team von Dipl.-Ing. Hauk auf Veranlassung des Audi-Aggregatechefs Piëch einen 2,0-Liter-Fünfzylinder-Reihen-Ottomotor EA 828 mit dem Zylinderabstand des EA 827-Motors (88 mm) konstruiert. Piëch war inzwischen in Ingolstadt.

Der 2,2-Liter-Fünfzylinder-Wirbelkammer-Dieselmotor

Michael Willmann: *»Mein Kollege Walter Kiegeland und ich bekamen Ende 1974 von unserem Chef, Herrn Vogelsang, den Auftrag, aus dem Audi-Fünfzylinder-Ottomotor eine Dieselvariante mit maximalem Hubvolumen für den LT1 zu konstruieren. Ermutigt durch die Erfolge des 1,5-Liter-Wirbelkammer-Dieselmotors im Golf und Passat machten wir uns an die Arbeit. Ich fuhr nach Ingolstadt zu Herrn Leitner und holte einen Zeichnungssatz von seinem Motor. Die Zylinderbohrung vergrößerten wir auf 79,5 mm. Der Kolbenhub sollte auf 88 mm wachsen. Das ergibt mit einem Zylinderabstand/Bohrungs-Verhältnis von a/D = 1,107 eine sehr kompakte Bauweise. Herr Kiegeland konstruierte die Wirbelkammer an den Zylinderkopf, und ich beschäftigte mich zunächst mit dem Kurbeltrieb.«*

Der Massenausgleich

Die ungeraden Zylinderzahlen führen bei Reihenmotoren zu einem umlaufenden Taumelmoment (Tretkurbeleffekt). Dieses entsteht aus der Überlagerung der Massenkräfte der einzelnen Zylinder. Die mit der Kurbelwellendrehrichtung umlaufenden Momente können durch Gegengewichte an den Kurbelwangen und durch Unwuchten im Schwungrad und im Drehschwingungsdämpfer ausgeglichen werden. Das entgegen der Kurbelwellendrehrichtung umlaufende Moment 1. Ordnung und die Momente 2. Ordnung bleiben unausgeglichen. Für einen weitergehenden Ausgleich bräuchte man Ausgleichswellen.

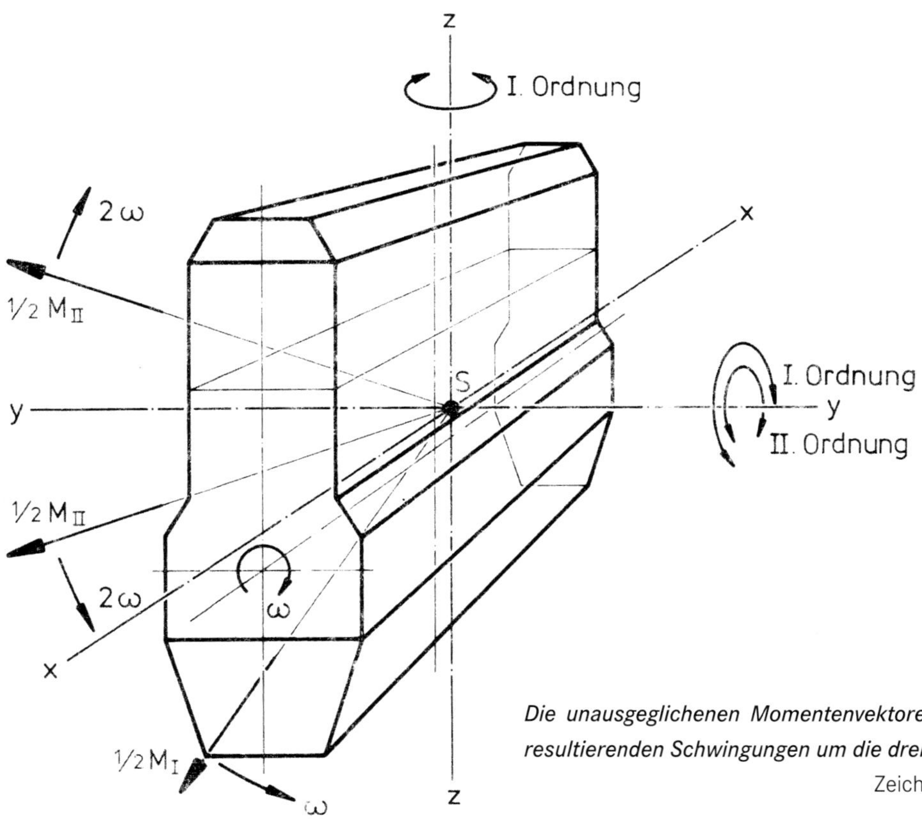

Die unausgeglichenen Momentenvektoren und die daraus resultierenden Schwingungen um die drei Achsen.

Zeichnung: M. Willmann

Die Konstruktion

Michael Willmann: *»Wir verwendeten möglichst viele Teile vom Audi-Fünfzylinder-Ottomotor. Aber der Dieselmotor verlangte einige Änderungen, z. B. am Zylinderkopf, am Zylinderkurbelgehäuse und an der Kurbelwelle. Hinzu kamen ein Schwingungsdämpfer auf der Kurbelwelle und ein Halter für die Einspritzpumpe. Und das Zylinderkurbelgehäuse musste um die halbe Hubvergrößerung, also 4 mm, erhöht werden.*

Herr Vogelsang hatte die Idee, Kurbelwellen-Rohteile vom Ottomotor zu nehmen und fehlendes Material nach dem Wig-Verfahren unter Argon aufzuschweißen. Es ging ja bei diesem Forschungsprojekt um den Funktionsnachweis, nicht um Dauerläufe. Dadurch sparten wir Zeit und Geld für ein Gesenk. Spannungen wurden durch eine anschließende Wärmebehandlung beseitigt. Danach folgte noch eine Vergütung des C 45-Werkstoffs. Das bei VW übliche Verfahren der Radien-Verfestigung durch Rollen wurde hier durch Salzbadnitrierung ersetzt. Schließlich folgte noch eine Induktivhärtung der Lagerstellen.«

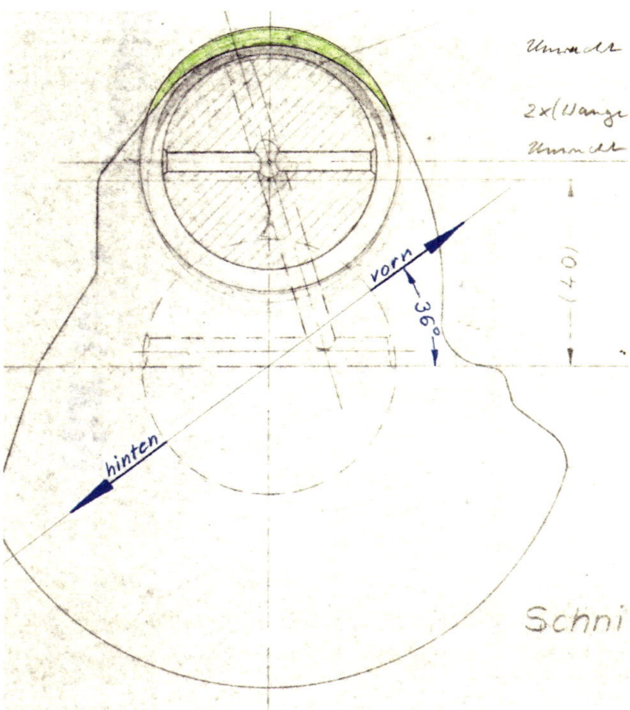

Querschnitt der Kurbelwelle mit Angabe der aufzuschweißenden Bereiche sowie der Richtung der anzubringenden Unwuchten zum Massenausgleich. Zeichnung: M. Willmann

Die Kolben von Mahle entsprachen weitestgehend denen des Vierzylinder-Dieselmotors. Der Kolbenbolzen wurde von 22 auf 23 mm verstärkt.

Die Sichel-Ölpumpe – dasselbe Prinzip wie beim EA 801 – auf dem vorderen Kurbelwellenzapfen zeichnet sich durch eine gute Fördercharakteristik und kostengünstige Herstellung aus.

Im Auspuffkrümmer aus Grauguss sind die Kanäle der Zylinder 1 und 5 sowie 2, 3 und 4 jeweils zu einem Strang zusammengefasst. Dadurch ergibt sich nur eine geringe Beeinflussung des Ladungswechsels von Zylinder 2 durch Zylinder 4. Alle anderen Zylinder beeinflussen sich gegenseitig nicht.

Die modifizierte Ricardo-Mk.V-Wirbelkammer wurde im Wesentlichen vom Vierzylinder-Dieselmotor übernommen. Walter Kiegeland konstruierte den Zylinderkopf so, dass im Versuch verschiedene Wirbelkammergrößen und Einspritzdüsen mit unterschiedlichen Spritzrichtungen untersucht werden konnten. Drei verschiedene Nockenwellen wurden ebenfalls untersucht. Die Bodenplatte des Kopfes wurde verstärkt.

Michael Willmann weiter: *»Die Bosch-Verteilereinspritzpumpe haben wir mit einem Halter am Motor vorn wie beim Vierzylindermotor angebracht. Dazu musste die Lichtmaschine auf die andere Motorseite weichen. Der Zahnriemen von Pirelli wurde während der Erprobung von ¾ Zoll auf 1 Zoll verbreitert.* (siehe Abbildung auf der nächsten Seite) *Wir wollten Elastizitäten im Antrieb der Pumpe vermeiden, wie sie beim Anbau hinten entstanden wären.«*

Technische Daten 2,2-Liter-Fünfzylinder-Diesel	
Zylinderbohrung	79,5 mm
Kolbenhub	88,0 mm
Verhältnis Hub/Bohrung	1,1
Hubraum	2,184 Liter
Verdichtungsverhältnis	22
Pleuellänge	136 mm
Zündfolge	1-2-4-5-3

Der 2,2-Liter-Fünfzylinder-Wirbelkammer-Dieselmotor auf dem Montagebock. Der Drehschwingungsdämpfer auf dem vorderen Zapfen der Kurbelwelle stammte von Freudenberg. Auf einen Zahnriemenschutz verzichteten wir bei diesem Prototyp. Foto: Volkswagen

Versuchsergebnisse

Die Versuche machte Peter Deja, der auch das Projekt leitete. Die Kühlwasserführung und die Zylinderkopfdichtung wurden an den Diesel-Zylinderkopf angepasst, um eine gleichmäßige Temperaturverteilung über die Länge des Kopfes zu erreichen.

Der Schleppmitteldruck des Fünfzylinder-Diesels lag im gesamten Drehzahlbereich über dem des Vierzylinder-Dieselmotors. Eine Ursache war das ungünstigere Pleuelstangen-Verhältnis wegen des größeren Kolbenhubs bei gleicher Pleuelstangenlänge, was zu größeren Kolbenseitenkräften führt.

Nach Optimierungen an der Wirbelkammer und den Einspritzdüsen erreichte Deja auf dem Prüfstand eine Nennleistung von 51,5 kW (70 PS) bei 4.200 U/min und einen maximalen Mitteldruck von 7,6 bar bei 3.000 U/min bei einer Rauchzahl von 3,5 (Bosch). Auf dem Dauerlauf-Prüfstand wurden 430 Stunden erreicht, auf dem Funktionsprüfstand 350 Stunden. Im Rahmen dieses Projektes konnte das volle Potenzial noch nicht ausgeschöpft werden.

Für den Einbau in den LT1 mussten einige Umbauten am Motor vorgenommen werden, u. a. wurden die Ölwanne und der Ansaugkrümmer an die Raumverhältnisse angepasst. Das Lüfterrad wurde am Drehschwingungsdämpfer angebracht.

Bei der Erprobung in der LT1-Pritsche stellte sich heraus, dass die Getriebeanbindung zu weich war. Durch den Tretkurbeleffekt regte die Kardanwelle das Getriebe-Ende an, was zu einer »Peitschenbewegung« der Kardanwelle führte.

Der Fünfzylinder-Prototyp-Dieselmotor im LT1. Foto: Volkswagen

Die Reise zum Großglockner

Von Peter Deja

»Die Höhenerprobung für verschiedene Fahrzeuge war für Juni 1976 geplant. Meine Aufgabe war es, den LT mit dem 2,2-Liter-Dieselmotor vorzubereiten und nach Zell am See in Österreich zu fahren. Das Fahrzeug wurde mit Sandsäcken voll beladen. Kurz vor Mitternacht startete ich die Reise, um am nächsten Tag rechtzeitig in Österreich anzukommen. Mit einer Höchstgeschwindigkeit von 90 km/h bin ich auf der Autobahn recht gut vorangekommen. Um ca. 10:00 Uhr erreichte ich die Grenze in Kufstein. Der Zoll auf der deutschen Seite winkte mich einfach durch, aber auf der anderen Seite war der österreichische Zoll skeptisch. Für den Sandtransport gab es keine Transportpapiere. Es war schwer, den Beamten zu vermitteln, warum jemand Sand durch Deutschland und halb Österreich transportieren soll. Lange musste ich verschiedenen Zollbeamten erklären, dass dieser Sand für die Fahrzeugerprobung wichtig ist. Nach gut drei Stunden konnte ich dann doch mit dem Sand weiterfahren.

Am Schüttgut in Zell am See (Hotel Familie Piëch, d. A.) *angekommen, durfte der LT hinter dem Hotel abgestellt werden. Auf meine Nachfrage, ob die anderen Fahrzeuge mit den Testfahrern (Hofbauer, Stein und Wiedemann mit Pkw) schon eingetroffen seien, wurde mir mitgeteilt, dass noch niemand angekommen sei. Nach ca. einer Stunde rief mich ein Anwalt aus Wien an, den Hofbauer beauftragt hatte, und verlangte von mir die Detaillisten der Daten für das Bosch-Einspritzsystem der verschiedenen Dieselmotoren. Der Zoll hatte die Pkw-Truppe abgefangen und Papiere für die Einspritzpumpen in den Fahrzeugen verlangt. Die Daten sollte ich ihm kurzfristig telefonisch mitteilen. Den Grund für diese Nachfrage habe ich erst später erfahren.«*

Konrad Barnert erinnert sich ebenfalls: *»Ich war mit dem Monteur der Motorwerkstatt, Kfz-Meister Meinecke, mit zwei Golf Diesel dabei, wobei ein Fahrzeug auf dem Gerlospass auf der mobilen Abgasmessstation für die Abgastests entsprechend Denverhöhe abgestellt wurde. Die Abgasgrenzwerte im US75 Test wurden unterschritten. Am Großglockner fanden dann abenteuerliche Rußmessungen mit einer Person im Kofferraum statt. Als Vergleich hatten wir noch einen Mercedes Diesel dabei. Während unser Golf Diesel noch im Messbereich zwischen 6 und 7 des Rußtesters in 2.000 m Höhe lag, fiel der Mercedes Diesel total aus.*

Die Rußmessungen mit dem Mercedes auf dem Rollenprüfstand in WOB mit einem von der Abgasmesstechnik entwickelten Filter mussten abgebrochen werden, da der Filter zu klein war und schon beim ersten Beutel versagte, während er beim Golf gute Ergebnisse lieferte.«

Die Höhenerprobung auf der Großglocknerstraße im Sommer 1976 offenbarte, dass die Kühlleistung nicht ausreichte. Hier waren Verbesserungen durch ein stärkeres Lüfterrad, einen Kühler größerer Leistung sowie eine verbesserte Luftführung nötig.

Ein anderer Motor wurde in einen im Vorderwagen verlängerten Passat eingebaut. Er wurde »Nasenbär« genannt. Durch die hohe Last auf der Vorderachse schob er beim Einlenken mächtig über die Vorderräder. Michael Willmann wurde bei schneller Kurvenfahrt dadurch überrascht, dass der Motor trotz Gaswegnahme mit hoher Drehzahl weiterrannte. Da half nur schnelles Treten der Kupplung, um Schlimmeres zu verhindern; nach einigen Sekunden beruhigte sich der Motor. Peter Deja hat erlebt, dass der Motor nach dem Abstellen eine Zeit weiterlief und die Halle 16 mit Weißrauch einnebelte. In beiden Fällen trat das Problem des Ölreißens auf, was dazu führte, dass der Motor Öl über die Kurbelgehäuse-Entlüftung ansaugte und unter starker Rauchentwicklung schlecht verbrannte. Dadurch lief er weiter, nur leider ungeregelt.

Auch in einem Audi 100 C2 wurde ein Fünfzylinder-WK-Dieselmotor eingesetzt. Damit hatte der Motor als Forschungsprojekt seinen Zweck erfüllt: Die Funktion konnte nachgewiesen werden. Bis zu einem möglichen Serieneinsatz wäre noch Entwicklungsarbeit nötig gewesen. Danach hat die Aggregate-Entwicklung einen 2,0-Liter-Fünfzylinder-Dieselmotor entwickelt (s. Kap. I.4.4).

Quellen:

- F. Piëch: Auto.Biographie. Hoffmann und Campe Verlag, 2002
- Hlm: Fünf Zylinder – drei Liter. In: Automobil Revue, 1974
- Obländer, Strauber: Fünfzylindermotor im Personenwagen – ein Kompromiss? In: ATZ, Nr. 3/1975
- O. v. Fersen: Audi-Fünfzylinder macht Karriere. In: mot, Nr. 7/1978

I.3.3 Der 1,5-Liter-Turbo-Dieselmotor mit Thermo-Akustikkapsel

Von Michael Willmann

Mehr Leistung

Der Wunsch nach mehr Leistung kommt immer wieder auf. Die Dieselmotoren hinkten gegen Ende der 70er-Jahre mit um die 25 kW/Liter Hubraum hinter ihren Benzin-Kollegen mit bis zu 50 kW/L hinterher. Da lag es nahe, den Vorteil im Kraftstoffverbrauch des Dieselmotors beizubehalten und nach Maßnahmen zur Erhöhung der Leistung zu suchen.

Mit einer Hubraumvergrößerung steigen Leistung und Drehmoment, also das, was der Kunde wünscht. Das setzt voraus, dass im Zylinderkurbelgehäuse Platz für eine Vergrößerung der Zylinderbohrung und/oder des Kolbenhubs vorhanden ist. Eine Vergrößerung des Zylinderabstands führt zu einem neuen Motor und ist sehr investintensiv. Die VW/Audi-Motoren auf Basis EA 827 mit Zylinderabstand 88 mm setzen hier Grenzen.

Der effektive Mitteldruck eines Motors hängt, neben der Luftdichte im Zylinder, vom Verbrennungsluftverhältnis, dem Heizwert des Kraftstoffs und dem effektiven Wirkungsgrad ab.

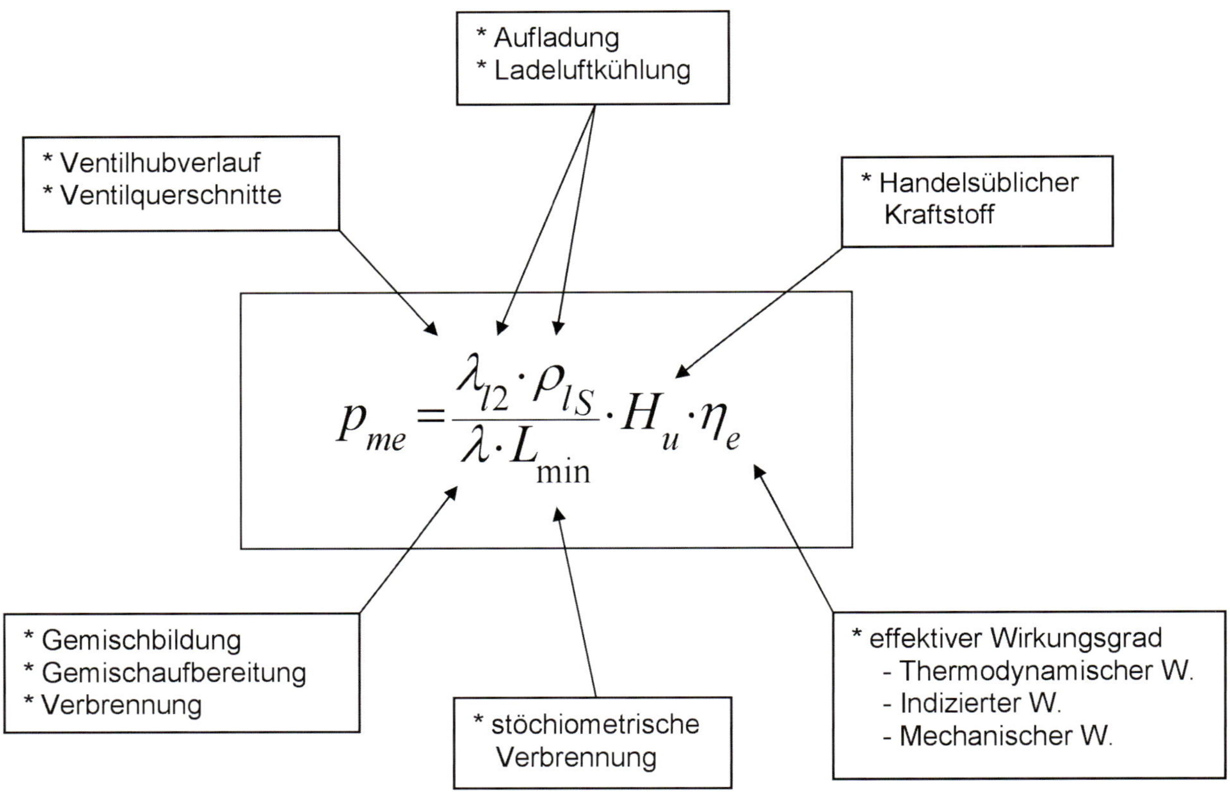

Die Parameter des Mitteldrucks. Grafik: M. Willmann

Was hält der Peugeot-Diesel aus?

Anfang 1974, also kurz nach Beginn der Prüfstandsarbeiten am 1,5-Liter-Saugdiesel, begannen bei VW in der Forschung 2 die Untersuchungen zur Aufladung. Dipl.-Ing. Bernd Wiedemann besorgte einen 1,3-Liter-Peugeot-Dieselmotor und adaptierte einen Holset-Abgas-Turbolader, um das Potenzial des Pkw-Diesels für künftige Leistungssteigerungen auszuloten. Die Ergebnisse haben das Team ermutigt, unseren eigenen, noch im Forschungsstadium befindlichen Dieselmotor aufzuladen.

Das Verdichtungsverhältnis wurde auf 18,3 gesenkt, damit die Triebwerksbelastung nicht zu hoch wird. Neben dem Turbolader von AiResearch haben wir auch Lader von Holset eingesetzt.

Die Ölversorgung der Lagerung des Turboladers erfolgte durch ein Rohr von der Ölgalerie des Zylinderkopfs zum Lagergehäuse. Der Rücklauf wurde in die Ölwanne geleitet.

Der Volkswagen 1,5-Liter-Wirbelkammer-Turbodiesel

Der effektive Mitteldruck war beim 1,5-Liter-Vierzylinder-Dieselmotor von VW mit 7,2 bar schon an der Spitze damaliger Pkw-Diesel. Eine weitere Steigerung beim Saugmotor hätte viel Forschungsarbeit und Zeit gekostet und nicht die gewünschte Erhöhung gebracht, schied also für die Zielerreichung aus. Durch eine vorgeschaltete Verdränger- oder Strömungsmaschine kann der Druck im Zylinder erhöht werden. Dadurch läuft der Arbeitsprozess auf einem höheren Druckniveau ab. Leistung und Drehmoment steigen. Der höhere Spitzendruck führt aber zu stärkerer Triebwerksbelastung und höherer Reibung.

Im April 1974 bekam ich von Herrn Hofbauer den Auftrag, die Bauteile auf der Ladungswechselseite zu konstruieren. Er forderte ein möglichst kleines Hochdruckvolumen zwischen Verdichter und Einlassventil, damit es bei einem Lastsprung schnell gefüllt werden kann. Dazu ließ ich ein Saugrohr vom Ottomotor absägen und einen Krümmer zur kurzen Verbindung zum Verdichter anschweißen. Der Auspuffkrümmer bekam einen Flansch zur Verbindung mit der Turbine angefügt. So haben wir den ersten aufgeladenen VW-Dieselmotor »zusammengebastelt«.

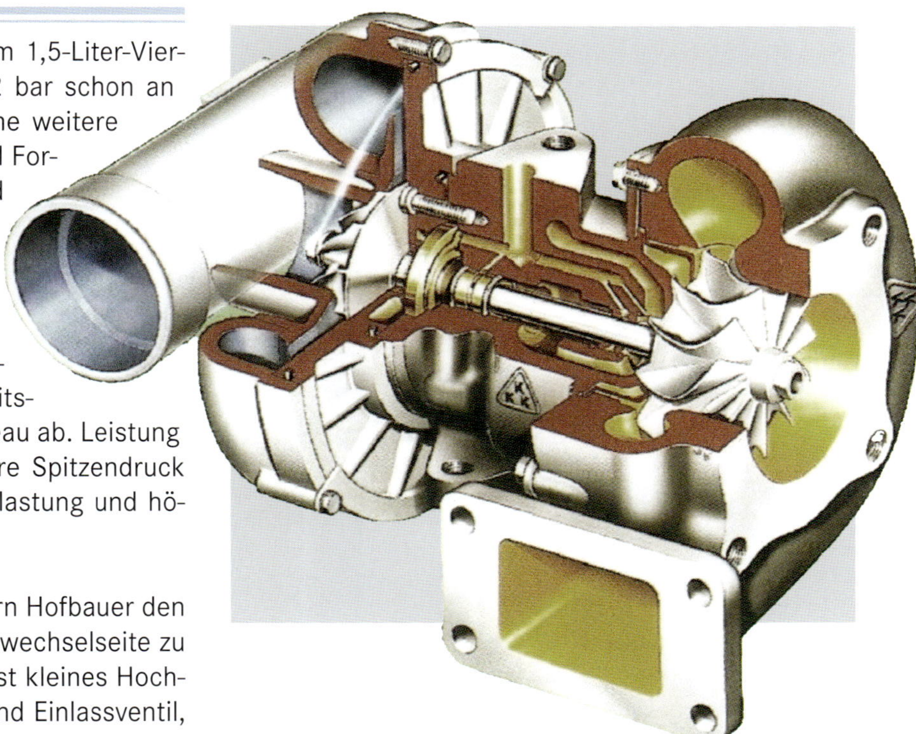

Der Abgas-Turbolader der Firma Garrett AiResearch besteht aus einer Gasturbine, einem Luftverdichter und einem Lagergehäuse. Turbinen- und Verdichterrad sitzen auf einer gemeinsamen Welle, die im Lagergehäuse in ölgeschmierten Gleitlagern rotiert. Um eine Überlastung des Motors zu verhindern, öffnet ein Bypassventil (Wastegate) bei Erreichen des zulässigen Ladedrucks, und ein Teil des Verbrennungsgases umgeht die Turbine und strömt direkt in den Auspuff. Grafik: Garrett

Der aufgeladene 1,5-Liter-Wirbelkammer-Dieselmotor mit der automatischen Patent-Spannrolle, die die Spannung des Zahnriemens durch Druck auf den losen Trum auch bei Dehnung durch hohe Zugkraft aufrechterhält. Damit wird ein Zahnsprung am Kurbelwellenrad vermieden. Foto: Volkswagen

Die Einspritzpumpe

Zur Rauchbegrenzung erhielt die Verteiler-Einspritzpumpe einen *»Lade-Druckabhängigen Vollast-Anschlag«* (LDA), der die Volllastmenge in Abhängigkeit des Ladedrucks freigibt. Damit konnte zwar ein übermäßiger instationärer Rauchstoß beim Beschleunigen vermieden werden, aber das Ansprechverhalten war unbefriedigend. Diese Schwäche ließ sich erst später durch kleinere Turbolader in Verbindung mit größerem Hubvolumen nachhaltig beseitigen.

Die Abstimmarbeiten auf dem Prüfstand nahm Dipl.-Ing. Werner Kurpiers vor. Die Rauchzahl wurde auf 3,5 begrenzt. Damit hatte der Motor bei 5.000 U/min eine Leistung von 71 PS (51,5 kW, 35,4 kW/L) abgegeben. Beim maximalen Drehmoment von 120 Nm (Mitteldruck 10,3 bar) bei 3.000 U/min betrug der Ladedruck 1,6 bar.

Im mittleren Drehzahlbereich von 2.000 bis 3.500 U/min lag an der Volllast ein positives Spülgefälle

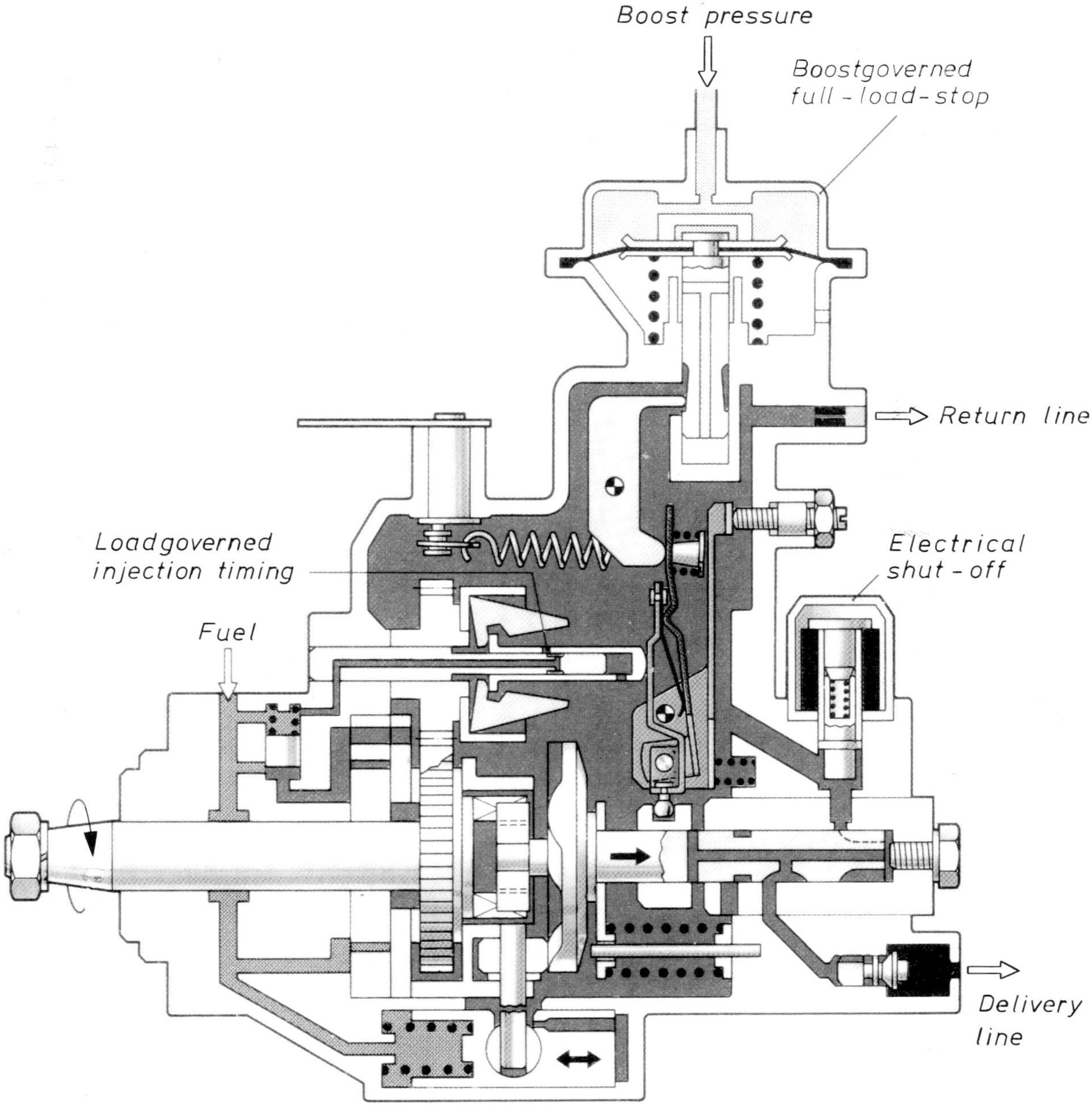

Bosch-Verteiler-Einspritzpume mit LDA: Der Ladedruck wirkt auf der Oberseite der Membran gegen die Druckfeder auf der Unterseite. Mit steigendem Druck im Saugrohr wird die Membran samt Bolzen mit dem Steuerkegel nach unten gedrückt. Dadurch verschiebt sich der Führungsstift nach rechts und der Anschlaghebel gibt über den Spannhebel eine größere Einspritzmenge frei.

Zeichnung: Bosch

vor. Das Luft-Verhältnis betrug um 1,2. Die maximale Gastemperatur vor Turbine lag unter 800° C, und der Spitzendruck im Hauptbrennraum betrug 100 bar. Der spezifische Volllastverbrauch lag unter den Werten des Saugmotors, mit 265 g/kWh im Minimum.

Der 1,5-Liter-Turbodiesel wurde in einige Golf I eingebaut, unter anderem 1976 in den Kapsel-Golf und 1977 in den IRVW (»Integrated Research Volkswagen«) auf Golf-I-Basis. Mit diesem Konzept wurden bereits die ab 1985 geltenden amerikanischen Abgasgrenzwerte erfüllt. Das Auto wurde dem amerikanischen Verkehrsminister präsentiert (siehe Kap. I.3.4).

1981 demonstrierte der holländische Tuner G. Feldevert unabhängig von VW *»ein Musterstück für falsch verstandenes Tuning«,* indem er für den 1,5-Liter-Diesel ein Turbokit anbot. Der Motor erreicht mit Abgas-Turbolader 75 PS (55 kW). Die Auto Zeitung berichtete weiter: *»Leistungshungrige Öltankerkapitä-*

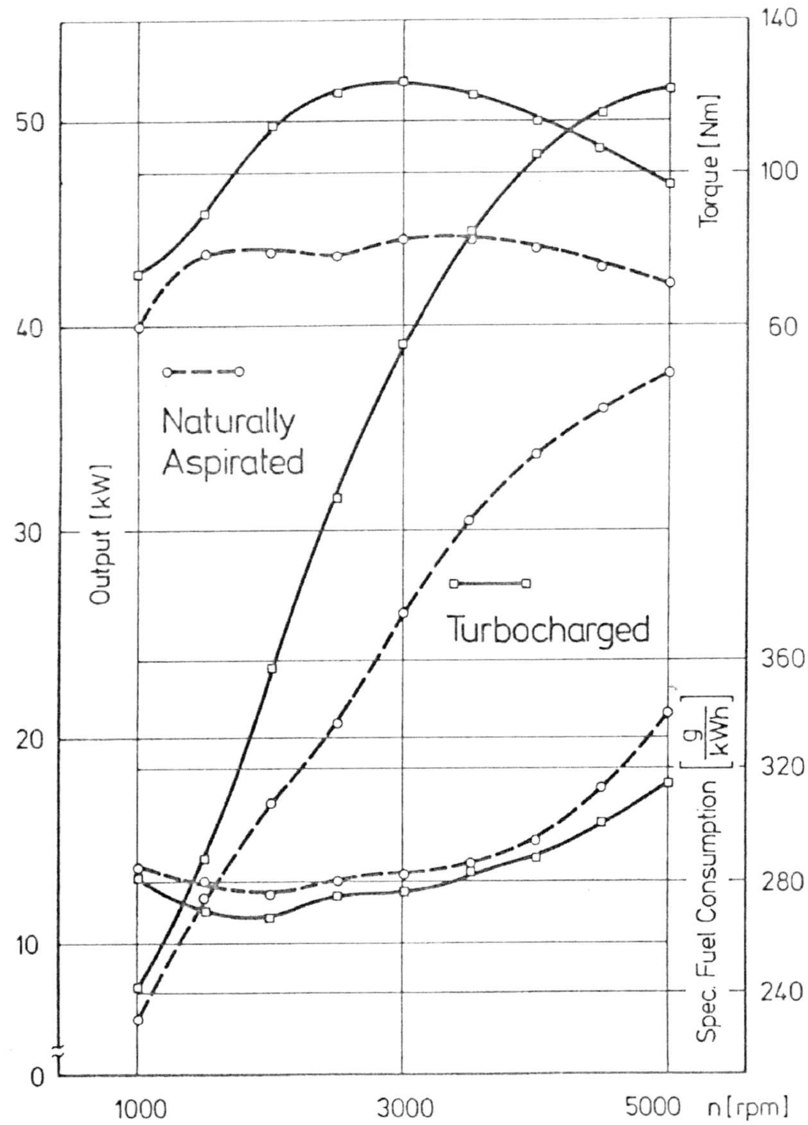

Vergleich der stationären Volllastkurven des 1,5-Liter-Saugdieselmotors und dessen aufgeladener Version. Das »Turboloch«, das die Anfahr- und Beschleunigungsschwäche bei niedrigen Drehzahlen verursacht, ist hier nur schwach zu erkennen. Instationär tritt es wesentlich stärker hervor, weil die Mengenfreigabe durch die Einspritzpumpe vom aktuellen Ladedruck abhängig ist. Mit der höheren Nennleistung des Turbomotors erreicht das Fahrzeug eine höhere Geschwindigkeit. Dementsprechend wird es länger übersetzt, was die Zugkraft weiter mindert. Aber damit mussten wir leben, weil kleinere Turbolader damals nicht zur Verfügung standen. Der spezifische Kraftstoffverbrauch des Turbomotors liegt im gesamten Drehzahlbereich unter dem des Saugmotors. Bei gleicher Geschwindigkeit ist der Unterschied wegen der längeren Übersetzung deutlich größer.

Diagramm: Volkswagen

ne steigen aus dem Feldevert Turbo begeistert aus ... Der beim Seriendiesel unproblematische Startvorgang gerät beim Feldevert-Mobil zu einer Aktion, die den stehenden Golf in beißenden Blaurauch hüllt. Einmal in Gang, nimmt der getunte Selbstzünder nicht etwa willig sein Futter an, er spuckt und verschluckt sich die ersten Minuten vielmehr wie ein übersättigter Säugling.«

Lästiges Nageln

Morgens um 4:45 Uhr startete mein Nachbar seinen Golf I mit Wirbelkammer-Dieselmotor, um rechtzeitig zur Frühschicht zu kommen. Da saßen meine Frau und ich aufrecht im Bett, für uns war die Nacht zu Ende. Das »Kaltstartnageln« hat außer uns auch die ganze Nachbarschaft geweckt.

Bei der Bosch-VE-Einspritzpumpe wird der Spritzbeginn mit steigender Drehzahl durch den Spritzversteller vorverlegt, damit der Verbrennungsschwerpunkt Wirkungsgrad-günstig kurz nach OT liegt.

Die Ursache war bekannt: Bei kaltem Motor ist der Zündverzug länger und die während des Zündverzugs eingespritzte Kraftstoffmenge besonders hoch. Die verbrennt nach der Zündung schlagartig, was zu steilem Druckgradienten und Anregung der Brennraumwände zu Schwingungen führt. Die Oberflächenschwingungen werden als Geräusch abgestrahlt und als lästiges »Nageln« wahrgenommen.

Die Thermo-Akustikkapsel

Bei Benzinmotoren lag der Druckanstieg bei ca. 2 bar/Grad Kurbelwinkel. Der Druckanstieg von Dieselmotoren nach dem Kaltstart betrug über 6 bar/Grad. Hier galt es, den Druckverlauf im Brennraum so zu gestalten, dass der Druckanstieg nicht zu steil erfolgt.

Im Motor-Versuch haben unsere Ingenieure den KSB (Kalt-Start-Beschleuniger) erfunden (Kap. I.2.2). Durch Frühverstellung des Förderbeginns der Einspritzpumpe wird der Zündverzug verkürzt und dadurch das Geräusch sowie die HC- und Blaurauch-Emissionen gesenkt.

Unser Chef, Dipl.-Ing. Peter Hofbauer, betrat eines Morgens unser Büro und gab meinem Kollegen Dipl.-Ing Erich Gaschler den Auftrag, um den Motor des Golf-Diesels eine Geräuschkapsel zu konstruieren. Ede legte die Bild-Zeitung zur Seite und antwortete: *»Nö, das mach' ich nicht.«* Wir Motorenmänner wollten Kurbelwellen und Nockenwellen, also Motorteile, konstruieren und kein Blech. Daraufhin Herr Hofbauer zu mir gewandt: *»Herr Willmann, dann machen Sie das.«* Nun war ich noch neu in der Abteilung und wollte nicht gleich widersprechen. So hatte ich den Auftrag am Hals.

Ich erfuhr, dass mein Kollege Dr. Otto Willenbockel schon begonnen hatte, sich mit dem Thema zu beschäftigen. Ich suchte ihn auf, und er stellte mir bereitwillig seine Unterlagen zur Verfügung. Er hatte schon Grundsatzuntersuchungen mit Bleiabschirmungen gemacht. Er teilte mir mit, dass er VW verlassen würde. Er ging zu Opel und machte dort große Karriere.

Ich studierte die Physik des Schalls, seiner Entstehung und seiner Ausbreitung anhand der Literatur. Ich konzentrierte mich auf die Übertragungswege des Schalls. Es gibt prinzipiell zwei Wege, um das Geräusch vom Motor zu reduzieren: Primärmaßnahmen sollen die Entstehung im Brennraum und in der Mechanik senken und Sekundärmaßnahmen behindern die Ausbreitung des Schalls.

Aus der Literatur ging hervor, dass mit einer Vollkapselung des Motor-Getriebe-Aggregates die größten Erfolge zu erzielen sind. Die Anbauteile, wie Saugrohr, Luftfilter, Auspuffanlage, Ventildeckel und Ölwanne, sollen weitestgehend einbezogen werden. Mit einer Blechschale, die mit Absorptionsmaterial beschichtet ist, können die hochfrequenten Geräuschanteile gedämpft und gedämmt werden. Für die tieffrequenten Töne brauchte man Massen zum Dämpfen, was im Fahrzeug nicht erwünscht ist.

Zunächst verschaffte ich mir mit einer morphologischen Studie einen Überblick über die grundsätzlichen Möglichkeiten der Kapselung. Die technisch optimale Lösung wäre die Integration der Kapsel in die Motor- und Fahrzeugkonstruktion gewesen. Das hätte jedoch ein neu zu konstruierendes Triebwerk bedeutet, was im Kosten- und Zeitrahmen dieses Projektes nicht zu realisieren war. Ich musste also einen vorhandenen Motor verwenden. Da bot sich unser aufgeladener 1,5-Liter-Wirbelkammer-Diesel mit Abgas-Turbolader an.

Die Wirksamkeit einer Vollkapsel habe ich nach Literaturangaben abgeschätzt. Ich erwartete nach dem damaligen Kenntnisstand eine Absenkung um 7 bis 8 dB(A). Dazu muss man wissen, dass aufgrund des logarithmischen Zusammenhangs eine Verringerung um 3 dB(A) eine Halbierung der Schallleistung bedeutet.

Wir hatten zunächst eine spätere Serienanwendung im Blick. Im Laufe der Arbeiten reifte in mir die Idee, das Aggregate-Geräusch so weit wie möglich zu reduzieren. Die Kosten habe ich ausgeblendet. Damit könnte man alles abwürgen. Aber niemand hat mich gebremst.

Entwurf und Herstellung

Ich überlegte mir, wie ich mit geringem Aufwand zu einer Kapsel kommen könnte. Vom Versuchsbau ließ ich mir einen Vorderwagen mit Aggregaten herrichten und in mein Büro schaffen. Zunächst fertigte ich Handskizzen über verschiedene Varianten an. Auf dem Reißbrett zeichnete ich einen Längs- und Querschnitt des Vorderwagens als groben Entwurf.

Der Deckel der Kapsel war über Gummi-/Feder-Elemente an der Motorhaube befestigt, so dass beim Öffnen der Haube der Wartungsdeckel mit hochklappt und eine große Wartungsöffnung frei wurde. Der abnehmbare Kapselboden wurde durch Schnellverschlüsse gehalten.

Ein geschickter Feinblechner hat an einem Sonnabend im Versuchsbau die Bleche nach meinen Anweisungen abgekantet und z. T. von Hand gedengelt.

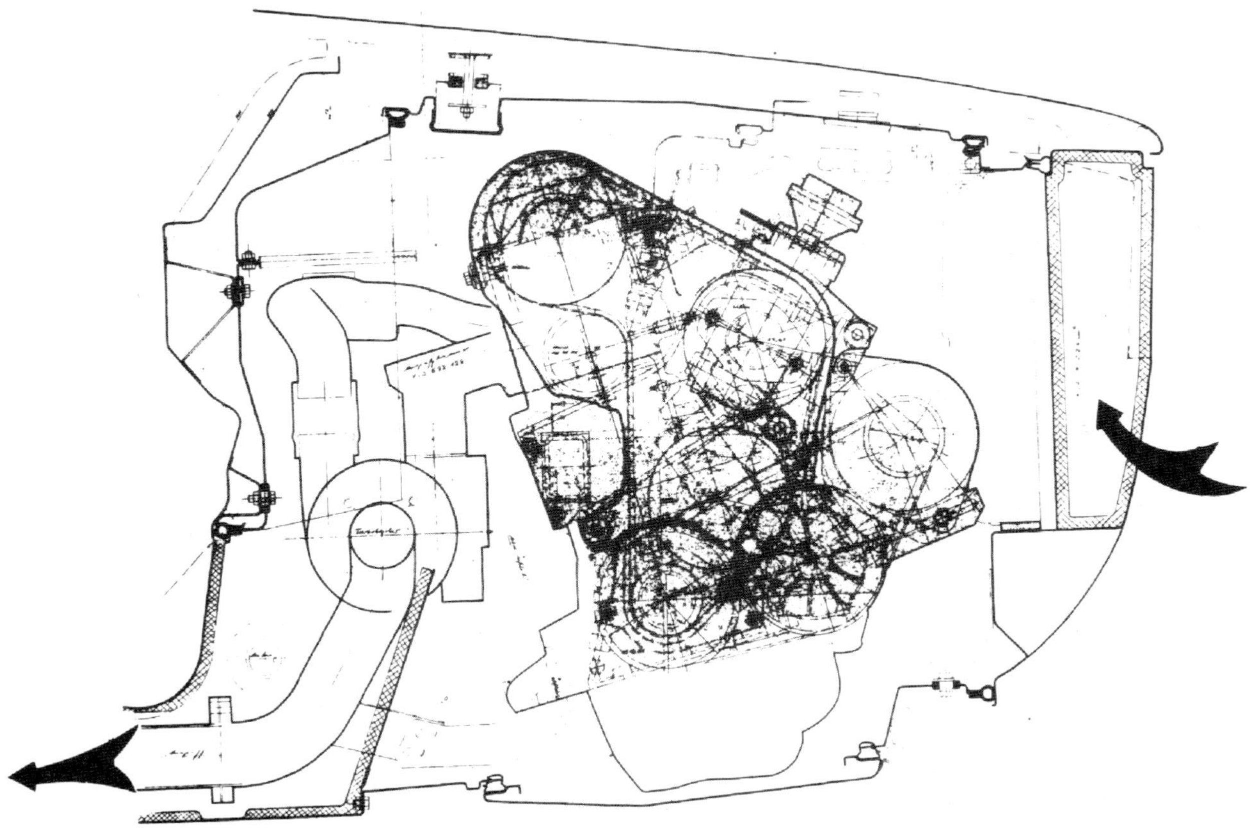

Längsschnitt der Thermo-Akustikkapsel im Vorderwagen des Golf 1 mit dem 1,5-Liter-Wirbelkammer-ATL-Dieselmotor. Zur Belüftung der Kapsel wurde der gesamte Kühler-Luftstrom durch den Kapselinnenraum geleitet. Ein- und Austritt erfolgen durch als Absorptionsdämpfer ausgebildete Kulissen und Schächte. Zeichnung: M. Willmann

Die Aggregate-Kapsel bestand aus mehreren zusammengeschraubten Teilen. Sie wurden körperschallisoliert über elastische Gummielemente an den karosserieseitigen Aggregatelagern befestigt. Die Masse und die Steifigkeit der Aggregatelager stellen eine hohe Impedanz dar, die die Einleitung von Schwingungen in die Kapsel weitgehend unterbindet. Die Abdichtung zur Karosse übernehmen elastische Keder. An Stellen geringen Abstandes zwischen Aggregat und Karosserie, wie bei den Längsträgern, wurden Karosserieteile zur Kapselung herangezogen. Die Wände wurden innen mit offenporigem Absorptionsschaum ausgekleidet. Die Durchführungen von Gelenkwellen, Spurstangen, Zügen und Kabel waren mit Abdichtungen gegen Schallaustritt versehen.

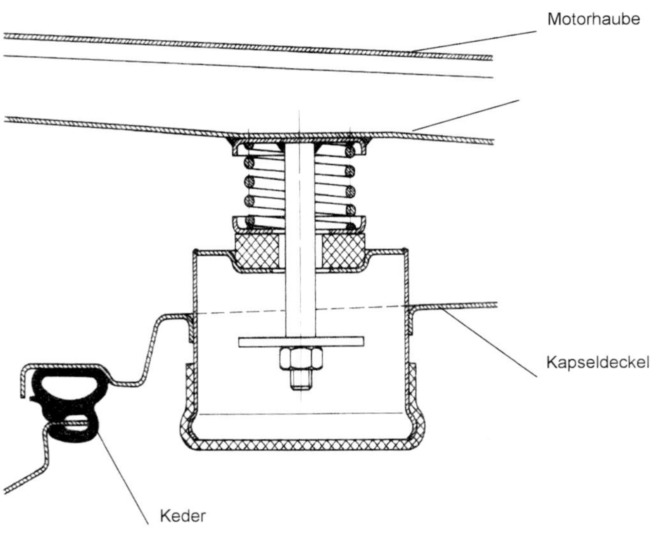

Das Gummi-/Feder-Element hält den Kapseldeckel an der Versteifung der Motorhaube und drückt ihn definiert gegen die Dichtung an der oberen Öffnung der Kapsel. Zeichnung: M. Willmann

Unten haben wir die Kapsel mit einer Blechschale geschlossen. Die Schallquelle Auspuff haben wir mit einem Schacht umgeben, der bis zum Kraftstofftank reichte und die erwärmte Kühlluft nach hinten leitete. Die Innenwände des Auspuffschachts, der gleichzeitig auch das Auspuffrohr abschirmt, waren mit Asbestschaum beschichtet. Das Auspuffrohr wurde mit Asbestschnur umwickelt. Damals hatte das Team noch keine Kenntnis über die Gefährlichkeit dieses Materials.

Der gekapselte Aggregateraum des Golf mit geöffnetem Wartungsdeckel. Alle Bleche sind mit Absorptionsschaum beklebt.
Foto: Volkswagen

Der untere Teil der Kapsel bei abgenommenem Deckel. Dieser wurde mit Schnellverschlüssen befestigt. Foto: Volkswagen

Die Auspuffanlage war bis zum Kraftstofftank mit asbesthaltigem Material abgeschirmt. Foto: Volkswagen

Die problematische Kühlung

Probleme mit der Kühlung waren zu erwarten. Die erste Messung ergab einen zu hohen ETD-Wert (Eintritts-Temperatur-Differenz = Wassereintrittstemperatur minus Lufteintrittstemperatur, am Kühler gemessen). Die maximale Kühlwasser-Temperatur betrug 96,7° C. Eine verbesserte Kühlluftführung mit teilweise geöffnetem vorderem Abschirmblech sowie ein stärkerer Lüfter senkten die ETD auf 77° und die maximale Wassertemperatur auf 88,5° C. Damit war das Ziel für eine Serienanwendung nicht erreicht, aber im Fahrbetrieb traten bei den Versuchen auch im Sommer keine Probleme auf.

Die Öffnungen für die Kühlluft haben wir sukzessive erweitert. Direkter Austritt des Schalls wird durch Kulissen vermieden. Der außenliegende Ölkühler wurde zusätzlich angebracht. Foto: Volkswagen

Geräuschmessungen

Subjektiv empfanden wir ein stark gedämpftes tieffrequentes Brummgeräusch. Die hohen Frequenzanteile wurden durch den Schaumstoff absorbiert.

Bei den Außengeräuschmessungen nach ISO-R 362 (Europa) und SAE J 986 A (USA) wird das Fahrzeug ab Einfahrt in die Messstrecke voll beschleunigt. Das Mikrofon steht seitlich auf halber Strecke. Der maximale Schalldruckpegel gilt als Messwert. Die Messungen an meinem Kapsel-Golf machte Dipl.-Ing Seifert von der Forschung 5 (Messtechnik). In der beschleunigten Vorbeifahrt ergab sich eine Absenkung links/rechts um 7 bis 8 dB(A) (Europa) auf 70,5/70 dB(A) und um 10 dB(A) (USA) auf 64/65 dB(A) entsprechend einer Schallleistungsreduzierung um 80 bis 90 % gegenüber dem Serien-Golf-Diesel.

In der Forschung Messtechnik arbeiteten sie unter der Leitung von Dr. Hartwich an einer Geräuschkapsel für den Golf mit Benzinmotor. Dabei hatten sie eine spätere Anwendung in der Serie im Auge und gingen nicht so weit wie ich.

Wo ist die Grenze?

Die wesentlichen Komponenten des Außengeräuschs sind das Rollgeräusch des Fahrzeugs und das Aggregate-Geräusch. Im Europa-Test betrug das Rollgeräusch ohne Aggregate bei trockener Fahrbahn 67 dB(A) und bei nasser 78 dB(A). Ein Ottomotor, mit einer Bleikapsel umgeben, emittierte als Grundgeräusch auf dem Prüfstand 73 dB(A).

Die Addition ergibt bei trockener Fahrbahn 74 dB(A). Das kann als eine sinnvolle technische Grenze für künftige Serienfahrzeuge angesehen werden.

Als Nebeneffekt verzögert die Kapsel das Abkühlen des Motors nach dem Abstellen. Ich habe zwei Golf D, einen mit, den anderen ohne Kapsel, mit einer Wassertemperatur von 90° C vor einer Wand abgestellt und den Temperaturverlauf sechs Stunden aufgezeichnet. Mit der Kapsel sank die Wassertemperatur halb so schnell. Dadurch werden der Wiederstart verbessert und das Aufheizen auf Betriebstemperatur verkürzt, was das Kaltstartgeräusch, die Abgasemissionen sowie den Kraftstoffverbrauch verringert und die Fahrzeugheizung verbessert.

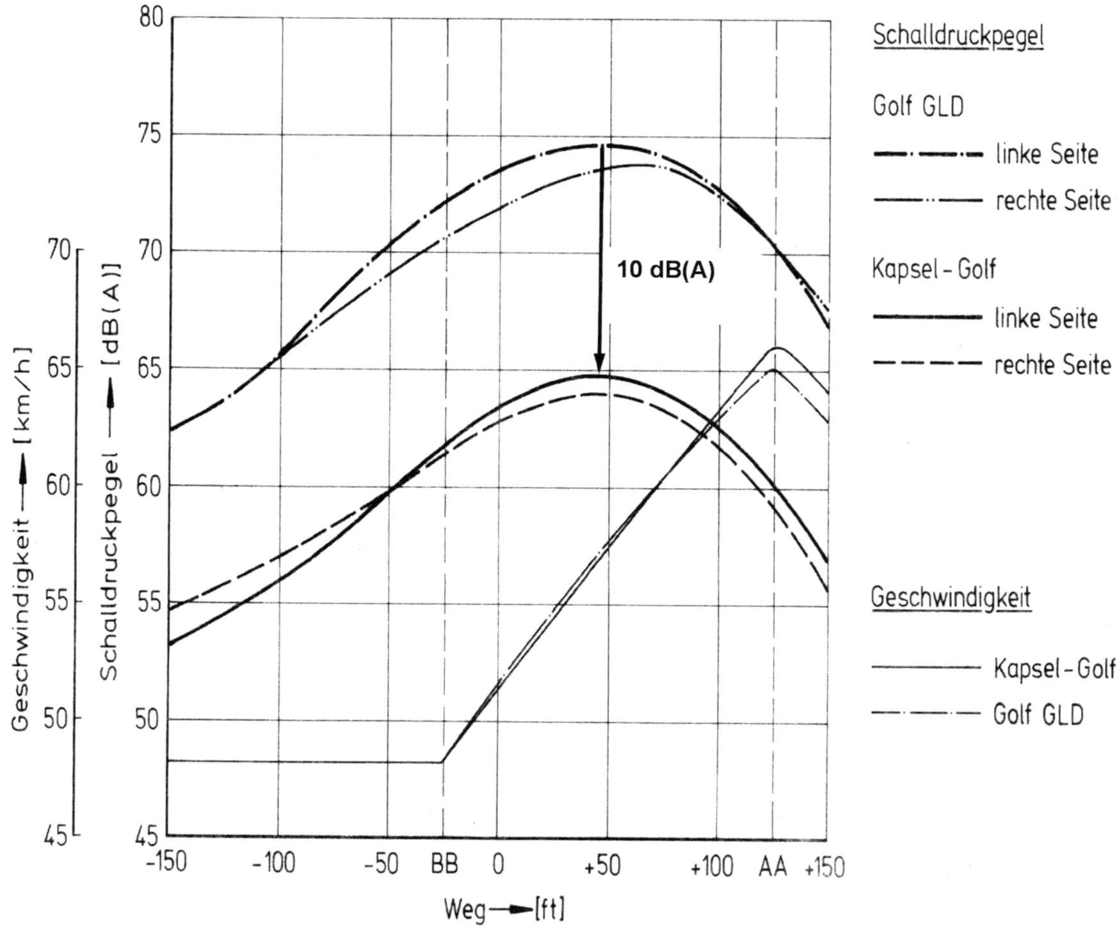

Die Schalldruckpegel als Funktion des Weges bei der Vorbeifahrt nach SAE J 986 A zeigen eine Geräuschsenkung um 10 dB(A). Das bedeutet eine Schallleistungsreduzierung um 90 %. Die höhere Motorleistung des aufgeladenen Motors macht sich wegen des »Turbolochs« erst gegen Ende der Messstrecke in der Geschwindigkeit bemerkbar. Diagramm: Volkswagen Forschung

Die Unterdrückung des Nagelgeräuschs

Prof. Fiala vermerkte, nachdem er den Forschungsbericht gelesen hatte: *»Wichtiger als die ISO-Vorbeifahrt ist für den Diesel sicher das Leerlauf- bzw. Kaltlaufgeräusch innen und außen. Welchen Einfluss darauf hat die Kapsel?«* Und Dipl.-Ing. Seifert erklärte, dass die subjektiv empfundene Lästigkeit eines Geräusches durch den »crest factor« beschrieben wird. Das ist der Quotient aus dem Schalldruck-Scheitelwert mit dem Effektivwert. Oder einfach ausgedrückt: Der »crest factor« beschreibt die Impulshaltigkeit eines Geräuschs.

Beim Serien-Golf-Diesel betrug der »crest factor« 8,4, beim Kapsel-Golf 4,0, so hoch wie beim Golf mit Ottomotor, der nicht »nagelt«. Damit hat die Kapsel das »Nagelgeräusch« vollständig unterdrückt.

Die Kurve nicht gekriegt – »Dienstfahrt« mit Folgen

Von Rolf Graupmann

»Es war im tiefsten Winter, die Straßen im Werk waren nicht geräumt und folglich hochverschneit. Wir hatten unsere Werkstatt noch in der alten FE Halle 16. Da wir aber häufig zu Besprechungen in die neue FE fahren mussten, hatte jeder, der auf sich hielt, einen Schlüssel seines Lieblingsfahrzeuges in der Tasche. Bei mir war es ein Golf GTI, der gerade einen Turbo bekommen sollte.

Das war natürlich eine große Herausforderung für meinen Kollegen, der sich mit seinem schwach motorisierten Diesel abfinden musste. Eine Wettfahrt war bei unserem Zusammentreffen, ohne es auszusprechen, immer angesagt. Zufällig ergab es sich, dass Kollege

Willmann mit seinem Kapsel-Golf auf der Rückfahrt aus dem inneren Bereich der FE hinter der Halle 71 zu unserer Werkstatt in Halle 16 war. Wir trafen auf der Straße neben dem Versuchsbau aufeinander. Ich saß hinter dem Lenkrad und bemerkte im Rückspiegel, dass sich ein gelbes Etwas sehr zügig von hinten näherte. Der Schnee spritzte in mächtigen Wogen zu beiden Seiten hervor. Jetzt war Sportlichkeit angesagt! Auf geht's: Drück' auf die Tube, dachte ich ganz mutig bei mir.

Die erste 90°-Kurve konnte ich noch locker mit kurzem Anziehen der Handbremse und leichtem Drift an erster Stelle liegend meistern. Dann, nach der kurzen Geraden, kam die nächste 90°-Rechtskurve schnell näher, aber der verfolgende Golf leider auch, der Fahrer war entschieden mutiger und rauschte quer an mir vorbei. Aber irgendwie hatte er zu kräftig oder zu lange an der Handbremse gezogen und verpasste so leider rechtzeitig den Golf wieder in die gewünschte Fahrtrichtung zu steuern. So landete er innen auf einem Schneehaufen. Da kommt er so schnell nicht wieder runter, dachte ich bei mir.

Innerlich musste ich lachen, weil ich so zu einem kaum vermuteten Erfolg kam. Erster im Driftwettbewerb! Stolz fuhr ich weiter zu unserer Werkstatt und machte dort unser Werkstattteam mobil, samt Schippe und Abschleppseil wollten wir uns gerade auf den Weg machen, um unseren lieben Kollegen zu bergen. Doch der Spaß dauerte nur kurz, ,Willi' hatte sich selbst befreien können und traf kurz hinter mir in der Halle 16 ein. Da es sich um unseren Kapsel-Golf handelte, der zeitnah präsentiert werden sollte, hieß es: alle Mann anfassen. Es stellte sich heraus, dass kein Schaden zu beheben war. Glück gehabt, aber auch viel Spaß!«

Präsentation

Und wieder Michael Willmann: *»Wir beteiligten uns am Forschungsprojekt ,Entwicklung von verbrauchs- und emissionsgünstigen Dieselmotoren für Pkw', das vom BMFT gefördert wurde. Das Ziel war, das Außengeräusch in den damals üblichen Tests in der beschleunigten Vorbeifahrt deutlich abzusenken. An dem BMFT-Projekt nahmen, neben uns, auch die Firmen Daimler-Benz, Porsche, BMW, KHD und MAN teil. Bei einer gemeinsamen Präsentation in Graz war unser Kapsel-Golf der leiseste. Am Rande der Veranstaltung sagte Dr. Hiereth von Daimler zu mir: ,Das ist ja kein Wunder, der beschleunigt ja kaum.' Er hatte den Schwachpunkt des mit einem zu großen Abgas-Turbolader leistungsgesteigerten Motors erkannt. Wegen des ,Turbolochs' und der längeren Antriebsübersetzung war der Golf mit ATL-Diesel im USA-Test im 3. Gang am Ende der Messstrecke nur unwesentlich schneller als der Serien Golf D mit Saugdiesel. Im Europa-Test im 2. Gang, d. h. bei höheren Drehzahlen, war der Golf mit aufgeladenem Diesel ca. 2 km/h schneller. Das Außengeräusch ist stark Motordrehzahl-abhängig.«*

Willmanns Fazit: *»Wir hatten mit dem Projekt die machbare Grenze der Geräuschabsenkung dargestellt. Für den Serieneinsatz war die Thermo-Akustikkapsel nicht vorgesehen, jedoch begann mit dem Passat I von Modell zu Modell eine kontinuierliche Erweiterung der Unterschale in Richtung Vollkapsel.«*

Quellen:

- B. Wiedemann: Zeitzeugeninterview, AutoMuseum Volkswagen, 21.10.2020
- Robert Bosch GmbH: Verteilereinspritzpumpe Typ VE, Technische Beschreibung, 1981
- B. Wiedemann, P. Hofbauer: Data Base for Light-Weight Automotive Diesel Power Plants, SAE-Paper 780634, 1978
- F. Schröder: Kraft satt – Komfort mäßig. In: Auto Zeitung, Nr. 16/1981
- Thien, Fachbach: Zukunftskonstruktion geräuscharmer Dieselmotoren. In: Forschungsvereinigung Verbrennungskraftmaschinen, Heft 188, 1975
- M. Willmann: Aggregate-Kapsel. Interner Forschungsbericht, April 1977
- Interner Messbericht »Rollgeräusch«, P 2884, Forschung 5, 22.08.1975
- H. A. Kuck, W. Kurpiers, G. W. Schweimer, M. Willmann: Dieselmotor für Kompaktfahrzeuge, 6. BMFT-Statusseminar
- O. Willenbockel: Geräuschmessungen an einem Motor mit Bleischale auf dem Prüfstand. VW-Forschungsprojekt, 1976
- Müller, Seifert, Hartwig: Verminderung des Golf-Außengeräusches durch Vollkapselung. Interner Forschungsbericht MT-F5-76/17
- M. Willmann: Einfluss der Aggregate-Kapsel auf das Nagelgeräusch des Dieselmotors. Interner Forschungsbericht, September 1977

I.3.4 Das DOT-Projekt und der IRVW

Von Rolf Graupmann

Der Auftrag

Als Folge des »Ölembargos« durch die OAPEC (Organisation der arabischen Erdöl-exportierenden Staaten) wegen des Jom-Kippur-Krieges wurde der Kraftstoff knapp und teuer. In den USA gab es an manchen Tankstellen plötzlich keinen Sprit mehr.

Die Motoren wurden auch in den USA kleiner, und man besann sich des Dieselmotors. Der schlecht gemachte GM V8-Dieselmotor offenbarte, dass den US-Firmen das Know-how für fortschrittliche Pkw-Diesel fehlte. Daher erteilte das Department of Transportation (DOT) der VW-Forschung den Auftrag zur Darstellung einer leistungsgestaffelten Pkw-Dieselmotoren-Baureihe zur Reduzierung des Kraftstoffverbrauchs sowie der Abgasemissionen.

»Diese Aufgabe kam uns gerade recht, da wir nach dem Serieneinsatz des 1,5-Liter-Dieselmotors fast ‚arbeitslos' waren«, entsinnt sich Rolf Graupmann. Das Team aus Konstrukteuren und Versuchsingenieuren mit Dieselkompetenz wurde von Bernd Wiedemann geleitet. Michael Willmann war für die Erstellung der Diagramme und die Motorbeschreibungen zuständig.

Der Leistungsbereich sollte von 37 kW (50 PS) bis 74 kW (100 PS) reichen. Zunächst haben wir untersucht, welche Leistungsbereiche wir mit unseren Motoren abdecken können. Dabei gingen wir von der spezifischen Leistung des 1,5-Liter-Wirbelkammer-Motors (s. Kap. I.2.2) aus. Der V8-Motor wurde mit Literaturwerten und theoretischen Überlegungen hochgerechnet. Charakteristisch ist, dass die spezifische Leistung mit größer werdendem Hubraum abnimmt.

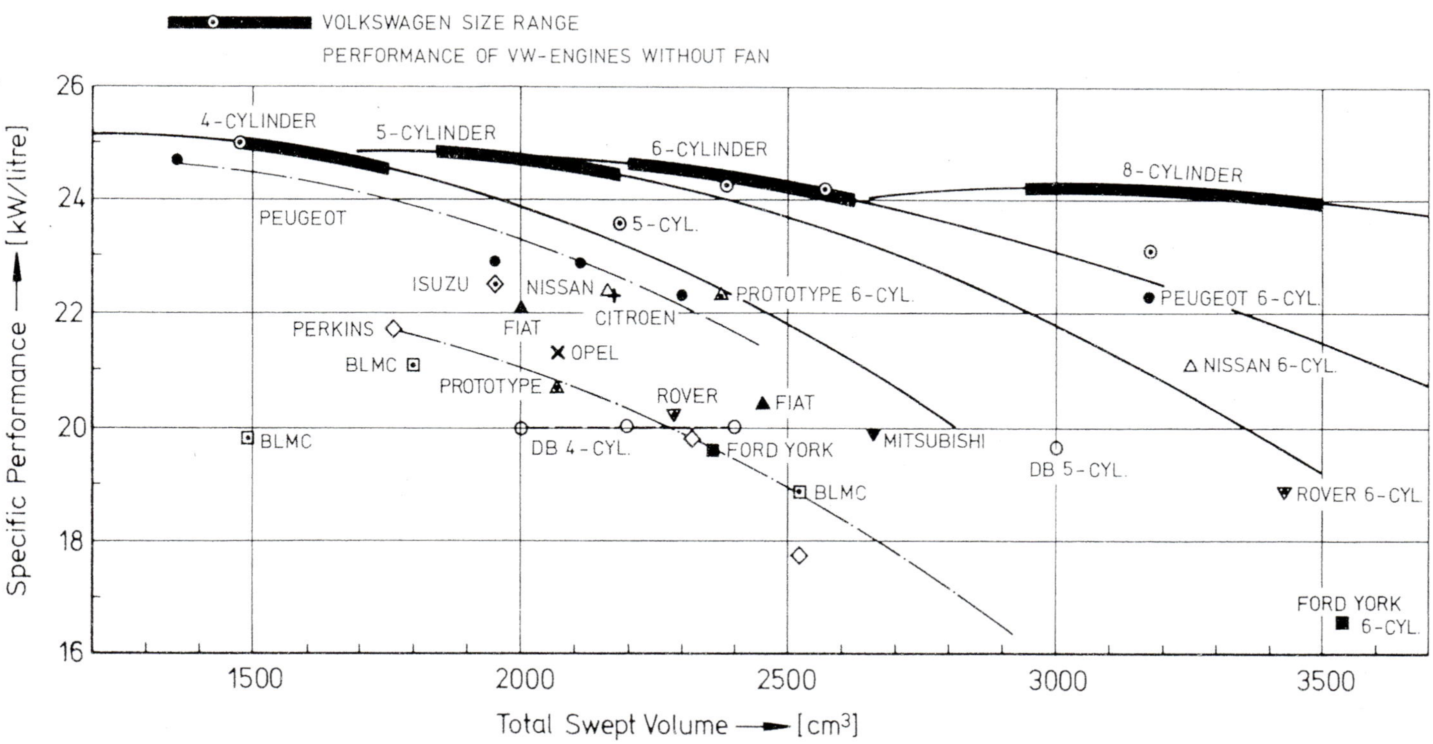

Zusammenhang von Hubraum und Zylinderzahl mit der spezifischen Leistung für Wirbelkammer-Diesel-Saugmotoren.

Diagramm: M. Willmann

Die Motoren-Familien

M. Willmann schaut zurück: *»Wir haben zwei Baureihen auf der Basis des 1,5-l-WK-Dieselmotors mit einem Zylinderabstand von 88 mm konzipiert, eine aus vier Saugdieseln mit unterschiedlicher Zylinderzahl und eine aus einer Kombination von Saug- und aufgeladenen Motoren. Die Erfahrungen mit der Aufladung von Dieselmotoren kamen uns zugute.*

Vier- und Fünfzylindermotoren hatten wir schon. Der Sechszylinder-Diesel war in der Aggregate-Entwicklung in Arbeit, und den V8-Motor haben die Konstrukteure Leptien, Ahrens und Wundrak auf dem Reißbrett dargestellt.« (s. Kap. I.3.1).

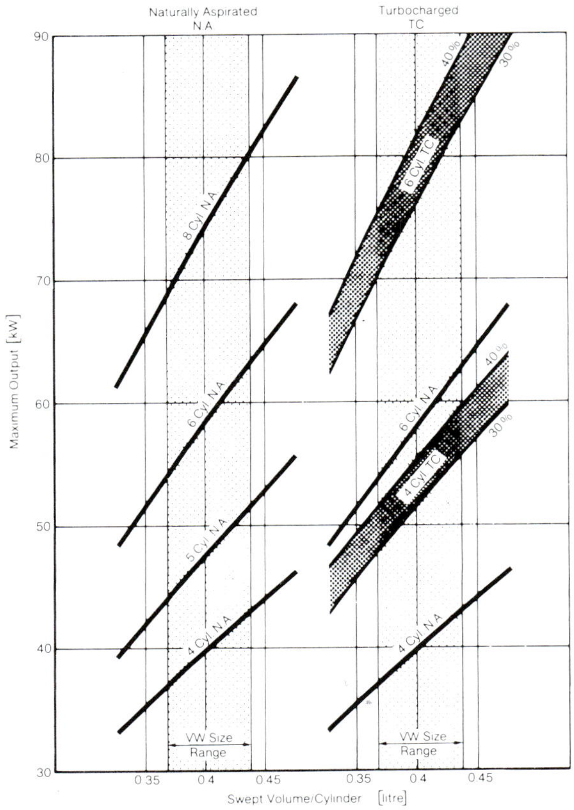

Abb. rechts: Leistungsbereiche der Motoren-Baureihen, links für vier Saugmotoren und rechts für einen Basis-Saugmotor und zwei davon abgeleitete aufgeladene Motoren. Die erste nur aus Saugmotoren bestehende Baureihe wurde durch Vier-, Fünf- und Sechszylinder-Reihenmotoren sowie aus einem V8-Motor dargestellt. Die zweite Motorenbaureihe war aus Vier- und Sechszylinder-Reihenmotor sowie deren aufgeladene Varianten zusammengesetzt. Diagramm: M. Willmann

Werner Kurpiers und Bernd Wiedemann mit einem Projektfahrzeug in Amerika. Foto: Graupmann

Das Forschungsauto IRVW

In den Jahren nach 1960 wurde das Thema Sicherheit im Straßenverkehr immer wichtiger für die Automobilindustrie. Besonders im größten Absatzmarkt für Volkswagen bestimmte die Fahrzeugsicherheit plötzlich das Marktgeschehen. Denn US-Anwalt und Verbraucherschützer Ralph Nader verteufelte Heckmotorfahrzeuge wie den Chevrolet Corvair, der aufgrund seiner schlecht abgestimmten Hinterachs-Konfiguration ins Visier geraten war. Wegen seiner schlechten Geradeauslaufeigenschaft, Seitenwindempfindlichkeit und übergangsloser Neigung zum Übersteuern war das Auto auffällig geworden und verantwortlich für viele Unfälle mit Todesfolge.

Hieraus entstanden Mitte der 70er-Jahre neue US-Zulassungsvorschriften. Hier sei nur an die geforderte Höhenangleichung zur Anbringung der Stoßfänger an den Fahrzeugen erinnert. Rückhaltesysteme jeglicher Art wurden entwickelt und eingeführt. Ebenso wurden dynamische Fahrmanöver vorgegeben, deren erfolgreiche Absolvierung durch Serienfahrzeuge nachgewiesen werden musste, um eine Zulassung für den US-Markt zu erhalten.

Volkswagen baute wie andere Hersteller auch entsprechende Forschungsfahrzeuge und stellte 1972 das mittelgroße Sicherheitsfahrzeug ESVW I vor. Da das Hauptaugenmerk der Wolfsburger Produkte jedoch auf dem Segment für kleine Pkw lag, entschloss man sich, ein Sicherheitsfahrzeug auf Golf-Basis zu entwickeln. Das ESVW II wurde bereits im Juni 1974 vorgestellt. Besondere Verstärkungen der Karosserie, inklusive integriertem Überrollbügel und stoßabsorbierenden Längsträgern, waren wesentliche Komponenten zur Verbesserung des Insassenschutzes.

1979/80 folgte dann der IRVW (Integrated Research Volkswagen), der den Aufwand verdeutlichte, die Anforderungen an Sicherheit, Wirtschaftlichkeit und Umweltfreundlichkeit gleichermaßen unter einen Hut zu bringen. Genau wie der ESVW II basierte er auf dem Golf I, war aber mit einem sehr speziellen Dieselmotor ausgestattet.

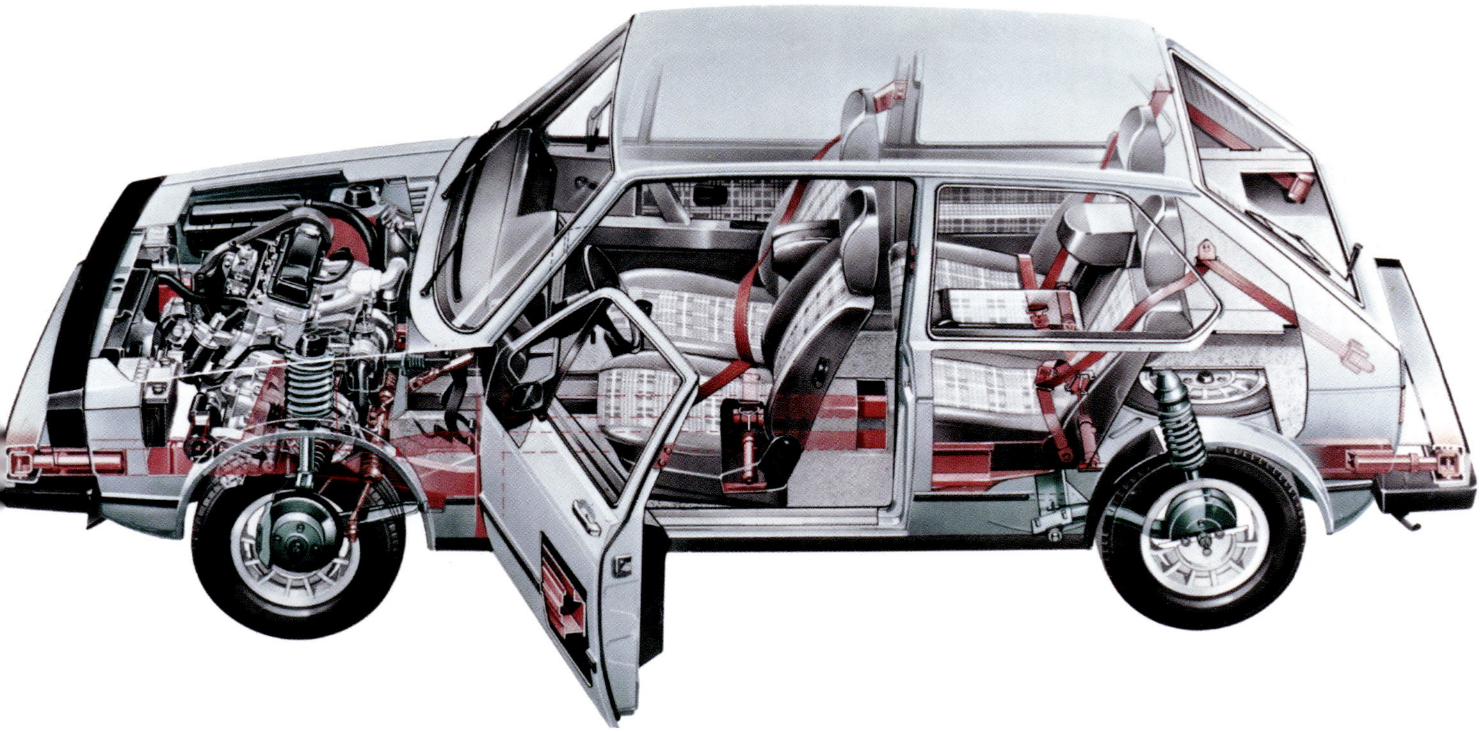

Die verstärkte Sicherheitsstruktur des IRVW von 1979 erfüllte nicht nur die Sicherheitsanforderungen der 70er-Jahre. Vor allem wartete das Forschungsfahrzeug bereits mit einem Turbodiesel auf. Grafik: Volkswagen

Zukunftsweisende Verbräuche

Für das Antriebsaggregat des IRVW griffen Forscher auf das bereits aus dem Serienfahrzeug bekannte, 1,5 Liter große Wirbelkammeraggregat mit 37 kW (50 PS) zurück. Durch Anbau eines amerikanischen Garrett-Turboladers wurde die Leistung auf 53 kW (72 PS) bei einer Drehzahl von 5.000 U/min erhöht, das Drehmoment stieg auf 125 Nm. In Verbindung mit einem neu entwickelten Fünfganggetriebe wurden stolze 160 km/h Höchstgeschwindigkeit erreicht. Die Beschleunigung von 0 auf 60 mph wurde mit 13,5 sec gemessen. Der Kraftstoffverbrauch auf 100 km pendelte sich auf 3,99 Liter ein.

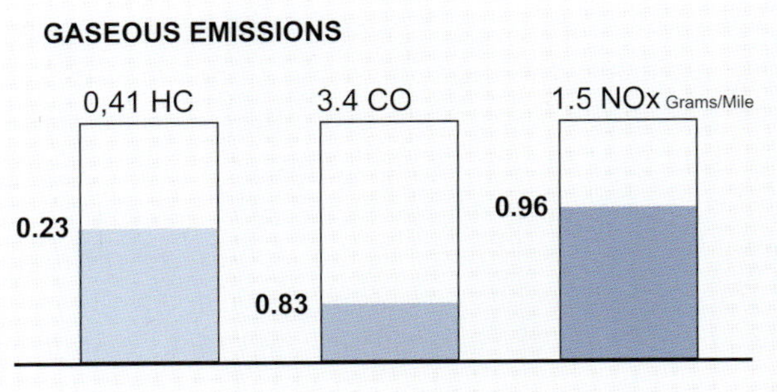

Die Schadstoffemissionen lagen beim IRVW deutlich unter den Grenzwerten für 1985. Diagramm: SAE-Paper

Die Kohlenwasserstoff- und Kohlenmonoxid-Emissionen sind beim Dieselmotor wegen der hohen Umsatzrate bei Luftüberschuss deutlich unterhalb der Grenzwerte. Die Stickoxid-Rohemission wird von hohen lokalen Temperaturen im Brennraum bestimmt und ist bei der Dieselverbrennung niedriger als beim Ottomotor, der mit dem Dreiwege-Katalysator alle Vorschriften erfüllt. Beim Dieselmotor kann die NOx-Reduktion wegen des Restsauerstoffs im Verbrennungsgas nicht funktionieren; deshalb wurde beim IRVW am Motor eine Abgasrückführung eingesetzt, welche die Verbrennungstemperaturen senkt und die Stickoxidbildung reduziert.

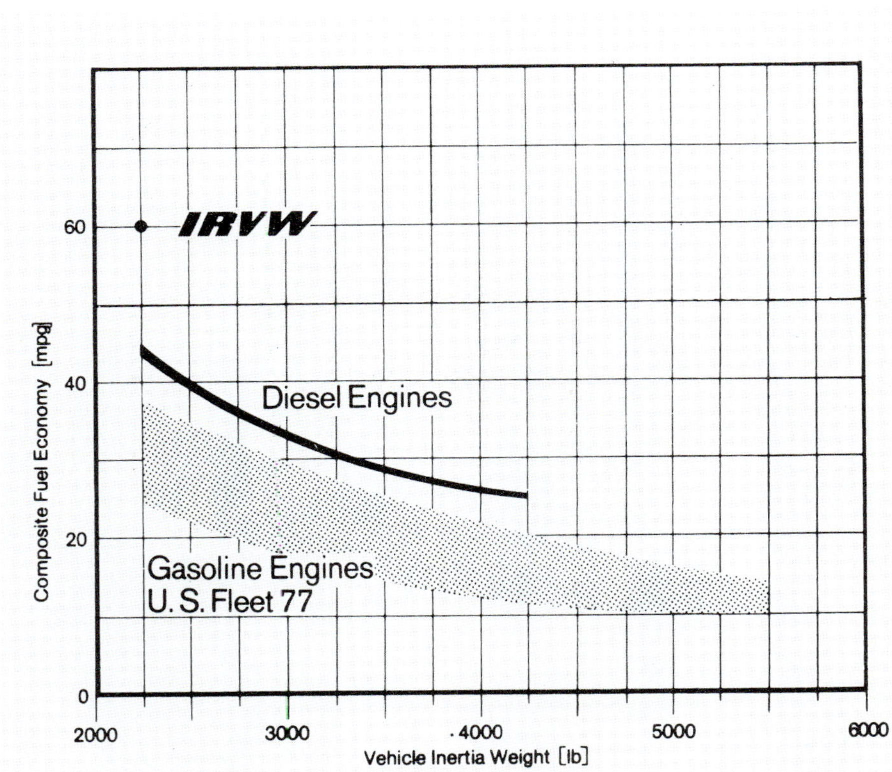

Das Diagramm zeigt die Überlegenheit des IRVW im Kraftstoffverbrauch, hier in »miles per gallon« – 60 mpg entsprechen 3,99 l/100 km. Diagramm: SAE 780634-1978

Quellen:

- B. Wiedemann, P. Hofbauer: Data Base for Light-Weight Automotive Diesel Power Plants, SAE 780634
- H. Leptien: Durchführbarkeitsstudie V8-Dieselmotor auf Basis des VW-Serien-Dieseltriebwerks. Forschungsbericht.
- R. Weißner: Eingebaute Sicherheit. In: autogramm, Nr. 10/1979

I.4. Die Evolution der Pkw-Wirbelkammer-Motoren

I.4.1 Der Diesel für den Polo

Von Michael Willmann

Die Erfolge des Golf Diesel führten zu der Überlegung, auch für den Polo einen Dieselmotor zu entwickeln. Herr Klaus Brockmüller berichtete von einem Dreizylinder-Diesel auf Basis des 1,5-l-Wirbelkammer-Motors. Zum Ausgleich der Massenkräfte 1. Ordnung wurde die Nebenwelle mit einem Ausgleichsgewicht versehen und von einem beidseitig verzahnten Zahnriemen angetrieben. Wenige Motoren wurden gebaut. Es gab keinen Serieneinsatz.

Stattdessen wurde ein neuer Dieselmotor von der kleinen Otto-Baureihe EA 801 mit 82,0 mm Zylinderabstand abgeleitet. Der Motor wurde als EA 185 von der Aggregate-Entwicklung bearbeitet und saß als 1,3-Liter von 1987 bis 1990 im Polo.

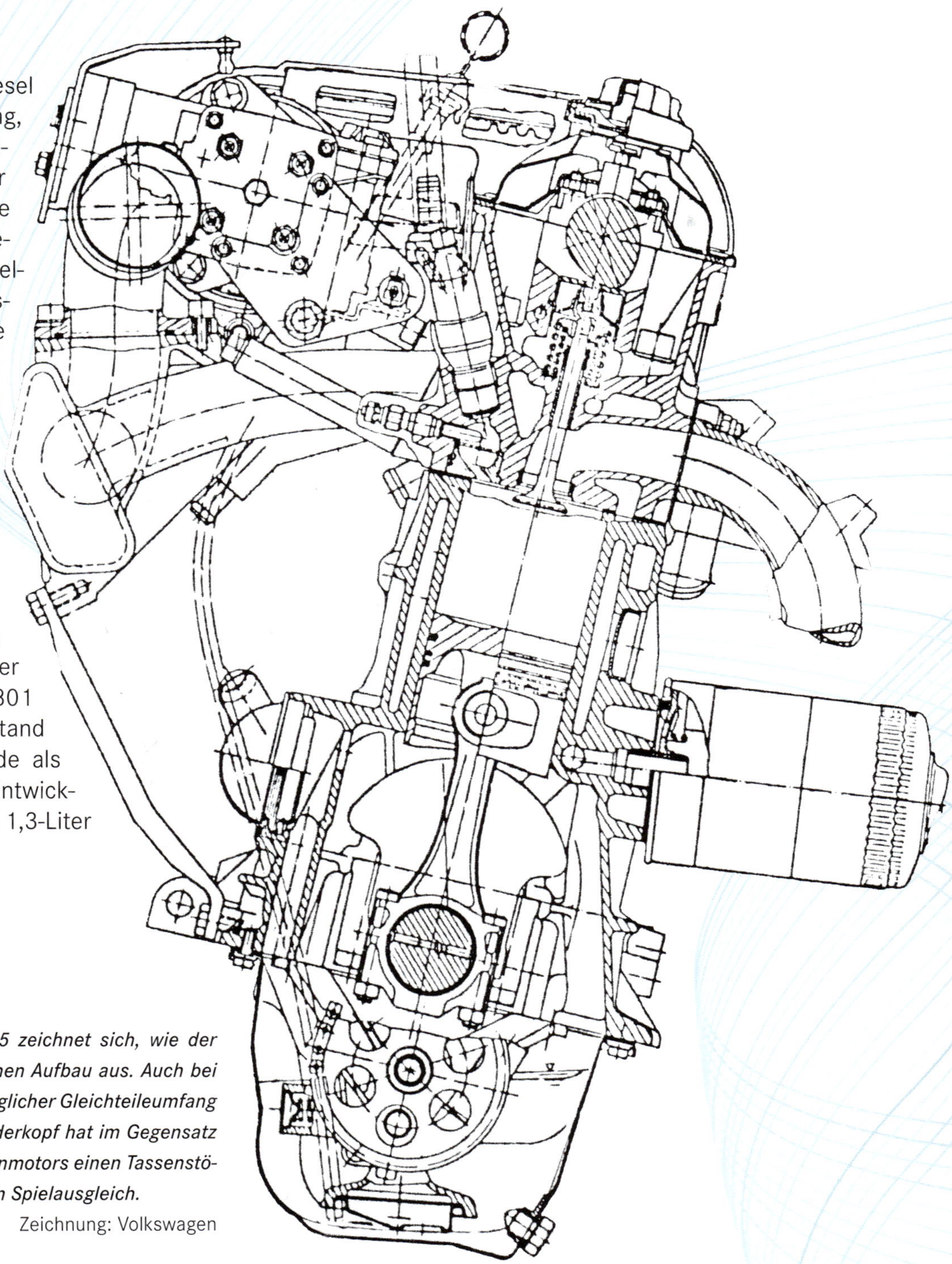

Der 1,3-Liter-Dieselmotor EA 185 zeichnet sich, wie der Basis-Benzinmotor, durch einfachen Aufbau aus. Auch bei diesem Motor wurde ein größtmöglicher Gleichteileumfang angestrebt. Der Querstrom-Zylinderkopf hat im Gegensatz zum Schlepphebeltrieb des Benzinmotors einen Tassenstößel-Ventiltrieb mit automatischem Spielausgleich.

Zeichnung: Volkswagen

Das Wirbelkammer-Brennverfahren übernahm man vom 1,6-Liter-Diesel. Die Bosch-Einspritzpumpe wurde liegend am hinteren Ende des Motors angebracht und über die Nockenwelle von einem zweiten Zahnriemen angetrieben.

Das verstärkte Zylinderkurbelgehäuse war einfach aufgebaut, ohne Nebenwelle, mit integrierter Wasserpumpe und direkt befestigtem Ölfiter wie beim Ottomotor. Diese Maßnahmen senkten die Kosten und das Gewicht, wie schon beim EA 288 (Motoren-Band I) vorgemacht.

Die Kurbelwelle war aus Stahl geschmiedet, statt gegossen, wie beim Ottomotor. Durch spätes Öffnen des Auslassventils wurde die Gasdehnung im Arbeitstakt verlängert und durch frühes Schließen des Einlassventils die Verdichtungsendtemperatur erhöht. Beides senkte die Rußemission.

Hydraulische Tassenstößel erübrigten die Ventilspiel-Nachjustierung. Auch bei diesem Motor wurde die Einspritzpumpe hinten angeordnet und über die Nockenwelle und einen zweiten Zahnriemen angetrieben.

Das Hub/Bohrungs-Verhältnis ist Diesel-ungünstig, aber dem Baukasten mit dem Benzinmotor geschuldet.

Die Auto Zeitung schrieb 1987: *»Der schlecht rasierte Trucker traut dem Braten nicht. Da rollt doch ein ganz normaler Polo neben seinem gewaltigen 38-Tonner zum Spritfassen an die Diesel-Zapfsäule. Der Kapitän der Landstraße kratzt sich am Hinterkopf. ‚Meinen Se, Sie sind hier richtig?‘, fragte er ungläubig. ‘N VW Polo hat doch keinen Dieselmotor‘.«*

Trotz einer Dämmmatte unter der Motorhaube, einer Unterschale und weiterer Dämmmaßnahmen verbreitet der Diesel-Polo ein *»aufdringliches Geräusch und ein sonores Brummen. Ein Peugeot 205 Diesel oder Renault 5 D bleiben in allen Lebenslagen einige Dezibel leiser.«*

Technische Daten 1,3-Liter-Diesel	
Zylinderbohrung	75 mm
Kolbenhub	72 mm
Verhältnis Hub/Bohrung	0,96
Hubraum	1,272 Liter
Verdichtungsverhältnis	22
Max. Leistung	33 kW (45 PS) bei 4.900 U/min
Spezifische Leistung	26 kW/l
Max. Drehmoment	75 Nm bei 3.000 U/min
Max. Mitteldruck	7,4 bar

Hubraum-Vergrößerung

Mit einer neuen Kurbelwelle mit 79,5 mm Hub wurde auch der kleine VW-Diesel langhubig, was einen kompakteren Brennraum mit geringeren Wärmeverlusten bedeutete. Dadurch betrug der Hubraum 1,398 Liter. Von 1990 bis 1994 wurde dieser Motor für den Polo angeboten.

Für detaillierte Motorbeschreibungen wird auf die Literatur verwiesen. Das vorgestellte Triebwerk war übrigens Gegenstand des Motoren-Abkommens mit der DDR, das Ende der 80er-Jahre in VW-Lizenz-Ottomotoren für Trabant und Wartburg mündete. Den EA 185 sagten die DDR-Verantwortlichen jedoch aus Kostengründen ab. In späteren Polo-Versionen gab es dann keinen Nachfolger des EA 185 mit nur 82,0 mm Mittenabstand mehr.

Quellen:

- W. Brandstetter, R. Dziggel: Der 1,3-Liter-Dieselmotor von Volkswagen. In: ATZ, Nr. 4/1986
- S. Gierich: Europas kleinster Diesel kommt. In: Auto Zeitung, Nr. 25/1986
- H. Koch, E. Müller, G. Ohlendorf: Der 1,4-Liter-Dieselmotor von Volkswagen. In: MTZ, Nr. 12/1990
- M. Willmann/E. Kittler: Generationswechsel. Motorbuch Verlag Stuttgart, 2019
- E. Kittler: Traumauto Volkswagen. Wie Käfer, Golf und Bulli in die DDR kamen. Motorbuch Verlag Stuttgart, 2024.

Der 1,4-Liter-Wirbelkammer-Dieselmotor. Zeichnung: Volkswagen

I.4.2 Die 1,6-Liter-Motoren

Von Norbert Ermisch und Michael Willmann

Wirbelkammer-Motoren mit 1,6 Liter Hubraum

Der VW 1,5-Liter-Dieselmotor war für den Golf I mit 805 kg Leergewicht konzipiert worden. Der Passat II mit einem auf 1.000 kg (Limousine) angewachsenen Leergewicht forderte eine Drehmomentanhebung, vor allem bei niedrigen Drehzahlen. Dazu war eine Hubraumvergrößerung das geeignete Mittel.

Ingolf Löhner, damals in der Vorentwicklungsgruppe, berichtet: *»Schon vor dem Serieneinsatz des 1,5-Liter-Dieselmotors habe ich fünf Versuchsmotoren mit Bohrung 79,5 x 80 Hub ‚illegal' bauen lassen.«* Das ergibt einen Hubraum von 1,588 Liter, aber mit Diesel-ungünstigem quadratischem Hub-/Bohrungs-Verhältnis

Für die Motor-Konstruktion war das Team von Herrn Brockmüller verantwortlich. Der Motor bekam eine neue Kurbelwelle mit 86,4 mm Hub, die schon im 1,7-Liter-Benzinmotor für Chrysler verwendet wurde. Daraus resultierte unter Beibehaltung der Zylinderbohrung von 76,5 mm ebenfalls ein Hubraum von 1,588 Liter, aber mit einem Hub-/Bohrungs-Verhältnis von 1,13.

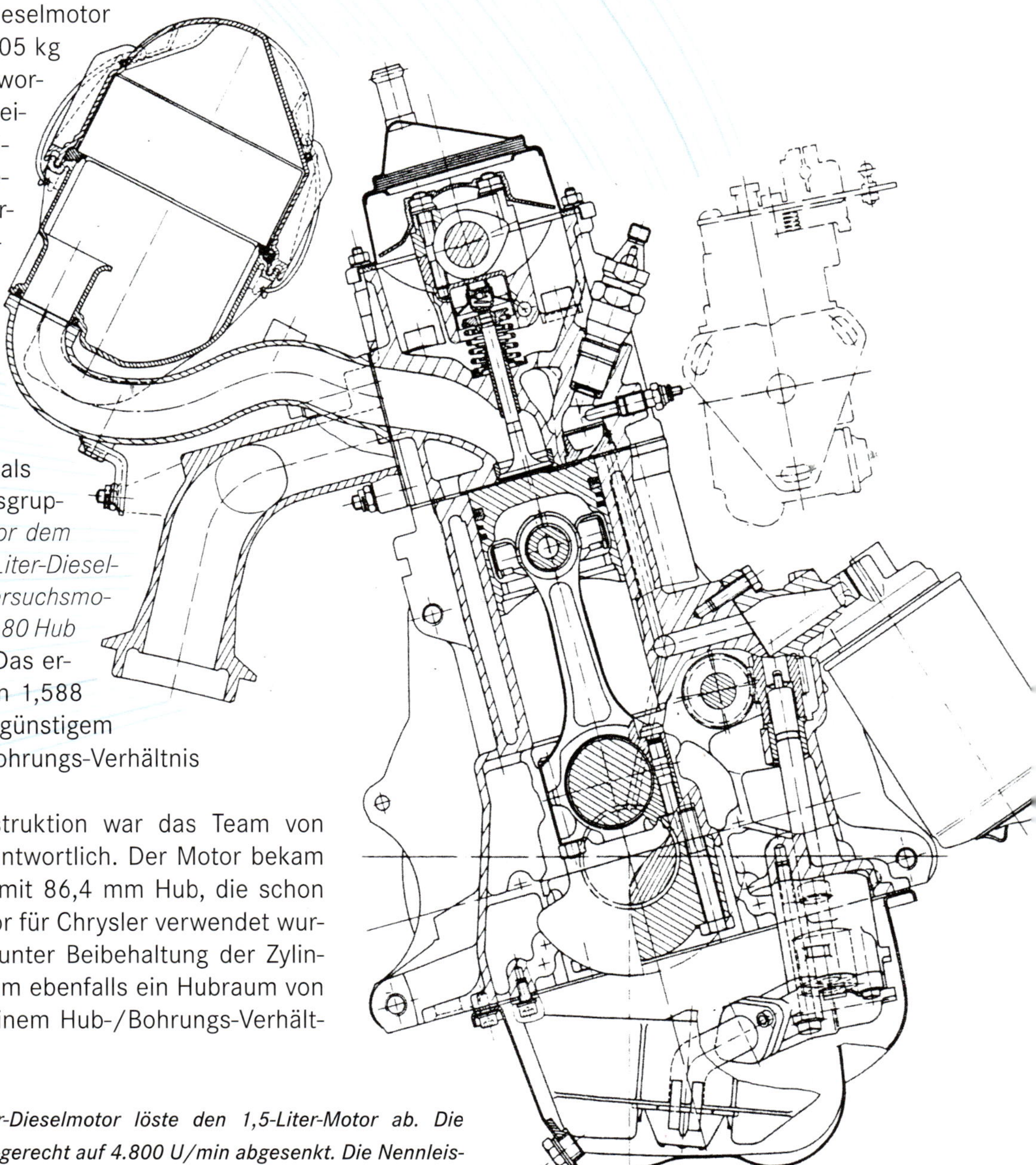

Der 1,6-Liter-Wirbelkammer-Dieselmotor löste den 1,5-Liter-Motor ab. Die Nenndrehzahl wurde Diesel-gerecht auf 4.800 U/min abgesenkt. Die Nennleistung stieg auf 40 kW (54 PS, 25,2 kW/l). Das maximale Drehmoment wurde auf 102 Nm (8,1 bar Mitteldruck) erhöht. Der Luftfilterkasten bestand jetzt aus Kunststoff. Zeichnung: Volkswagen

Während der 1,5-Liter-Diesel noch den KSB mit Handbetätigung hatte, erhielt der neue Motor einen automatischen, thermostatisch gesteuerten Kalt-Start-Beschleuniger. Um das Patent gab es ein Gerangel mit Bosch über die Priorität.

Die neuen VW-Dieselmotoren wurden 1980 im Golf und Jetta quer und in den Passat, Audi 80 und Santana (1982) längs eingebaut. Mit angepasster Peripherie kam der 1,6-Liter-Diesel auch in den Transporter T3. (s. Kapitel I.5.2.)

Im Passat II GLD war der VW-Dieselmotor, wie im Audi 80, längs und um 20° nach rechts geneigt eingebaut. Foto: Volkswagen

Rabbit mit Dieselmotor von 1982 im AutoMuseum Volkswagen. Foto: Kittler

Dipl.-Ing. Gerd Lange arbeitete im Motor-Versuch und berichtet: *»Auch in Brasilien sollte der Dieselmotor eingeführt werden. In meiner Zeit dort – 1981 bis 1985 – beschäftigte ich mich mit der Ölhaltbarkeit, zunächst Ölwechsel alle 3.000 km; am Ende zeigte sich, dass erheblich längere Laufzeiten ohne Ölwechsel möglich waren.«* Die brasilianischen Typen Voyage/Amazon und Gol erhielten 1984 den 1,6-Liter-Wirbelkammer-Dieselmotor.

Was machten die Wettbewerber?

Auch Peugeot (1979), Opel (1982, sechs Jahre nach VW) und Ford (1983) brachten 1,6-Liter-Dieselmotoren in ihre Kompakt-Pkw. In der Auto Zeitung hieß es: *»Golf Diesel an der Tankstelle unschlagbar«*. Im Vergleichstest verbrauchte der Escort 7,0 Liter, der Kadett 8,1 Liter und der Golf 6,2 Liter Diesel. Keiner der Konkurrenten erreichte die Stückzahlen des Golf Diesel.

In den USA führte der Rabbit (US-Golf) mit Dieselmotor die Liste der sparsamsten Serienautos an. Allerdings kam der »amerikanisierte« Golf bei den Kunden nicht gut an. Das weichere Fahrwerk vermittelte nicht den vom Golf gewohnten direkten Fahrbahnkontakt. Anders als in den USA, wo das ungewohnte Tanken an der Lkw-Säule verunsicherte, machte dies den europäischen Käufern des Golf D nichts aus.

Abb. rechts: Der 1,6-Liter-WK-Dieselmotor mit dem Schwungnutz-Getriebe. Der Pfeil zeigt auf den pneumatischen Servomotor, der die Kupplung automatisch betätigt. Foto: Volkswagen

»Mit Schwung Sprit sparen...«

... schrieb die Auto Zeitung. Der Krieg zwischen Irak und Iran 1979/80 mit Ausfällen in der Energieversorgung veranlasste die Fahrzeughersteller, weitere Maßnahmen zur Senkung des Kraftstoffverbrauchs einzuführen. Die VW-Forschung hatte sich schon mit

der **S**chwung-**N**utz-**A**utomatik (SNA) beschäftigt (s. Kap. II.1.3). Das wurde nun in der Getriebe-Entwicklung reif für die Serie gemacht.

Insgesamt senkte die SNA den Spritverbrauch um 12 %. 1983 wurde die neue Technik in USA eingeführt, hielt sich aber nicht lange auf dem Markt. Der an der Ampel stehende Motor verbreitete wohl zu viel Unsicherheit: Ob der wohl wieder anspringt?

Abgas-Turboaufladung

1978 brachte Daimler-Benz den ersten aufgeladenen Pkw-Dieselmotor auf den Markt. Dazu applizierten sie einen Abgas-Turbolader an ihren Fünfzylinder-Vorkammer-Dieselmotor.

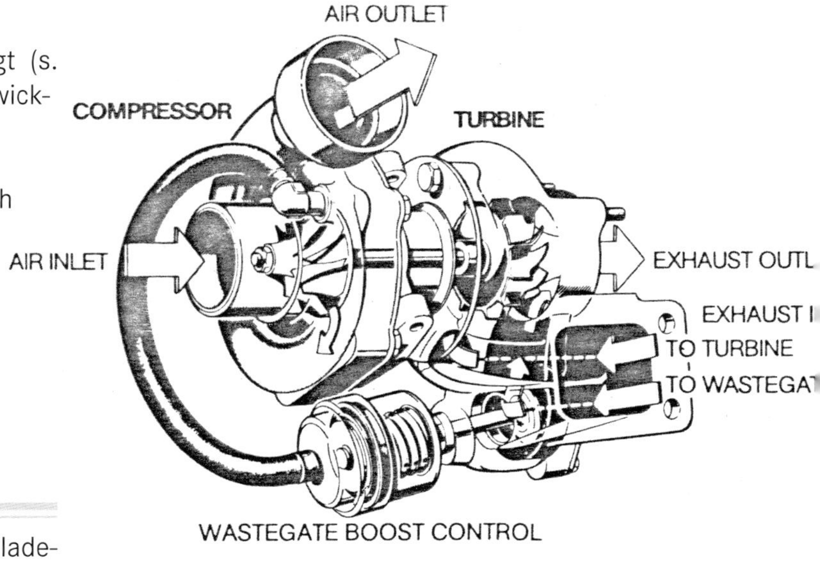

Der Garrett-Abgas-Turbolader mit rückwärts gekrümmten Verdichterschaufeln und integriertem Wastegate, das über einen Schlauch und eine Membrandose bei Überschreiten des zulässigen Drucks im Verdichteraustritt geöffnet wird.
Zeichnung: Mercedes-Benz

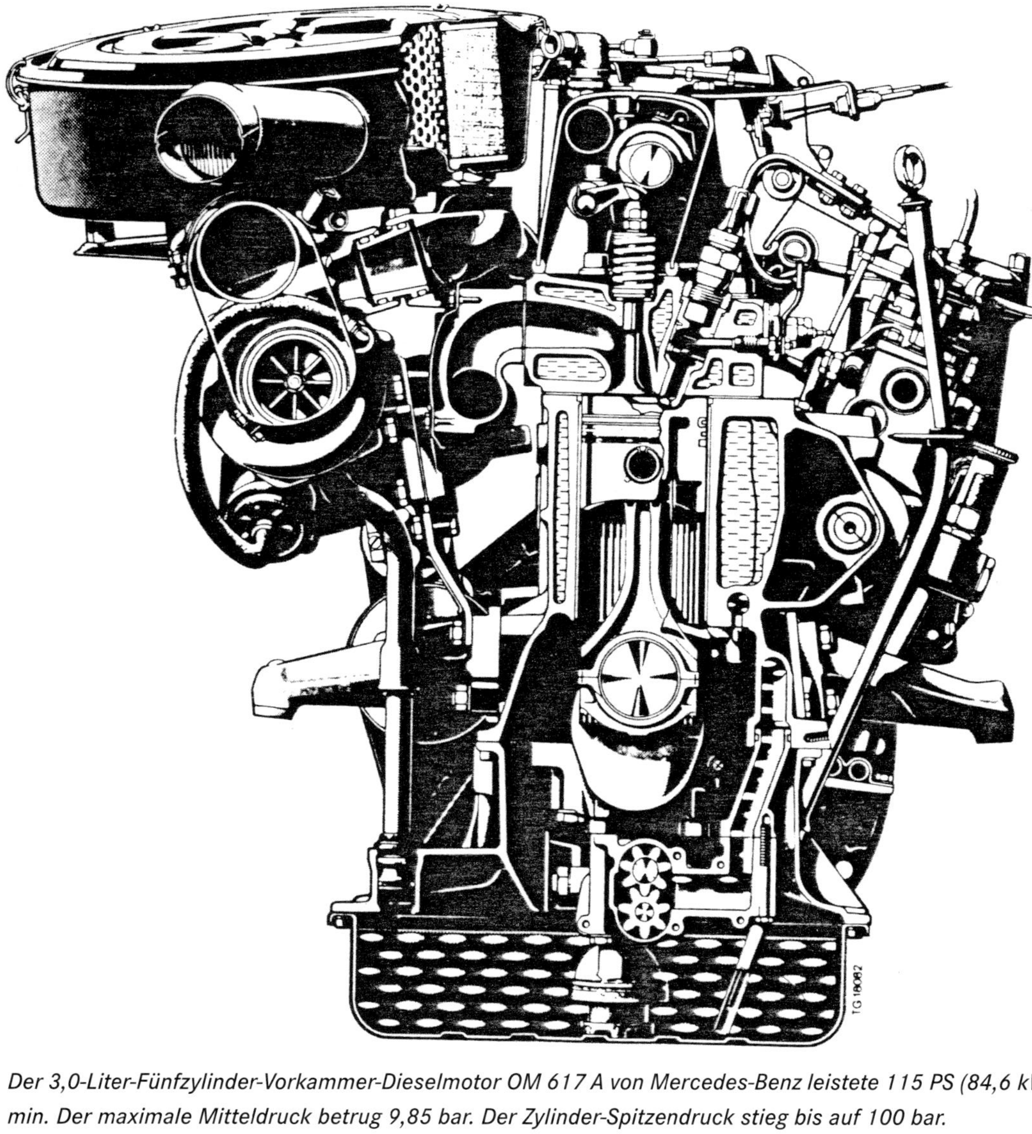

Der 3,0-Liter-Fünfzylinder-Vorkammer-Dieselmotor OM 617 A von Mercedes-Benz leistete 115 PS (84,6 kW, 28,2 kW/L) bei 4.200 U/min. Der maximale Mitteldruck betrug 9,85 bar. Der Zylinder-Spitzendruck stieg bis auf 100 bar. Zeichnung: Mercedes-Benz

Der 1,6-l-WK-Turbodiesel

Michael Willmann erklärt: *»Auch bei Volkswagen hatten wir uns schon mit der Aufladung beschäftigt, allerdings ohne Serieneinsatz* (s. Kap. I.3.3). *Für die neue Fahrzeuggeneration sollten neben den Saugmotoren auch leistungsgesteigerte Dieselmotoren angeboten werden. Dazu musste das Triebwerk an die höhere Belastung angepasst werden. Die Kolben wurden mittels Düsen am Hauptölkanal zur Temperaturabsenkung mit Öl angespritzt. Die Förderleistung der Ölpumpe wurde um 15 % erhöht.*

Die Einspritzpumpe erhielt einen LDA (Lade-Druck-abhängiger Vollast-Anschlag), der bei niedrigen Drehzahlen die Einspritzmenge entsprechend dem aktuellen Ladedruck freigibt. Dadurch wurde das Drehmoment bis nahe an die Rauchgrenze angehoben und das ‚Turboloch' minimiert. Zur Aufladung wurden Abgas-Turbolader der Firmen Garrett und KKK unter-

Das Bild zeigt den 1,6-Liter-Wirbelkammer-Turbo-Dieselmotor für Quereinbau im Golf. Die Abgas-Turbolader mit Wastegate-Regelung stammen von Garrett und KKK. Der Einlasskrümmer musste aus Platzgründen sehr kompakt gestaltet werden. Am Turbinengehäuse sitzt ein Ventil, das bei 0,7 bar öffnet. Bei den Zapfendüsen von Bosch wurde der Abspritzdruck auf 155 bar erhöht. Die Förderleistung der Ölpumpe wurde um 15 % erhöht. Auf dem vorderen Kurbelwellenende befindet sich ein Drehschwingungsdämpfer.

Zeichnung: Volkswagen

sucht. Letzterer ging in Serie. Der Turbolader wurde gegenüber den ersten Versuchen neben den Einlasskrümmer hochgelegt, um das Volumen zwischen Verdichter und Einlassventil für besseres Ansprechen klein zu halten.

1982 begann die Serienproduktion. Bei einer Vollgasjagd wollte die Auto Zeitung dem Golf GTD *»besonders kräftig auf den Zahn zu fühlen«*. Dabei trat nach 7.340 km ein kapitaler Motorschaden auf. In einem Interview erklärte Dr. Peter Hofbauer als Aggregate-Chef den Ausfall mit Ringsteckern in zwei Kolben aufgrund von Verkokung durch die extrem hohe Wärmebelastung, *»wie sie in der Praxis nie vorkommt – hätte man wohl noch höherwertigeres Öl nehmen müssen.«*

Dipl.-Ing. Norbert Ermisch

Geboren 1953 in Mönkeberg/Plön
Lehre Maschinenschlosser (HDW Kiel)
Bundesmarine
1976-1982 Studium TU Braunschweig (Maschinenbau)
1982-1985 bei KKK (Frankenthal)
04/1985 zu Volkswagen, Motoren-Versuch (Vierzylinder-WK-Diesel),
Koordination 3-Liter-Lupo ab 1996
2001 Unter-Abteilung Dieselmotoren-Entwicklung

Problemlösungen

»Mein Einstieg in die Gruppe von Herrn Ebbinghaus (Triebwerksentwicklung) war am 1. April 1985«, berichtet Norbert Ermisch. *»Die UA (Unter-Abteilung) war so organisiert, dass jeweils ein Kollege für einen Motor und für eine Bauteilgruppe verantwortlich war. Meine Verantwortlichkeiten waren der Vierzylindermotor und der Zylinderkopf mit Zylinderkopfdichtung und – wegen meiner Erfahrungen bei KKK – der Turbolader.«*

Durch die Leistungssteigerung der Motoren mithilfe der Ladeluftkühlung stieg gleichzeitig die thermische Belastung der Abgas-Turbolader, speziell die höhere Öltemperatur im Bereich der Lagerung der ATL-Welle und des Ölrücklaufs in das Kurbelgehäuse war kritisch. Hier setzte teilweise eine starke Verkokung ein, die mit Ausfall des Laders und teilweise auch des Motors endete.

Als Lösung für dieses Problem wurde gemeinsam mit den Herstellern eine Wasserkühlung des ATL-Lagerbereichs entwickelt. Die Wasserzufuhr wurde durch einen separaten Zugang von einem Kühlwasserleitungsrohr sichergestellt, der Rücklauf erfolgte über eine kurze Schlauchleitung in den Kernlochdeckel und damit in den Kühlwasserraum des Kurbelgehäuses.

Ein weiteres großes Problem gab es dadurch, dass Asbest im Jahre 1995 verboten wurde. Die Lieferanten begannen früh mit der Suche nach geeigneten asbestfreien Dichtungen, insbesondere mit Blick auf die Zylinderkopfdichtungen. Man versuchte, die Trägerplatten aus Stahl zu behalten und mit alternativen Dichtungsmaterialien, wie z. B. Kohlefasern oder Steinwolle, einzusetzen. Diese Versuche gingen »voll in die Hose«, und da dieses Problem schnell gelöst werden musste, waren nur kurze Erprobungszeiten möglich, und diese Dichtungen gingen bereits nach kurzen Erprobungen in die Serie. In der Regel lief bereits nach 15.000 bis 20.000 km das Wasser am Zylinderblock herunter. Dies galt für alle Motoren, Benziner wie auch Diesel.

Norbert Ermisch entsinnt sich: *»Eines Tages besuchte mich ein Lieferant und teilte mir mit, dass er gerade aus Japan wiedergekommen wäre und dort be-*

reits Dichtungen aus Stahl eingebaut würden, die keine Probleme im Feld machen. Nach Rücksprache mit dem Bereichsleiter Dr. Neumann, erhielt der Lieferant einen neuen Motor für einen Thermoschock-Dauerlauf, unter der Voraussetzung, dass bei der Zerlegung am Ende des Tests ein VW-Versuchsmann dabei ist. Gesagt, getan – nach 200 Stunden hartem Thermoschock-Dauerlauf war der Motor ohne Beanstandungen und außen knochentrocken.

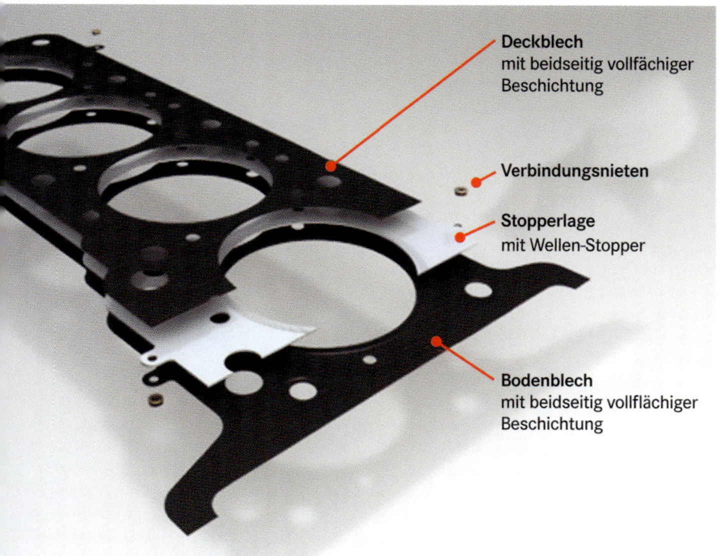

Die neue Zylinderkopfdichtung bestand aus drei Stahlblechen mit ausgeprägten Sicken zur gezielten Erhöhung der Pressung an den kritischen Stellen. Grafik: Reinz

Der Vorschlag, sofort alle anderen Versuche abzubrechen und alle Kapazitäten diesbezüglich auf die neue Technologie zu setzen und die bereits im Felde befindlichen Fahrzeuge bei einem in Zukunft stattfindenden Werkstattbesuch per Kulanz mit den neuen Dichtungen auszustatten, wurde angenommen und umgesetzt.

Da die Kollegen das gleiche Problem mit dem 1,4-l-Polo mit G-Lader hatten, der aber einen sehr kurzfristigen Start of Production (SOP) hatte, und wir ihnen selbstverständlich den Zugang zu dieser Technologie nicht verwehrten, war der Polo G40 das erste Fahrzeug in Europa mit der Metall-ZKD. Die Technologie wurde dann auch beim 1,9-l-TDI gleich beim Serienanlauf eingesetzt.«

Aufwertung durch Ladeluftkühlung

Der Verdichter des Turboladers erhöht entsprechend der Gasgleichung den Druck und die Temperatur der Luft. Wenn die Ladeluft nun wieder abgekühlt wird, steigt deren Dichte. Damit gelangt bei jedem »Saughub« bei gleichem Volumen mehr Luftmasse in den Zylinder und es kann bei gleichem Luftverhältnis mehr Kraftstoff umgesetzt werden. Dadurch steigt die Leistung. In der Teillast kann mit einem größeren Luftverhältnis gefahren werden, was die Rußemission senkt.

1986 erhielt der 1,6-Liter-Dieselmotor im Rahmen der Modellpflege einen Ladeluftkühler. Kleinere Turbolader (T2 von Garrett und K14 von KKK) schafften bei niedrigen und mittleren Durchsätzen höhere Ladedrücke, was sich besonders instationär beim Beschleunigen auswirkte.

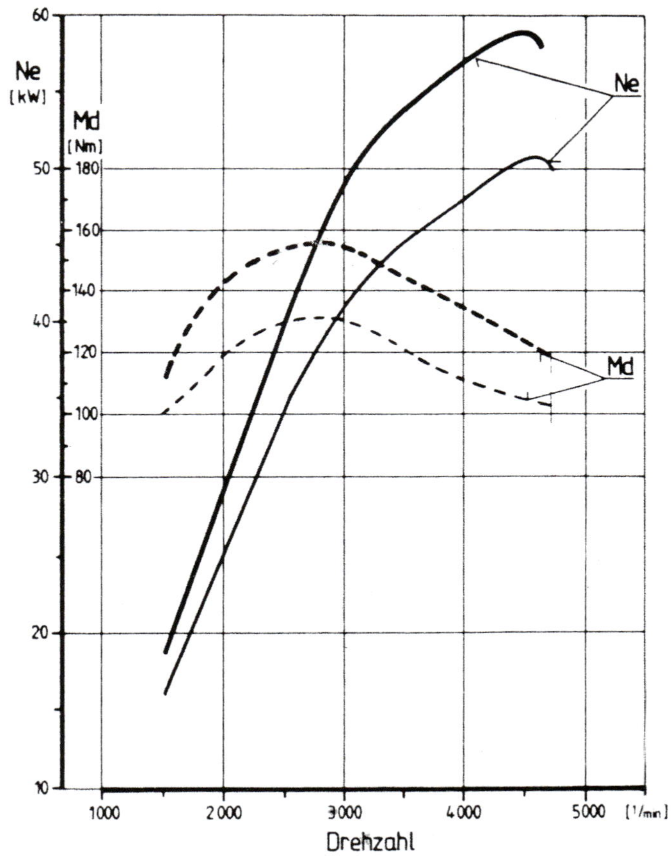

Aus dem Diagramm ist der Entwicklungsfortschritt anhand der Vollastwerte des 1,6-Liter-WK-Dieselmotors durch die Ladeluftkühlung ersichtlich: 59 statt 51 kW und 155 statt 133 Nm. Die spezifische Leistung (37,1 kW/L) und der max. Mitteldruck (12,3 bar) stellten Bestwerte dar. Diagramm: Sammlg. M. Willmann

Dazu waren Triebwerksverstärkungen erforderlich, u. a. ein Zylinderkopf mit verbessertem Werkstoff und verbesserter Wärmebehandlung und Kolben mit hart anodisiertem Boden. Eine Ventilhydraulik hielt das Ventilspiel konstant.

Der spezifische Kraftstoffverbrauch betrug im Bestpunkt 240 g/kWh. Die Abgasemissionen unterboten die Grenzwerte nach Anlage XXV, der damals gültigen Vorschrift, deutlich.

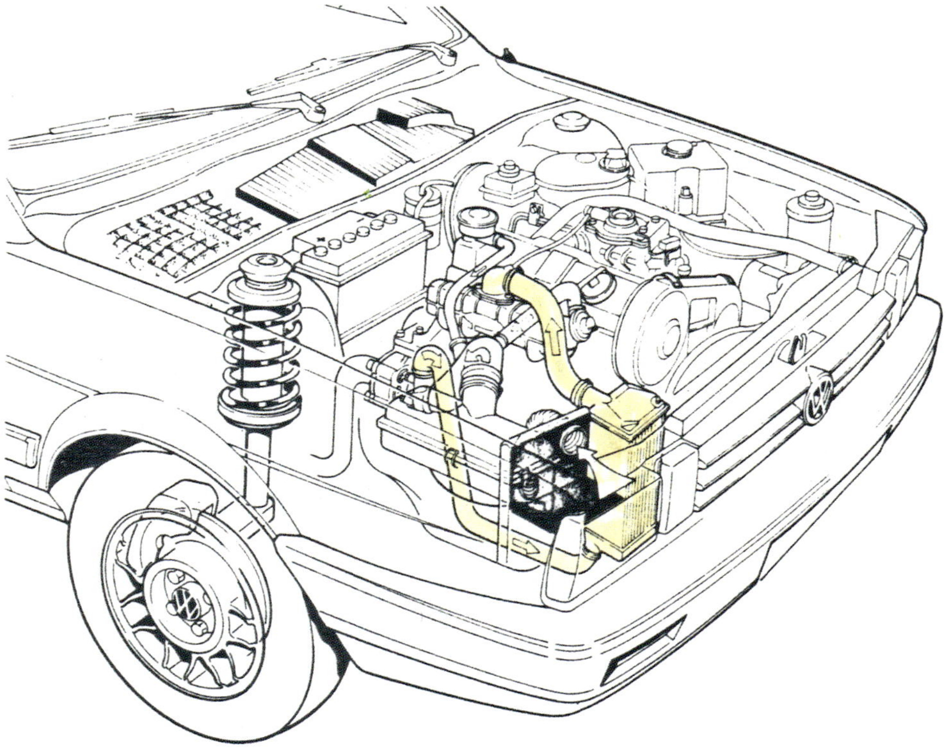

Der Ladeluftkühler im Vorderwagen des Passat II. Der Motor war längs eingebaut, wie im Audi 80, von dem der Passat abgeleitet worden war. Zeichnung: Volkswagen

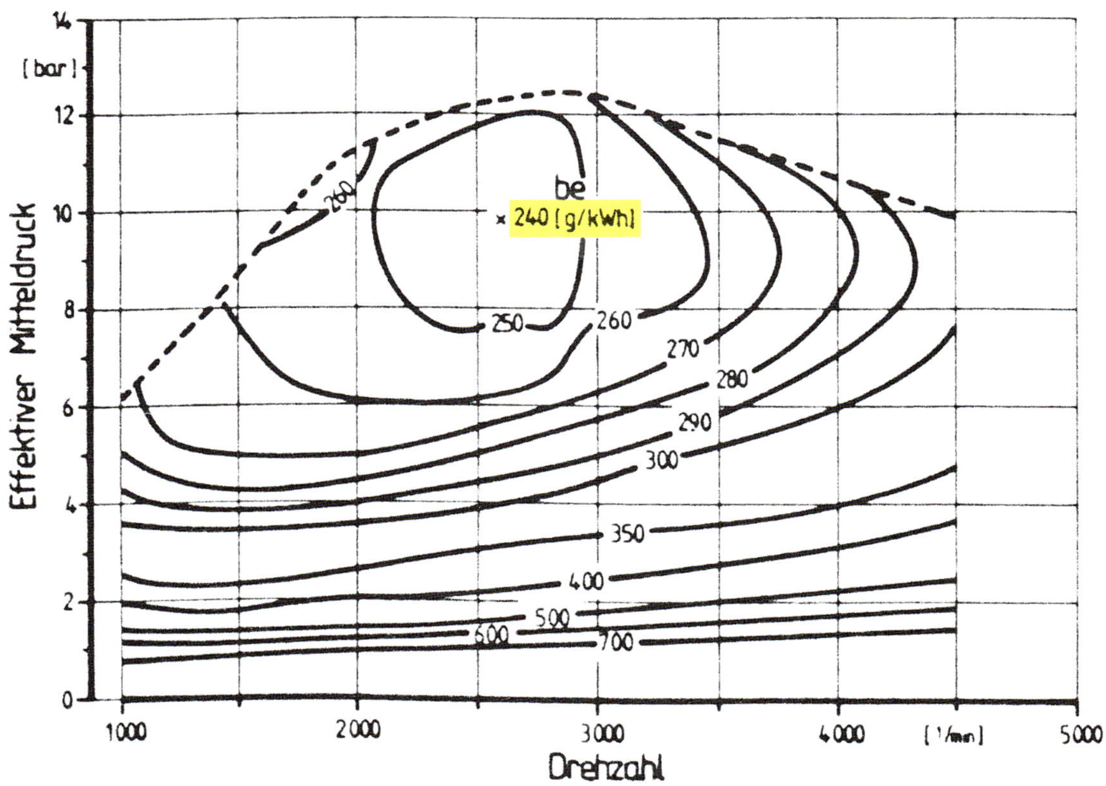

Auch die spezifischen Kraftstoffverbräuche des 1,6-Liter-Wirbelkammer-Dieselmotors stellten Bestwerte dar. Zeichnung: Volkswagen

Die nächste Passat-Generation

1988 löste der Passat III seinen Vorgänger ab. Das Fahrzeug wurde unabhängig vom Audi 80 entwickelt. Motor und Getriebe waren jetzt quer, wie beim Golf, eingebaut und es konnten gleiche Aggregate verwendet werden, was die Kosten senkte. Außerdem glänzte das Auto mit hervorragend ausbalancierter Massenverteilung und großzügigem Innenraum.

Die Front ohne Kühlergrill war geschlossen, was die Schallabstrahlung nach vorn behindert. Die Luftansaugung erfolgte unterhalb des Stoßfängers, wie schon beim Auto 2000.

Foto: Volkswagen

Das Russland-Geschäft

Mitte der 1980er-Jahre beabsichtigte die kommunistische Regierung in Moskau, ihre technisch veraltete Pkw-Palette zu modernisieren. Da ihnen das Knowhow fehlte, kontaktierten sie die westlichen Automobilfirmen Renault, Citroën, Fiat und Volkswagen. Zu einer Besprechung mit dem stellvertretenden Verkehrsminister reisten die Herren Wiedemann, Tempel (Finanz) und Willmann mit dem Flugzeug nach Moskau.

Dazu Michael Willmann: *»Wir boten den Russen unsere in Entwicklung befindlichen Zwei- und Vierzylinder-, direkteinspritzenden Dieselmotoren und die Benzinmotoren, alle mit 88 mm Zylinderabstand, an. Mit diesem Baukasten hätten sie eine breite Palette mit relativ geringen Investitionen realisieren können. Das favorisierte unser Angebot. Während der Besprechung mussten wir mehrfach mit Portionen von 100 g Wodka anstoßen. Letztendlich kam das Geschäft nicht zustande, weil Russland damals schon Devisenknappheit hatte, und die russische Wirtschaft dem Kollaps entgegenging.«*

Rauchen verboten – der Umwelt-Diesel

Volkswagen begegnete 1989 den verschärften Abgasgesetzen in Europa (Anlage 23) und USA (US 87) mit einer Weiterentwicklung des 1,6-Liter-Wirbelkammer-Dieselmotors hinsichtlich Schadstoffreduzierung. Sichtbarer Ruß wurde nicht mehr akzeptiert.

Dazu wurden folgende Maßnahmen eingesetzt:

- Leichtaufladung
- Oxidationskatalysator
- Abgasrückführung

Dr. Seiffert zum Oxi-Kat: *»Andere Automobilhersteller verspotteten uns zunächst, um kurze Zeit später unserer Innovation zu folgen. Der TÜV Rheinland hat seinen renommierten Umweltpreis 1994 auch wegen des Oxi-Kats an mich verliehen.«*

Dr. Karl-Heinz Neumann leitete den Bereich Aggregate und wurde später erster Präsident der neuerworbenen Marke Bugatti.

Foto: mot

Dr. Karl-Heinz Neumann bei einer Diskussion, u. a. mit dem Umweltbundesamt*: »Der Diesel-Kat verringert die Partikelemissionen um etwa 10 %, erlaubt einen NOx-günstigen Einspritzzeitpunkt* (späteres Spritzen; d. A.) *und vermindert den dieseltypischen Abgasgeruch. Der Diesel-Kat reduziert jedoch nur den Kohlenwasserstoffanteil der Partikel. Sein Einsatz ist deshalb nur in Kombination mit motorischen Maßnahmen zur Verringerung der Rußbildung sinnvoll.«*

Der Umwelt-Diesel mit Turbolader und Oxidations-Katalysator im Auspuffstrang
Foto: Volkswagen

Für den Einsatz des Katalysators war eine Senkung des Schwefelanteils im Diesel-Kraftstoff Voraussetzung. Der Umwelt-Diesel erfüllte die »Töpfer-Norm« für 1992 (Partikel-Grenzwert von 0,08 g/km im FTP-75-Test) vorzeitig. Als Nachteil wurde ein Leistungsverlust von 70 PS (51 kW) auf 60 PS (44 kW) ohne Ladeluftkühlung in Kauf genommen. Für die Top-Dieselmotorisierung war der 1,9-TDI-Motor in Entwicklung.

Quellen:

- Interview mit Gerd Lange, AutoMuseum Volkswagen, 26.06.2023
- J. Schramek: Diesel-Vergleich. In: Auto Zeitung, Nr. 10/1984
- P. Schmidt: Mit Schwung Sprit sparen. In: Auto Zeitung, Nr. 9/1983
- K. Obländer, M. Fortnagel, H.-J. Freucht, U. Conrad: The Turbocharged Five-Cylinder Diesel Engine for the Mercedes-Benz 300 SD, SAE-Paper 1978
- H. Scherenberg: Abgasturboaufladung für Personenwagen-Dieselmotoren. In: ATZ. Nr. 11/1977
- G. Büsing: Rekordjagd zweiter Teil. In: Auto Zeitung, Nr. 8/1982
- W. Brandstetter, R. Dziggel: Die 4- und 5-Zylinder-Turbodieselmotoren für VW und Audi. In: MTZ, Nr. 2/1982
- W. Brandstetter, R. Dziggel: Ein Vierzylinder-Turbodieselmotor mit Ladeluftkühlung für VW und Audi. In: MTZ, Nr.10/1986
- D. Heinz: Diesel mit Biss. In: Gute Fahrt, Nr. 5/1989
- W. König: Rauchen verboten. In: auto motor und sport, Nr. 24/1989
- Diesel-Streit. Diskussion VW, Umwelt-Bundesamt. In: KFT, 1991

I.4.3 Der 1,9-Liter-WK-Motor

Von Michael Willmann, mit einem Beitrag von Hartmut Stehr

Der Wunsch nach mehr Leistung und Drehmoment führte Mitte 1986 auf Betreiben Hofbauers zu einer Entscheidung des Produktkreises, in eine Hubraumvergrößerung zu investieren. Die 1,6-Liter-Wirbelkammer-Dieselmotoren waren an ihre Grenzen gekommen.

Die Blockerhöhung

Der Zylinderabstand blieb bei 88,0 mm. Die Vergrößerung des Kolbenhubs auf 95,5 mm erforderte eine Erhöhung des Zylinder-Kurbelgehäuses um 16,5 mm. Die neuen Motoren sollten einen Baukasten mit möglichst vielen Gleichteilen aus Ottomotoren mit Aufladung bis 1,8 Liter, als Saugmotor bis 2,0 Liter sowie Dieselmotoren (Wirbelkammer und Direkteinspritzer) mit 1,9 Liter Hubraum umfassen. Das DI-Team sollte einen 1,9-Liter-Dieselmotor mit Direkteinspritzung und G-Lader für eine Kleinserie im Golf II zu 10/1989 entwickeln (s. Kap. II.2.2). Wegen der Bearbeitung auf der gleichen Linie stimmte man sich mit der Motor-Konstruktion in Ingolstadt ab, die als Basisentwickler für die EA 827-Ottomotoren fungierten.

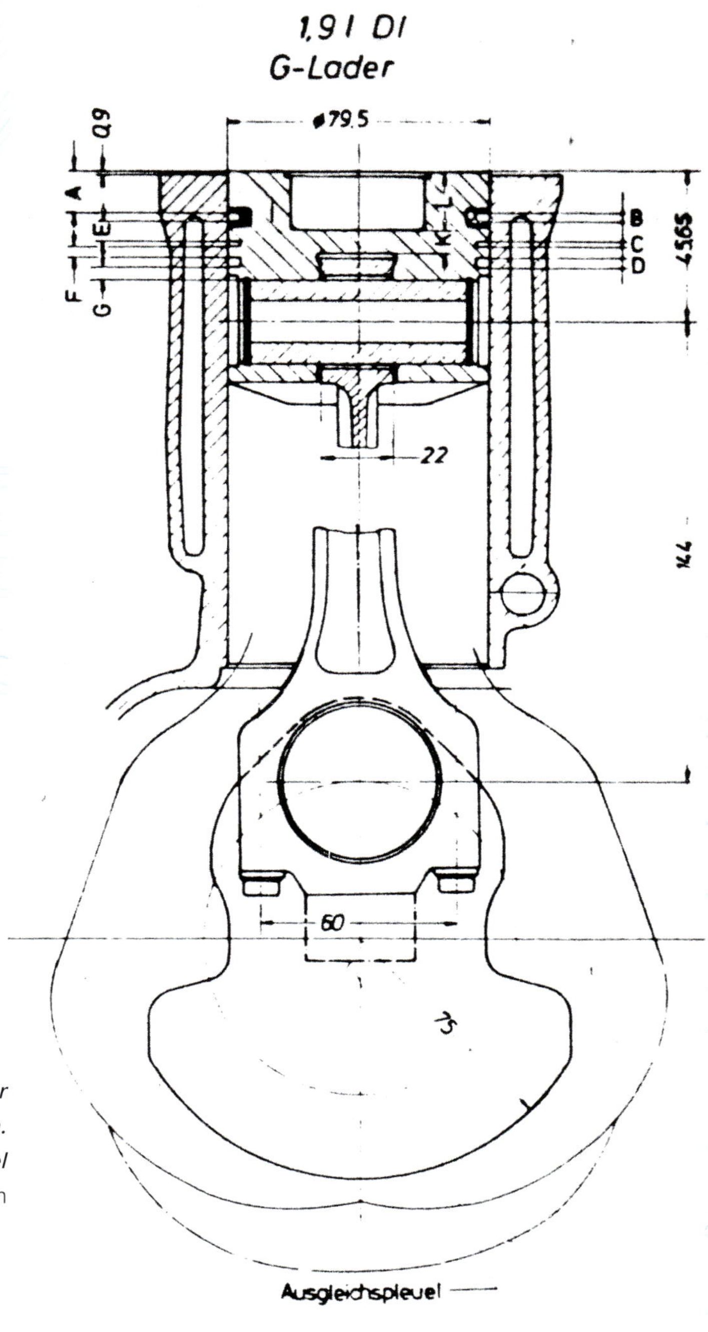

Der Entwurf des Kurbeltriebs für die Hubraumvergrößerung der Dieselmotoren auf 1,9 Liter kam von der Motor-Konstruktion. Die Maße wurden als Baukasten mit dem Wirbelkammer-Diesel und den Benzinmotoren festgelegt. Zeichnung: Volkswagen

Der 1,9-Liter-Wirbelkammer-Saugdiesel

Mit der Zylinderbohrung von 79,5 mm und dem Kolbenhub von 95,5 mm ergab sich ein Hub/Bohrungs-Verhältnis von 1,2. Damit blieb die Auslegung Diesel-gerecht langhubig. Kritisch war die Wärmeabfuhr im Zylindersteg. Die minimale Wandstärke betrug nur 8,5 mm. Da sollten aber noch Wasserkanäle integriert werden.

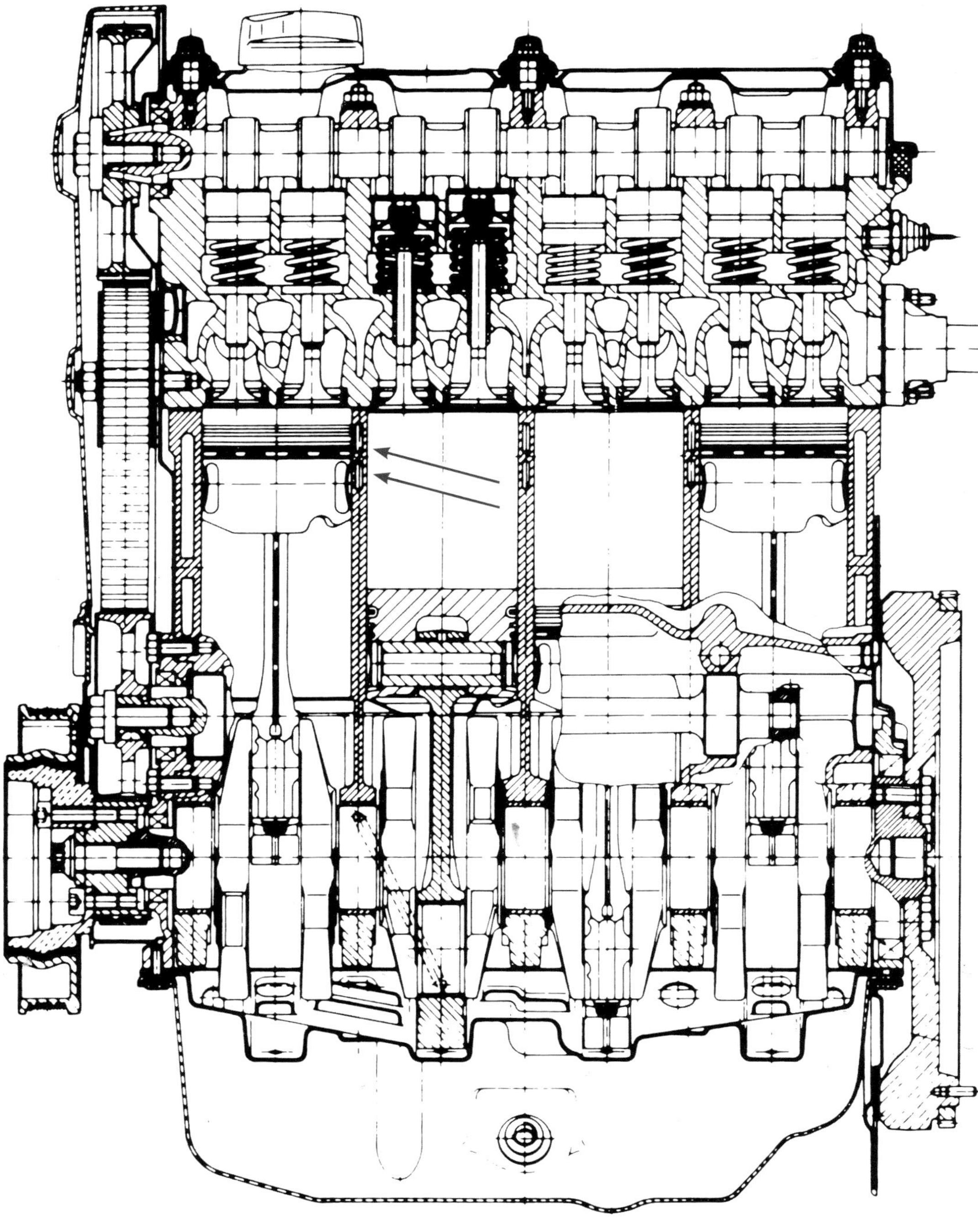

Die Pfeile weisen auf die schmalen Wasserkanäle im engen Zylindersteg – eine gießtechnische Herausforderung.

Zeichnung: Volkswagen

Der Saugmotor leistete 50 kW (68 PS) bei 4.400 U/min. Die Förderrate der Einspritzpumpe wurde im unteren Lastbereich und im Leerlauf zur Vermeidung des Nagelgeräusches niedrig gehalten. Das geschah durch Modifikation der Nockenform an der Hubscheibe und Vergrößerung des Plungerdurchmessers. Dadurch ergibt sich eine Brennrate mit niedrigem Maximalwert. Das Kraftstoff-Verbrauchskennfeld des Saugdieselmotors zeigt mit 237 g/kWh im Bestpunkt und ca. 340 g/kWh bei 2.000 U/min und 2 bar Mitteldruck hervorragende Werte.

Ehrgeiziger interner Wettbewerb

Wirbelkammer- und Direkteinspritz-Motoren wurden 1991 noch parallel entwickelt, um sicherzugehen, dass alle künftigen schärferen Abgasvorschriften erfüllt werden können. Ein Kollege sagte: *»Das, was der Willmann mit seinem TDI macht, können wir mit dem Wirbelkammer-Motor auch, wenn wir die Drehzahl absenken.«*

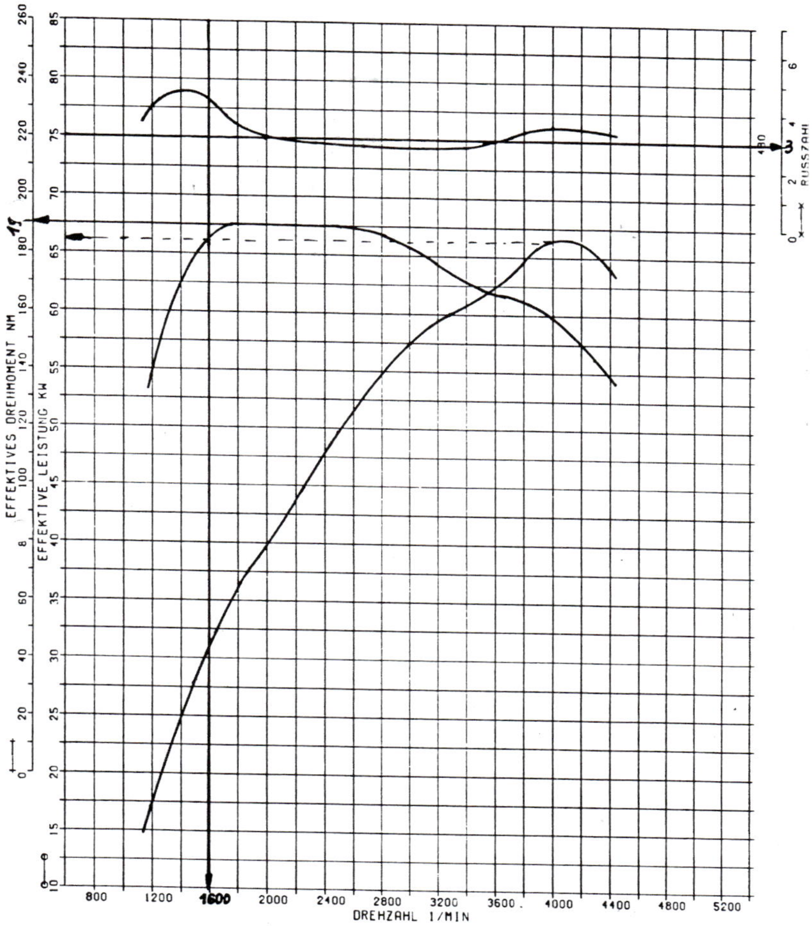

Volllastwerte des 1,9-Liter-Wirbelkammer-Motors mit Turbolader und Ladeluftkühlung. Mit 66 kW (90 PS) bei 4.000 U/min hatte er die gleiche Leistung wie der 1,9-Liter-DI mit G-Lader und Ladeluftkühlung. Mit dem maximalen Drehmoment von 190 Nm erreichte er die 200 Nm des DI-Motors nicht. Im untersten Drehzahlbereich lagen die Rußzahlen mit > 3,5 zu hoch.

Diagramm: Volkswagen

Dipl.-Ing. Löhner hat Ende 1987 einen 1,9-Liter-Wirbelkammer-Motor mit Turbolader und Ladeluftkühlung aufgebaut, auf dem Prüfstand grob eingestellt und in einen Golf eingebaut. Damit sollte ein leistungsgleicher, abgasarmer und kostengünstiger Dieselmotor neben den in Entwicklung befindlichen DI-Diesel gestellt werden - oder wollten die uns Konkurrenz machen? Der minimale spezifische Kraftstoffverbrauch lag mit 237 g/kWh 13 % über dem des DI-Motors. Versprechen gehalten?

Die Entwicklung zur Serie lief nicht immer glatt. Dipl.-Ing. Reinhard Müller, Unterabteilungsleiter im Diesel-Versuch, berichtet von einem Problem: *»Die Wirbelkammern fielen heraus, wenn wir den Motor aufmachten. Der Zylinderkopf hatte Risse im Ventilsteg und zur Düse. Zur Reparatur wurden die defekten Köpfe in Kassel geschweißt, dann hielten die. Danach bekamen die Zylinderköpfe in Salzgitter eine aufwendige, achtstündige Wärmebehandlung.*

Herr Nee untersuchte unterschiedliche Schusskanal-Varianten. Bei einem Zylinderabstand von 88 mm und einer Zylinderbohrung von 79,5 mm war es schwierig, in dem Steg von nur 8,5 mm Kühlwasserkanäle unterzubringen. Das gelang in enger Zusammenarbeit mit Eisenwerke Brühl.«

1989 lief der erste 1,9-Liter-WK-Motor in Salzgitter vom Band. Die dritte Golf-Generation startete 1991 mit den in der Tabelle genannten Motoren:

Ottomotoren im Golf III	
1,4-Liter	60 PS
1,8-Liter	75 und 90 PS
2,0-Liter	115 PS
2,8-Liter VR6	174 PS

Wirbelkammer-Dieselmotoren im Golf III	
1,9-Liter-Sauger	64 PS
1,9-Liter-Abgas-Turbolader, Kat	75 PS

Der 1,9-Liter-Umwelt-Diesel von 1991

Ziel war, neben dem teuren TDI-Motor einen kostengünstigen Einstiegs-Dieselmotor zu entwickeln, der alle Abgasvorschriften erfüllte. Das Wirbelkammer-Brennverfahren wurde für diesen Motor im Detail weiterentwickelt.

Bei 4.400 U/min betrug die Nennleistung 55 kW (29 kW/l) und das maximale Drehmoment 140 Nm (9,3 bar). An der Volllast war der minimale spezifische Kraftstoffverbrauch ca. 255 g/kWh.

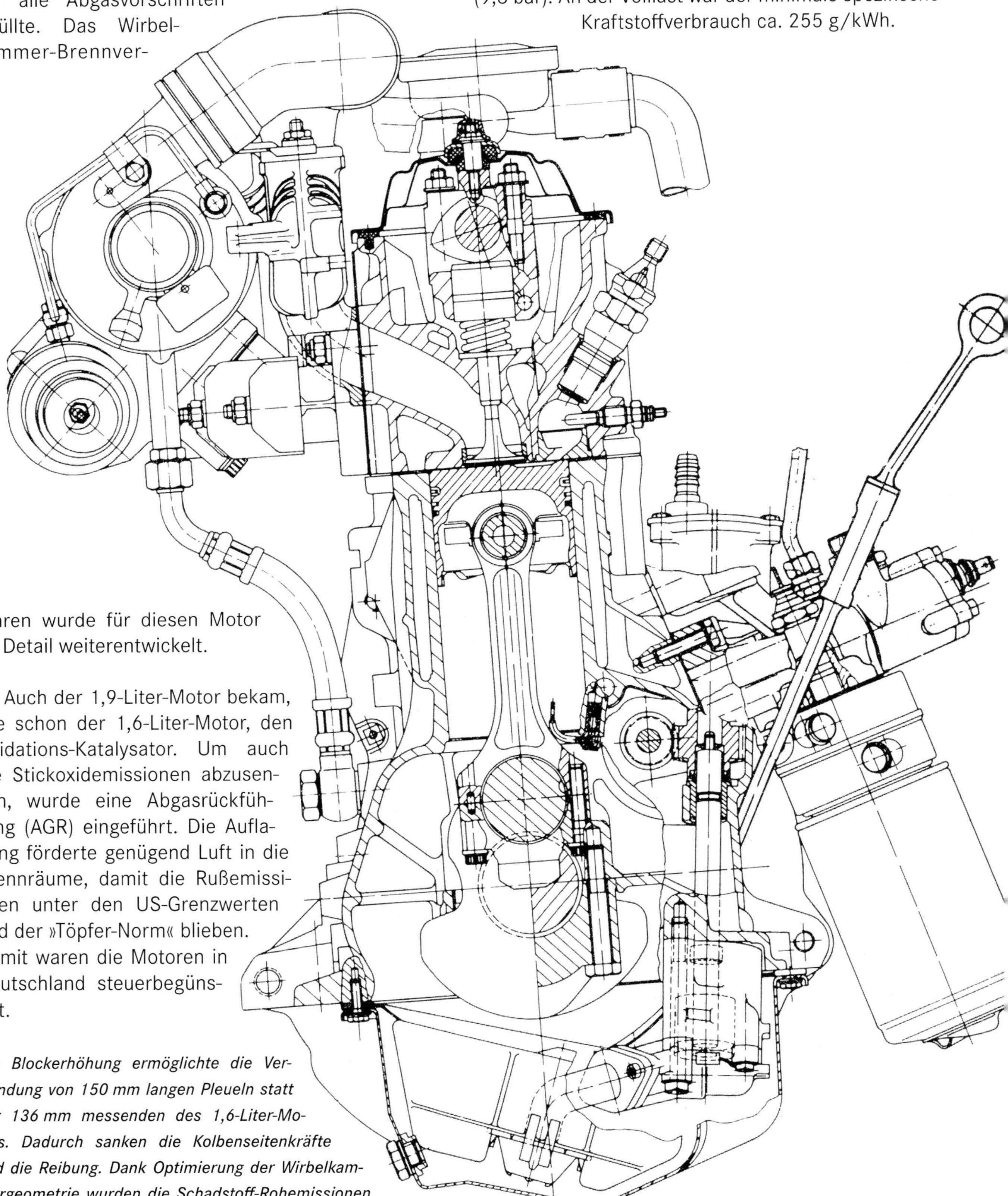

Auch der 1,9-Liter-Motor bekam, wie schon der 1,6-Liter-Motor, den Oxidations-Katalysator. Um auch die Stickoxidemissionen abzusenken, wurde eine Abgasrückführung (AGR) eingeführt. Die Aufladung förderte genügend Luft in die Brennräume, damit die Rußemissionen unter den US-Grenzwerten und der »Töpfer-Norm« blieben. Damit waren die Motoren in Deutschland steuerbegünstigt.

Die Blockerhöhung ermöglichte die Verwendung von 150 mm langen Pleueln statt der 136 mm messenden des 1,6-Liter-Motors. Dadurch sanken die Kolbenseitenkräfte und die Reibung. Dank Optimierung der Wirbelkammergeometrie wurden die Schadstoff-Rohemissionen gesenkt. Zeichnung: Volkswagen

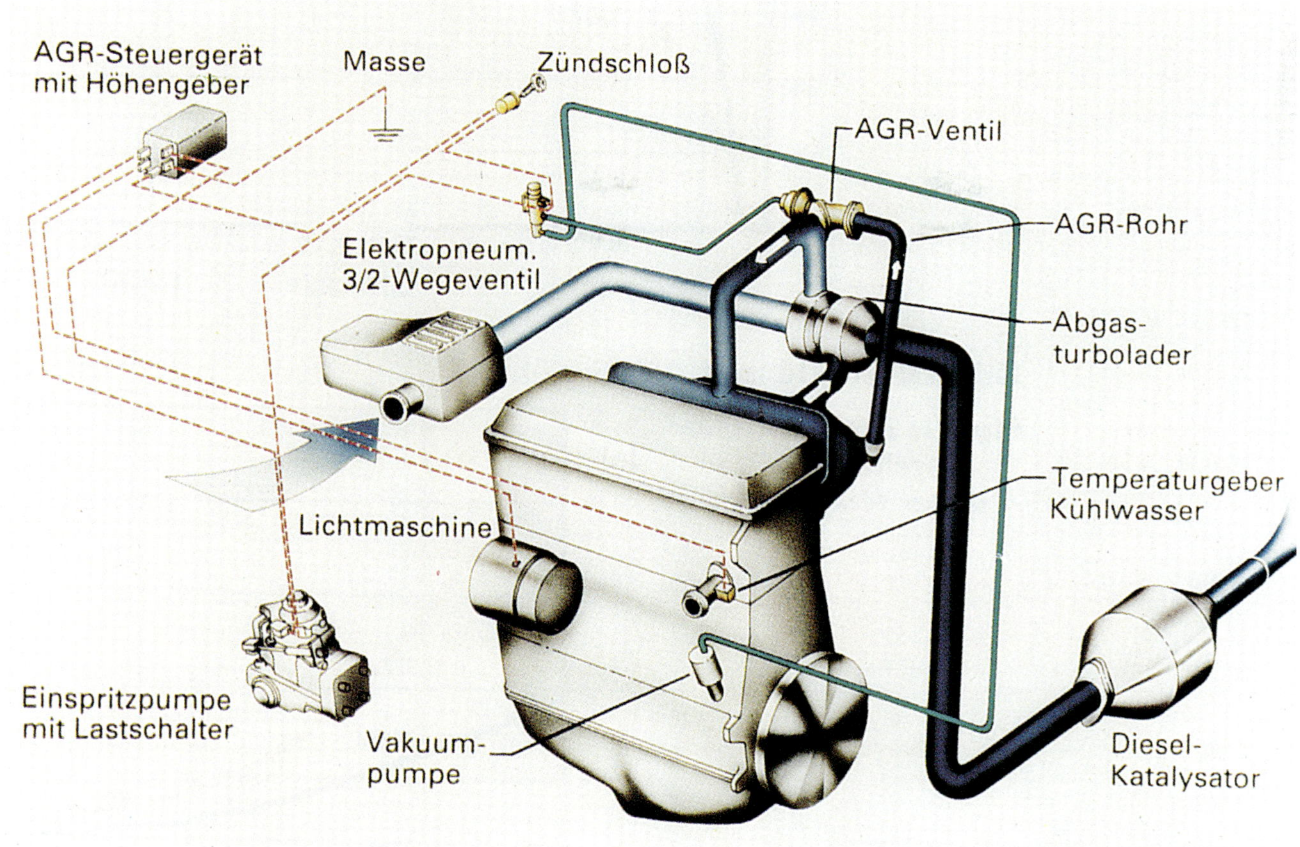

Das Abgaskonzept mit Oxi-Kat und AGR. Das Verbrennungsgas wurde am Abgaskrümmer entnommen und zum AGR-Ventil geleitet. Je nach Betriebszustand, wird es über ein elektropneumatisches 2/3-Wegeventil geöffnet, und das Gas wird im Saugrohr der Ansaugluft beigemischt. Grafik: Volkswagen

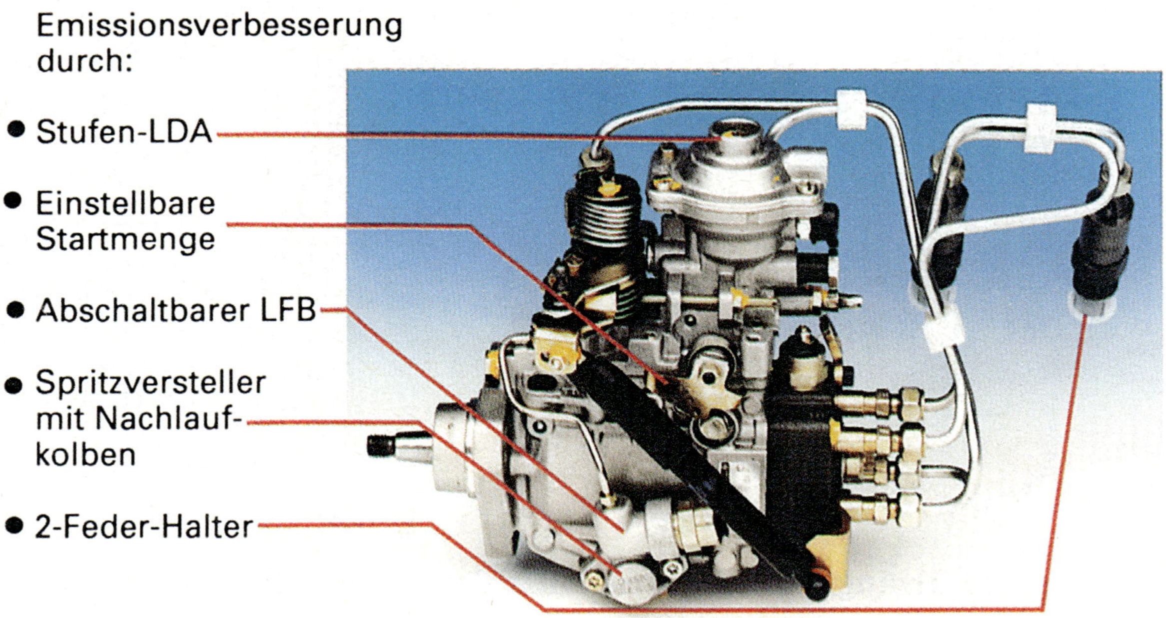

Die Einspritzausrüstung des 1,9-Liter-Kat-Dieselmotors führte im Laufe der Entwicklung zu immer mehr Aufschaltgruppen an der Verteilereinspritzpumpe, um alle Anforderungen zu erfüllen. Foto: MTZ, Nr. 52/1991

Der Golf Ecomatic

Von 1991 bis 2002 konnte man den Golf mit dem 64 PS (47 kW) leistenden 1,9-Liter-WK-Diesel mit Schwung-Nutz-Automatik (SNA) kaufen, was auch schon beim 1,6-Liter-Diesel-Golf 1983 in den USA möglich gewesen war. Das Sportmagazin »kicker« hat's ausprobiert. Damit ließ sich im Stadtverkehr eine Verbrauchsminderung von 21 % erreichen. Bei Überlandfahrt war der Spareffekt geringer, aber bei *»einer flott gefahrenen Route über Autobahnen, Landstraßen und Ortsstraßen«* betrug der Verbrauchsvorteil mit SNA immerhin noch 0,56 Liter.

»Der neue Spaß am Fahren!«- so titulierte Volkswagen den WK-Golf III mit der Schwung-Nutz-Automatik. Auf Knopfdruck ließ sich der Motor komplett ausschalten. Foto: Kittler

1992 präsentierte Dr. Emmenthal einen Passat mit 1,9-Liter-Wirbelkammer-Motor, der mit einem G60-Lader mit Fettbeschichtung ausgerüstet war. Die Leistung betrug 66 kW (90 PS), wie beim inzwischen serienmäßigen DI-Diesel mit gleichem Hubraum. Als Kraftstoffverbrauch im 1/3-Mix standen 6,84 l/100 km zu Buche - der TDI-Motor verbrauchte dann 5,1 l/100 km.

Die emissionsoptimierte Wirbelkammer (EWK)

Durch den steilen Glühstift findet eine geordnete Strömung in der WK statt. Das verbesserte die Gemischbildung und führte zu weniger Teillastruß im Abgas und zu geringerer Partikelemission. Damit konnten die kalifornischen Abgaslimits eingehalten werden.

Eingang in die Serie fand dieses optimierte Wirbelkammer-Konzept nicht. Dr. Piëch hatte entschieden, alle Dieselmotoren auf Direkteinspritzung umzustellen. Detaillierte Beschreibungen der neuen Motoren finden sich in der einschlägigen Literatur.

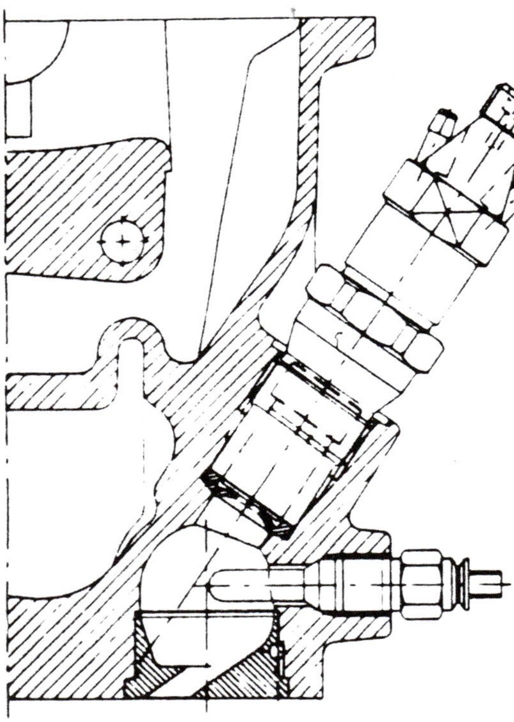

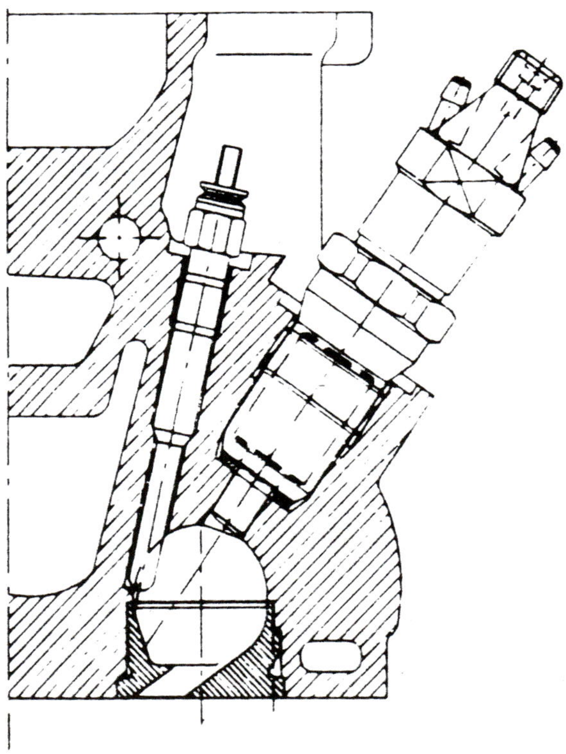

Was wir schon lange wussten, aber wegen hoher Investitionen nicht umgesetzt wurde: Der steile Glühstift stört den Gaswirbel in der Kammer weniger. Durch die geänderte Einspritzdüse wurde das Schadvolumen verringert. Zeichnungen: Volkswagen

Golf III am Reck

Von Hartmut Stehr

Die Bild-Zeitung schrieb am 23.02.1992: *»Wetten, dass...? Auto dreht Salto am Reck! Irrste Wette gestern Abend bei ‚Wetten, dass...?': Salto und Handstand! Bei der Probe (Foto) klappte es – bei der Sendung auch...«*

Erster Überschlag, Silvester 1991. Foto: Sammlung Stehr

Hartmut Stehr weiß es noch wie heute: *»Am 10. Dezember 1991 kam Herr Willmann mit einem Sonderauftrag zu mir: ‚Wir müssen einen Golf III Diesel umbauen, der am Reck turnt und einen Handstand macht. Auftritt bei »Wetten, dass« im Januar.' Für mich als Modellflieger und Pilot sollte das doch möglich sein. Die praktische Umsetzung der Idee erfolgte bei der Ingenieurgesellschaft Auto und Verkehr. Zusammen mit dem Projektleiter bei IAV, Michael Znamiec, rüstete das Team in einer Blitz-Aktion einen mintgrünen Golf III mit 1,9-l-Umweltdiesel zum ‚kunstflugtauglichen' Auto um: Es bekam u. a. eine Trockensumpf-Schmierung mit Tandem-Hydraulikpumpe aus einem Traktor, einen Kraftstoffbehälter mit Pendel-Absaugung und eine Gel-Batterie. Alle Bauteile und sämtliche Ausrüstung des Autos, die man von außen nicht sieht, wurden entfernt, das vordere Fahrgestell und die Lenkung deutlich verstärkt und fixiert. Auf einem speziellen Prüfstand der Fahrzeugentwicklung wurde der Golf in allen Lagen getestet. Auch in Rückenlage startete und lief der Motor einwandfrei.*

Noch vor Weihnachten war das Fahrzeug fertig und wurde nach Saxen in Österreich geschickt. Zwischen Weihnachten und Neujahr bauten wir dort zusammen mit Herrn Redl, dem ‚Wettenden' den Golf in sein Turngerät, also ein speziell gefertigtes Reck, ein. Die Vorderräder wurden dabei jeweils in zwei Stahl-Halbschalen gespannt, die am Reck fixiert wurden. Nachdem die gesamte Konstruktion in einigen Schleifen verstärkt und fixiert wurde, gelang am Silvesterabend Herrn Redl nach etwas Übung und Schwungholen der erste Handstand.

Der für den Überschlag umgerüstete 1,9-Liter-Wirbelkammer-Dieselmotor. Oberer Pfeil auf den Kraftstoff-Pendeltank, unten auf Motoröl-Pendeltank mit Kurbelgehäuse-Entlüftung.
.
Foto: Sammlg. Stehr

Unser Auftrag war termingerecht abgeschlossen, und Herr Redl konnte trainieren. Am 8. Januar erfolgte dann in Saxen die ‚Generalprobe' mit der Programmdirektorin des ORF sowie Fotografen, und der Wettbeitrag wurde vom ORF angenommen. Leider wurde der Auftritt im Fernsehen dann verschoben, vom 25. Januar in Saarbrücken auf den 22. Februar in Emden, also noch sechs Wochen gespanntes Warten.

Dipl.-Ing. Hartmut Stehr

Geboren 14.12.1959 in Lüneburg
Lehre Landmaschinenmechaniker
1982-1988 Studium TU Hannover (Maschinenbau, Verbrennungskraftmaschinen)
10/1988 IAV Berlin/Gifhorn (G-Lader-Entwicklung Volkswagen)
05/1991 zu Volkswagen, Dieselmotoren-Entwicklung

Dann am Samstag, 22. Februar, die für Michael Znamiec und mich aufregendste Fernsehsendung: Wir haben die Aktion am Fernsehschirm verfolgt. Der ‚Fahrer' begann mit dem Auto zu schaukeln. Die Amplitude wurde immer größer. Beim Aufschwung nutzte er die kinetische Energie und unterstützte durch Gasgeben. Nach oben hin wurde er langsamer. Der Golf stand fast senkrecht nach oben. Reichte es für den Handstand? Das Auto bewegte sich kaum noch. Alle hielten den Atem an. Ganz langsam kippte der Golf wieder zurück. Es reichte noch nicht ganz. Das Auto sauste wieder runter, und der nächste Aufschwung folgte. Ganz langsam näherte sich der Golf dem höchsten Punkt, und diesmal blieb er oben stehen. Der Gast, Mario Adorf, hatte die Wette verloren.

Das war eine tolle Werbung für den neuen Golf III, der kurz vor der Serieneinführung stand.«

„Wetten, daß ...?": Auto dreht Salto am Reck!

Irrste Wette gestern abend bei „Wetten daß ...?": Ein Golf Diesel turnt am 3,80 Meter hohen Reck – Salto und Handstand! Bei der Probe (Foto) klappte es – bei der Sendung auch. Vor der Show kam heraus, daß Thomas Gottschalk nach 15 Jahren Ehe klammheimlich beim Notar war und einen Ehevertrag abgeschlossen hat: Gütertrennung! Wer bei einer Scheidung was bekommt, wie es dazu kam, und um wie viele Millionen es geht – Seiten 12 bis 14

Foto: PETER TIMM

23. Februar 1992 39. Jahr Nr. 8 1,80 DM
H C 1128 C

Bild am Sonntag

Am 23. Februar 1992 brachte die BILD-Zeitung die gewonnene Wette groß heraus. Foto: Sammlg. Stehr

Quellen:

- W. Ebbinghaus, E. Müller, D. Neyer: Der neue 1,9-Liter-Dieselmotor von VW. In: MTZ, Nr. 12/1989
- Interview mit Reinhard Müller, Brackstedt, 08.02.2022
- H.-A. Kuck, R. Dziggel, D. Pundt: Die Motoren des neuen VW-Golf. In: MTZ, Nr. 9/1991
- E. Müller, H. Mutke, D. Neyer: Der 1,9-l-Dieselmotor mit Oxidationskatalysator für den Passat. In: MTZ, Nr. 10/1991
- G. Windpassinger: Vergleich VW Diesel/Ecomatic. In: Kicker sportmagazin, 1992
- Dr. Weißermel: Interne Aussage

I.4.4 Der Fünfzylinder-WK-Diesel für die Serie

Von Michael Willmann

Konstruktion und Versuche

Noch bevor der 1,6-Liter-Vierzylinder-Diesel in Serie ging, erhielten die Fünf- und Sechszylindermotoren die einheitliche Zylindereinheit mit 76,5 mm Zylinderbohrung und 80,0 mm Hub. Brennverfahren, Kolben, Pleuel und der Antrieb der Einspritzpumpe waren gleich.

Dipl.-Ing. Hofbauer berichtete, dass Herr Piëch gesagt habe, Audi brauche keinen Diesel. Hofbauer vermutete, dass Piëch sich um die anteiligen Entwicklungskosten drücken wollte. In der Abteilung von Herrn Peter Thauer wurde der Motor dann konstruiert.

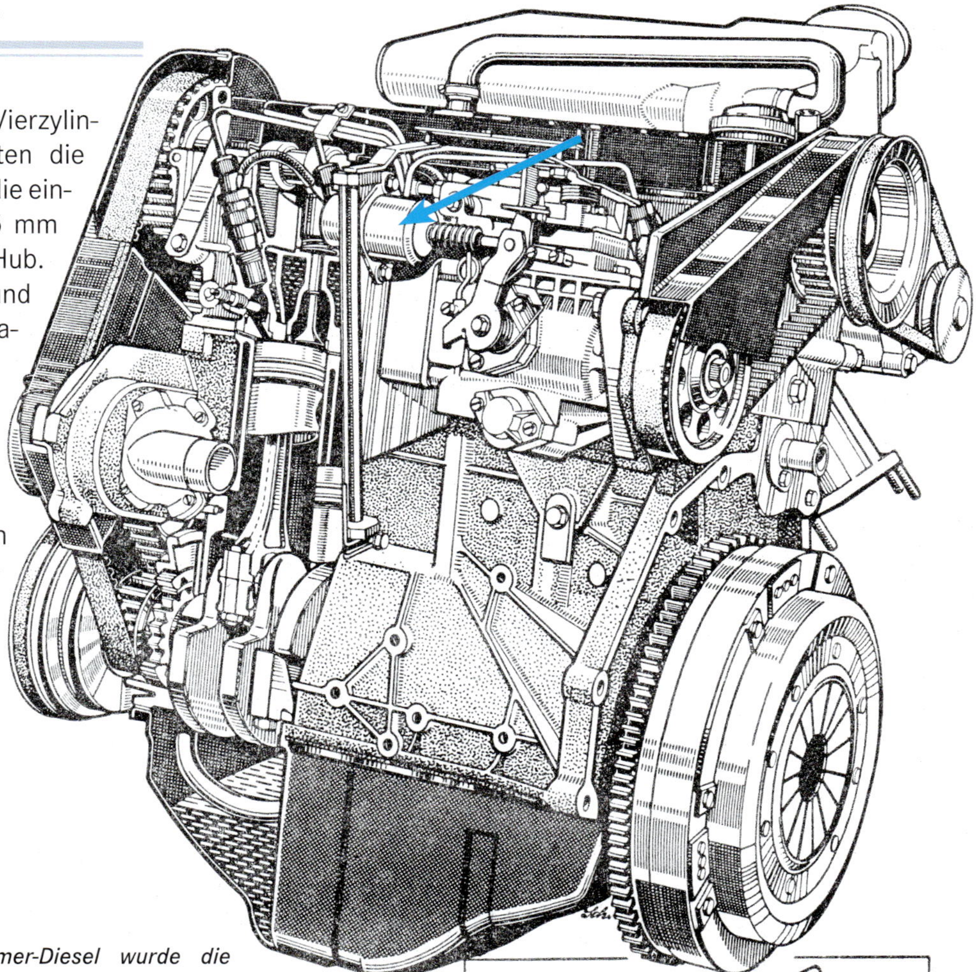

Beim 2,0-Liter-Fünfzylinder-Wirbelkammer-Diesel wurde die Einspritzpumpe auf der Schwungradseite von einem zweiten Zahnriemen von der Nockenwelle angetrieben. Der Kaltstartbeschleuniger musste jetzt nicht mehr via Seilzug betätigt werden. Ein Thermostat (Pfeil) erledigte dies automatisch.

Quelle: Automobil Revue

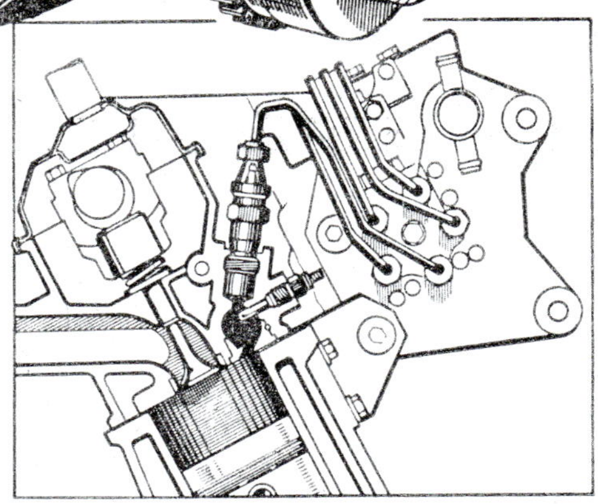

Klaus Brockmüller begründet die Entscheidung, die Einspritzpumpe nach hinten zu verlegen, so: *»Die Einspritzpumpe vorn, wie beim Vierzylinder, passte im Audi 100 nicht zwischen die Längsträger, die sich nach vorn verengten. Als Herr Piëch das sah* (die E-Pumpe hinten, d. A.)*, hat er mit den Zähnen geknirscht. Piëch verlangte, zehn Autos unter Volllast zu betreiben.«* Konrad Barnert sagte: *»Damit die Anordnung der Nebenaggregate mit dem Ottomotor aus derselben Baureihe identisch ist, musste die Einspritzpumpe nach hinten.«*

Während der Versuche brach eine Kurbelwelle zwischen Zylinder 4 und 5. Piëch sagte zum Konstrukteur: *»Machen Sie die Wange hinten 2 mm dicker, dann haben Sie Ruhe.«*

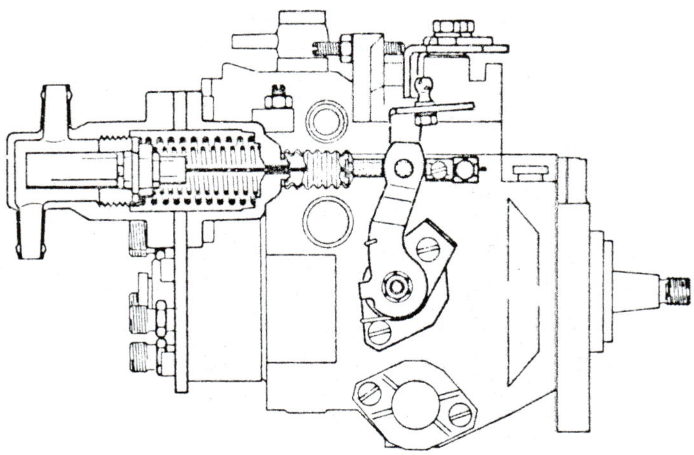

Die Einspritzpumpe mit dem automatischen Kaltstartbeschleuniger (KSB), der von der Kühlwassertemperatur über einen Thermostaten betätigt wird. Zeichnung: Bosch

Konrad Barnert hat 1976 die Versuche am R5-Diesel betreut. Abteilungsleiter im Motor-Versuch war Herr Karl-Heinz Menzl, der 1976 zu Zündapp wechselte. Herr Buttgereit wurde Nachfolger.

Herr Barnert erinnert sich: *»Ich begann 1986 am T4 mit dem Fünfzylinder-Dieselmotor. Auch hier sprang im Winter der Zahnriemen über. Aus Zeitgründen habe ich die weiteren Versuche nicht mehr verfolgt, da ich mit dem Serieneinsatz des T4 und der Zulassung in den USA beschäftigt war.«*

Der Audi 100 5D

Der Audi 100 (Generation C2) war das erste Diesel-Auto der Ingolstädter. Es wurde von 1978 bis 1982 gebaut.

Der 51 kW (70 PS) starke Fünfzylinder-Dieselmotor im Audi 100 war längs vor der Vorderachse eingebaut. Die Höchstgeschwindigkeit betrug 150 km/h. Foto: Audi

Auch der Fünfzylinder-Dieselmotor wurde mittels Abgas-Turbolader aufgeladen. Damit leistete er 64 kW (87 PS). Er erschien 1983 im Audi 100 Turbodiesel (Generation C3) in der aerodynamisch optimierten Karosserie. Die Höchstgeschwindigkeit betrug 173 km/h.

Diesel im Transporter T4

Der neue Transporter mit Frontantrieb und quer eingebauten Motoren bekam zwei Wirbelkammer-Dieselmotoren:

- 1,9-Liter-Vierzylinder mit 44 kW (60 PS)
- 2,4-Liter-Fünfzylinder mit 57 kW (78 PS)

Die Peripherie der Motoren musste an den Quereinbau angepasst werden. Beide Motoren galten als sehr robust.

Quellen

- Olaf von Fersen: Der VW-Motoren-Baukasten wächst. In: Automobil Revue, Nr. 22/1979
- Heinz Busch: Erweiterung des Golf-Dieselmotors zu einer Baureihe für Personenwagen und Nutzfahrzeuge. In: MTZ, Nr. 12/1978
- Interview mit Konrad Barnert, AutoMuseum Volkswagen, 21.01.2020

I.5. Die Nutzfahrzeug-Wirbelkammer-Motoren

Von Michael Willmann, mit Anmerkungen von Günter Wellbrock

I.5.1 Selbstzünder für den LT 1

Zunächst mit Perkins-Diesel

1975 wurde der neue VW LT (»Lastentransporter«) mit zwei Motoren vorgestellt:

- 2,0-Liter-Benzinmotor EA 831 von Audi
- 2,7-Liter-Vorkammer-Dieselmotor von Perkins

Die britische Firma Perkins baute in Hannover eine Fertigung ihres 2,7-Liter-Motors vornehmlich für Volkswagen auf.

Günter Stein kam von Hanomag zu Volkswagen und arbeitete im Motorversuch bei Herrn Menzl an dem Perkins-Motor. Es gab häufig Beanstandungen aus dem Feld. Der Motor genügte in keiner Weise den VW-Qualitätsansprüchen, aber man brauchte einen Dieselmotor in dieser Fahrzeugklasse. Bei VW wurde der Motor verbessert, und als die Probleme endlich beseitigt waren, wurde er eingestellt, weil der VW-eigene Sechszylinder-Diesel fertig war.

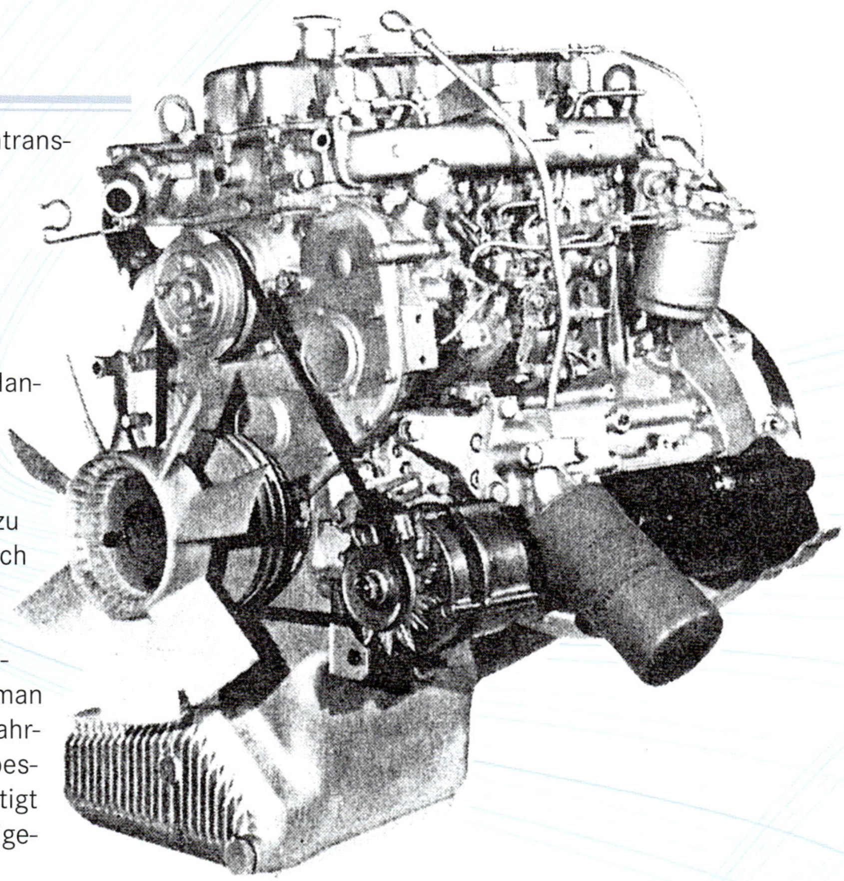

Der Vierzylinder-OHV-Motor von Perkins besaß einen Grauguss-Zylinderkopf. Die Radialkolben-Verteiler-Einspritzpumpe stammte von CAV. Perkins verwendete ein eigenes Vorkammer-Verfahren. Foto: Perkins

Technische Grunddaten Perkins-Diesel	
Bohrung	92,0 mm
Hub	101,6 mm
Hubraum	2,71 Liter
Leistung	65 PS bei 3.600 U/min (17,7 kW/l)
Max. Drehmoment	152 Nm bei 2.000 U/min (7,05 bar Mitteldruck)

Der Kastenwagen VW LT hatte ein großzügiges Raumangebot. Der Motor stand mittig zwischen Fahrer- und Beifahrersitz. Eine dritte Person musste über dem Motor sitzen. Auf festem Untergrund sorgte die Achslastverteilung für gute Fahreigenschaften, aber auf losem Boden drehten die wenig belasteten Hinterräder schnell durch und gruben sich ein, was auch der Autor selbst mehrfach erleben musste. Foto: Volkswagen

Technische Daten VW Sechszylinder-Diesel	
Bohrung	76,5 mm
Hub	86,4 mm
Hubraum	2,386 Liter
Saugmotor Leistung	75 - 82 PS
Drehmoment	142 Nm
ATL-Motor Leistung	102 - 110 PS
Drehmoment	195 Nm

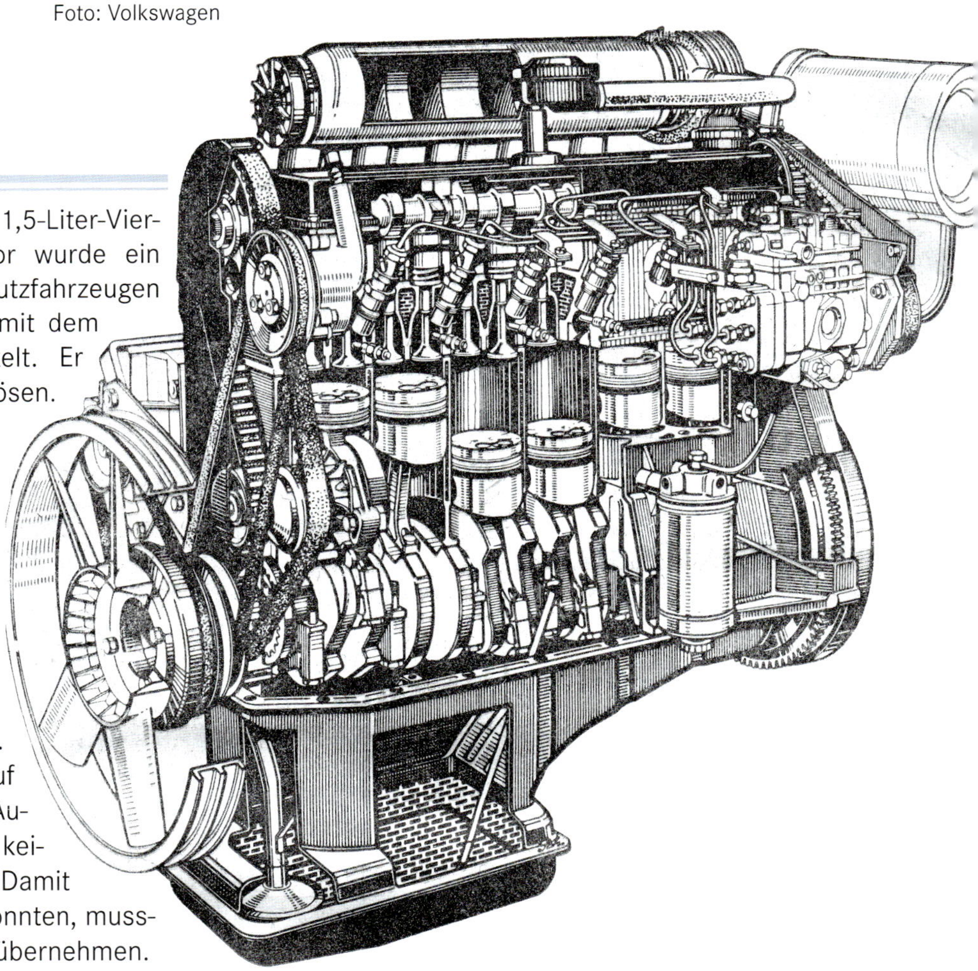

Die Zylindereinheit wurde vom 1,6-Liter-Vierzylindermotor übernommen. Der Zylinderabstand war mit 88,0 mm gleich. Damit ergab sich ein kompakter Sechszylinder-OHC-Reihenmotor mit 2,4 Liter Hubraum. Die Form der Ölwanne ergab sich aus der Lage des Motors über der Vorderachse.
Zeichnung: Aggr. 072 (7/78)/Volkswagen

Der 2,4 Liter-Sechszylinder-Wirbelkammer-Diesel

Abgeleitet vom erfolgreichen 1,5-Liter-Vierzylinder-Wirbelkammer-Dieselmotor wurde ein neuer, speziell für den Einsatz in Nutzfahrzeugen geeigneter Motor als Baukasten mit dem Fünfzylinder-Dieselmotor entwickelt. Er sollte den ungeliebten Perkins ablösen.

Auf dem vorderen Kurbelwellenzapfen saß eine Sichelölpumpe. Die Einspritzpumpe wurde hinten angebaut und von einem zweiten Zahnriemen über die Nockenwelle angetrieben. Die damit verbundenen Elastizitäten beeinträchtigten das Einspritzgesetz, was wir Forscher nicht guthießen. Allerdings wies Brockmüller darauf hin, dass die Längsträger vorn im Audi 100 beim 2,0-Liter-Fünfzylinder keinen Platz für die Pumpe ließen. Damit gleiche Teile verwendet werden konnten, musste der Sechszylinder das Konzept übernehmen.

Im Herbst 1978 war endlich der eigene Sechszylinder-Diesel für den LT serienreif. Seine Höchstleistung von 75 PS (55 kW, 23 kW/L) gab der Motor bei 4.500 U/min ab, für einen Nutzfahrzeugmotor recht hoch. Das Drehmoment erreichte bei 3.000 U/min seinen Höchstwert von 139 Nm (7,3 bar).

Der Motoren-Baukasten aus Fünf- und Sechszylinder-Dieselmotoren wurde Anfang der 1980er-Jahre überarbeitet. Ein davon abgeleiteter Sechszylinder-Benzinmotor sollte hier einbezogen werden. Die Fünfzylinder-Otto- und -Dieselmotoren waren im Audi 100 in Serie. Es gab auch Überlegungen, den Sechszylinder-Reihenmotor in das Fahrzeug zu bauen. Da aber bei den frontgetriebenen Audis der Motor vor der Vorderachse sitzt, hätte es einen fürchterlichen »Nasenbär« mit großem Überhang und ungünstiger Frontlastigkeit ergeben.

Für eine Leistungsvariante des LT-Dieselmotors wurden, neben der Turboaufladung, die Comprex-Aufladung, ein V8-Saugmotor und ein MAN-Kaufmotor diskutiert.

Der »Antrieb« des Druckwellenladers von der Riemenscheibe am Schwingungsdämpfer der Kurbelwelle (Pfeil) dient nur zur Steuerung des Druckwellenprozesses. Foto: Volkswagen

Versuche mit Comprex-Aufladung

Dazu Michael Willmann: *»Ich bekam schon 1977 von Peter Hofbauer, der seine Entwicklungsaufgabe mit dem 1,5-Liter-Dieselmotor erfüllt hatte und als Hauptabteilungsleiter in die Forschung zurückgekehrt war, im Mai 1978 den Auftrag, unseren Sechszylinder-Diesel mit einem Comprex-Lader auszurüsten.*

Ich besorgte alle Teile und ließ den Motor aufbauen. Zu Prüfstandsversuchen kam es bei uns in der Forschung nicht. Ingolf Löhner aus dem Motor-Versuch hatte davon gehört und fragte, ob er die Teile haben könne. Natürlich gab ich sie ihm, entgegen meiner Anweisung vom Chef: ‚Die kriegen nichts von uns.' Zum Einsatz kam der Comprex-Motor nicht mehr. Höheren Orts wurde entschieden, den Turbolader zu nehmen. In der Aggregate-Entwicklung wurden dann die neuen Motoren entwickelt.«

Ein hubraumgleicher 2,4-Liter-Sechszylinder-Ottomotor sollte den zu schwachen 2,0-Liter-Vierzylinder-Benzinmotor ablösen. Bei der Konstruktion wurde ein Baukasten mit den Vier- und Fünfzylinder-Wirbelkammer-Motoren sowie den Ottomotoren konsequent umgesetzt.

Bei der Überarbeitung wurden die Sechszylinder-Motoren, wie die Fünfzylinder im Audi 100, um 27,5° nach rechts gekippt, um die Sitzanordnung zu verbessern und einen Durchstieg zu ermöglichen. Der Sechszylinder-Turbodiesel erhielt den Garrett T3 Abgas-Turbolader.

Das brachte eine Leistung von 75 kW (102 PS) und ein max. Drehmoment von 190 Nm (10 bar). Zur Steigerung der Kurbelwellenfestigkeit wurden die Hohlkehlenradien des sechsten Hubzapfens induktiv gehärtet und die Ölbohrung gerieben.

Die Bosch-Verteiler-Einspritzpumpe VE 6/10 erhielt den LDA (Lade-Druck-Abhängiger Volllast-Anschlag) und den KSB (Kalt-Start-Beschleuniger), wie die Vierzylindermotoren (s. Kap. I.4.2). Die Dieselvarianten teilten sich mit dem Ottomotor EA 187 diverse Bauteile.

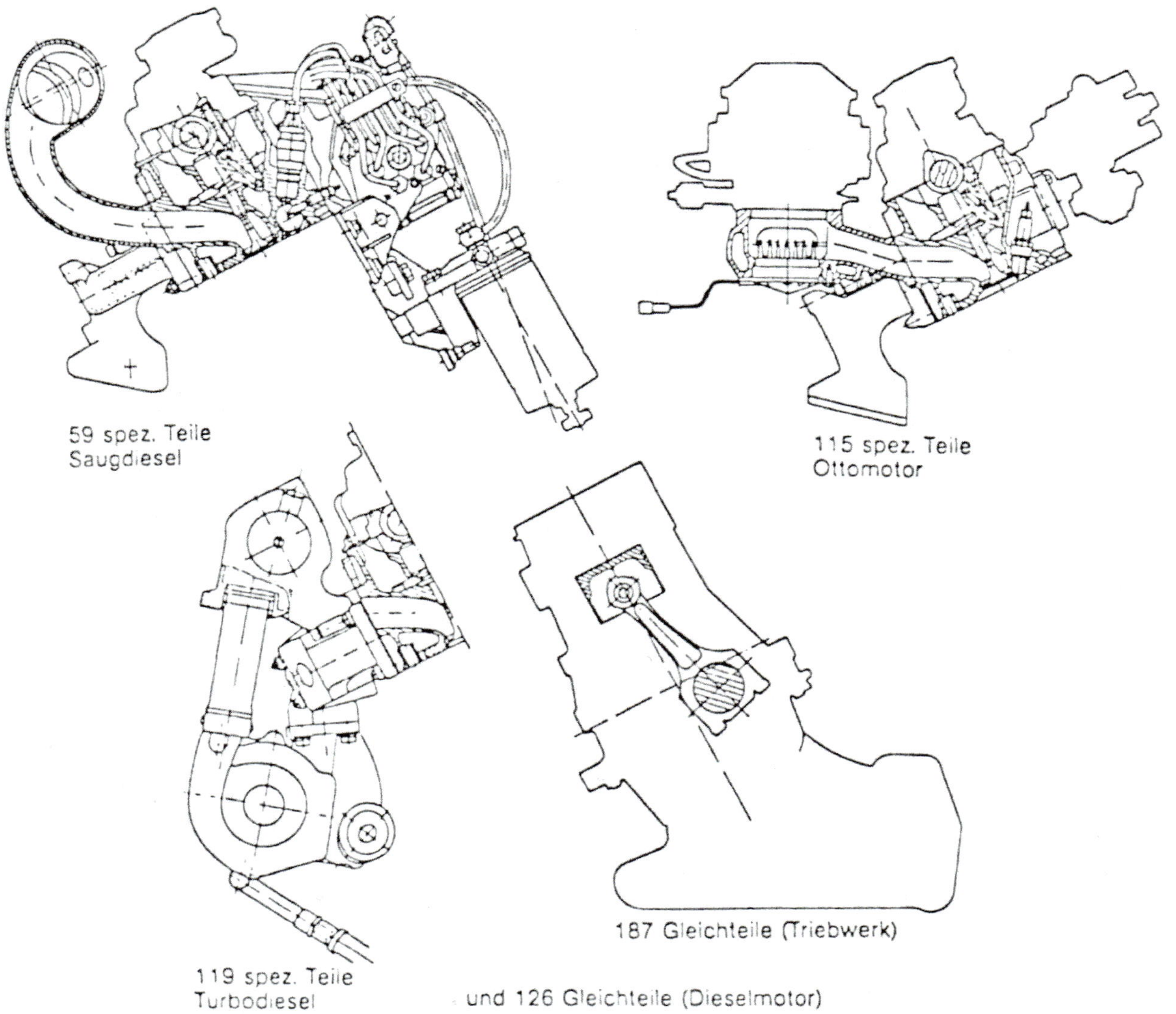

Der Systembaukasten aus Sechszylindermotoren, Saug- und aufgeladener Diesel sowie Ottomotor. Zeichnung: Volkswagen

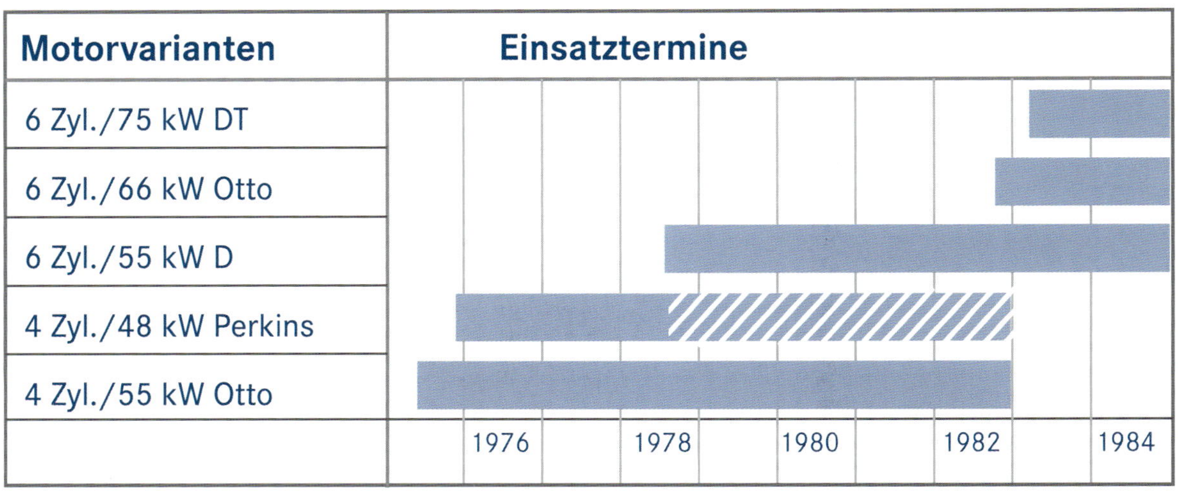

Historischer Überblick über die LT-Motorisierung. Grafik: J.Knopf nach Vorlage von Volkswagen

Der Sechszylinder-Benzinmotor startete mit einem 2E3-Vergaser und stieg später auf die VW-hauseigene Digifant-Einspritzung um.

1982 betrug der Dieselanteil beim LT 75 %. 1983 erfolgte die Einführung der neuen Motoren in die Serie.

Der Einsatz im Volvo-Pkw

Was man mit einem gut konstruierten Lastwagenmotor machen kann, hat Volvo gezeigt. Aus Kostengründen verzichteten sie auf die Entwicklung eines eigenen Sechszylinder-Pkw-Motors, stattdessen gingen die Schweden eine Kooperation mit Volkswagen ein. Die Motorperipherie wurde an das Fahrzeug angepasst. Der Motor wurde um ca. 20° nach rechts geneigt eingebaut. Volvo hat die Leistung auf 60 kW (82 PS) erhöht. Die Zeitschrift mot testete den Volvo 244 GL D6 und kam zum Gesamturteil, dass der Sechszylinder-Dieselmotor hervorragend zum Volvo passt. *»Er ist sparsam und spritzig, im Preis akzeptabel - also insgesamt der modernste Volvo.«*

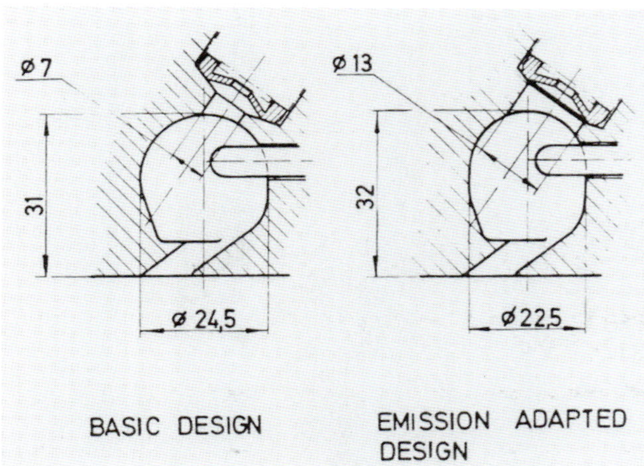

Mit einem überarbeiteten Wirbelkammer-Design wurde eine bessere Gemischbildung erreicht. Die erhöhte Wirbelkammer bei gleichem Volumen verbesserte die Abgasemissionen, kostete aber 3 kW in der Leistung und 15 Nm an Drehmoment.

Zeichnung: Volvo

Der Nutzfahrzeug-Dieselmotoren-Entwickler Dipl.-Ing. Günter Wellbrock erinnert sich an die Zusammenarbeit mit Volvo: *»Die Volvo-Ingenieure beauftragten die Fa. FEV in Aachen mit der Leistungssteigerung unseres Sechszylinder-Turbodiesels unter Einsatz eines Ladeluftkühlers. Mit dem Garrett Abgas-Turbolader T03 haben sie ihn auf 80 kW (110 PS, 34 kW/L) bei 4.800 U/min gebracht.«* Das maximale Drehmoment betrug 190 Nm (10 bar) bei 3.000 U/min.

Dipl.-Ing. Günter Wellbrock war Kontaktmann zu Volvo.

Foto: Kittler

Der maximale Druck in der Wirbelkammer lag bei 130 bar. Damit setzten sie 1986 einen Meilenstein. Mit 90 kW entsprechend 122 PS (37,8 kW/L) und 240 Nm (12,7 bar) stand 1985 der damals stärkste käufliche Pkw-Dieselmotor bereit. Mercedes konterte 1987 mit dem 300 D Turbo mit 111 kW (150 PS), allerdings mit 3,0 Liter Hubraum.

Volvo 244 Diesel. Foto: Volvo

I.5.2 Der Diesel-Bulli

Nachdem der Diesel-Boxer (s. Kap. I.3.1) nicht weiterverfolgt wurde, fehlte immer noch ein Dieselmotor für den Transporter, der inzwischen als T3 lief. Ein Nachteil bei den »Bullis« war die hohe Ladekante im Heck, weil der Motor darunter lag. Um den 1,6-Liter-Dieselmotor von VW hineinzubekommen, musste er flachgelegt werden.

Der Volkswagen-Transporter T3 mit zweitem Kühlergrill für den Wasserkühler, Dienstwagen des Diesel-Teams. Foto: Willmann

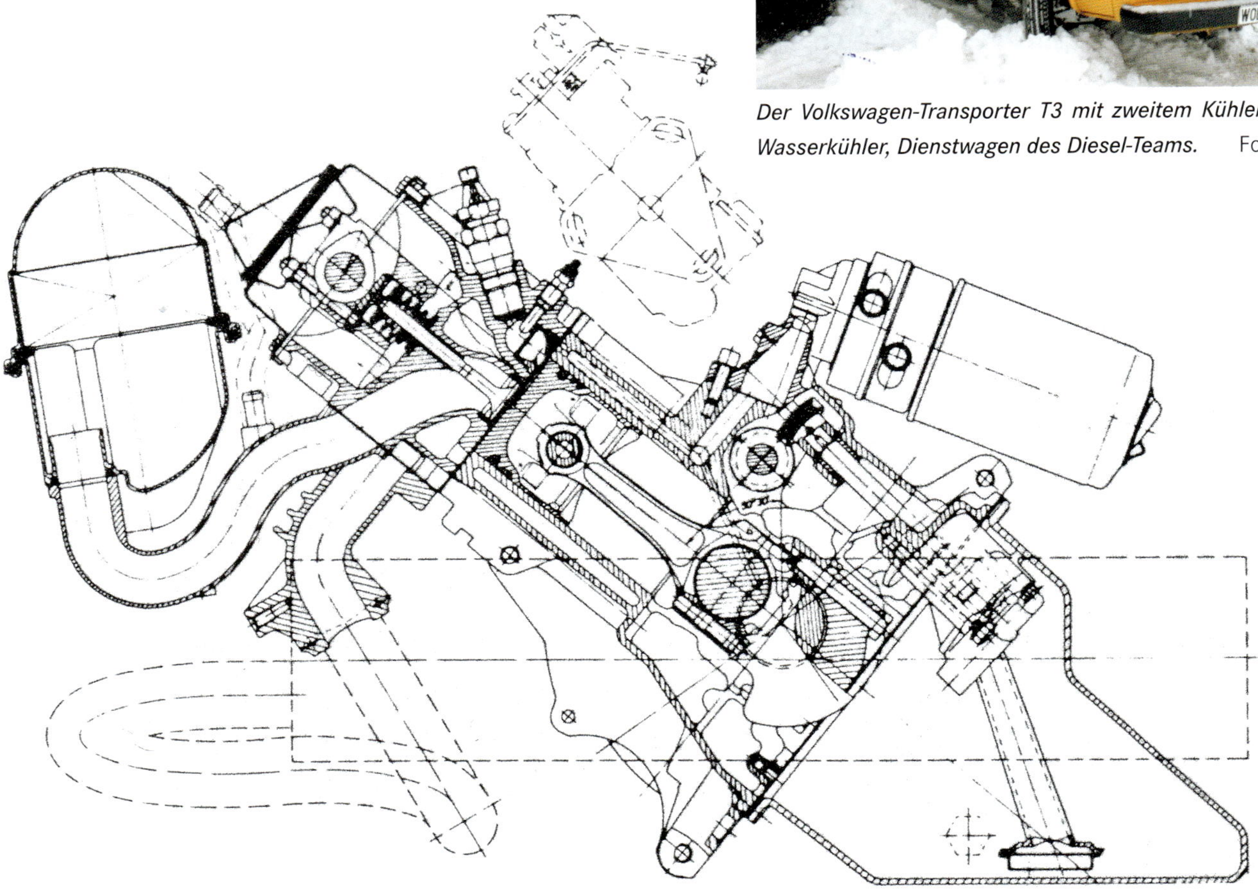

Der 1,6-Liter-Wirbelkammer-Dieselmotor für den Transporter T3 war seit 1981 im Angebot. Die Leistung wurde wegen des höheren Lastkollektivs auf 37 kW (50 PS) gesenkt. Quelle: ATZ, Nr. 83/1981, 3

Der T3 mit einem Leergewicht von 1,456 Tonnen war mit dem 1,6-Liter-Motor stark untermotorisiert. Wenn die Pritsche mit Sand beladen in der Baugrube anfahren musste, half nur Drehmoment bei niedriger Drehzahl. Fehlte das, würgte der Motor ab. Ließ man die Kupplung bei höherer Drehzahl zu lange schleifen, verbrannte sie. Auch an langen Autobahnsteigungen im vollbesetzten Bus ging die Geschwindigkeit in die Knie, so dass manch ein Lkw von hinten aufschloss. Das Problem war mit Einsatz des aufgeladenen 1,6-Liter-WK-Diesels mit 51 kW (70 PS) im T3 ab 1985 gelöst.

Aus der höheren Leistung ergab sich eine höhere Höchstgeschwindigkeit. Um die Motordrehzahlen und damit den Verbrauch in Grenzen zu halten, wurde das Fahrzeug länger übersetzt. Das verminderte das an der Antriebsachse verfügbare Drehmoment. Dadurch trat die Anfahrschwäche aus niedrigen Drehzahlen noch stärker hervor. Mehr Hubraum hätte hier ganz sicher mehr gebracht. Die Mitteldrucksteigerungen haben nicht mit den wachsenden Fahrzeugmassen Schritt gehalten.

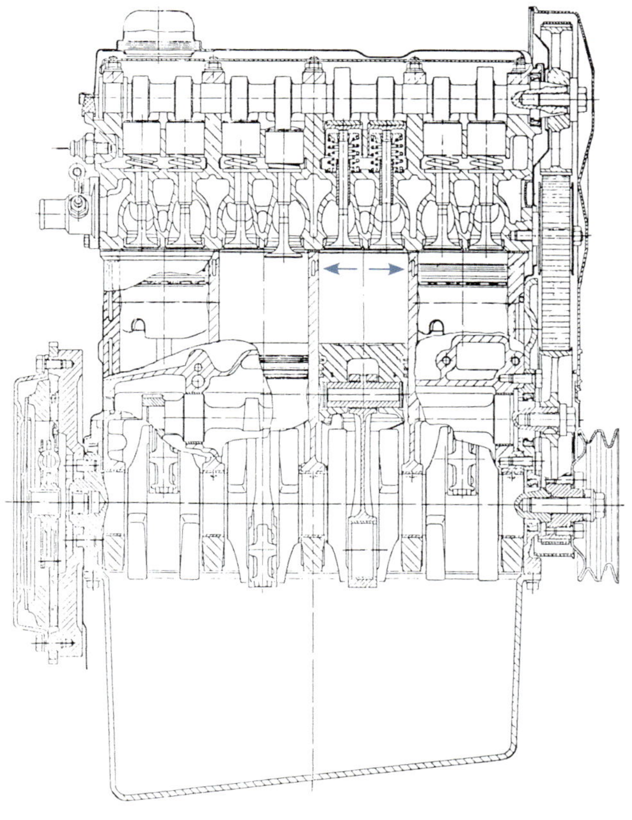

Die Kühlung der zusammengegossenen Zylinderbuchse im oberen Bereich wurde durch eingegossene Kanäle sichergestellt (Pfeile). Quelle: MTZ, Nr. 47/1986, 4

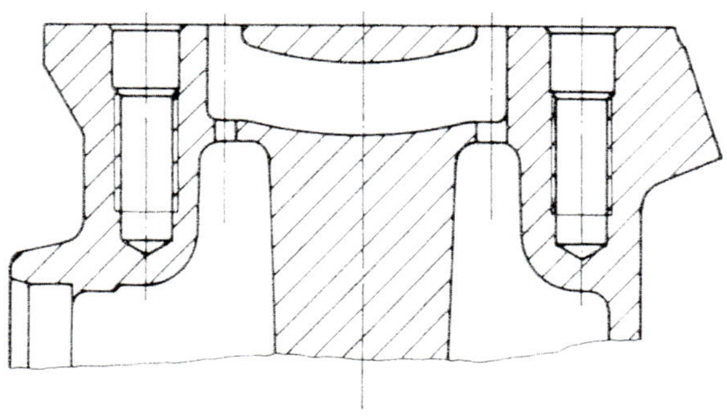

Die Stegkühlung im Querschnitt senkte die Temperaturen an den kritischen Bauteilen. Quelle: MTZ, Nr. 47/1986, 4

Daher wurde 1986 beim Saugmotor die Zylinderbohrung auf 79,5 mm vergrößert. Das ergab einen Hubraum von 1,7 Liter, 42 kW (57 PS) und, was für den Transporter noch wichtiger war, ein Drehmoment von 105 Nm bei 2.800 U/min. Beim aufgeladenen Motor hat man sich aus Festigkeitsgründen die größere Bohrung offenbar nicht zugetraut.

Durch die größere Zylinderbohrung entfiel der Wasserraum im Zylindersteg. Um wegen der höheren thermischen Belastung dennoch genügend Kühlung in den kritischen Bereich des Zylinderstegs zu bekommen, wurden mit eingelegten Gusskernen Wasserdurchtritte im oberen Teil der Buchse geschaffen. Das senkt die Temperaturen an der Zylinderkopfdichtung und an der Buchse im Bereich des Zwickelverschleißes.

Weitere Maßnahmen zur Erhöhung des Liefergrads und der Luftausnutzung betrafen die Wirbelkammer-Geometrie, die Ventilgröße und die Einspritzung - sie sind in der Literatur nachzulesen.

Quellen:

- M. Willmann/E. Kittler: Generationswechsel – von den luftgekühlten Boxermotoren zu den wassergekühlten Reihenmotoren. Motorbuch Verlag, Stuttgart, 2019
- Neues aus der Industrie. Ein neuer 65-PS-Fahrzeugdieselmotor von Perkins. In: MTZ, Nr. 36/1975
- H. Steinecke, K. Sator: Der Volkswagen-Transporter mit Dieselmotor. In: ATZ: Nr. 3/1981
- W. Brandstetter, R. Dziggel: Der Vierzylinder-Turbodieselmotor für den Volkswagen-Transporter. In: MTZ, Nr. 3/1985
- W. Brandstetter, R. Dziggel: Ein leistungsgesteigerter Saugdieselmotor für den Volkswagen-Transporter. In: MTZ, Nr. 4/1986
- H. Richters: Lasttransporter LT 40/45 von VW mit dem neuen Sechszylinder-Dieselmotor. In: ATZ, Nr. 12/1978
- Das neue Motorenangebot für das LT-Programm von Volkswagen. In: MTZ, Nr. 6/1983
- W. Brandstetter, R. Dziggel: Die neue Sechszylinder-Motorenreihe für den Lastentransporter von Volkswagen. In: ATZ, Nr. 4/1983
- E. Männer: Test Volvo Diesel. In: mot, Nr. 13/1979
- A. Bahr: Neue Turbomotoren im Volvo 760. In: MTZ, Nr. 5/1982
- A. Grandinson, I. Hedin: A turbocharged engine for a growing market. In: IMechE, 1982
- Interview mit Günter Wellbrock, AutoMuseum Volkswagen, 29.05.2023

I.6. Dieselmotor-Anwendungen

I.6.1 Der Thermodiesel

Erinnerungen aus der Wärmepumpen-Zeit

Von Semih Gökesme

In den Jahren 1970 bis 1980 verursachten nahöstliche Unruhen in der Öl-Region einen Anstieg des Rohölpreises um ca. 90 %. Auf der Suche nach alternativen Heizungsenergien entstand die Idee der Entwicklung einer »Wärmepumpe mit Dieselmotorantrieb«. Ende der 70er-Jahre wurde in Zusammenarbeit zwischen VW und der Fa. Viessmann ein Entwicklungsteam zusammengestellt.

Das Prinzip ist das gleiche wie bei den aktuellen Anlagen, allerdings erfolgte der Antrieb über einen

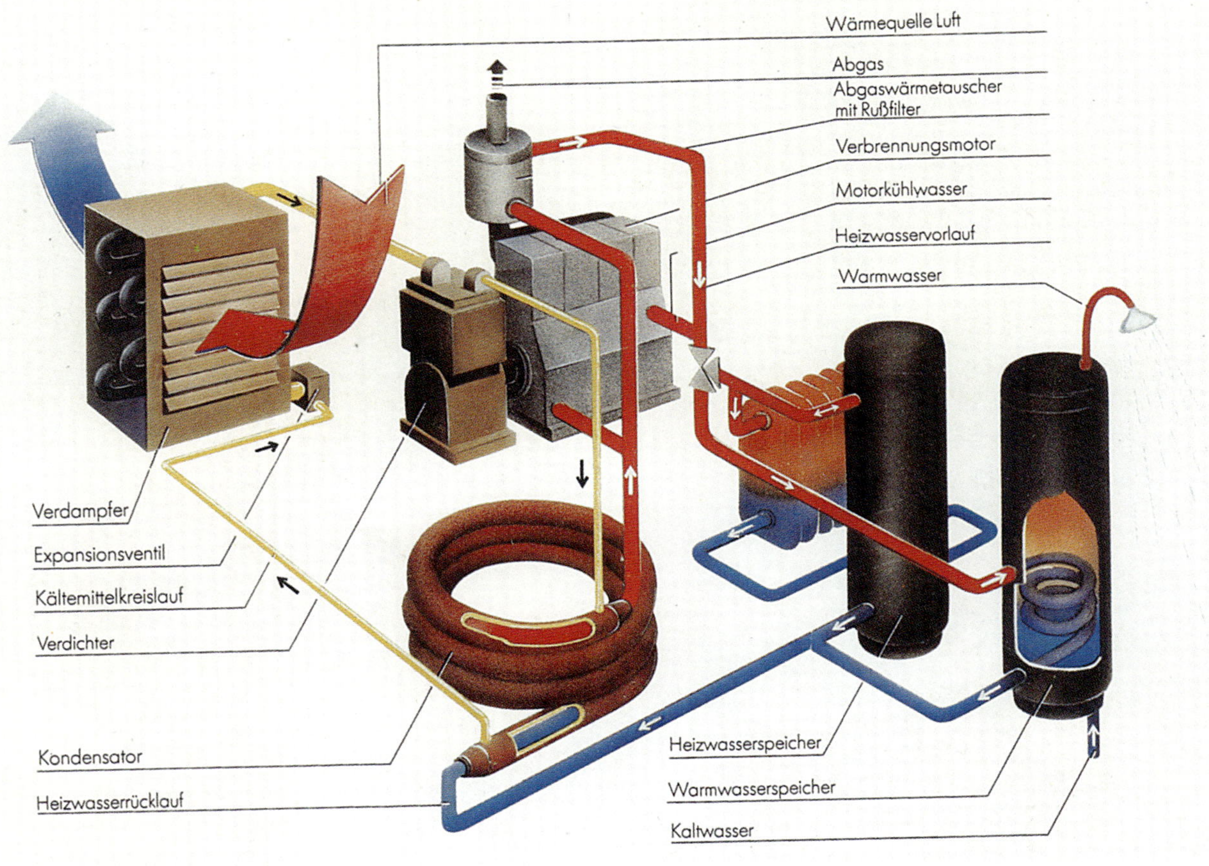

Die Wärmepumpen-Anlage für Hausheizungen. Quelle: Prospekt Klöckner Wärmetechnik, 4/1985

Pkw-Dieselmotor und nicht, wie heutzutage, über einen Elektromotor. Der Vorteil war aber, dass nicht nur ein Kompressor angetrieben wurde, sondern ebenfalls die Energie aus dem Wasserkreislauf und aus dem Abgas genutzt wurde.

»Der 1,5-l-WK-Serienmotor sollte bei niedrigem Drehzahlbetrieb von 1.100 U/min den Heizungsverdichter antreiben. Für die Anlage war ein Ganzjahresbetrieb vorgesehen. Sie sollte den Bedarf Heizungsbetrieb im Winter und Haushalts-Warmwasserbedarf decken. So eine Langzeitbetriebsart bei der genannten Motordrehzahl hatte es für einen Pkw-Motor noch nicht gegeben. Die Lebensdauer dieser Anlage war, so meine Erinnerung, analog zu den herkömmlichen Anlagen, auf 15 Jahre ausgelegt.«

Eine Herausforderung war der Grenzwert für die Rußzahl (unter Bosch-Zahl 1). Für den Heizungseinsatz galten nämlich viel niedrigere Grenzwerte. Verständlicherweise sollte die Wäsche auf der Leine nicht verschmutzt werden. Darum wurden bereits schon damals Entwicklungsarbeiten für einen Rußfilter begonnen. Der konnte aber, bei der niedrigen Drehzahl und geringem Lastbetrieb, sich nicht selbst regenerieren.

Für die Ruß-Selbstregeneration braucht man in der sauerstoffreichen Umgebung eine Abgastemperatur von über 600° C. Mit der externen Additiv-Zumischung zum Kraftstoff konnte die Regenerationstemperatur jedoch abgesenkt werden. Die weiteren Abgasgrenzwerte vor 1993 zu erfüllen, war relativ einfach.

Für die Motorkühlung wurde ein Wärmetauscher aus Edelstahl verwendet. Bei den preiswerteren Varianten stellte man jedoch Lochfraßkorrosion fest. Das aus dem Kühlkreislauf gewonnene Warmwasser wurde wieder dem Heizungskreislauf zugeführt.

Sehr frühzeitig wurde eine notwendige Mindest-Ölmenge von 21 Litern festgelegt. Mit den Versuchen und Analysen sollten notwendige Wartungszeitabstände ermittelt werden. Kürzer als eine Jahreswartung wäre für den Kunden nicht zumutbar gewesen. Dafür wurde eine statistisch notwendige Anzahl von Versuchsanlagen gewählt und Untersuchungsprogramme vorbereitet. Die wöchentlich entnommenen Ölproben sollten mit den Ergebnissen der Laboranalysen verglichen und bewertet werden.

Die Hauptkriterien waren: Feststoffmenge im Öl, Schmierfähigkeit, TBN-Basenzahl sowie der Ölverbrauch. (Unter dem Kürzel TBN verbirgt sich die Total Base Number. Sie gehört zu den wichtigen Kennwerten bei Motorölen. Die TBN ist eine Kennzahl, welche die Menge an alkalischen Additiven wiedergibt, die sich im Öl befinden. Man spricht in diesem Zusammenhang auch von der alkalischen Reserve von Motoröl.)

Um den Verschleiß diverser Bauteile zu überwachen, bediente man sich damals zum ersten Mal der Isotopentechnik: In die Oberfläche des zu überwachenden Bauteils wurden im Kernreaktor Karlsruhe strahlende Isotope implantiert, die mit dem Abrieb ins Motoröl gelangen. In den Ölkreislauf hatte man einen Geigerzähler eingebaut, der die momentane Verschleißrate detektierte. Die Methode wurde zuerst auf einem besonders abgeschirmten Motorprüfstand angewendet. Durch Verbesserung und Verkleinerung der Apparatur konnten wir später auch in Echtzeit im Fahrzeug messen.

Die wesentliche Erkenntnis war, dass die höchste Verschleißrate nicht bei Höchstgeschwindigkeit auftrat, sondern nach Autobahn-Vollgasjagd auf der Ausfahrt. Dort trafen hohe Öltemperatur und niedriger Öldruck infolge niedriger Motordrehzahl zusammen, was die Tragfähigkeit des Ölfilms herabsetzte und Mischreibung mit Abrieb verursachte.

Mit der Methode ließen sich gezielt Maßnahmen gegen Verschleiß entwickeln. Auch die Ottomotoren-Entwicklung machte sich das neue Verfahren zunutze und ist heute Standard in der Motorenentwicklung bei VW. Die Untersuchungen wurden damals von Klaus Brandenstein betreut. Der Ölverbrauch war aber insgesamt unkritisch.

Außerdem besaß dieser Motor Einspritzdüsen in einem Winkel von 26° (Serie 34,5° und Düsen der Fa. Bosch). Und, da es keinen echten »Kaltstart« gab, wurden auch keine Glühstifte benötigt. Zusätzlich wurde noch mit isolierten Wirbelkammern experimentiert. Diese kamen aber nie zum Einsatz. Diese Entwicklungsarbeiten endeten mit dem Ölpreisverfall Ende der 1990er-Jahre. Die Preiskalkulation und Rentabilität passten nicht mehr für eine Serieneinführung.

Haltbarkeit gesichert

Von Angus Forsyth

Zielstellung für die Wärmepumpe war es, mit einem Vierzylinder-WK-Dieselmotor von VW einen Kompressor anzutreiben und zusätzlich die Abwärme (Wasser und Abgas) vom Motor zu nutzen. Der Motor sollte 2.000 Stunden zwischen den Wartungsintervallen laufen.

Der Motor wurde mit niedriger Drehzahl mit einer Last von ca. 2,2 kW betrieben. Nur bei Warmwassernutzung oder Regeneration lief der Motor bei max. 3.000 U/min. Eines der ersten Probleme war, dass die Einspritzdüsen und die Wärmeschutzdichtung nach kurzer Laufzeit verkokt waren. Diverse Wirbelkammer-/Glühstiftvariationen wurden getestet. Eine Wirbelkammer mit 22 mm und den CAV-Microdüsen, tangenzial an der Kammerwand platziert, war das abschließende Ergebnis. Diese Kombination verhinderte eine Verkokung und das Rußproblem.

Angus Forsyth: *»Allerdings hätten wir gerne die Rußwerte noch weiter abgesenkt. Die waren bei 2 bis 4 Bacharach (Messystem für Ruß in Heizsystemen). Auch die Haltbarkeit der Aggregate war gewährleistet. Wir hatten Motoren mit über 22.000 Stunden Laufzeit im Dauerlauf.«*

Highlights des Projekts

Von Jörg Ahrens

Die Ölwanne war nicht nur für eine viel größere Ölmenge ausgelegt, sondern diente gleichzeitig auch als drittes Motorlager. Der Motor wurde über drei Gummimetalllager, von denen zwei am Kompressor mit dem Rahmen verschraubt waren, gelagert. Das dritte Lager war nur mit dem Rahmen verschraubt und diente als Auflage für die Ölwanne. Eine weitere Abstützung und Schwingungsisolation waren dadurch nicht notwendig.

Ein weiteres Highlight war der schon angesprochene Wärmetauscher aus Edelstahl. Dieser war nach dem Gegenstromprinzip ausgelegt: Das Abgas strömte, natürlich in getrennten Leitungen, dem Wasserstrom entgegen. Das Ergebnis war, dass die Abgastemperaturen selbst bei Volllast unter den Taupunkt fielen. Das wiederum erzeugte allerdings ein Kondensat, dass separat entsorgt werden musste. Das ist heute bei modernen Heizungsanlagen Standard – da wird das Kondensat direkt im Abwasser entsorgt.

Den Vertrieb der Wärmepumpe sollte die Fa. Klöckner Wärmetechnik übernehmen – aber, wie erwähnt: Daraus wurde nichts.

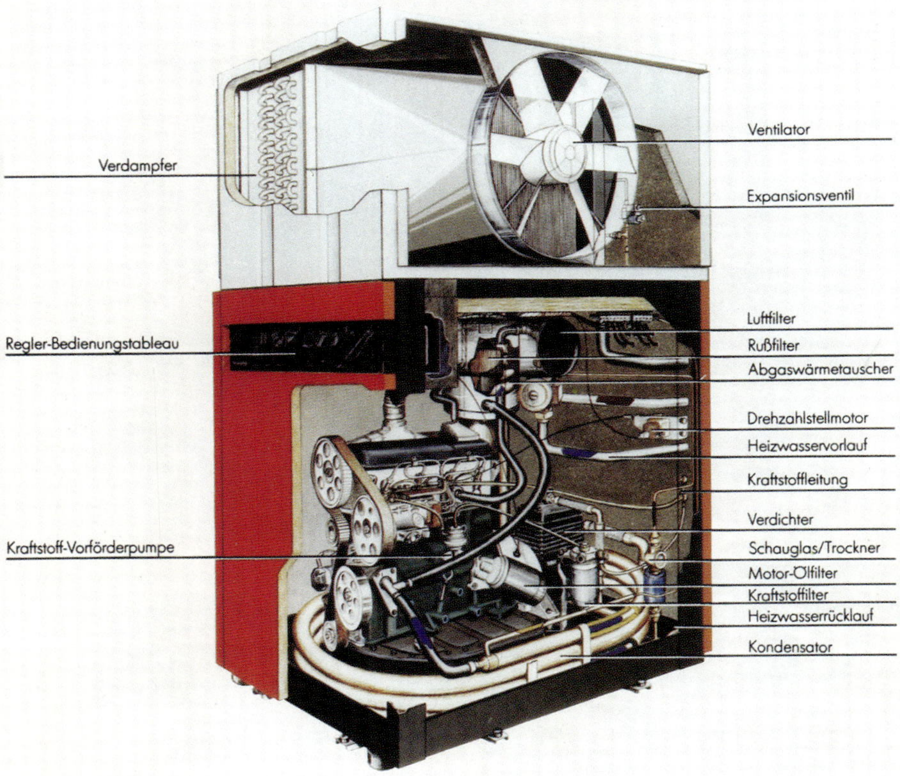

VW-Thermodiesel als Schnittbild. Die Wärmepumpe (10-25 kW) wurde über einen 1,5-l-WK-Diesel angetrieben.

Quelle: Prospekt Klöckner Wärmetechnik. 4/1985

I.6.2 Militärische Anwendungen

Von Rolf Graupmann

VW Iltis Diesel 1,6 l

Eigentlich war das Iltis-Projekt ein rein gewerbliches und kein militärisches Vorhaben. Der spätere Vorstandvorsitzende Carl H. Hahn hatte nämlich aufgrund der Geschichte des Unternehmens verfügt, keine rein militärischen Projekte mehr zu verfolgen und zu produzieren. So war auch das uns 1978 zur Verdieselung übergebene Fahrzeug eine rot lackierte Zivilversion mit Überrollkäfig.

Das Aggregat ist im Wesentlichen identisch mit dem im Jeep M151 A2, der im Anschluss vorgestellt werden soll. Da der ursprünglich im Iltis verbaute Ottomotor ebenfalls auf der Baureihe 827 basiert, konnte beim Iltis Diesel auf die vorhandene Ölwanne zurückgegriffen werden, was den Umbau natürlich erleichterte.

Sonst fällt mir zu dem Projekt vor allem die schnelle und unkomplizierte Zusammenarbeit mit dem Versuchsbau ein. Im Rahmen einer Probefahrt im Freigelände, östlich der Halle 71, fabrizierte ich während einer Kreisfahrt im tiefen Treibsand mit ständig steigender Kurvengeschwindigkeit einen seitlichen Überschlag. Da das Gelände sehr sandig war, fanden wir mit unserem T2 keinen geeigneten festen Untergrund, um nahe genug an den auf der Seite liegende Iltis heranzukommen und mussten zwei Abschleppseile zusammenknüpfen, um das Fahrzeug wieder aufzurichten. Auf der Rampe von Halle 71 waren bereits einige Mitarbeiter zusammengekommen, um zu sehen, was sich da auf der Freifläche abspielte. Copilot Bodo Scheibner und der auf der Rückbank sitzende Jürgen Nitz purzelten aus dem Wagen. Ich jedoch blieb im Sicherheitsgurt hängen und konnte mich nur mit großer Mühe aus der Zwangslage befreien.

Der Iltis sollte eigentlich am Wochenende in Ingolstadt präsentiert werden. Daran war augenblicklich kaum zu denken. Doch durch Zureden und Ausloben von zwei Kästen Bier (so etwas war damals noch möglich), wurde der Iltis ausgebeult, neu rot überlackiert und pünktlich zum Transport gen Süden bereitgestellt.

Die Serienentwicklung übernahm zehn Jahre später die Fa. IAV. Die Bundeswehr bestand auf einer Auslieferung unter dem Namen Volkswagen. Um diese Variante dann im Werk Brüssel bauen zu können, wurde die Lizenz zum Bau der letzten Fahrzeuge von der Fa. Bombardier zurückgekauft – und sämtliche Fahrzeuge für die Bundeswehr trugen das VW-Logo.

Der Iltis mit dem versuchsweise installierten 1,6-Liter-Turbodieselmotor. Foto: Audi

52 kW (70 PS) starker 1,6-l-Dieselmotor im 1988er-VW Iltis-Serienfahrzeug aus dem Werk Brüssel. Foto: Kittler

Der Diesel-Jeep

Immer wenn unsere Chefs von SAE-Tagungen aus den USA heimkehrten, holten sie neue Aufträge oder Anfragen aus ihrem Reisegepäck hervor. So auch im Oktober 1977. Da war es ein Untersuchungsauftrag der US Army Tank-Automotive Research an das Development Command, Warren, über den Einsatz eines VW-Dieselmotors in einem Jeep M151 A2 zur Reduktion des Kraftstoffverbrauchs (Adaptation of a Turbocharged 1,6 litre VW Diesel engine to a M151 A2 vehicle). Dabei galt es, so wenig Bauteile zu ersetzen wie möglich und Änderungen am Fahrzeug zu vermeiden.

In einer theoretischen Voruntersuchung stellten wir Vier-, Fünf- und Sechszylinder- sowie V8-Diesel-Saugmotoren zur Diskussion und entschieden uns aber dann für den aufgeladenen 1,5-l-Vierzylinder-Turbodiesel. Leistung und Drehmoment lagen für die geforderte Anwendung im erreichbaren Grenzbereich. Aus logistischen Gründen griffen wir aber auf eine bereits an Chrysler gelieferte 1,6-l-Ausführung als Basismotor zurück. Die geforderten Werte von 65 PS (48 kW) bei 3.600 U/min und 100 bis 120 ft.lb (136 bis 163 Nm) für ein möglichst hohes Drehmoment bei geringer Motordrehzahl lagen im zu erwartenden Bereich. Die Leistungsfähigkeit bei Beschleunigung, Steigfähigkeit, Geschwindigkeit, Schräglage und Geländegängigkeit galt es in einem Test darzustellen. Bereits durch Grundsatzuntersuchungen auf einem schwenkbaren Motorprüfstand konnten wir mittels Isotopentechnik zur Verschleißmessung vorab nachweisen, dass das ausgewählte Aggregat sämtliche Schräglagen im Gelände erfüllen würde. Was sich dann im praktischen Geländetest auch bestätigte.

Um die geforderten Eckwerte sicher zu erreichen, wechselten wir die 22er-Wirbelkammer gegen eine mit 24,5 mm aus und verstärkten den Kolbenbolzen von 22 auf 24 mm Durchmesser. Aufgrund der tragenden seitlichen Fahrzeugwände war es nicht möglich, die gewohnte Einbaulage für eine übliche Montage des Turboladers zu realisieren. Von Ingolf Löhner, Motor-Versuch, erhielten wir einen modifizierten Abgaskrümmer, um den Turbolader in aufrecht stehender Anordnung anzubringen. Dies bot den Vorteil einer erweiterten Wattiefe bei Wasserdurchfahrten.

Das vordere Differenzialgetriebe und eine darüberliegende Rahmenstrebe erforderten die Anbringung einer flachen Ölwanne. Dazu griffen wir auf eine spezielle Ölwanne aus dem Motorsportbereich von Audi zurück und konnten so eine teure Trockensumpfschmierung vermeiden. Zur Absenkung der Kolbentemperatur wurden vier Düsen im Kurbelgehäuse installiert,

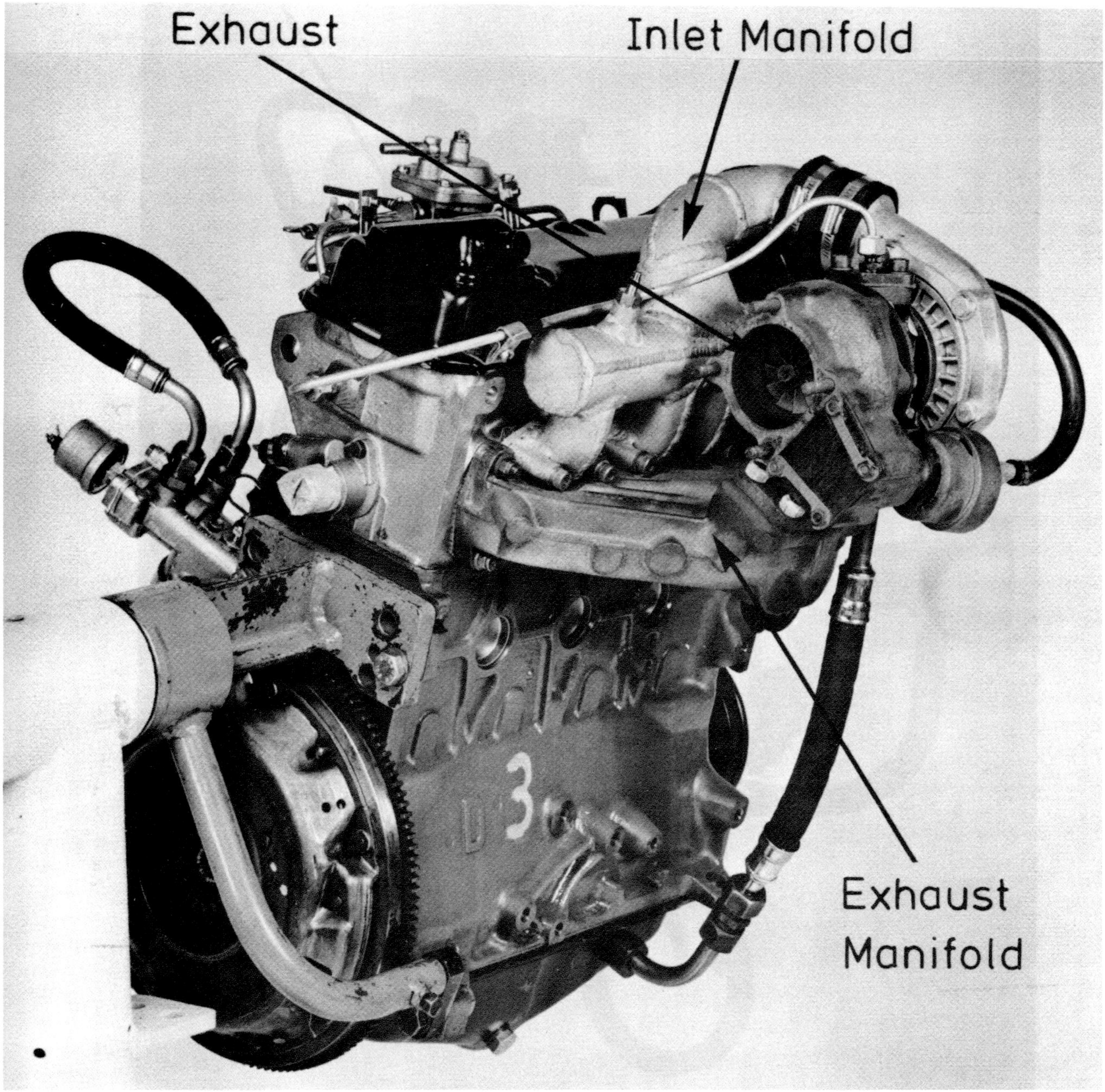

Motoraufbau des 1,6 l-Turbodiesels für Prüfstandsversuche. Besonderheit war der hochgesetzte Turbolader. Foto: Seufert

die an die *Unterseite der Kolben Motor*öl zur Kühlung spritzten. Zur Erhöhung des Öldurchsatzes wurde die Ölpumpenleistung erhöht. Dazu wurden die Zahnräder der Pumpe erhöht, der Ansaugrüsseldurchmesser vergrößert und gekröpft eingebaut, um auch bei Seitenneigung und bei Geländefahrten den Motor nicht trockenlaufen zu lassen. Um die Öltemperatur niedrig zu halten, montierten wir einen aus dem Golf GTI bekannten, thermostatgesteuerten Ölkühler an der rechten Seitenwand.

Ein Durchbruch im Kühlergrill zur besseren Kühlluftzufuhr wurde vorsorglich ausgeführt. Später stellte sich bei Testfahrten heraus, dass diese Öffnung im Kühlergrill nicht erforderlich war. Als Zylinderkopfdichtung wurde eine verstärkte Ausführung eingebaut, die dem erhöhten Druck in den Zylindern angepasst war. Für den Luftfilter wurde auf die verbauten Original-Komponenten zurückgegriffen. Allerdings wurde die Stellung des Luftaustritts um ca. 90° nach links gedreht, um einen direkten Anschluss an den Turbolader zu ermöglichen. Der Ansaugkrümmer mit kurzen Ansaugleitungen wurde als Aluminium-Schweißkonstruktion ausgeführt. Die Ölversorgung des Turboladers zur Kühlung und Schmierung erfolgte vom Zylinderkopf über eine stabile Rohrleitung mit einem Innendurchmesser von 1,9 mm. Der Ölrückfluss in die Ölwanne lief über eine flexible, gepanzerte Schlauchverbindung. Das originale Kühlsystem blieb bestehen, nur die Verbindung zur Heizung wurde unterbrochen.

Die Hauptaufgabe zum Einbau eines Turbodieselmotors bestand darin, auf möglichst viele vorhandene Teile zurückzugreifen. Folgende Komponenten neben der Verbindung zwischen Dieselmotor und Standardgetriebe galt es dabei anzupassen:

- Ölversorgung
- Ventilator
- Starthilfe
- elektrische Installation
- Verbindung Hilfsaggregate und Komponenten

Die Verbindung zwischen Motor und Getriebe wurde aufgrund der unterschiedlichen Bohrbilder der Motoren über einen Zwischenring angepasst. So konnte die Verschraubung vom Kupplungsgehäuse mit dem Dieselmotorblock erfolgen. Die Betätigung der Kupplung wurde entsprechend der neuen Lage verschoben. Dafür konstruierte man eine neue Aufnahme und montierte sie links auf den Rahmen. Ein neues Schwungrad wurde entwickelt und der alte Zahnkranz vom Benzinmotor übernommen und aufgeschrumpft. So konnte auch der ursprüngliche Starter und die Kupplung übernommen werden.

Zwischen Wasserkühler und Wasserpumpe wurde ein Thermostatschalter installiert, der den elektrischen Ventilator bei 95° C (203° F) aktivierte. Die vorhandene Lichtmaschine wurde gegen einen alternativen Generator, gemäß NATO-Spezifikation, getauscht.

Die anschließende Erprobung erfolgte im Prüfgelände Ehra. Unabhängig davon, stellten wir die Gesamtfahrzeugkonzeption der Bundeswehr-Erprobungsstelle zu einer objektiven Gelände- und Tauglichkeitsprüfung im Erprobungsgelände Munster vor. Der begleitende Prüfoffizier, Major Lechner, stellte unserer Version eine positive Bewertung aus. So konnten wir eine Steigung im schweren Gelände, im Vergleich zum gerade positiv abgenommenen Iltis mit 1,7-l-Benzinmotor, ohne Schwierigkeiten bewältigen. Der Iltis mit 1,7-l-Benziner war an dieser Stelle trotz Allradsperre gescheitert.

Bei einem abschließenden Blick unter die Motorhaube kam ein zufällig vorbeigehender Offizier aus dem technischen Bereich hinzu, aufmerksam geworden durch das kaum wahrnehmbare, leicht dieselnde Motorengeräusch. Im Gespräch mit Bernd Wiedemann folgte daraus eine weitere interessante Aufgabe für unser junges Team: die Entwicklung eines 5-kW-Stromerzeuger-Aggregates im Wettbewerb mit Daimler-Benz. Diese stillschweigende, inoffizielle Anfrage der Truppe führte anschließend zu einem offiziellen Auftrag durch das Bundesamt für Wehrtechnik und Beschaffung (BWB), der in einem Serienauftrag über 300 Stück und einem obligatorischen NATO-Lauf als Industriemotor mündete.

Der Jeep im Schräglagentest im Prüfgelände Ehra. Foto: Seufert

Die Panzertür

So sind wir also zu einem weiteren Auftrag gekommen, der Entwicklung einer Einbaustudie für den Einbau des VW-Dieselmotors als Antrieb für einen Stromerzeugungsgenerator in der Heckklappe eines Transportpanzers Fuchs (TPz 1). Wir machten uns umgehend daran, eine Konstruktion zu entwickeln, die sich nicht nur an den Forderungen des offiziellen Auftraggebers ausrichtete, sondern auch an den aus der Praxis abgeleiteten Wünschen der Truppe orientierte. Das Projekt lief unter strenger Geheimhaltung.

Als bestmögliche Einbaulage stellte sich ein einschiebbarer Einbau des Motors in Längsrichtung mit mechanischem Lüfterantrieb des Kühlgebläses heraus. Dazu wurden zwei Vierkantprofilrohre seitlich in die gepanzerte Tür eingeschraubt, auf denen der Motor mittels Winkelprofilen gelagert wurde. Dies ermöglichte einen leichten Keilriemenwechsel an Motor und Generator mit standardisierten NATO-Teilen. Eine spätere Anflanschmöglichkeit eines 15-kW-Generators war dadurch gegeben. Der Basismotor 068.2/M344 wurde für den Einbau modifiziert. Hierzu wurden vor allem Serienteile verwendet. Durch Eingriffe ins Motormanagement, beispielsweise bei der Spritzbeginn-Verstellung, wurde ein sanfteres Laufverhalten erreicht. Als Basis diente der 1,6-Liter-Vierzylinder-WK-Dieselmotor mit Bohrung 76,5 mm, Hub 86,4 mm und einer Verdichtung von 23,5:1. An der Schwungradseite wurde der Generator angetrieben, die Wasserpumpe war an der Stirnradseite mit verstellbarer Riemenscheibe angeordnet.

Der Querstromkühler lagerte auf vier Gummimetall-Lagern und war zum Innenraum hin mit einem eingeschäumten Blechrahmen versehen. Der Kühlwasserausgleichsbehälter, eine Kraftstoff-Handförderpumpe mit Kraftstofffilter und zwei Expansionstöpfe mit Endrohr wurden auf einem beschichteten Zwischenblech im Luftaustrittsbereich der Heckklappe befestigt. Zur Erzielung optimaler Geräusch-Emissionswerte wurde die Tür im Innenbereich vollständig mit Schaumstoff-Dämmplatten ausgelegt. Die Innen-

Der Schützenpanzer TPz 1 mit angehängter Heckklappe Foto: Ulrich Wrede

Die Heckklappe des Panzers mit SEA-5-kW-Generator, geöffnet. Fotos: Ulrich Wrede

raum-Kapsel wurde, um ein Anschlagen des Generators und des ersten Expansionstopfes zu vermeiden, im unteren und oberen Bereich ausgearbeitet und neu verkleidet.

Das fertig installierte Aggregat wurde am 6. September 1978 in Munster einer Vergleichsuntersuchung mit dem von Daimler-Benz konzipierten Farymann-Aggregat unterzogen. Interessanterweise bestand das VW-Team bei der Untersuchung aus fünf Personen, zwei Versuchsingenieuren, einem Mechaniker sowie einem Vertreter vom Vertrieb und dem begleitenden Behördenvertreter aus Bonn. Mercedes-Benz trat mit fünf Mechanikern und großem Mitarbeiterstab auf, bestehend aus Management-Mitarbeitern inklusive zuständigem Bereichsleiter, insgesamt 16 Personen. Aber der Aufwand war nicht ausreichend: Das Mercedes-Benz-Konzept durchlief als erstes das Prüffeld und verfehlte mit satten 4 dB(A) die geforderte Anforderung deutlich. Anschließend wurde die VW-Studie angeflanscht und demselben Prüftest unterzogen. Ich stand gerade neben der Heckklappe und gab das Signal, das Aggregat zu starten, als ein unruhiger Daimler-Benz-Bereichsleiter nervös an mich herantrat und uns aufforderte, doch endlich mit dem Prüflauf zu beginnen. *»Mein Herr, der Motor läuft bereits«,* entfuhr es mir ziemlich cool.

Das Ergebnis war beeindruckend für alle Umstehenden. Unsere Einbaustudie erfüllte sämtliche Geräuschemissionsforderungen deutlich und lag in allen Bereichen mehr als 5 dB(A) unterhalb der geforderten Grenzwerte. Bei der anschließenden Gegenüberstellung wurden die weiteren Vorteile der VW-Einbaustudie deutlich.

Dipl.-Ing. Rolf Graupmann

Geboren 06.02.1944 in Minden
1965-1968 Studium Nikolaus-Otto-FHS Köln
08/1968-09/1971 Versuchsingenieur bei Opel
10/1971 zu Volkswagen, Forschung 1 (Dynamische Festigkeit)
1976 zu Forschung 2 (u. a. Bi-Bus, Diesel-Iltis)
ab 2003 Motorsport

Alle Anforderungen waren wunschgemäß erfüllt:

- Motor einschiebbar
- Zugänglichkeit der Nebenaggregate
- leichter Keilriemenwechsel Motor/Generator
- Verwendung standardisierter Bauteile
- Anflanschmöglichkeit eines 15-kW-Generators

Aufgrund der geänderten Leistungsbeschreibung vom Februar 1979 durch den Generalunternehmer Thyssen Industrie AG Henschel erhielt die VW AG den Auftrag zur Neugestaltung des SEA 5 kW aufbauend auf den Ergebnissen aus der Einbaustudie. Eine völlig geänderte Außenkontur der Lufteinlässe einschließlich der Beschussblenden führte zu einem neuen Kühlsystem.

Unter Leitung von Helmut Leptien wurden die Arbeiten ausgeführt. Durch einen Auspuffkrümmer, ein Querrohr, ein senkrecht montiertes Wellrohr und zwei auf der oberen Deckplatte hintereinander angeordnete Hauptschalldämpfer verließen die Auspuffgase das Triebwerk nach oben ins Freie. Bis auf das Wellrohr waren alle aufgezählten Teile mit einer anorganischen, wärmedämmenden Masse isoliert.

Hinter dem Motor war vor einer Öffnung zum Hecktürschacht der Wasserkühler eingebaut. Durch elektrische Lüfter wurde der Wasserkühler beaufschlagt. Damit nach dem Abstellen des Motors kein Wärmestau entsteht, besaß das Aggregat eine Verzögerungsschaltung. die einen Nachlauf der Lüftermotoren von 4 bis 5 Minuten gewährleistete.

Nach Einbau des Aggregates in das Hecktürgehäuse konnten bei geöffneter Wartungsklappe folgende Wartungsstellen von außen erreicht werden: Öleinfüllstutzen, Ölmessstab, Kühlerverschlussdeckel, Luftfilter mit zugehöriger Wartungsanzeige und Kaltstartzug. Wenn das Hecktürgehäuse vorgeschwenkt und die Isolierhaube aufgeklappt wurde, ließen sich Öl-, Ölfilter- und Kraftstofffilterwechsel durchführen.

Eine anschließende Werkserprobung wurde in Abstimmung mit dem Generalunternehmer Thyssen Industrie AG Henschel durchgeführt und erfolgreich bestanden.

Quellen:

- R. Graupmann, B. Scheibner, B. Wiedemann: Adaption Of A Turbocharged 1,6 Litre Volkswagen Diesel Engine To A M151 A2 Vehicle. Final Report for US Army Tank-Automotive Research and Development Command, Warren/Michigan
- R. Graupmann, H. Leptien, J. Pohle, B. Wiedemann: SEA 5 kW TPz 1 Fuchs, Entwicklungs-Abschluss-bericht, Februar 1981

Teil II

Die Entwicklung der Pkw-DI-Motoren

II.1. Die Forschungsphase des Diesel-Direkteinspritzers

II.1.1 Welches Brennverfahren?

Von Michael Willmann

Der seit 1976 verkaufte Golf I mit 1,5-l-Wirbelkammer-Dieselmotor (s. Kap. I.2.2) setzte neue Maßstäbe, sein Triebwerk wurde zum meistgebauten Dieselmotor. Beste Ottomotoren kamen durch Verdichtungserhöhung sowie kennfeldgesteuerte Gemischbildung und Zündung sowie reibungssenkende Maßnahmen den Verbräuchen der Kammer-Dieselmotoren bei hohen Lasten sehr nahe. Um den Verbrauchsvorteil des Dieselmotors gegenüber Ottomotoren wiederherzustellen, begann die Forschung an Hochschulen und in den Automobilfirmen, sich mit der direkten Einspritzung für Pkw-Dieselmotoren zu beschäftigen.

Direkteinspritzung

Um die Anforderungen des Personenwagens nach hoher Leistungsausbeute aus relativ kleinen Zylindereinheiten bei einem großen nutzbaren Drehzahlbereich, geringen Abgasemissionen, niedrigem Geräusch und Geruch sowie gutem Kaltstartverhalten zu erfüllen, musste das Direkteinspritz-Verfahren erst erforscht und entwickelt werden. Die Leistung muss dabei stets im direkten Zusammenhang mit dem Luftverhältnis und der Rußzahl betrachtet werden.

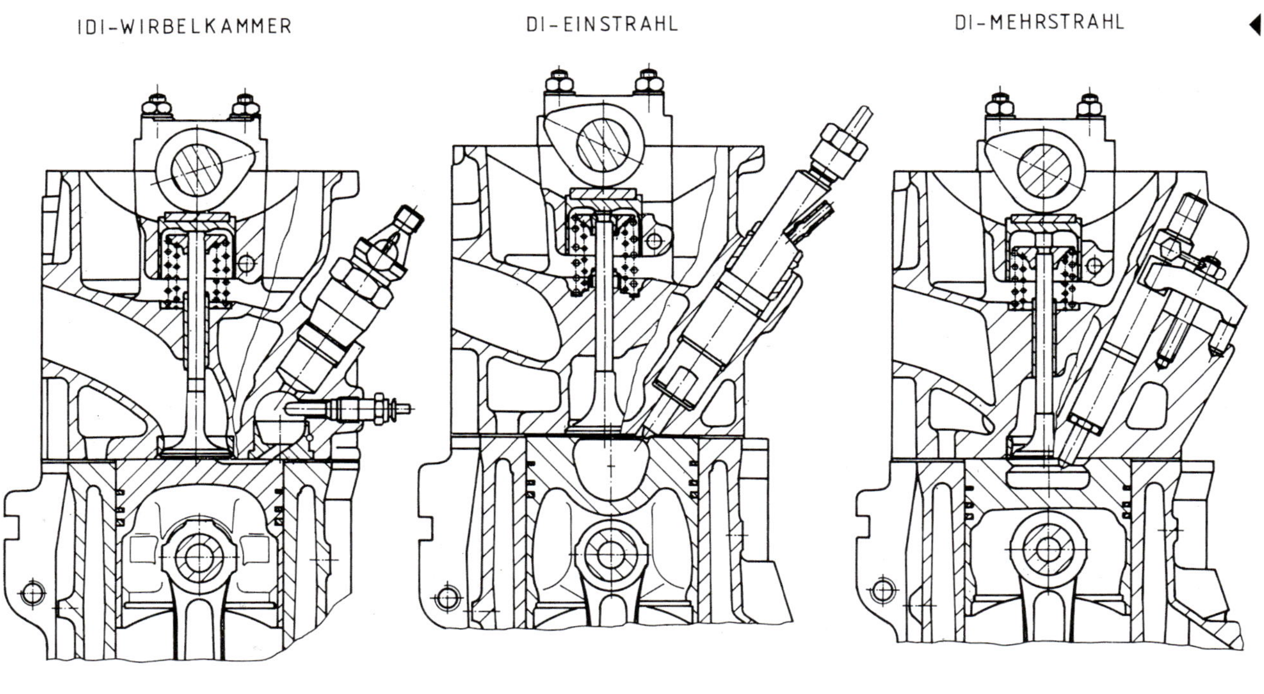

Konstruktionsvergleich von Wirbelkammer- und direkteinspritzenden Dieselmotoren. Das DI-Einstrahlverfahren mit der tiefen Brennraummulde im Kolben verlangt eine Erhöhung des Zylinder-Kurbelgehäuses. Zeichnung Audi

Bei den direkteinspritzenden Verfahren befindet sich der größte Teil des Brennraums als Mulde im Kolbenboden. Drall-Einlasskanäle bewirken eine Turbulenz, in die der Kraftstoff mit hohem Druck eingespritzt wird und ein heterogenes Gemisch bildet, das an mehreren Stellen zündet und sich schnell über den gesamten Brennraum ausbreitet. Nachteilig gegenüber Kammermaschinen waren die Abgasemissionen.

Thermodynamik

In der Thermodynamik-Vorlesung lernen die Studenten, dass der Gleichraum-Prozess als Idealprozess die effektivste Energieumsetzung bei großer Prozessarbeit bietet. Ottomotoren und direkteinspritzende Dieselmotoren kommen dem theoretischen Optimum nahe.

Ab 1937 wurde bei MAN an der Direkteinspritzung mit kugelförmigem Brennraum im Kolben und überwiegend wandanlagernder Gemischbildung gearbeitet. Der Kraftstoff spritzte auf die Wand der Kugelmulde. Ein starker Luftdrall in der Mulde dampfte den Kraftstofffilm ab und bildete das Gemisch. Die Verbrennung lief langsamer ab als bei der luftverteilenden Einspritzung, was dem Wirkungsgrad abträglich war, aber das Verbrennungsgeräusch niedrig hielt. Nachteilig wirkte sich der unmittelbar an den Brennraumwänden haftende Kraftstoff auf die Kohlenwasserstoff-Emissionen aus. Wegen der tiefen Kolbenmulde beim Einstrahl-Direkteinspritzer müssen die Kompressionshöhe am Kolben sowie das Zylinder-Kurbelgehäuse erhöht werden, was höhere Investitionen zur Folge hat.

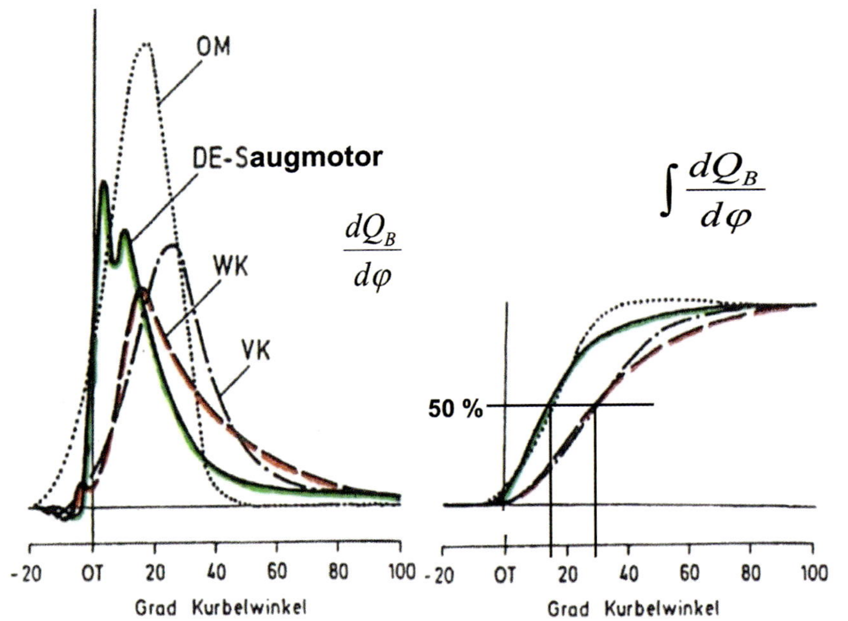

	n min⁻¹	p_e bar	λ
DE-S	2800	7,30	1,39
VK	3200	7,08	1,34
WK	3000	6,70	1,30
OM	3600	8.10	0.91

Brennraten und integraler Brennverlauf verschiedener Brennverfahren sind nur bedingt vergleichbar, da die effektiven Mitteldrücke unterschiedlich sind. Aber der Vergleich zeigt den deutlichen Unterschied im Energieumsatz. Während bei den Kammer-Motoren (VK und WK) der Umsatzschwerpunkt (50 % der Kraftstoffmenge sind verbrannt) bei ca. 30° nach OT liegt, befindet er sich bei den Direkteinspritzern bei ungefähr 15° nach OT.

Diagramm: R. Pischinger

Bei der überwiegend luftverteilenden Direkteinspritzung wird der Kraftstoff durch feine Löcher einer Mehrlochdüse in kleinsten Tröpfchen eingespritzt und an die Luft verteilt. Relativ wenig Kraftstoff gelangt an die Wände. Deshalb benötigt dieses Brennverfahren weniger Drall zur Gemischbildung. Die Verbrennung erfolgt schnell in OT-Nähe, was für einen hohen Wirkungsgrad sorgt. Der Druckverlauf kommt der idealen Gleichraumverbrennung mit hohem Wirkungsgrad nahe. Allerdings war das Verbrennungsgeräusch wegen der größeren Druckanstiege mit 4 bis 6 bar/° Kurbelwinkel relativ hoch.

Ende der 70er-Jahre war noch nicht klar, welches DI-Verfahren sich durchsetzen würde. Die Übertragung direkteinspritzender Arbeitsverfahren auf Pkw-Motoren wurde von vielen Experten wegen der Abgasemissionen und des Verbrennungsgeräusches sehr kritisch gesehen, u. a. von den Pkw-Diesel-Entwicklern von Daimler. Auch innerhalb von Volkswagen gab es Bedenkenträger, die unserem Team die Lösung der Probleme nicht zutrauten.

Elsbett weist den Weg

Ludwig Elsbett war durch seine Tätigkeit bei MAN in Nürnberg mit dem Direkteinspritzer bestens vertraut. Elsbett gründete seine eigene Firma, in der er das MAN-Verfahren weiterentwickelte. Er kaufte einen Golf I Diesel, den er auf das von ihm entwickelte Arbeitsverfahren umbaute. Der Grauguss-Zylinderkopf wurde dabei ausschließlich durch Motoröl gekühlt.

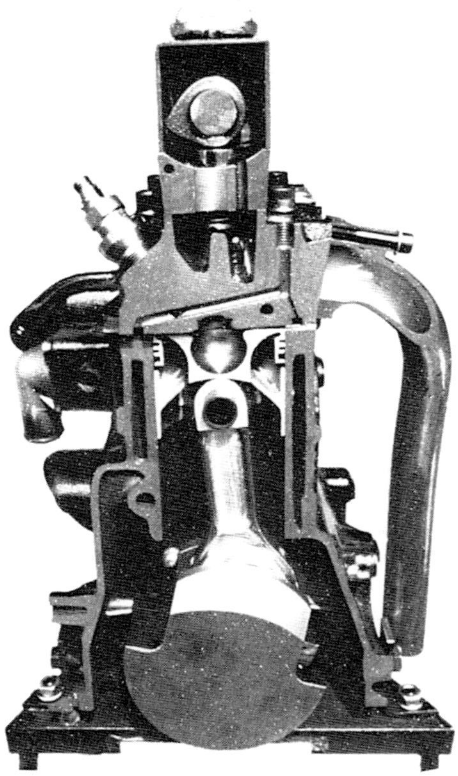

Der von Ludwig Elsbett umgebaute VW-1,5-Liter-Dieselmotor. Der Kopf wurde vom Motoröl gekühlt.
Foto: Hack/Motorbuch Verlag

Bei einer vergleichenden Testfahrt des ADAC verbrauchte der sogenannte »Elko-Motor« im Golf nur 4,9 Liter Diesel. Der originale Golf D mit dem 1,5-Liter-Wirbelkammer-Motor benötigte 6,3 Liter. Elsbett wollte Lizenzen verkaufen, aber weder VW noch Audi oder die Japaner griffen zu. Dipl.-Ing. Ingolf Löhner erzählt die Geschichte so: *»Herr Elsbett hat sich bei mir gemeldet und sein Auto vorgeführt. Auf der Abgasrolle war der Kraftstoffverbrauch niedriger als beim Golf mit Wirbelkammermotor, aber die Abgaswerte waren schlechter.«*

Im Sommer 1977 wurde ein verbesserter Elsbett-Motor auf einem Prüfstand der Volkswagen Forschung vermessen. Die von Elsbett angegebenen Leistungswerte waren nicht wiederzufinden. Die Leistung betrug 33 kW (45 PS) bei 4.200 U/min und einer Rußzahl von 3,9. Der Kraftstoff-Verbrauchsvorteil von über 1 Liter auf 100 Kilometer gegenüber dem Golf D war allerdings überzeugend. Ein Großserieneinsatz erfolgte nie. Es bleibt Elsbetts Verdienst, die Entwicklung der Direkteinspritzung bei den Pkw-Dieselmotoren-Herstellern, auch bei Volkswagen, initiiert zu haben.

Pkw-Diesel von MAN?

Ein Team um Alfred Neitz und Dr. Nunzio D'Alfonso in der Nürnberger MAN Forschungsabteilung arbeitete an einem auf Direkteinspritzung umgebauten 1,5-Liter-, später 1,6-Liter-Golf-Dieselmotor mit angepasstem MAN-Verfahren.

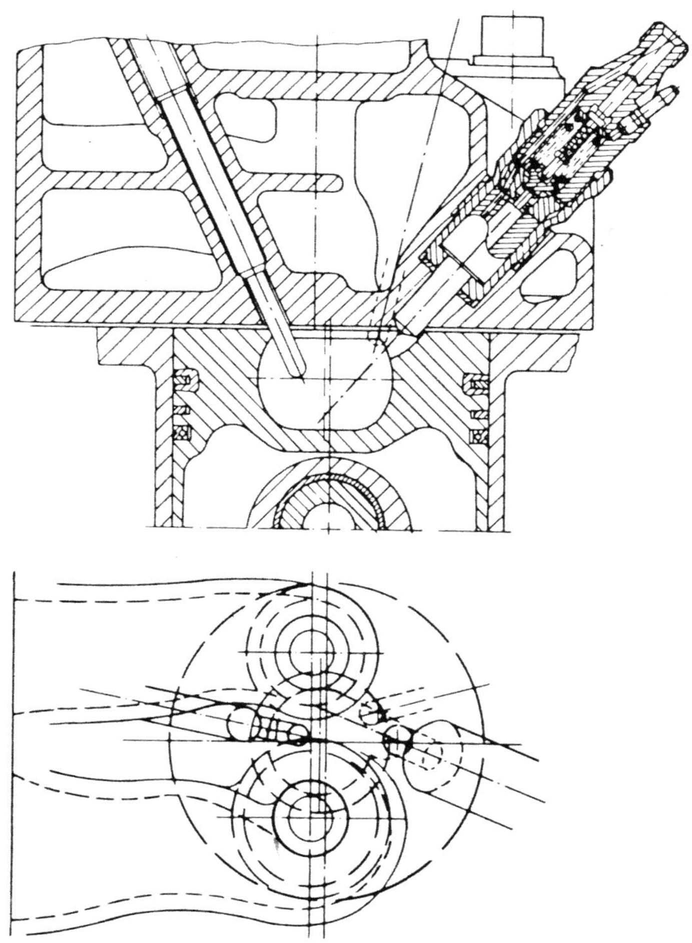

Das MAN-GDE-Verfahren (Gesteuerte Direkt-Einspritzung) mit modifizierter Brennraummulde im Kolben und Drall-Einlasskanal.
Zeichnung: MAN

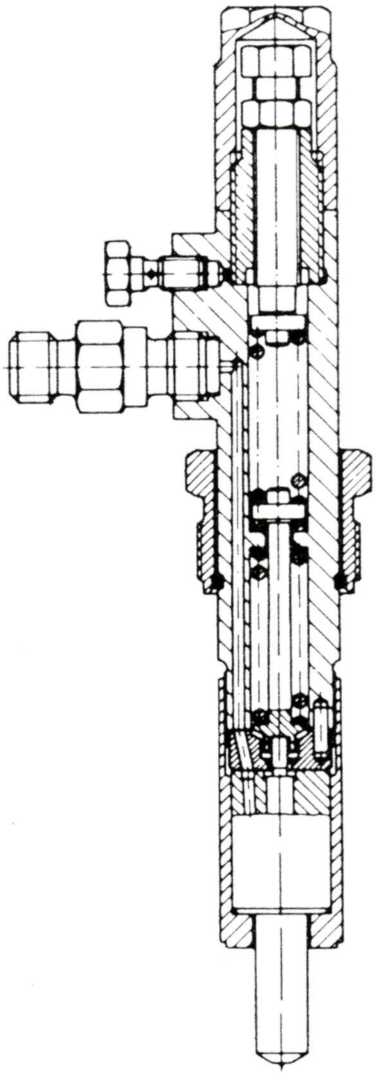

Der Zweifeder-Düsenhalter ermöglichte einen langsamen Einspritz-Druckaufbau. Zeichnung: Sammlg. M. Willmann

Um weniger Wandanlagerung des Kraftstoffs zu bewirken, wurde ein Zweifeder-Düsenhalter mit querschnittsgesteuerter Einspritzung entwickelt. Nach Spritzbeginn wurde während des Zündverzugs eine kleine Kraftstoffmenge voreingespritzt, bevor die Hauptmenge folgte. Dadurch wurde der wandanlagernde Anteil verringert, die HC-, NOx- und Geräusch-Emissionen gesenkt. Die Leistung des 1,5-Liter-Motors betrug 37 kW (50 PS) bei 5.000 U/min, wie beim Basis-Wirbelkammermotor. Der minimale spezifische Kraftstoffverbrauch ist mit 246 g/kWh um ca. 5 % niedriger als beim Wirbelkammer-Motor (260 g/kWh).

Das UNI-Car

Ab 1978 beteiligten sich mehrere Automobilhersteller an dem vom Bundesministerium für Forschung und Technologie (BMFT) ausgeschriebenen Projekt Forschungs-Personenwagen. Eine Hochschularbeitsgemeinschaft aus Stuttgart (Prof. Essers), Berlin, Aachen und Darmstadt mit Beteiligung von MAN entwickelte ein eigenes Fahrzeug, das UNI-Car (Foto unten).

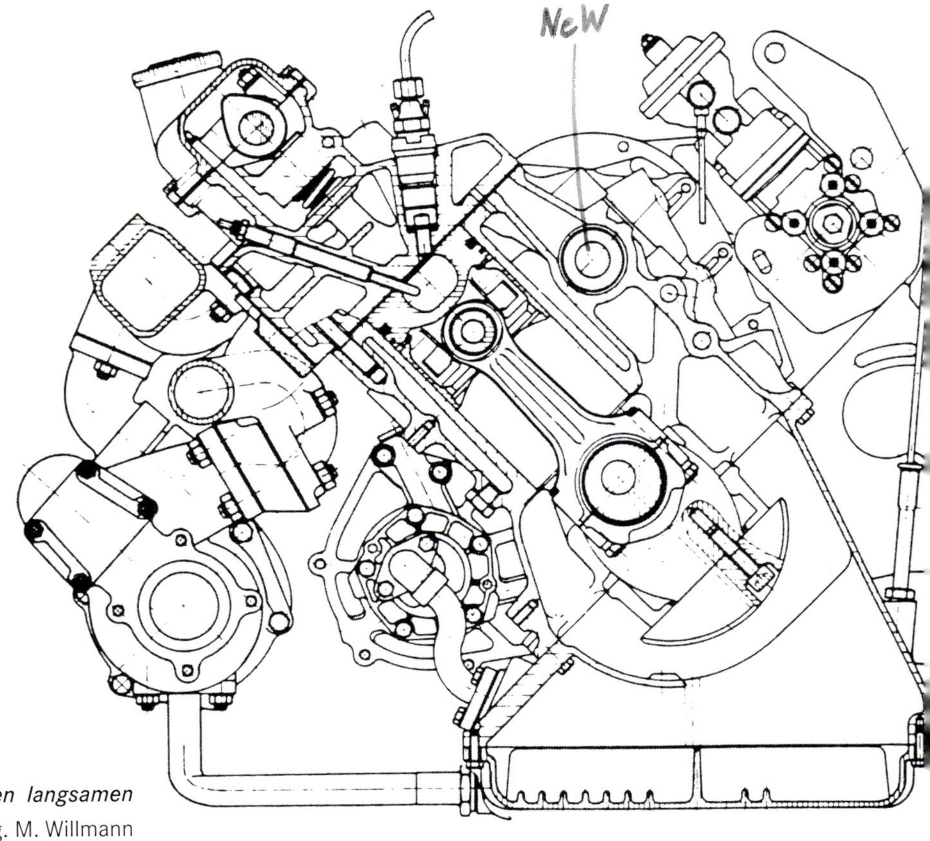

Den Motor entwickelte MAN aus einem aufgeladenen 2,5-Liter-Citroën-Wirbelkammer-Dieselmotor durch Adaption des GDE-Verfahrens mit Ladeluftkühlung. Das Verbrauchskennfeld zeigte im Bestpunkt 230 g/kWh. Die Leistung betrug 75 kW (102 PS) und der maximale Mitteldruck 10,5 bar bei einer Schwärzungszahl von ca. 3,5. Zeichnung: Uni Stuttgart

Das UNI-Car. Foto: Deutsches Museum

Audis DI-Forschung

Der Autor Uwe Handke schrieb dazu: *»Zu dieser Zeit (1976) ... begann Prof. List 1974 mit der Entwicklung eines direkt einspritzenden Pkw-Dieselmotors. In diese Arbeiten stieg Audi 1976 mit der Aufgabe, einen schnelllaufenden Vierzylinder-DI-Motor (DI = Direct injection, Direkteinspritzung) mit 1,6 l Hubraum und zunächst ohne Aufladung zu entwickeln, ein. Bei Audi in Neckarsulm arbeiteten die Entwicklungsingenieure parallel dazu ebenfalls an Dieselmotoren. An Einzylinder-Motoren wurden verschiedene Einspritzverfahren grundsätzlich untersucht: Das waren das M-Verfahren (eine Mittenkugel im Kolbenboden von Meurer bei MAN), ein Mehrstrahlverfahren mit vier Strahlen in eine Mulde im Kolbenboden und das Elsbett-Verfahren, benannt nach einem Ingenieur, der Motoren mit Vielstoffeignung nach dem Diesel-Verbrennungsverfahren entwickelt.«*

Grundlagen am Einzylinder

Der Audi-Einzylinder-Forschungsmotor hatte einen Hubraum von 0,429 Liter und benutzte die Bosch MW-Einspritzpumpe mit verschiedenen Plungerdurchmessern. Der Verstelldrallkopf erlaubt es, verschiedene Kombinationen von Drall und Durchsatz durch Verdrehen des Einlasskanals (Pfeil) und durch Drosselung mit einer Blende einzustellen. Damit konnten Drall und Durchfluss optimal aufeinander abgestimmt werden.
Foto: Audi

Der Vierzylinder-Einstrahl-DI-Motor von Audi

Die Ergebnisse der Einzylinder-Versuche wurden auf den bei VW in Entwicklung befindlichen 1,588 Liter großen Wirbelkammer-Motor (s. Kap. I.4.2) übertragen. Audi verwendete eine Kurbelwelle mit 86,4 mm Hub, was den Hubraum auf 1,715 Liter erhöhte. Die Leistung betrug 40 kW (54 PS, 23,3 kW/l) und der Mitteldruck 7,65 bar. Diesen Motor optimierte das Team um Dr. Dieter Stock unter der Leitung von Richard van Basshuysen. Ferdinand Piëch, Aggregate-Chef bei Audi und VW, beabsichtigte aber, den VW-Wirbelkammermotor zu stoppen und durch den Audi-Direkteinspritzer zu ersetzen.

Dipl.-Ing. Ingolf Löhner erinnert sich: *»Basshuysen bei Audi in Neckarsulm arbeitete damals bereits am DI (M-Verfahren). VW bekam über Herrn Piëch drei Golf-Versuchswagen, um den Entwicklungsstand zu prüfen. Auf der Rolle stellte sich im CVS-Test heraus, dass die Motoren unterschiedlich abgestimmt waren. Der Kraftstoffverbrauch war günstig, aber die NOx-, HC- und Schwarzrauchemissionen überschritten die Grenzwerte. Darüber informierte ich Herrn Piëch. Der entschied, dass VW den Wirbelkammer-Motor baut.«*

Ferdinand Piëch traf einige der wichtigsten Entscheidungen, auch hinsichtlich der Dieselmotoren bei Audi und Volkswagen. Foto: Audi

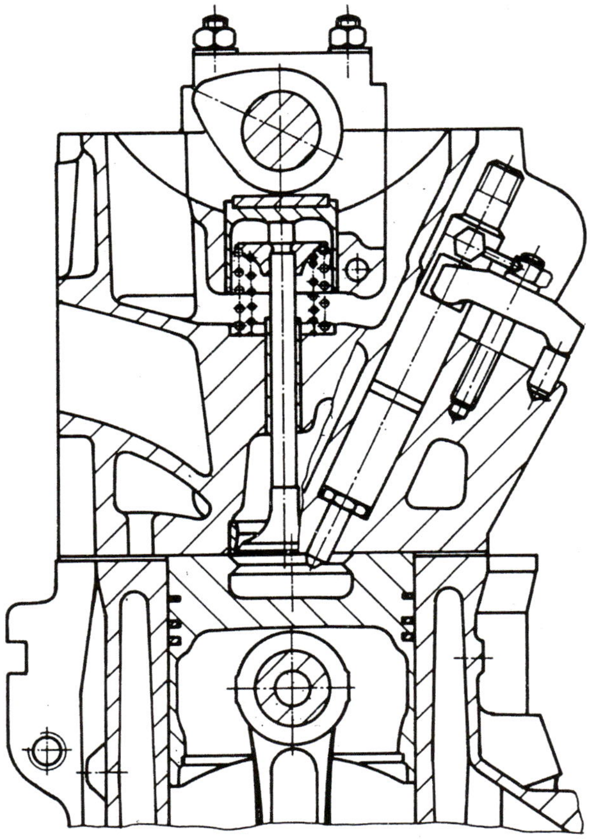

Das Bild zeigt den ca. 1985 erreichten Entwicklungsstand. Audi entschied sich nach einem Vergleich der Messwerte, das Mehrstrahlverfahren mit überwiegend luftverteilender Gemischbildung zur Serienreife zu entwickeln. Zeichnung: Audi

Audis Mehrstrahler

Audi stellte den Vierzylinder-Motor auf das luftverteilende Mehrstrahl-Verfahren um. Auch hier wurden die Ergebnisse vom Einzylinder- auf einen Vierzylindermotor mit 1,588 Litern, wie der in Entwicklung befindliche Wirbelkammer-Motor, übertragen.

Die Audi-Ingenieure untersuchten verschiedene Brennraummulden, Drallstufen und Düsenlochzahlen. Die anfänglich benutzte Bosch MW-Einspritzpumpe ohne lastabhängige Spritzverstellung war für Pkw-Einsatz ungeeignet. Es wurde auf eine Verteilerpumpe mit gesteigerter Förderrate umgestellt.

Es brauchte noch viele Jahre und viele Entwicklungsschritte, bis Audi mit dem Fünfzylinder-TDI im Audi 100 den ersten »sauberen« Direkteinspritzer 1989 auf den Markt brachte.

Italienische Forschung

Im italienischen Forschungsinstitut CNR (Consiglio Nazionale Ricerche) begannen 1976 Voruntersuchungen zur Diesel-Direkteinspritzung am Einzylindermotor. Danach wurde ein Fiat-Dieselmotor mit 1,5 Liter Hubraum auf Direkteinspritzung umgebaut.

Interessant ist die ω-förmige Brennraummulde im Kolben. Der Aluminium-Zylinderkopf trägt je Zylinder zwei gegenüberliegende Einlasskanäle und einen Auslasskanal. Die Vierloch-Einspritzdüse ist zentral angeordnet. Die Reihen-Einspritzpumpe stammte von Bosch. Als beste Kolbenmulde stellte sich eine offene Topfmulde ohne Kegel heraus. 1980 betrug die maximale Leistung 37 kW (50 PS, 25 kW/l) bei 4.200 U/min und der Mitteldruck 8 bar bei Rauchzahlen von 3,7 bis 4,5.

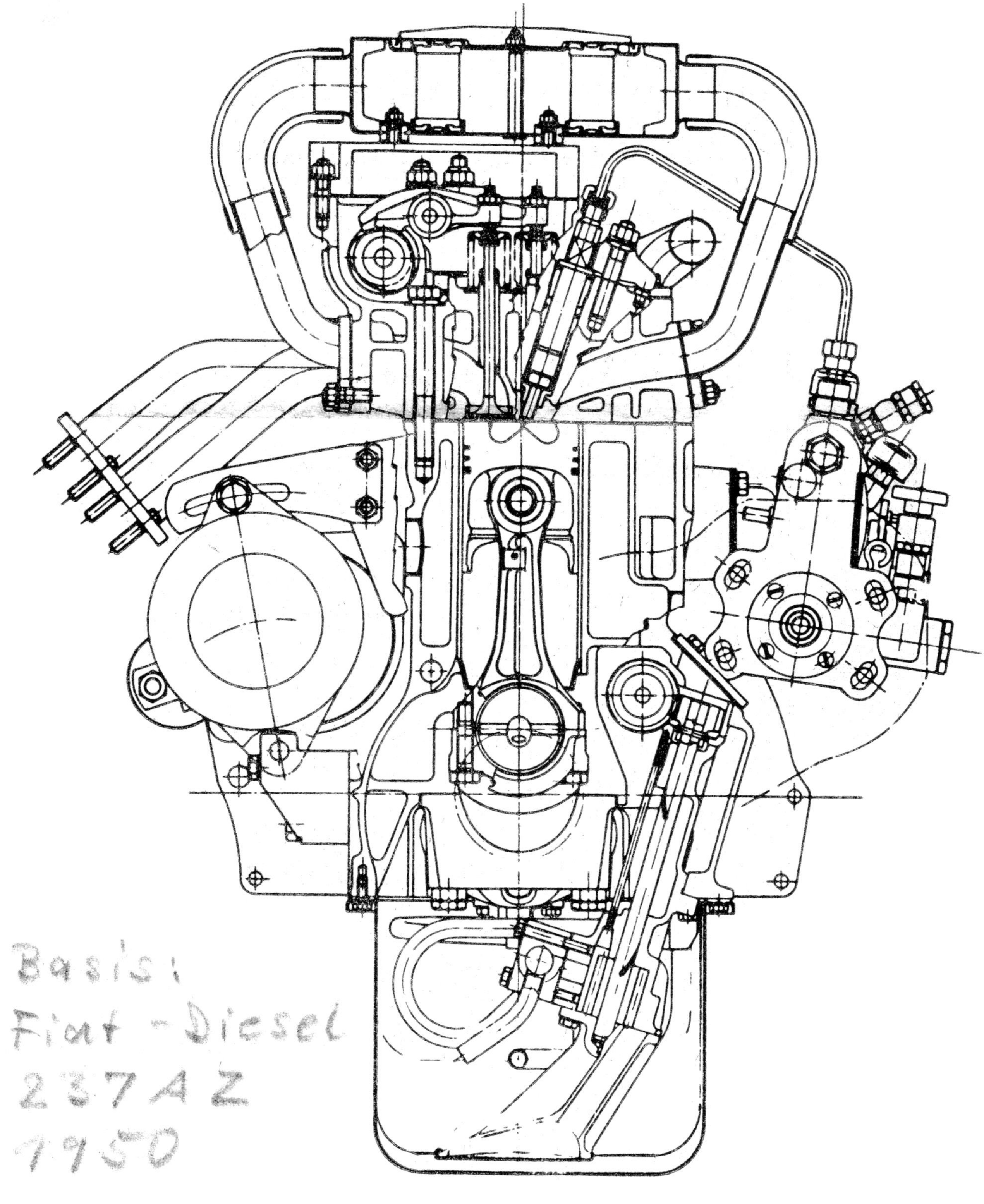

Der CNR-Forschungsmotor (Consiglio Nazionale delle Ricerche). Quelle: Automobil Revue

Fiat stieg in die Entwicklung ein und begann 1987 neben Perkins als erste Firma mit der Produktion eines direkteinspritzenden Dieselmotors im Pkw - konkret im Croma TD i.d. In Deutschland wurden solche Fahrzeuge nicht verkauft, weil sie Abgasgrenzwerte überschritten.

Der leise Leicht-Diesel aus Österreich

Die Anstalt für Verbrennungsmotoren Prof. Dr. Hans List (AVL) in Graz nahm sich seit 1974 eines gravierenden Problems der Pkw-Dieselmotoren an, des Verbrennungsgeräuschs. Die konsequente Lösung war eine Vollkapselung des Motors. Sie bestand aus einem Triebwerksträger, der die kraftführenden Teile, Zylinderblock mit zusammengegossenem Zylinderkopf sowie den Kurbeltrieb, enthielt. Die Ölwanne als »nasse» Aluminium-Unterschale war körperschallisoliert am Triebwerksträger befestigt. Ebenso die »trockene« Oberschale aus Blech. Der Zusammenguss von Kopf und Block erforderte in der Großserienproduktion eine schwierige Sacklochbearbeitung.

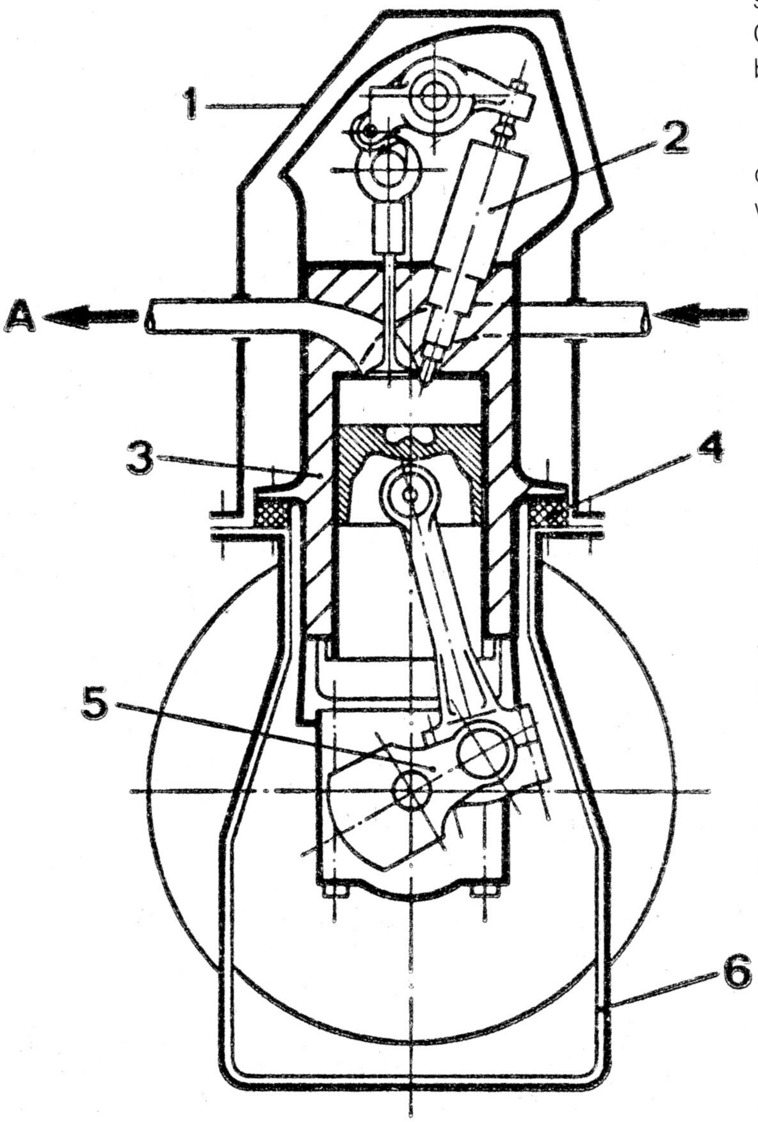

Der 2,1-Liter-Vierzylinder Prototyp-Motor leistete 60 PS (21 kW/l).
Erklärung: 1) trockene, obere Kapsel, 2) Einspritzung mit Pumpe-Düse-Element, 3) Triebwerksträger, 4) Isolierrahmenelement, 5) Kurbeltrieb im Triebwerksträger, 6) Kurbel- und Schwungradgehäuse, gleichzeitig »nasse« Kapsel, A Abgas, L Luft.
Zeichnung: AVL

Als problematisch erwies sich die Durchführung der Kurbelwelle durch die Kapsel, da sich der Triebwerksträger gegenüber der Kapsel bewegt. Hier sollten elastische Dichtringe den Schallaustritt verhindern. Die luftverteilende Einspritzung in die ω-Mulde erfolgt mit Einspritzdrücken bis zu 1.500 bar durch Pumpe-Düse-Elemente. Zum Vergleich: 1993 erreichten Verteilerpumpen 900 bar. Auch der Mitteldruck von 15,1 bar war beachtlich. Steyr Daimler Puch übernahm das Konzept und entwickelte den Motor weiter zum »M1«. 1993 entstand daraus eine Kleinserie von Sechszylinder-Reihenmotoren für Marineanwendung.

Volkswagens Einstieg in die Direkteinspritzung

Nachdem der 1,5-Liter-Wirbelkammer-Dieselmotor Ende 1976 den Start of Production (SOP) erreicht hatte, wechselte der Treiber Peter Hofbauer als Hauptabteilungsleiter zurück in die Forschung Aggregate-Technik. Die Arbeitsverfahren von Benzin- und Dieselmotoren sollten am kleinen EA 801-Konzern-Motor mit 82,0 mm Zylinderabstand erarbeitet und auch auf andere Motoren im Konzern übertragen werden. In der Abteilung von Dr. Alfred Kuck initiierte Hofbauer die Forschung am DI-Brennverfahren. Konstrukteure waren Kurt Reichel und Erwin Schulz; Versuchssachbearbeiter war Werner Kurpiers. Die Forscher entschieden sich für das luftverteilende Direkteinspritzverfahren, weil es gegenüber dem wandanlagernden Verbrauchsvorteile versprach.

Am 1,272-Liter-Vierzylinder-Saugmotor wurden verschiedene Brennraummulden, Düsentypen, Düsenlagen, Spritzwinkel und Drallstufen untersucht.

Folgende Erkenntnisse lassen sich zusammenfassen:

- Düse möglichst zentral und möglichst steil
- Mulde ohne Kragen
- Ventile bündig mit Zylinderkopf-Unterkante
- Kolbenboden ohne Ventiltaschen

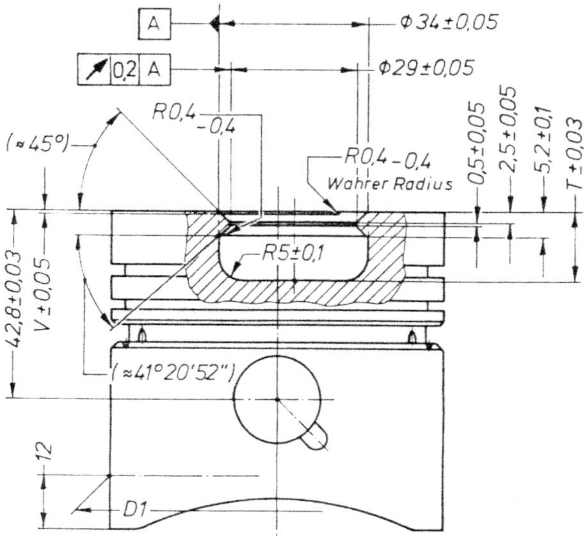

Der mit ε = 22 verdichtete Motor erreichte auf dem Prüfstand eine Leistung von 31 kW (42 PS, 24,4 kW/l) bei 4.400 U/min und einen Mitteldruck von 7,4 bar, allerdings bei einer viel zu hohen Rußzahl von 4,5 und einem minimalen spez. Kraftstoffverbrauch von 238 g/kWh. Zeichnung: Kurt Reichel/Erwin Schulz

Hofbauer wurde 1978 Bereichsleiter Aggregate und beauftragte die Aggregate-Vorentwicklung mit Untersuchungen zu einem sparsamen Kompaktfahrzeug mit Dreizylinder-DI-Dieselmotor (s. Kap. II.1.2).

Der Diesel-Motor für das Volkswagen Auto 2000

Die Aggregate-Forschung wurde 1978 neu organisiert. Leiter wurde Dr. Oetting. Dipl.-Ing. Erich Gaschler und Walter Eib schufen im Rahmen eines vom Ministerium für Forschung und Technologie geförderten Projektes den 1,191 Liter-Dreizylinder-DI-Dieselmotor für das Forschungsauto 2000, der vom 1,6-Liter EA 086-Wirbelkammer-Diesel abgeleitet wurde. Die ersten Versuche waren an Saugmotoren gemacht worden.

Abb. rechts: Die Bosch VP 15 stellte eine Weiterentwicklung der VE-Axialkolbenpumpe dar, wie sie an Wirbelkammer-Motoren verwendet wurde (Kap. I.2.2). Zeichnung: Bosch

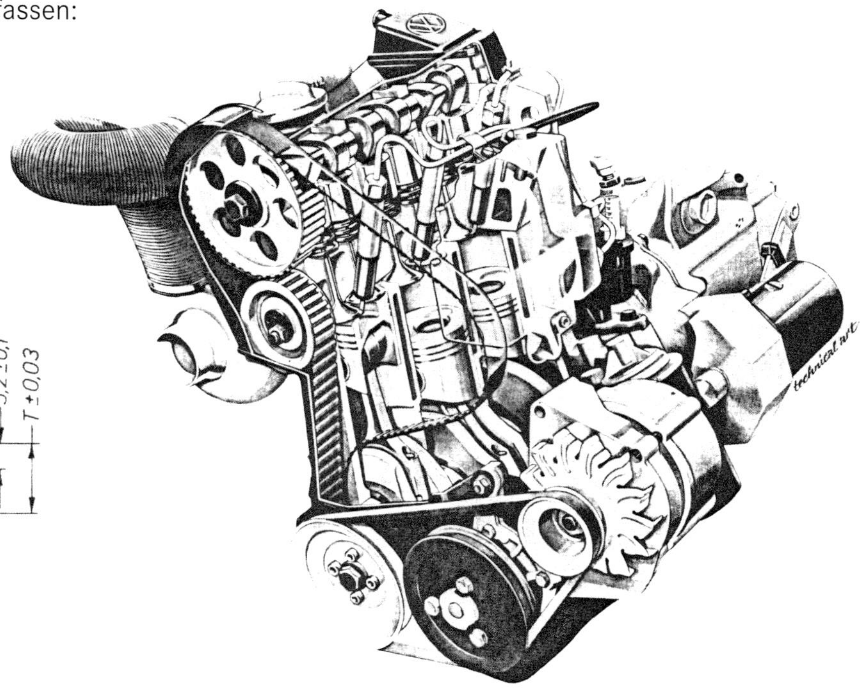

Das Zylinder-Kurbelgehäuse bestand aus Aluminium. Die Zylinderbuchsen waren Nikasil-beschichtet. Der Zylinderkopf wurde für das direkt einspritzende Verfahren neu entwickelt, wobei der Einlass-Drallkanal und die Position der Mehrlochdüse von Audi NSU in Neckarsulm übernommen wurden. Das Verdichtungsverhältnis betrug 20:1. Zeichnung: Volkswagen

Kraftstoff-Einspritzung

Innovativ war die elektronisch geregelte Verteiler-Einspritzpumpe von Bosch. Geregelt wurden das Mengenstellwerk und die Spritzverstellung.

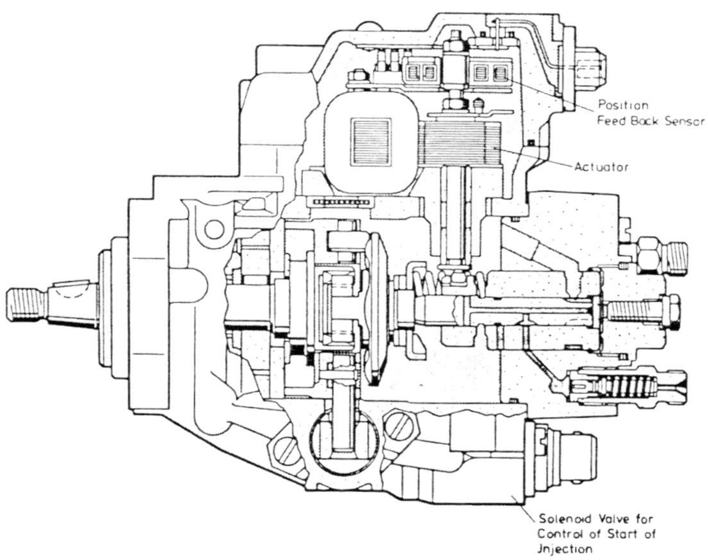

Ein elektromagnetisches Stellwerk verschob den Regelschieber für die Einspritzmenge. Mit einem Potenziometer wurde die Stellung des Regelschiebers abgegriffen und das elektrische Signal ans Steuergerät geleitet. Dort wurde mit dem vom Gaspedal vorgegebenen Sollwert verglichen und bei Abweichung über den Stellmotor nachjustiert. Der Druck auf den Spritzversteller-Plunger wurde über ein getaktetes Magnetventil last- und drehzahlabhängig eingeregelt.

Massenausgleich

Bei Reihenmotoren mit ungerader Zylinderzahl tritt ein umlaufendes Massenmoment 1. Ordnung auf (Tretkurbeleffekt). Zur Tilgung der resultierenden Schwingungen wurde anfangs eine Ausgleichswelle untersucht, die extern am Gehäuse angebracht war und über einen zusätzlichen Zahnriemen angetrieben wurde. Um gegenüber einem Vierzylindermotor einen Kostenvorteil zu behalten, wurde schließlich auf die Ausgleichswelle verzichtet und die Schwingungseinleitung in die Karosserie über einen entkoppelten Hilfsrahmen reduziert. Unbefriedigend blieb der hohe Ungleichförmigkeitsgrad bei niedrigen Drehzahlen, der vor allem durch die Zündfrequenz mit der 1,5. Motorordnung (eine Zündung je 1 ½ Umdrehungen) angeregt wird und sich in starken Vibrationen äußert.

Aufladung

Zur Erreichung der geforderten Leistung wurde der Dreizylinder-Motor aufgeladen. Es standen zur Verfügung:

- Abgas-Turbolader von Garrett und KKK
- Mechanischer Drehkolbenlader von Aerzner
- Comprex-Druckwellenlader CX 78 von BBC

Abgas-Turbolader links, Druckwellenlader MItte, Drehkolbenlader rechts. Foto: Volkswagen

Aufgrund der engen Terminsituation für das Auto 2000 setzten die Forscher den Turbolader ein. Im Zuge der Arbeiten wurde die Leistung auf 39 kW (53 PS, 32,7 kW/l) und 98 Nm (10,3 bar Mitteldruck) gesteigert, allerdings bei zu hoher Rauchzahl von 4,3.

Wegen des »Turbolochs« bei niedrigen Drehzahlen, was besonders instationär zu verzögertem Ansprechen führt, untersuchten die Forscher später den Comprex-Lader mit Ladeluftkühlung. Voruntersuchungen hatte Wilfried Rhode am Dreizylinder-Wirbelkammer-Diesel gemacht (s. Kap. I.3.1). Mit dem Druckwellenlader reagiert der Motor nahezu verzögerungsfrei auf Gaspedaländerungen.

In der Volkswagen-Forschung wurden mehrere Prototypen eines Mittelklasse-Pkw mit Benzin- und Dieselmotor gebaut.

Die Karosserieform des Auto 2000 entstand nach langjährigen Untersuchungen im Windkanal der VW Forschung im Team um Dr. Hucho. Ausgehend von einem frei fliegenden Gundkörper in Tropfenform, der mit c_W = 0,05 den niedrigsten Wert erreicht, veränderten die Anforderungen an einen Pkw die Form immer mehr, bis hin zum praktischen Automobil. In der endgültigen Form mit dem »Kamm-Heck« wurde c_W = 0,25 erreicht. Zum Vergleich: Der seinerzeit vorbildliche NSU Ro 80 hatte einen c_W-Wert von 0,38. Foto: AutoMuseum Volkswagen

Der Dreizylinder-DI-Diesel-Motor mit Turboaufladung ist im Auto 2000 um 15° nach hinten geneigt eingebaut. Foto: Kittler

Der Kraftstoffverbrauch des 780-kg-Autos (Leergewicht) mit der SNA 2 (**S**chwung-**N**utz-**A**utomatik mit **2** Kupplungen) betrug 4,1 Liter/100 km im Drittelmix. Aus Termingründen konnten keine weiteren Verbesserungen erreicht werden. Dauerläufe wurden nicht durchgeführt. Das Forschungsauto 2000 wurde 1981 auf der IAA präsentiert. Es gehört heute zum Bestand des Wolfsburger AutoMuseums.

Quellen:

- R. Pischinger, G. Kraßnig, G. Taucar, Th. Sams: Thermodynamik der Verbrennungskraftmaschine. Springer Verlag, 1989
- M. Willmann/E. Kittler: Generationswechsel – von den luftgekühlten Boxermotoren zu den wassergekühlten Reihenmotoren. Motorbuch Verlag, Stuttgart, 2019
- Interview mit Peter Deja. AutoMuseum Volkswagen, 25.11.2019
- MC: Das Auto, das nur 5 Liter braucht. In: ADAC-Motorwelt, Nr. 10/1979
- Interview mit Ingolf Löhner. AutoMuseum Volkswagen, 10.02.2020
- A. Neitz/N. D'Alfonso: Direkteinspritzung für Personenwagen-Dieselmotoren nach einem neuen M.A.N.-Verfahren. In: ATZ, Nr. 6/1979
- A. Neitz/N. D'Alfonso/U. Essers/R. Greiner: Der Motor des Forschungs-Pkw UNI-CAR. Forschungsinstitut für Kraftfahrwesen und Fahrzeugmotoren Stuttgart, 1981
- Uwe Handke: Geschichte der Motorenentwicklung bei Audi seit 1965.
- R. van Basshuysen/D. Stock/R. Bauder: Audi Turbodieselmotor mit Direkteinspritzung. In: MTZ, Nr. 10/1989
- R. van Basshuysen/D. Stock/R. J. Weber: Entwicklung eines direkteinspritzenden Dieselmotors für den VW Golf. In: MTZ, Nr. 7/8/1980
- E. Cornil: Möglichkeiten der Energieeinsparung bei Motorfahrzeugen. In: Automobil Revue, Nr. 18/1979
- R. Cichocki: Diesel- oder Mager-Ottomotor – Antriebsaggregat der Zukunft. In: Automobil Revue, Nr. 48/1979
- E. Egger: Pkw-Dieselmotor mit direkter Einspritzung und Schallkapsel. Steyr Daimler Puch, 1987
- W. Eib/E. Gaschler: Der direkteinspritzende Dreizylinder-Dieselmotor des VW-Forschungsautos. In: ATZ, Nr. 10/1981

II.1.2 Der Polo E80

Von Volkmar Fleischer und Wolfgang Schnorbus

Anlass, Referenzfahrzeug und Motorenauswahl

Dipl.-Ing. Peter Hofbauer (Leitung Aggregate-Entwicklung) beauftragte im Oktober 1979 die Aggregate-Systemtechnik, AE-KS/SA, Abteilungsleiter Dr. A. Kuck, ein Konzeptfahrzeug auf Vorentwicklungsbasis mit dem Ziel zu erstellen, das vorhandene Potenzial zur Absenkung des Kraftstoffverbrauchs auszuloten. Für den Fall einer krisenhaften Entwicklung der Kraftstoffversorgung sollte ein sehr sparsames Fahrzeug schnell verfügbar sein (s. Kap. II.1.). Die Projektdurchführung wurde Volkmar Fleischer und Wolfgang Schnorbus übertragen.

Herr Fleischer: *»Als Fahrzeugtyp mit entsprechendem Raumangebot, Gewicht, Luft- und Rollwiderstand sowie den Anforderungen an Höchstgeschwindigkeit und Beschleunigung war der VW Polo mit dem Benzinmotor und seinen damaligen Leistungsdaten vorgegeben. Auch die kosten- und zeitsparende Nutzung vorhandener Fertigungseinrichtungen war Bestandteil der Vorgabe. Das führte direkt zur Auswahl des EA 086-Dieselmotors als Basistriebwerk. Einmal, weil verfügbar, zum anderen wegen des besseren thermodynamischen Wirkungsgrads des Dieselverfahrens und seiner Verbrauchsvorteile im Teillastbetrieb«.*

Klar war auch, den Vorteil des besseren thermischen Wirkungsgrads des luftverteilenden Direkteinspritzverfahrens zu nutzen. Die zu jener Zeit bei Audi eingeleitete Umstellung der Serien-Dieselmotoren vom Ricardo-Wirbelkammerverfahren auf das Diesel-Direkteinpritzverfahren kam unserem Vorhaben zeitsparend zugute. Auch das Zylinderhubvolumen bewegte sich im Vergleich zu den kleineren und größeren Hubvolumina noch im verbrauchsgünstigsten Bereich. Ebenso zugunsten geringeren Verbrauchs wirkte sich die Reduzierung von vier auf drei Zylinder aus. Die zusätzliche Schleppmomentabsenkung betrug knapp 14 % oberhalb 1.500 U/min.

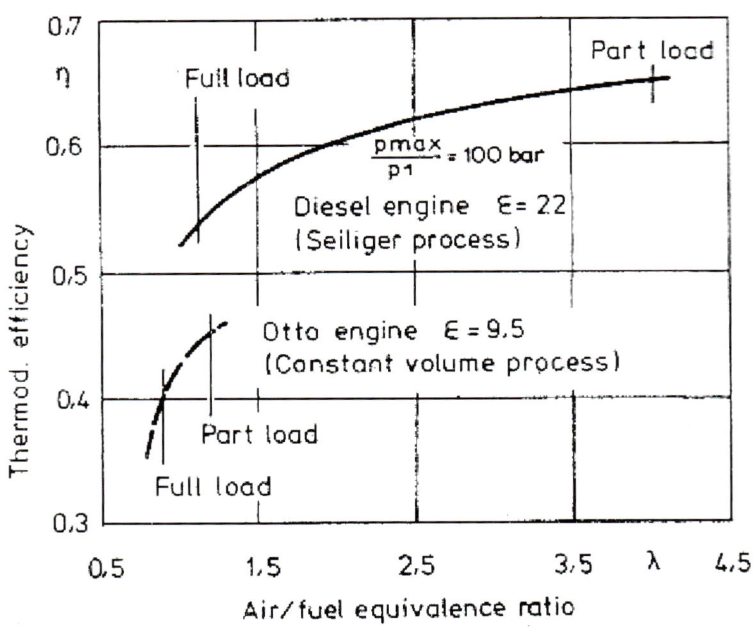

Der thermodynamische Wirkungsgrad des Benzin- und des Dieselmotors über dem Luft/Kraftstoff-Verhältnis. Diagramm: SAE-Paper C108/82

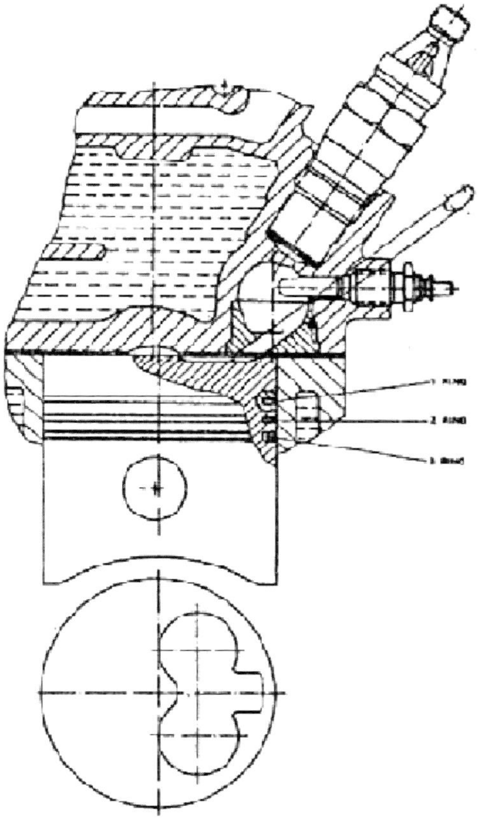

WK

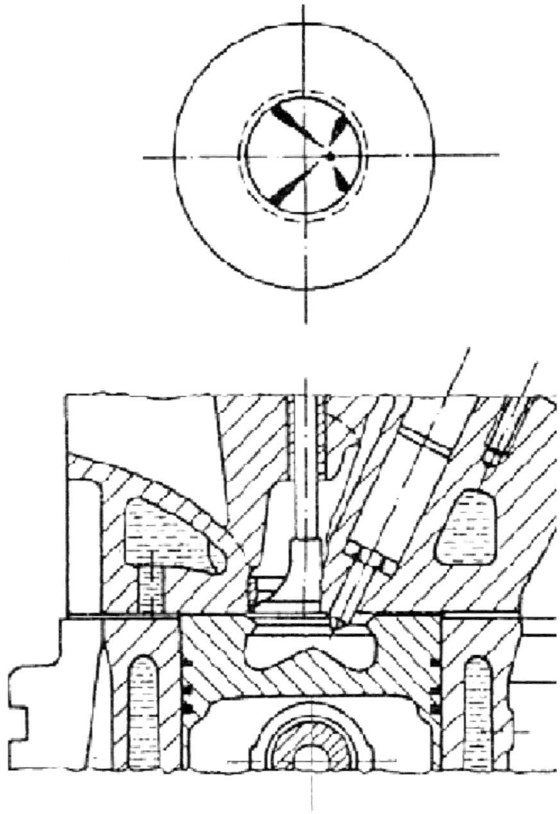

DI

Vergleich der Brennraumkonstruktionen zwischen WK- und DI-Motor. Zeichnung: SAE-Paper C108/82

Für den DI-E80-Motor lagen damit die Hauptabmessungen fest: Bohrung 76,5 mm und Hub 86,4 mm. Beide standen zudem für ein verbrauchgünstiges Hub-/Bohrungs-Verhältniss von 1,129. Das Hubvolumen betrug 1,191 Liter, das Verdichtungsverhältnis 20,5.

Die Anpassung des Einspritzpumpensystems

Zur Verfügung standen Einkolben-Verteiler-Einspritzpumpen von Bosch. Sie entsprachen dem Entwicklungsstand bei Audi im August 1979. Deren Anpassung an den Dreizylinder erwies sich als äußerst schwierig und zeitaufwendig. Mit den vorhandenen Systemen waren die Forderung nach einer konsequenten Kraftstoffabsenkung und die Beherrschung der Abgasemissionen nahezu aussichtslos.

Das lag hauptsächlich an den:

- für das DI-Verfahren teilweise zu hohen Mengenstreuungen zwischen den einzelnen Druckausgängen der jeweiligen Einspritzpumpe,
- den Mengenstreuungen der Pumpen untereinander,
- dem Mangel einer brauchbaren Einrichtung, um den Volllasteinspritzmengenverlauf einer akzeptablen Rußzahl anpassen zu können,
- den nicht verfügbaren Steuerungselementen für eine frei regelbare Einspritzzeitvorgabe.

Erste nutzbare Verbesserungen versprachen dann zwischenzeitlich gemachte Entwicklungsfortschritte mit verkürzter Einspritzzeitdauer durch Schadraumminimierung und einem steileren Nockenprofil der Hubscheibe. Wolfgang Schnorbus gelang es damit, zwei Einspritzpumpensysteme zu modifizieren, mit denen vergleichbare Prüfstandergebnisse ermittelt und im Fahrbetrieb eingesetzt werden konnten.

Weitere Maßnahmen zur Verringerung des Kraftstoffverbrauchs

Zur Minderung der Reibleistung wurden auch diese motorseitigen Änderungen getestet:

- Ventilfederkräfte um 30 % verringert,
- Anzahl der Nockenwellenlager von vier auf drei reduziert,
- zweiter Kolbenring weggelassen,
- Ölpumpenfördervolumen auf 50 % begrenzt,
- Motoröl mit geringerer Viskosität verwendet (SAE 15W-40 statt Rotella 30)
- Kühlwassermengenumlauf vermindert.

Die Grenzwertigkeit einzelner Maßnahmen haben wir mit Blick auf künftige Entwicklungen bewusst in Kauf genommen. Insofern war die Kraftstoffverbrauchseinsparung bei einer Fahrgeschwindigkeit von 50 km/h von rund 6 % ein anspornendes Ergebnis.

Januar 1980 – die Auswahl des Aufladesystems

Neben dem Erhalt der Nennleistung bestand mit Hilfe der Aufladung hauptsächlich das Ziel darin, die Fahrwiderstandskennlinie in die verbrauchsgünstigeren Kennfeldbereiche zu schieben (s. a. 3+E-Getriebe). Die wenigen Angebote an Abgasturboladern für kleine Hubvolumina – auch von japanischen Herstellern – schwächelten aber stark unter dem unzureichenden Ladedruckaufbau bei niedrigen Motordrehzahlen. Um dennoch ausreichend Drehmoment im unteren Drehzahlbereich zu sichern, fiel, mangels anderer Systeme, die Wahl auf den mechanischen Flügelzellenlader der Firma Bendix, Typ BX 50.01E.

Die Verbrauchsnachteile durch die Verdichterarbeit und mechanische Reibverluste des Laders im Kennfeldbereich unterhalb der Vollastkennlinie waren dabei keineswegs zielführend. Um sie zu minimieren, wurde eine elektrisch zu- und abschaltbare Kupplung verwendet. Um ihren von den Fahrzuständen abhängigen Einsatz zu gewährleisten, waren zusätzliche Funktionsteile erforderlich: eine pneumatisch betätigte Bypassklappe, Pneumatikzylinder, Unterdruckspeicher, Dreiwegeventile und Endschalter. Sie dienten dazu, die Verbrennungsluft im Motorteillastbetrieb an dem abgekuppelten Lader vorbeizuführen, um damit die aufzubringende Laderantriebsleistung zu vermeiden.

Herr Fleischer erinnert sich: *»Die Flügelzellenlader entstammten einer ersten Entwicklungsstufe, ihre Standzeiten waren unbefriedigend. Bei Erwärmung dehnten sich die aus Aluminium gefertigten Flügel stark aus und führten zum Fressen auf der Gehäuselauffläche. Verbesserte Varianten mit Kunststoffflügel und federbelasteten Dichtungen verhalfen zu verträglich längeren Standzeiten, zu einer besseren Abdichtung bei niederen Drehzahlen und in Folge zu einem besseren Wirkungsgrad. Hätten wir doch schon 1982 einen G-Lader zur Verfügung gehabt!«*

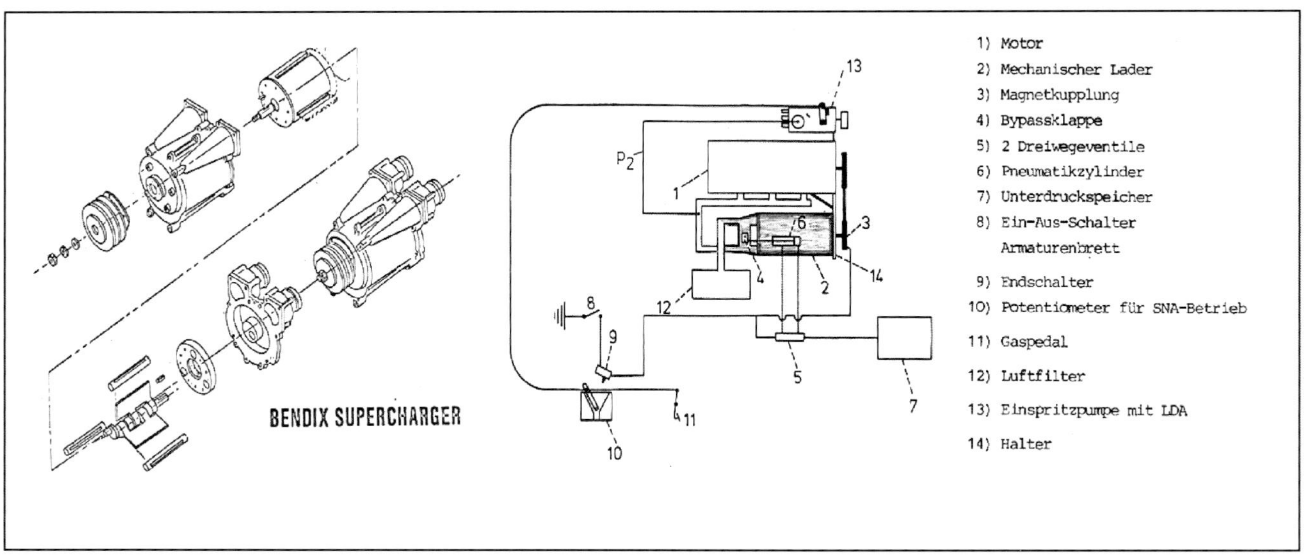

Flügelzellenlader von 1981: Steuerung des mechanischen Laders. Grafik: V. Fleischer (1981)

Das 3+E-Getriebe

Anfang 1978, im Vorfeld der zweiten Ölkrise, wiesen Dr. Oetting (Leitung) und Volkmar Fleischer (damals Vorentwicklung MV-V3) in einer Konzeptstudie auf das beachtliche Kraftstoffeinsparpotenzial hin, erreichbar durch reduzierte Motorschleppleistung mittels abgesenkter Motornenndrehzahl. Durchgeführt wurden die Versuche mit einem 55-kW-Ottomotor. Ein Abgas-Turbolader der Firma Holset (Typ 6930) verhalf dazu, die Nennleistung des Saugmotors bei der auf 3.400 U/min abgesenkten Motornenndrehzahl zu halten.

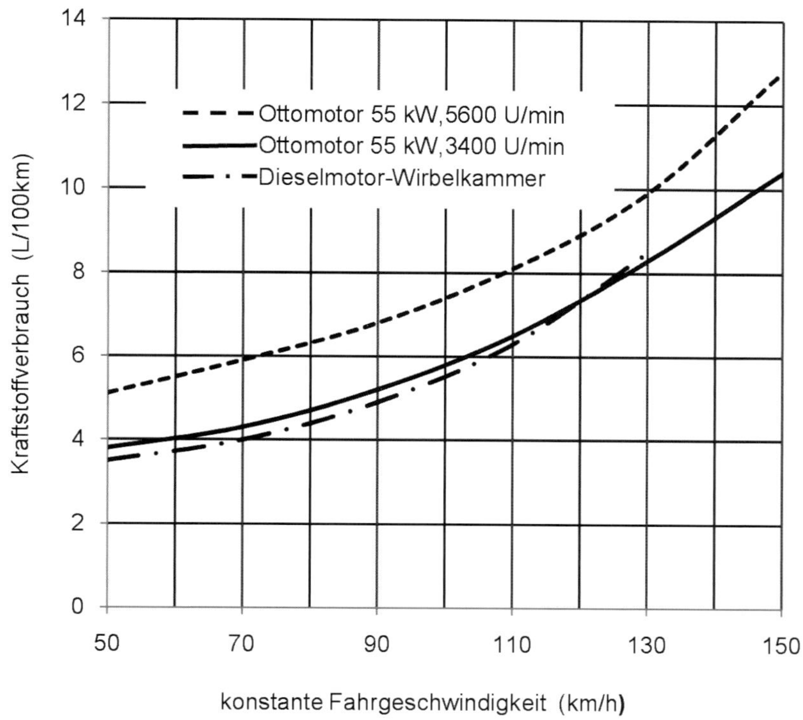

Einfluss abgesenkter Nenndrehzahl auf den Straßen-Teillastverbrauch.

Diagramm: V. Fleischer

Das dann unter Prof. Fiala konzipierte 3+E-Getriebe wurde in der Serie eingesetzt. Bei den Kunden kam der lange E-Gang nicht so gut an. Sie vermissten eine adäquate Beschleunigungsfähigkeit in dieser Gangstufe. Auch war die Wahrnehmung von Krisensituationen noch nicht so ausgeprägt, dass man den einen oder anderen Komfortnachteil in Kauf nahm. Für den Dreizylinder-DI-Motor im Polo E80 stand die Nutzung des 3+E-Getriebekonzepts außer Frage, um damit die Fahrwiderstandskennlinie gezielt in den Bereich geringsten Kraftstoffverbrauchs zu verlagern.

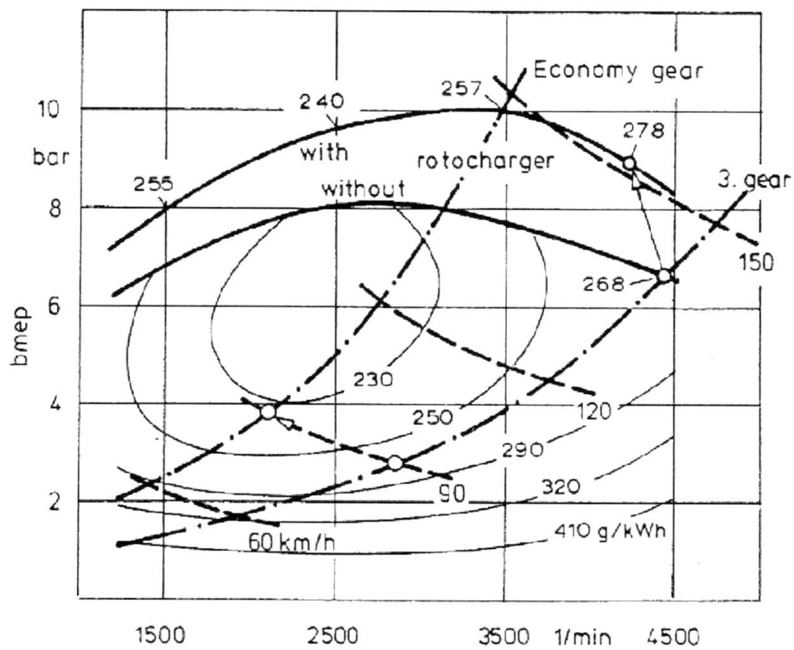

Kraftstoffverbrauchsminderung bei abgesenkter Motornenndrehzahl

Diagramm: SAE-Paper C108/82

Die Schwung-Nutz-Automatik (SNA II)

Die Schwung-Nutz-Automatik gehörte ebenfalls zum Konzept, um während der Fahrzeugschubphasen und Ampelstopps unnötigen Kraftstoffverbrauch zu verhindern. Zwar wurde die Kraftstoffzufuhr mit den Bosch-Dieseleinspritzpumpen in den Schubphasen bereits unterbunden. Doch der mitgeschleppte Motor und seine Nebenaggregate verschlangen eine nicht geringe Menge potenzieller Energie, was die möglichen kraftstoffsparenden Segelwege noch deutlich verkürzte.

Die Getriebeabteilung arbeitete bereits an einer SNA mit dem Ziel, die Motorabschaltung in allen vier Gängen zu regeln. Der Entwicklungsstand der SNA war aber noch recht jung und diese auch nicht für das 020-Getriebe konstruiert. Also musste ein Zwischenflansch mit doppeltem Lochbild die Anflanschung an den 086-Motor sichern. Zudem verlangte diese Motor-/Getriebe-Version, den Motor gegenüber der Getriebelage um 10° nach vorn zu neigen, um die Freigängigkeit des linken Löbro-Gleichlauf-Verschiebegelenkes zu sichern.

Zügige Lösungen zu finden, trotz des Mangels an exzellenten Steuerelektroniken und Aktuatoren, wie sie heute verfügbar sind, war vor 44 Jahren nicht einfach. Trickreich, mit provisorisch eingesetzten mechanischen, pneumatischen und elektrischen Steuerelementen, gelang es aber doch, die SNA II zum Laufen zu bringen. Der Verbrauchsvorteil im US 75-Test betrug gute 6 %.

Schematic Diagram of the Automatic Free Wheeling Mechanism and the Automatic Clutch Management.

Erklärung:
- *1) Motor,*
- *2) Einspritzpumpe,*
- *3) Unterdruckpumpe,*
- *4) Kupplung 2,*
- *5) Schwungmasse,*
- *6) Kupplung 1,*
- *7) Getriebe,*
- *8) Starter und Unterdruckpumpe,*
- *9) Unterdruckspeicher,*
- *10) Servomotoren,*
- *11) Micro-Prozessor,*
- *12) Unterdrucksensor,*
- *13) Potenziometer,*
- *14) Kraftstoffschaltventil*

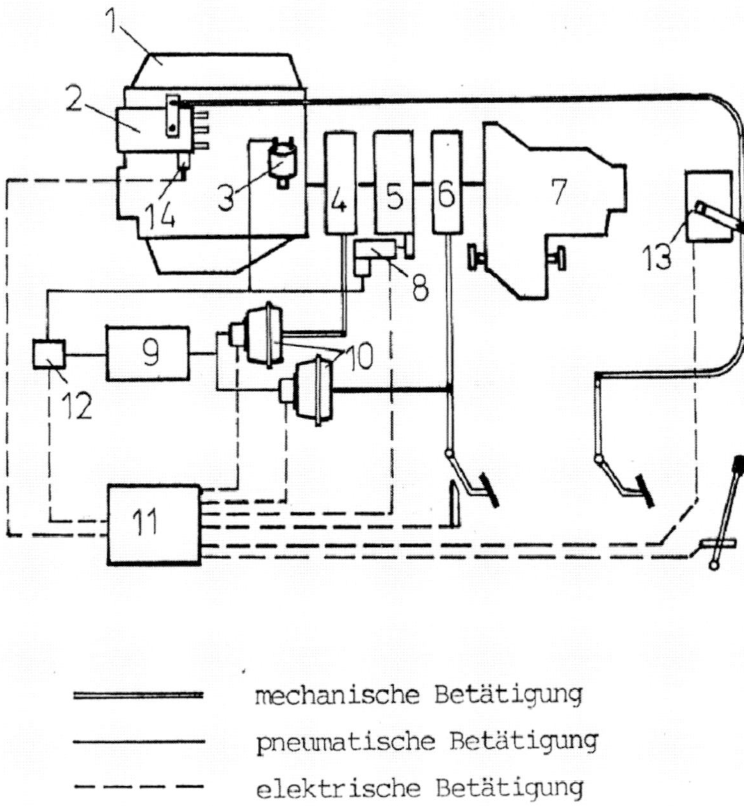

Grafik: SAE-Paper C108/82

Die Aggregatausschläge des Dreizylinders

Für den Einsatz im Konzeptfahrzeug mussten die Aggregatausschläge des Motors gedämmt werden. Bei diesem Projekt blieben die Änderungen auf zwei Maßnahmen beschränkt:

- Ausgleich der oszillierenden und umlaufenden Massen,
- Ausgleich des durch die freien Momente 1. Ordnung verursachten Taumelmoments.

Aus Platzgründen wurde zum Ausgleich des Taumelmomentes die Riemenscheibe als Unwuchtträger ausgebildet, wegen der höheren Wechsellastbeanspruchung der Kurbelwellenzapfendurchmesser vergrößert und auf der Motorgetriebeseite eine Unwucht in Scheibenform montiert. Die erforderlichen Gegengewichte berechnete Herr Bueren aus der Abteilung Motor-Berechnung 1750, Abteilungs-Leiter Herr Papez.

Luft- und Rollwiderstand des Versuchsfahrzeugs

Für den E80 angepasst bzw. überarbeitet wurden:

- Frontspoiler, Seitenschweller, Heckbrille, Heckschürze, Bugverkleidung, Abdeckschale unterer Motorraum sowie Frontpartie (abgesenkt),
- Dreiecksfenster, seitliche Entlüftungsöffnungen an den C-Säulen, Felgenspeichen und hintere Radkästen (teilweise abgedeckt), rechter Außenspiegel und Scheibenwischer (entfernt),
- rollwiderstandsarme Reifen (Continental TS 771 SL, 145 SR 13).

Damit gelang es, den c_W x F-Wert des Referenz-Polo von 0,65 m^2 mit dem Polo-E80 auf 0,59 m^2 und den Rollwiderstand von 0,0105 auf 0,0095 zu verringern (Ergebnisse von Ausrollversuchen). Diese Maßnahmen trugen zu einer Kraftstoffeinsparung von weiteren 7 % bei.

Das Raumangebot für den Dreizylinder-DI-Motor

Die Unterbringung des Motor-/Getriebe-Pakets, des mechanischen Laders mit der Kupplung, der Luftzuführungsleitungen, Aktuatoren, Sensoren und zusätzlichen Steuerleitungen sowie die durch die Motorneigung veränderte Lage der Lichtmaschine erforderten erhebliche Umbauten. Davon betroffen waren die Längsträger rechts/links, die Stabilisatoren rechts/ links, die Motoraufhängung, das Radhaus, die Hal-

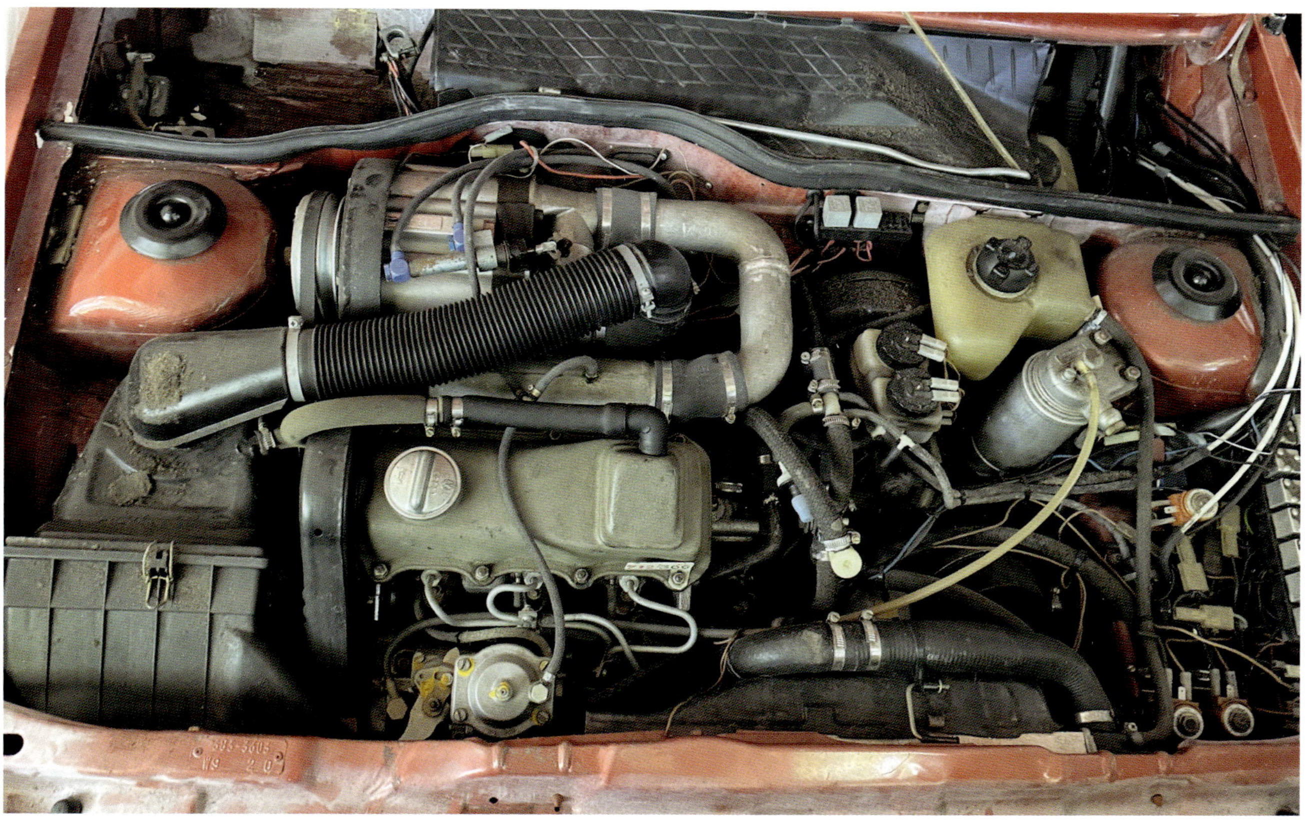

Der Motorraum des E80, versuchspraktisch belegt. Foto: Kittler

terung der getriebeseitigen Drehmomentstütze, der Querträger vorn (Freiraum für die Lichtmaschine) sowie festigkeitsbedingte Maßnahmen zur Verstärkung geschwächter Bauteile.

Entwicklungszeit

Der Aufbau des Konzeptfahrzeugs beanspruchte ab Konstruktionsbeginn des Dreizylindermotors bis zum funktions- und lauffähigen E80 rund 80 % der gesamten Entwicklungszeit. Die restlichen 20 % der Zeit waren mit den Versuchen auf den Funktionsprüfständen, auf den Rollenprüfständen und auf der Straße belegt. Durch die provisorischen Bauteile verursacht, gab es zu Beginn der Testfahrten so manche Verzögerung. Beispielsweise bedurfte die Batteriekapazität ständiger Kontrolle. Bei einer Spannung von unter 10 V verabschiedete sich die verfügbare Elektronik und legte den Wagen still. Anfangs nicht erkannt und deshalb nicht abgeschirmt, streikte die Elektronik auf den Testfahrten auch unter Hochspannungsleitungen.

Trotz allem stand Anfang Mai 1981 der E80 für die offiziellen Verbrauchsmessungen bereit. Sicher verständlich, dass wir uns erst einmal entspannt und zufrieden in unserem Schmuckstück zurückgelehnt haben. 13 Abteilungen des Versuchsbaus und der Aggregate-Entwicklung haben bei diesem Projekt unterstützt.

Wie es zum Kürzel E80 kam

E steht für Economy. Die Zahl 80 jedoch ist einer spontanen Wette zuzuschreiben. Sie entstand unter dem Eindruck der Ölkrise in Gesprächen über effizientere Kraftstoffe und Schmieröle zwischen Peter Hofbauer und Fachleuten von Shell. Heraus kam ein äußerst anspruchsvolles Vorhaben: mit dem Konzeptfahrzeug im US-Test COMBINED auf einer Strecke von 80 Meilen (128,7 km) mit einer US-Gallone (3,79 Liter) Dieselkraftstoff auszukommen.

Frontansicht des Polo E80 von 1980. Angesichts der kurzen Aufbauphase ist allerdings keine vollendete Schönheit entstanden.
Foto: AutoMuseum Volkswagen

Messungen bei der EPA und deren Folgen

Herr Fleischer: *»Es war keineswegs überraschend, dass die EPA (Environmental Protection Agency) in Ann Arbor/Michigan (USA) großes Interesse bekundete. Sie war sehr daran interessiert, die bekannt gewordenen Ergebnisse auf ihren eigenen Rollenprüfständen zu prüfen und nachzumessen. Das geschah vom 17. bis 19. Dezember 1980. Vormittags Anlieferung und Aufbau des Polo E80 auf dem Rollenprüfstand der EPA in Ann Arbor. Anspannung auf der einen, große Neugier auf der anderen Seite: Werden sich die Testwerte unter der kritischen Regie auch hier bestätigen?*

Doch dann, unser Schmuckstück ließ sich nicht starten! Was war passiert? Temperaturen weit unter 0° C, viel Schnee auf den Straßen in Michigan und fast ebenso

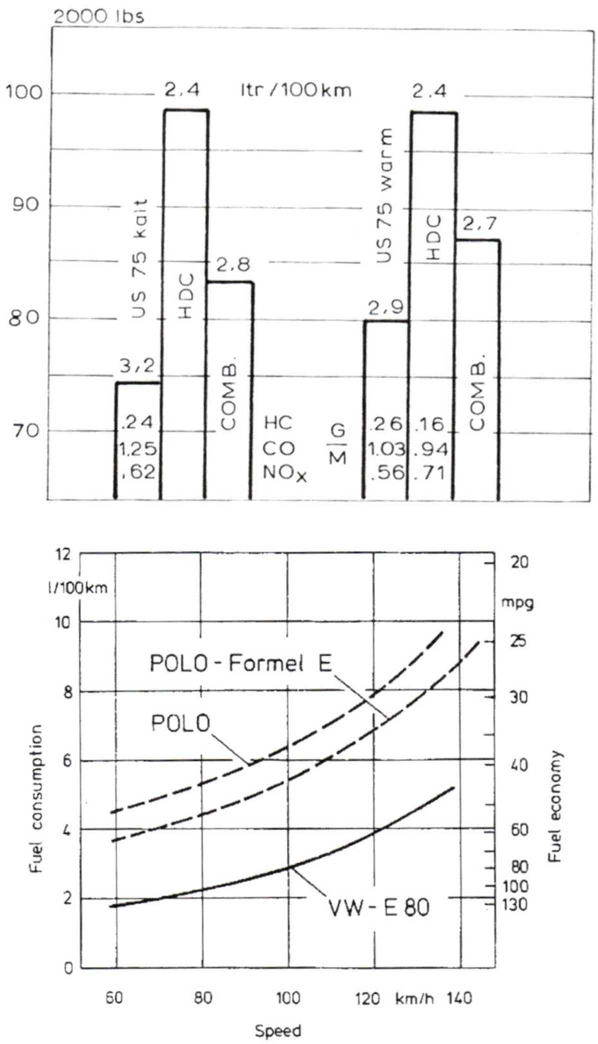

Messergebnisse, aufs Abgas gerechnet, EPA Ann Arbor (18./19. Dezember 1980). Die Leistungsdaten des Motors im Testwagen waren: 95 Nm bei 3.300 U/min und 38 kW bei 4.200 U/min, Rauchzahl konstant 3,5. Diagramme: SAE-Paper C108/82

Die beiden Autoren des Beitrags 2023: Dipl. Ing. Wolfgang Schnorbus (links) und Dipl. Ing. FH Volkmar Fleischer..

Foto: Kittler

viel Streusalz: Diese Mischung war während des Transports zu den EPA-Prüfständen in den Motorraum des E80 eingedrungen. Also: Motorraum austrocknen, korrodierte SNA-Steuerleitungen und Verbindungen reinigen und das Startverhalten stabilisieren. Der neue Anlauf am nächsten Tag verlief problemlos, unsere Messergebnisse wurden bestätigt und damit auch die E80-Versprechen eingehalten.

1982 in London bekamen wir dann die Möglichkeit, das Konzept bei der IME-Konferenz »Diesel Engines for Passenger Cars and Light Duty Vehicles« vorzutragen. Für diesen Beitrag erhielten Dr. Kuck und wir 1984 den ‚Clifford Steadman Award 1982'«.

Quellen:

- Dabelstein, W.: Der Energiebedarf des Straßenverkehrs unter Berücksichtigung steigender Anteile an Dieselpersonenwagen. In: MTZ, Nr. 38/1977 6.
- Dr. H.-A. Kuck, V. Fleischer, W. Schnorbus: Possibilities of improving fuel economy by using small high-speed diesel engines and the most advanced transmission systems. I Mech E 1982, C108/82

II.1.3 Der Öko-Polo

Von Michael Willmann, Angus Forsyth, James Liang, Semih Gökesme und Uwe Scher

Der Auftrag

Michael Willmann arbeitete 1980 in der Vorentwicklung-Triebwerk der Aggregate-Entwicklung unter Leitung von Dr. Krüger: *»Dr. Peter Hofbauer, Leiter der Aggregate-Entwicklung, beauftragte mich, einen Zweizylinder-DI-Dieselmotor in Verbindung mit der Schwung-Nutz-Automatik im Polo für extrem niedrige Kraftstoffverbräuche darzustellen. Das Kompaktfahrzeug, das überwiegend im Stadtverkehr eingesetzt würde, sollte eine Höchstgeschwindigkeit von 130 km/h erreichen. Dafür war eine Motorleistung von 26 kW erforderlich, die wir mit Aufladung erreichen wollten. Für einen akzeptablen Komfort sollten verschiedene Massenausgleichs-Maßnahmen untersucht werden. Anfangs war ich ‚Einzelkämpfer', dann stieß Peter Citron, der damals beim Consultant IVM beschäftigt war, zur Unterstützung hinzu.«*

Dipl.-Ing. Peter Citron studierte Maschinenbau in Wuppertal und arbeitete an Massenausgleichs-Systemen mit. Foto: Kittler

Das Motor-Konzept

Bei vorwiegend in der Teillast betriebenen Kompaktfahrzeugen ergab sich aus dem Kraftstoff-Verbrauchskennfeld, dass eine Verkleinerung des Hubraums mit Anhebung des Mitteldrucks die größte Verbrauchssenkung bot, allerdings auf Kosten der Fahrleistungen.

Damit die Motorteile auf unseren Fertigungseinrichtungen bearbeitet werden konnten, war der Zylinderabstand mit 88,0 mm vorgegeben. *»Wir haben die Zylindereinheit mit 76,5 mm Bohrungsdurchmesser und 86,4 mm Kolbenhub vom Dreizylindermotor des Polo E80* (s. Kap. II.1.2) *übernommen«*, so M. Willmann. Damit war das Hubvolumen des Zweizylinders mit 0,794 Liter festgelegt. Motoren mit kleiner Zylinderzahl haben aufgrund niedrigerer Zündfrequenz größere Amplituden des Motormoments und des Reaktionsmoments an den Aggregatelagern. Um die Einleitung von Schwingungen in die Karosse in Grenzen zu halten, sind Ausgleichsmaßnahmen nötig.

In einer Studie wurden im Frühjahr 1981 die Motorschwingungen durch Gas- und Massenkräfte an Zweizylindermotoren analysiert. Bei niedrigen bis mittleren Drehzahlen dominiert die Gas-Tangenzialkraft. Bei höheren Drehzahlen bestimmt die Massenkraft 1. Ordnung die Gesamt-Amplitude. Mit dem üblichen Normalausgleich, bei dem die rotierenden und die Hälfte der oszillierenden Massenkräfte 1. Ordnung durch Gegengewichte in den Kurbelwangen kompensiert werden, können die Ausschläge deutlich gesenkt werden. Mit einer zu den Kolben gegenläufigen Masse können die Massenkräfte 1. und 2. Ordnung ausgeglichen werden.

Mit gegenläufigen Kolben (Kröpfungswinkel 180°) wurden bei Vergleichen in Fahrzeugen bei niedrigen Drehzahlen die Vibrationen aufgrund des Ungleichförmigkeitsgrads als störend empfunden *(»Fühlt sich an wie ein Einzylinder«)*. Parallellaufende Kolben hatten Nachteile bei höheren Drehzahlen.

Der Parasitausgleich

Prof. Fiala hatte die Idee, bei einem Zweizylindermotor in einem Dreizylinder-Gehäuse im mittleren Zylinder einen schweren Kolben zum Ausgleich der Massenkräfte zu nutzen. Damit kann man einen Ausgleich wie beim Vierzylinder-Reihenmotor erreichen.

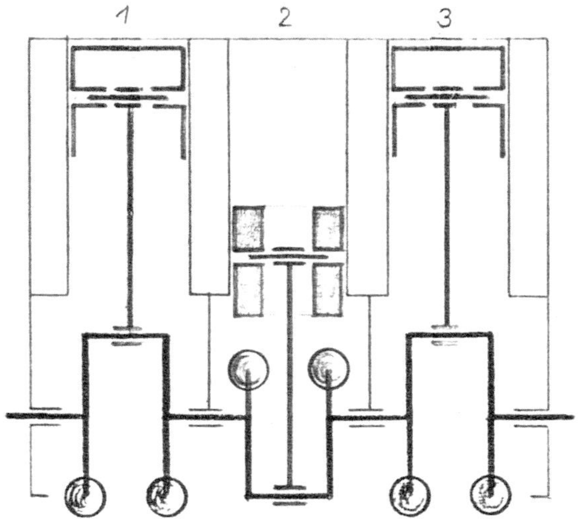

Prinzip des Parasitausgleichs. *Skizze: M. Willmann*

M. Willmann: *»Da der Ausgleichskolben nicht der Leistungserzeugung diente, sondern im Gegenteil Reibung verursachte, habe ich ihn ‚Parasitkolben' genannt. Wir haben die Kurbelwelle so konstruiert, dass wir im selben Motor den Gegenmassenausgleich und den Normalausgleich darstellen konnten. Damit konnten wir die Leistung und den Verbrauch direkt vergleichen.*

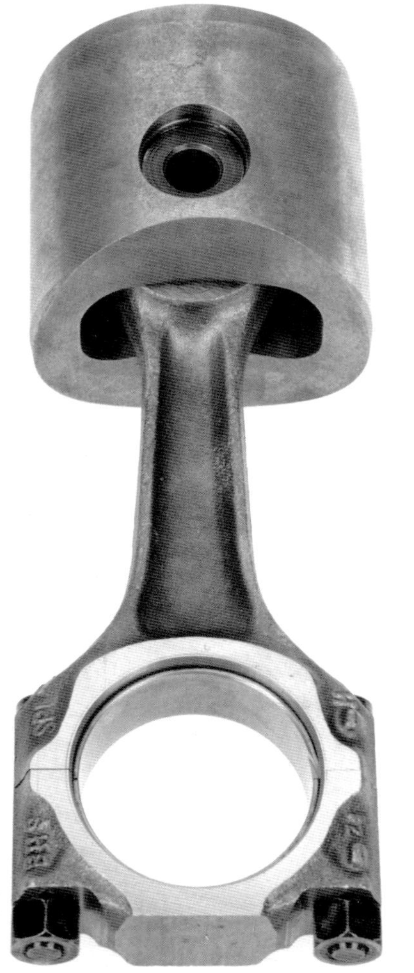

Abb. rechts: Der mittlere Kolben aus Grauguss diente nur zum Massenausgleich. Er hatte in der Mitte ein großes Loch, um keine unnötigen Verluste durch Pumpen zu erzeugen.

Foto: Volkswagen

Die Prüfstands-Untersuchungen machten wir mit einem Saugmotor. Der Motor mit Normalausgleich erreichte 20,8 PS, der Parasitmotor wegen der höheren Reibung nur 16,3 PS. Dieses zeigte sich auch im Kraftstoffverbrauch. Damit war klar, dass wir unser Ziel mit dem Gegenkolben-System nicht erreichen konnten. Der Parasitausgleich verdiente seinen Namen.«

Die Balkenlagerung

Die Höhe der Schwingungsamplituden, die von den Gas- und Massenkräften des Motors in die Karosse eingeleitet werden, ist durch die Art der Aggregate-Lagerung, deren Steifigkeit und die Impedanz der Karosse beeinflussbar.

Eine weiche Lagerung dämpft zwar die Anregung der Karosse, führt aber zu einem Lastschlag (starker Schwingungsausschlag bei spontanem Lastwechsel). Die Winkelamplitude dieser Schwingung ist invers zum Massenträgheitsmoment des Motor-/Getriebe-Aggregats. Aus diesen Überlegungen entstand die Idee, den Auspuff biegesteif mit dem Motor zu verbinden und so das Massenträgheitsmoment um die Aggregate-Längs- und Fahrzeug-Querachse zu vergrößern.

M. Willmann: *»Wir haben das Prinzip in einem Golf dargestellt. Dazu benutzten wir unseren Zweizylindermotor im Dreizylindergehäuse mit Normalausgleich aus den vorangegangenen Versuchen. Beschleunigungsmessungen ergaben aggregateseitig größere Ausschläge, aber karosserieseitig waren sie in der kritischen 1. Ordnung um den Faktor 6 bis 20 kleiner als bei einem Normalausgleich mit konventioneller Lagerung. Starke Biegeschwingungen ließen den Balken immer wieder reißen. Auch angeschweißte Verstärkungen halfen nicht. Die 1. und 2. Motorordnung erregten Resonanzen im Balken. Ende 1981 wurden die Arbeiten eingestellt.«*

Der Schwingenausgleich

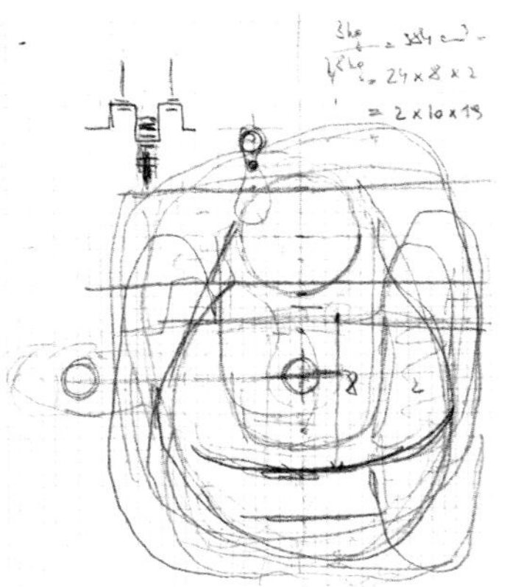

Prof. Fiala hatte auf einem Blatt Papier seine Vorstellungen für einen Gegenmassen-Ausgleich durch eine Schwinge zwischen den Zylindern skizziert. Statt des mittleren Hauptlagers saß dort ein Kurbelzapfen, der um 180° gegen die Kröpfungen für die Motorpleuel versetzt war. Sie wirkte ähnlich wie der Parasitausgleich, aber mit weniger Reibung. *»Wir sollten einen Zweizylinder-DI-Dieselmotor auf der Basis des Dreizylinders mit solch einem Massenausgleich aufbauen und untersuchen. Gussmodelle für das Gehäuse standen nicht zur Verfügung; deshalb haben wir einen Dreizylindermotor umkonstruiert«,* notierte Michael Willmann.

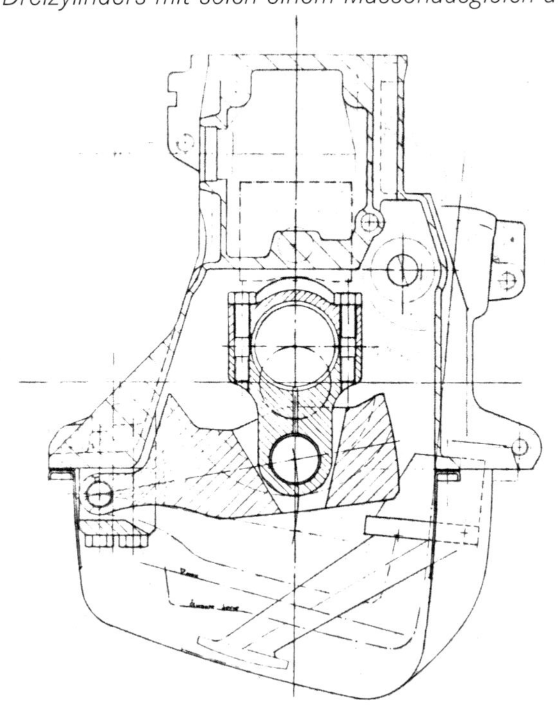

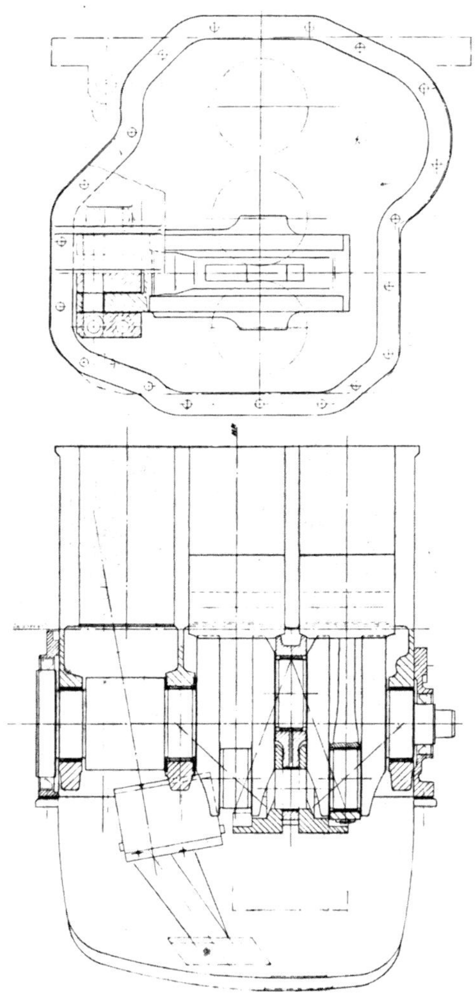

Die Kolben arbeiteten mit 360° Zündversatz. Das zweite Hauptlager wurde entfernt und stattdessen ein Kurbelzapfen für die Ausgleichsmasse angebracht. Die Kurbelwelle war zwischen den Hauptlagern 3 und 4 als dicker Zapfen ausgeführt.

Zeichnung: P. Citron

Mechanische Aufladung

Abgas-Turbolader in der erforderlichen Größe gab es damals nicht. Außerdem litten sie am sogenannten »Turboloch«, was einen verzögerten Ladedruckaufbau aus niedrigen Drehzahlen bedeutete. Diese Art der Aufladung wäre für den kleinvolumigen Motor unvorteilhaft. *»Von unseren Kollegen in der Forschung bekamen wir einige Mechanische Lader zur Auswahl. Nach Voruntersuchungen entschieden wir uns für die Flügelzelle, weil sie im unteren Drehzahlbereich höhere Ladedrücke aufbaute«,* erinnert sich M. Willmann.

Der Zweizylinder-DI-Dieselmotor im Dreizylinder-Gehäuse mit Schwingenausgleich, Bendix-Flügelzellen-Lader, Magnetkupplung und Schwung-Nutz-Automatikgetriebe (SNA). Foto: Volkswagen

Bis zum Erreichen der Saugmotor-Volllast blieb der Lader durch die offene Magnetkupplung vom Motor getrennt. Das senkte den Kraftstoffverbrauch. Bei höherer Last wurde die Magnetkupplung geschlossen. Bosch hatte die Einspritzpumpe mit einem LDA (Lade-Druckabhängiger Volllast-Anschlag) versehen, der je nach Ladedruck eine größere Einspritzmenge freigab.

Der Zweizylindermotor im Dreizylinder-Gehäuse war zur Erprobung verschiedener Maßnahmen zur Komfortverbesserung geeignet. Im Dezember 1981 nahm Michael Willmann das Triebwerk auf den Prüfstand. Danach wurde der grob abgestimmte Motor mit der SNA in einen Golf eingebaut.

»Kein Radfahrer kommt auf die Idee, an der roten Ampel weiterzutreten«, sagt man. Die Idee war, den Motor nur dann laufen zu lassen, wenn er für den Vortrieb gebraucht wird. Das war die Idee hinter der Schwungnutze, die in Kap. II.1.2 beschrieben ist.

Mit dem »gebastelten« Aggregat konnte der Golf bis auf 98 km/h beschleunigt werden. Die Schwingbeschleunigung 1. Ordnung konnte durch den Schwingenausgleich an allen Aggregate-Lagern deutlich abgebaut werden.

Subjektiv waren das Innengeräusch und die Vibrationen gegenüber dem Normalausgleich spürbar geringer. Damit hatte der Experimentalmotor seinen Zweck erfüllt, und das Prinzip sollte auf ein Zweizylinder-Gehäuse übertragen werden

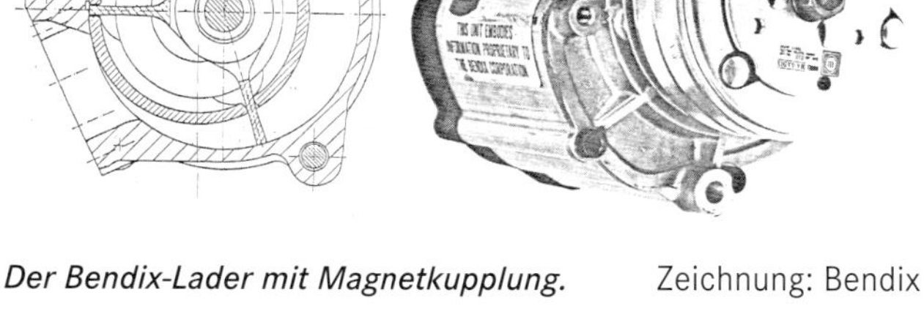

Der Bendix-Lader mit Magnetkupplung. Zeichnung: Bendix

EA 130 – die Baustufe 0

Für die Wärmepumpe (s. Kap. I.6.1) war der 1,6-Liter-Wirbelkammer-Dieselmotor zu groß und lief deshalb in der untersten Teillast bei ungünstigem Wirkungsgrad. Da bot es sich an, einen Zweizylinder-Direkteinspritz-Dieselmotor als Saugmotor einzusetzen, der wegen des Brennverfahrens und des günstigeren Lastpunktes deutlich niedrigen Kraftstoffverbrauch versprach. Daraufhin holte Dipl.-Ing. Bernd Wiedemann, Chef der Aggregate-Entwicklung/Aggregate-Diversifikation, Herrn Willmann im Frühjahr 1982 mitsamt dem Projekt zu sich in seine Abteilung.

Marine Engineer Angus Forsyth

Geboren am 26.03.1955 in Bournemouth (UK)
1971 Lehre, Motor Vehicle Technology (Meister)
1980 Firma Viessmann (Wärmepumpe)
1982 zu VW, Aggregate-Diversifikation, Entwicklung von Zwei- u. Vierzylinder-Dieselmotoren
1986 Wechsel zu IAV (Gifhorn)

Die Konstrukteure dieser Abteilung hatten einen Zweizylinder-Dieselmotor mit direkter Kraftstoffeinspritzung für die Wärmepumpe konstruiert, der aber nie in der Wärmepumpe eingesetzt wurde. Angus Forsyth kam aus der Wärmepumpen-Mannschaft ins DI-Team: *»In 1982 haben wir den Zweizylinder DI-Dieselmotor mit Zweiventil-Zylinderkopf und mechanischer Verteiler-Einspritzpumpe als Saugmotor auf den Prüfstand genommen. Nach einem kurzen Testlauf (Funktion und Dichtigkeit) ist er nach Braunschweig an die Uni gegangen.«*

Das Volkswagen-DI-Diesel-Brennverfahren

Anfangs bestand noch Unsicherheit darüber, ob mit dem luftverteilenden DI-Verfahren alle Abgasvorschriften erfüllt werden könnten. An der TU Braunschweig ließen wir Motoren mit Zwei- und Dreistrahl-Direkteinspritzung untersuchen. Wegen des um ca. 7 bis 8 % höheren Wirkungsgrads, entschieden wir uns für das überwiegend luftverteilende Verfahren. Wir trauten uns zu, die Abgasemissionen und das Verbrennungsgeräusch in den Griff zu bekommen.

Bei der Optimierung der Hauptparameter des Diesel-Brennverfahrens müssen die Wechselwirkungen ebenfalls betrachtet werden, d. h. wenn ein Parameter geändert wird, müssen die Auswirkungen auf die anderen geprüft werden (*»Es kommt auf den Dreiklang an«*).

Für die Kraftstoffeinspritzung verwendeten wir die von den Wirbelkammer-Motoren bekannte Bosch-VE Pumpe. Sitzlochdüsen mit anfangs vier Spritzlöchern (ø 0,25 mm) reduzierten die unverbrannten Kohlenwasserstoffe. Besondere Aufmerksamkeit erforderte die Gestaltung der Gaskanäle im Zylinderkopf.

Der schneckenförmige Einlass-Drallkanal musste im Zielkonflikt zwischen Drallstärke und Durchfluss optimiert werden. Diese Aufgabe hat Martin Schüttenhelm in engem Kontakt mit der Gießerei in Hannover und der Qualitätskontrolle in Salzgitter gelöst.

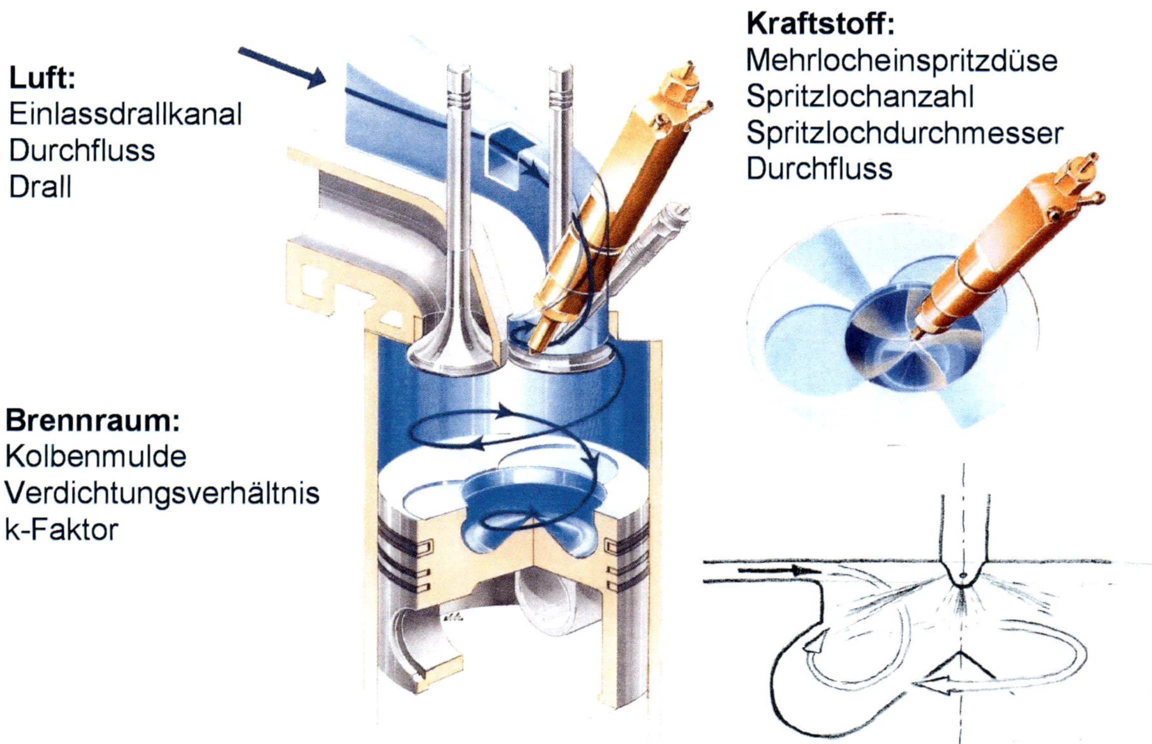

Die Hauptparameter der Gemischbildung und Verbrennung im Dieselmotor. Die zylinderachsparallelen Ventile ermöglichen einen minimalen Schadraum oberhalb des Kolbens im OT. In das turbulent strömende Gas im Brennraum (Drall, Squish und Tumble) wird der Dieselkraftstoff mit hohem Druck feinzerstäubt eingespritzt und vermischt sich mit Luft. Quelle: Schlenzig/M. Willmann

Während der Entwicklung des Brennverfahrens wurden folgende Kolbenmulden untersucht:

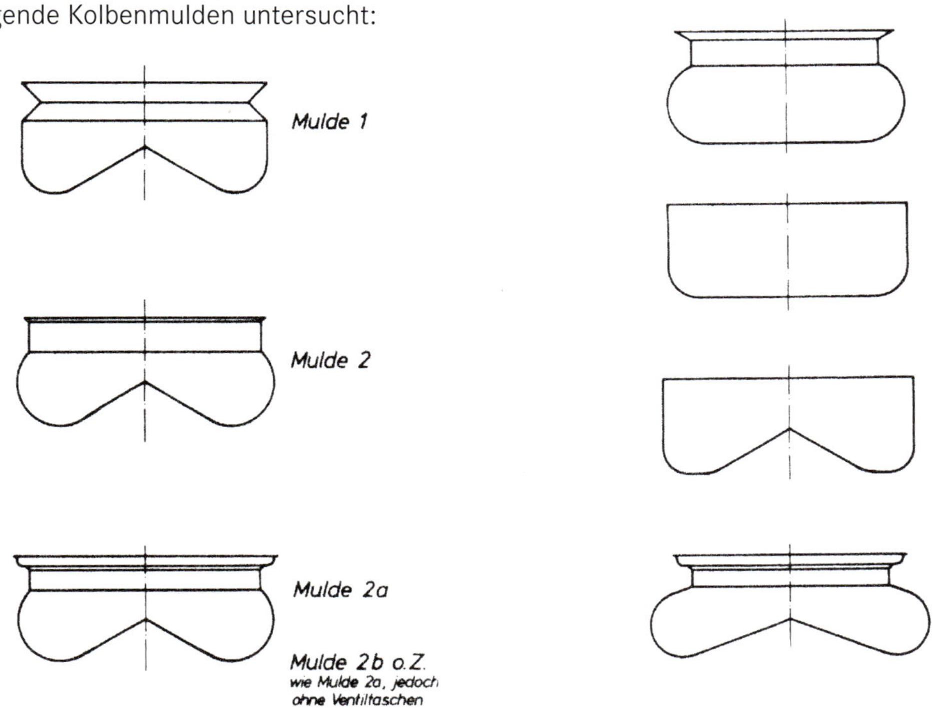

Der spitze Kegel in der Brennraummitte sorgt für gute Ausbildung der Tumbleströmung und damit für hohe Luftausnutzung. Der Muldenrand musste aus Festigkeitsgründen mit einem zylindrischen Kragen versehen und abgerundet werden. Die Mulde 2a lieferte die besten Ergebnisse. Die Auftreffpunkte der Einspritzstrahlen wurden angepasst. Grafik: Volkswagen

Die Druckwellen-Aufladung

Inzwischen war der Kontakt zu BBC aufgebaut, die den Comprex-Druckwellenlader entwickelten. Die Funktion des Comprex-Laders ist im Kap. I.3.1 beschrieben. Auf den Prüfständen der Versuchsingenieure James Liang und Angus Forsyth begannen die ersten Versuche.

James Liang stellte im August 1982 auf dem Prüfstand folgende Volllastwerte bei Rußzahl 3,5 fest:

Saugmotor	18 kW bei 4.200 U/min
Mit Comprex-Lader	29 kW (36,5 kW/l, 39 PS) bei 4.200 U/min
Mitteldruck	12 bar bei 2.600 U/min
Min. spez. Verbrauch	230 g/kWh

Angus Forsyth hat sich intensiv mit dem aufgeladenen Motor auf dem Prüfstand beschäftigt: *»Der folgende Motor war ein aufgeladener Zweizylinder-DI mit Comprex-Lader und Intercooler. An diesem Motor haben wir viele Varianten abgestimmt und erprobt: Einspritzpumpen, Einspritzdüsen, Düsenlagen, Spritzbeginn, verschiedene Zylinderköpfe mit unterschiedlichem Einlassdrall, Comprex mit verschiedenen Taschen. Der Grund damals für den Comprex war das sehr spontane Ansprechen und hohe erreichte Mitteldrücke über den gesamten Drehzahlbereich, was mit dem Turbocharger an kleinvolumigen Motoren damals nicht erreichbar war."*

Michael Willmann berichtet über seine Kaltstartversuche: *»Damals hatten wir im Winter noch manchmal über mehrere Wochen minus 20° C. Morgens machte ich Kaltstartversuche mit unterschiedlichen*

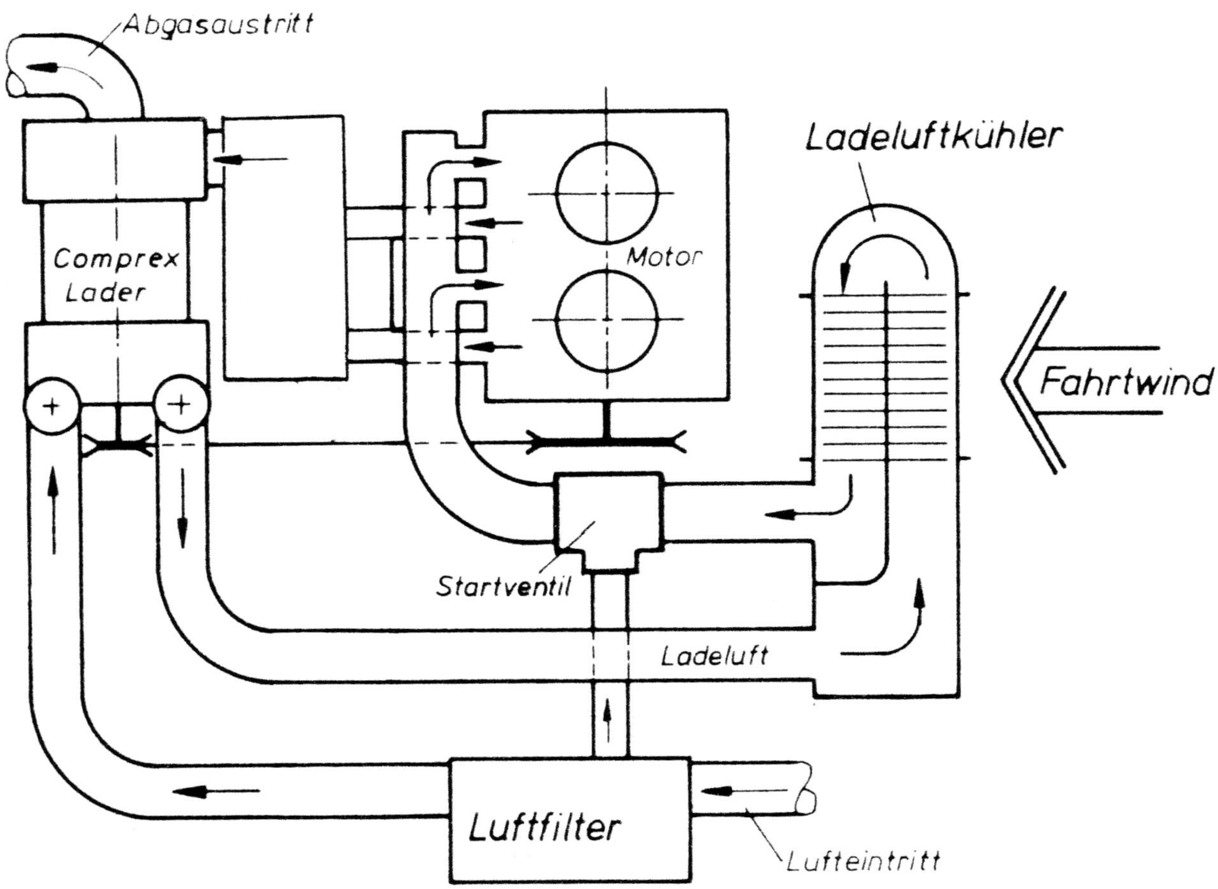

Das Schema der Druckwellen-Aufladung am Zweizylinder-DI-Dieselmotor mit Ladeluftkühlung. Zur Erleichterung des Motorstarts wurde das Startventil eingeführt, das den Bypass zwecks Umgehung des Laders öffnet. Nach Erreichen der Leerlauf-Drehzahl schaltet das Startventil auf »Laderstellung«. Grafik: Volkswagen

Vorglühzeiten, auch Sofortstarts ohne vorzuglühen. Der Anlasser brauchte eine Weile, bis der Motor die ersten Zündungen machte und rumpelnd startete, aber unter starker Schwarz- und Blaurauchbildung. Mit der Glühstift-Vorheizung sprang er immer problemlos an.«

Die glücklose Baustufe 1

Das Prinzip des Schwingenausgleichs wurde auf einen neu konstruierten Zweizylinder-DI-Diesel auf Basis des Fünfzylinder-Wirbelkammer-Dieselmotors ohne Nebenwelle und mit einer Sichel-Ölpumpe auf der Kurbelwelle übertragen.

Um schnell zu einem Versuchsträger zu kommen, ließ das Team Rohteile vom Fünfzylindermotor zerschneiden und geeignet zusammenfügen. Den »Schweiß-Motor« hat James Liang auf dem Prüfstand in Betrieb genommen, und danach kam der Motor zusammen mit der SNA 1 in einen blauen Polo.

Die Motoren mit gegossenen Gehäusen und geschmiedeten Kurbelwellen waren nach demselben Konzept aufgebaut wie der »Schweiß-Motor«. James Liang untersuchte den Motor mit und ohne Schwinge auf dem Prüfstand. Bis 2.700 U/min war die Leistung gleich, darüber machte sich die höhere Reibleistung der Schwinge bemerkbar.

Dipl.-Ing. Liang berichtet von seiner Arbeit: *»Richard Dorenkamp kam als Vertreter von Bosch zu uns auf den Prüfstand und stellte an den Einspritzpumpen die Sollwerte für Spritzbeginn und Einspritzmenge mit der Mikrometerschraube ein. Dazu erkletterte er den Prüfstand in 1,5 m Höhe, auf dem, voller Unmut, unser Zweizylinder-DI sich unter Volllast bei konstanter Schwärzungszahl von 3,5 schüttelte. Regelmäßig zerbröckelte die Abgasanlage und der Brandmelder rief die Feuerwehr.«*

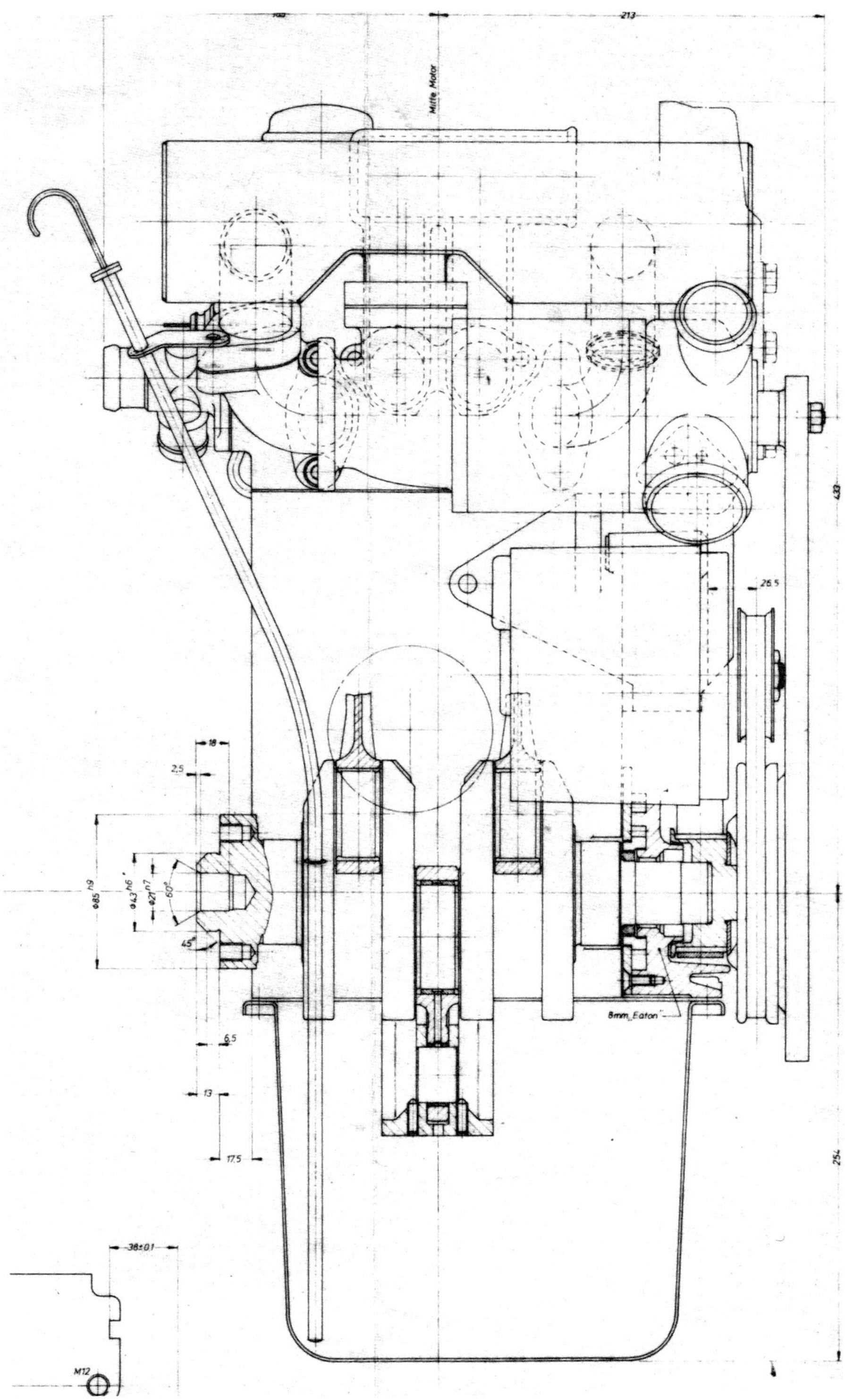

Zweizylinder-DI-Dieselmotor mit Schwingenausgleich der Baustufe1.

Zeichnung: Volkswagen

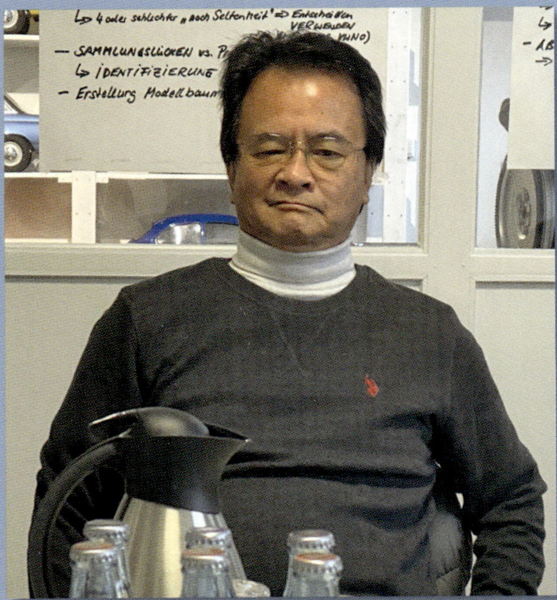

Dipl.-Ing. James Liang

Geboren am 27.01.1954 in Jakarta/Indonesien
1974 TU Hannover
April 1982 über Viessmann zu VW,
bei Jürgen Pohle und Günther Goergens,
Volllastabstimmungen am Zweizylinder-DI,
Vor- u. Serienentwicklungen an Vierzylinder-DI-Motoren

Dipl.-Ing. Uwe Scher

Geboren 24.12.1956 in Burgdorf b. Hannover
Bundeswehr
Studium Maschinenbau TU Hannover
1.4.1982 bis 12/2019 bei Volkswagen,
Forschungs- Vorentwicklungs- und Serienentwicklungen von direkteinspritzenden Dieselmotoren

Im April 1982 stieß Uwe Scher zu uns ins Team. Sein erstes Erlebnis: *»Während einer Versuchsfahrt im Prüfgelände Wolfsburg durch Herrn Sendzig zur Überprüfung der Schwungnutze am 1. April 1982 brach die Kurbelwelle. Es war kein Aprilscherz.«*

Auch Günter Goergens hatte einen Motor der Baustufe 1 auf dem Prüfstand in Halle 16. Es dauerte nicht lange, bis die angestiegene Reibleistung einen Abbruch der Versuche erzwang. Nach mehrfachen Reparaturen und eingehender Analyse kannten wir die Ursache.

***Abb. rechts:** Dipl.-Ing. Günter Goergens kam nach seinem Studium an der TU Aachen zu Volkswagen.* Foto: Volkswagen

Schadensanalyse

Die Ursache für die Kurbelwellenprobleme war das große Biegemoment aufgrund der hohen Zylinderdrücke des aufgeladenen Dieselmotors in Höhe von ca. 130 bar sowie des großen Hauptlagerabstands. Das mittlere Hauptlager musste dem Zapfen für das Ausgleichspleuel weichen. Uwe Scher hat die Kurbelwelle mit der Formziffer-Methode gerechnet und einen Sicherheitsfaktor von 0,8 ermittelt. Damit konnte die Kurbelwelle nicht halten. Warum hat der Motor im Dreizylinder-Gehäuse gehalten? Weil der dicke Zapfen beim freien Zylinder die Welle gegen Durchbiegung gestützt hat.

M. Willmann: *»Um das Problem zu lösen, hätten wir den Motor mit erheblichen Änderungen umbauen müssen. Er hätte dann nicht mehr in die Baureihe EA 086 gepasst. Unsere Erkenntnis war, dass ein aufgeladener Dieselmotor eine Volllagerung der Kurbelwelle benötigt. Damit die Versuche am Zweizylinder-DI-Motor weitergehen konnten, haben wir einige Motoren der Baustufe 1 mit neuen Zylinderkurbelgehäusen für Normalausgleich aufgebaut.«*

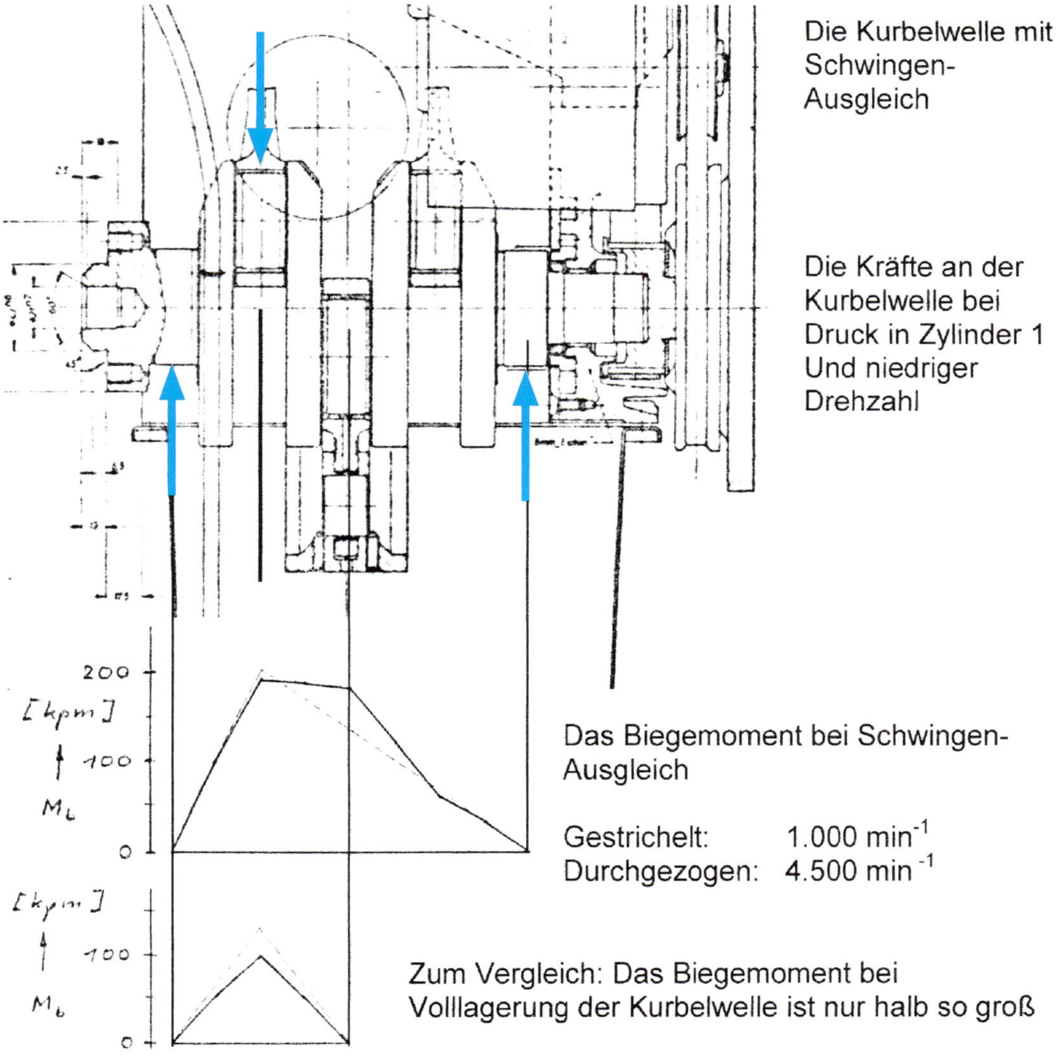

Die Biegebelastung der Kurbelwelle durch die Gas- und Massenkräfte des Zweizylindermotors mit Schwingenausgleich bei zwei Drehzahlen. Grafik: M. Willmann

Die Ausgleichswelle

M. Willmann: *»Nach den Erfahrungen mit den verschiedenen Ausgleichsmaßnahmen und eingehender Diskussion haben wir Mitte 1982 entschieden, die weiteren Versuche mit einer Ausgleichswelle 1. Ordnung fortzusetzen. Dazu haben wir einige Motoren der Baustufe 0 auf die Ausgleichswelle umgerüstet. Unter Berücksichtigung aller Erkenntnisse sollte die Baustufe 2 mit optimierter Ausgleichswelle konstruiert werden.«*

Der mit einer Ausgleichswelle modifizierte Zweizylinder-DI-Dieselmotor der Baustufe 0 mit Comprex-Lader CX 71. Zum synchronen Antrieb der Ausgleichswelle mussten wir einen Zahnriemen mit beidseitiger Verzahnung einsetzen. Die VE-Einspritzpumpe besaß einen HBA (Hydraulisch betätigter Angleich). Der Comprex-Lader wurde einstufig mit der Übersetzung von 4:1 von der Kurbelwelle angetrieben. Zwischen den Auslasskanälen im Zylinderkopf und dem Ladereintritt befand sich ein Receiver, der den Abgasdruck vergleichmäßigte. Foto: Volkswagen

Feuer im Polo

Eines Tages saß Michael Willmann in seinem Büro in einem der Häuser am Wasserwerk, das er mit Rainer Corzilius, Frau Wassermann und Uwe Scher teilte. Der Polo stand vor dem Haus. Corzilius sagte auf einmal mit leiser, ruhiger Stimme: *»Willi, guck mal aus dem Fenster, ich glaube dein ‚Zweizy' brennt.«* Willmann: *»Wie von der Tarantel gestochen, schoss ich hoch und zum Fenster. Tatsächlich stieg Rauch aus dem Motorraum. In aller Eile griff ich nach einem Lappen und rannte zum Auto. Beim Öffnen der Motorhaube loderten schon Flammen hoch. Mit dem Lappen konnte ich den Brand schnell ersticken. Die Schaumstoffauskleidung des Motorraums hatte sich an den heißen Teilen des Comprex-Laders entzündet.«*

Direkteinspritzung für künftige VW-Dieselmotoren

Bei VW wurde an verschiedenen Stellen an der Direkteinspritzung für die Dieselmotoren gearbeitet. Um diese Zersplitterung der Arbeiten zu beenden, rief Peter Hofbauer im November 1982 alle Kollegen aus Forschung und Entwicklung, die an DI-Dieselmotoren arbeiteten, zu einem Fachgespräch im Holiday Inn zusammen, mit dem Ziel, das für Pkw-Dieselmotoren beste Brennverfahren zu finden. Dabei sollten alle Erkenntnisse aus den Vorarbeiten berücksichtigt werden.

Da noch Unsicherheiten über die erreichbaren Abgaswerte mit dem DI-Verfahren bestanden, sollte auch die Wirbelkammer weiter bearbeitet werden. Wir sollten das luftverteilende DI-Verfahren mit Aufladung am Zweizylindermotor, von dem schon exzellente Ergebnisse (Leistung 45,8 kW, 57,7 kW/l) vorlagen, fertig entwickeln. Zur Kompensation von Drehmoment-Nachteilen im untersten Drehzahlbereich sollte die Zylinderbohrung von 76,5 auf 79,5 mm vergrößert werden.

Entwicklungsarbeiten

Bei den anfänglichen Baustufen des Zweizylinder-DI-Dieselmotors ist eine Vielzahl an Problemen wegen Schwachstellen an den Versuchsteilen aufgetreten. Gegenüber Wirbelkammer-Motoren erhöht sich die Belastung der DI-Motoren im Wesentlichen durch:

- höheren Zylinderinnendruck
- hohen Zylinderdruck-Gradient
- höhere thermische Belastung

Die ersten Versuche zeigten die Schwachstellen der Versuchskolben in den Bereichen Kolbenmulde, Ventiltaschen, Bolzennabe und Kolbenringen – alles wegen unzureichender Kolbenkühlung. Einige Beispiele von vielen Gegenmaßnahmen waren: Kolbenfertigung aus Kokillenguss ohne scharfe Kanten, Einsatz von Buchsen für den Kolbenbolzen mit größerem Durchmesser, eine Kolbenschaft-Beschichtung sowie ein Kühlkanal.

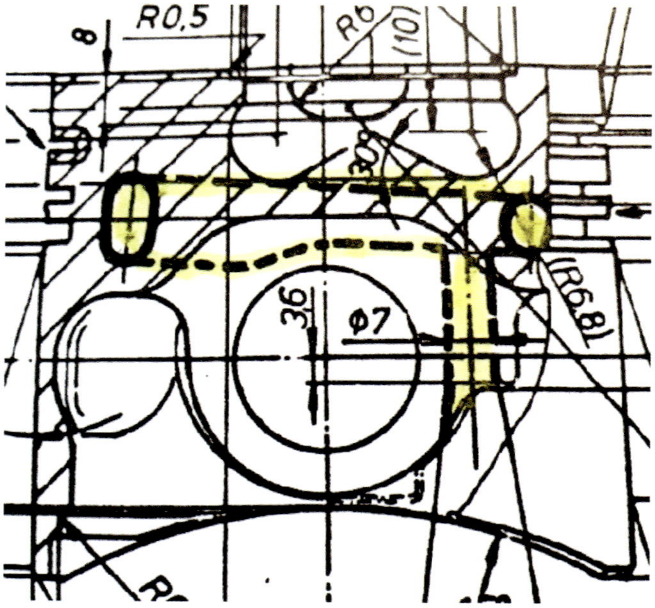

Der Einsatz eines Kühlkanals in den DI-Kolben gelang trotz der exzentrischen Mulde und senkte die Kolbentemperaturen.

Zeichnung: Volkswagen

Versuche mit Serien-Kolbenringen zeigten Verschleiß und Feststoffablagerungen. Die Verschleißrate wurde mit der Isotopentechnik ermittelt (vgl. Kap. I.6.1). Als Maßnahmen haben wir die Ringflanken-Geometrie an den höheren Druck angepasst und eine hochwertige Kolbenringbeschichtung eingeführt.

Die Zylinderkopfdichtung der damaligen Serienausführung, Weichstoff-Untergrund und Metallbördel an der Zylinderbohrung, war nach kurzer Zeit im Thermoschocktest undicht. Nach vielen erfolglosen Versuchen wurde zum Schluss eine Mehrschicht-Metalldichtung mit elastischem Federstahl am Oberdeck eingeführt. Von nun an waren Thermoschockversuche erfolgreich.

Für die Kurbelgehäuse-Entlüftung musste eine neue Lösung gefunden werden. Im Gegensatz zum Vierzylindermotor bewegen sich beim Zweizylinder beide Kolben gleichzeitig in die gleiche Richtung, so entstehen im Kurbelgehäuse erhöhte Druck- bzw. Unterdruckverhältnisse. Dadurch besteht die Gefahr des Ölreißens. Um das zu vermeiden, wurde ein spezifisches Druckregelventil zwischen Kurbelgehäuse und Luftfilter integriert.

Beim Direkteinspritzer des Willmann-Teams wurde der Zahnriemen besonders stark belastet. Die Einspritzpumpe mit hohen Drücken, die Nockenwelle und die Ausgleichswelle mussten beschleunigt und gebremst werden. Dafür brauchte der Riemen zusätzliche Zähne auf der Rückseite.

Im Sommer 1982 hat Angus Forsyth die Comprex-Aufladung weiter optimiert und verschiedene Einspritzpumpen untersucht. Mit der Reihen-Ein-

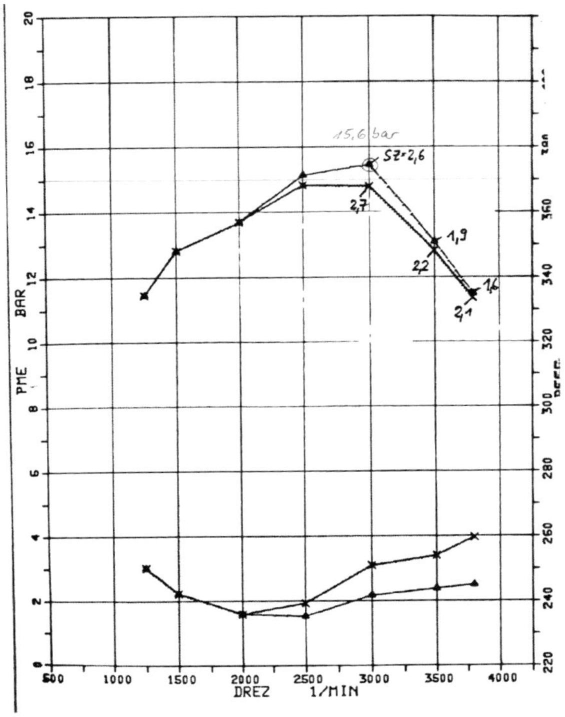

Volllastwerte des Zweizylinder-DI-Dieselmotors mit Comprex-Druckwellenlader und Reihen-Einspritzpumpe Bosch MW. Bei 3.800 U/min ergab sich eine Leistung von 31,2 kW (42,4 PS). Der minimale spezifische Kraftstoffverbrauch lag bei 220 g/kWh. Der Spitzendruck im Zylinder betrug dabei 165 bar.
Diagramm: Volkswagen

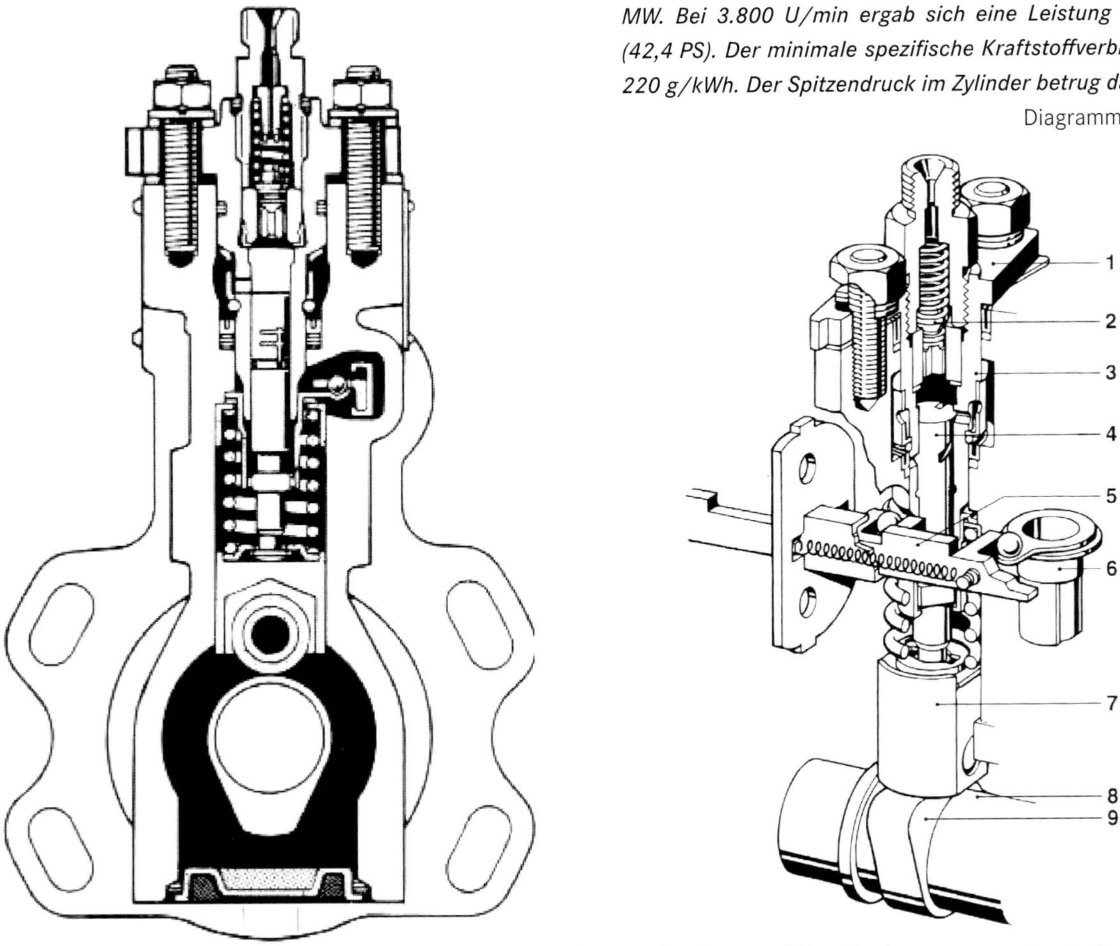

Bei der Reihen-Einspritzpumpe Bosch MW waren die Pumpenelemente in einem stabilen Block zusammengefasst. Das ermöglichte Drücke vor Düse von bis zu 1.000 bar. Das Druckventil war direkt in den verlängerten Pumpenzylinder eingeschraubt.
Zeichnung: Bosch

spritzpupe Bosch MW erreichte er einen Mitteldruck von 15,6 bar entsprechend 106,5 Nm Drehmoment bei auf 2,6 begrenzter Schwärzungszahl. Bisher hatte kein anderer Pkw-Dieselmotor solche Werte erreicht. Das zeigte, welches Potenzial im DI-Diesel-Brennverfahren und besonders im Einspritzdruck steckte.

Der Deal

Michael Willmann: *»Ich wurde als Vertreter meines Chefs, Herrn Wiedemann, der verhindert war, Ende 1982 oder Anfang 1983 kurzfristig zu einer Besprechung bei Prof. Fiala gerufen. Ich ahnte, dass es um Dieselmotoren ging und griff schnell noch unsere besten Volllastwerte vom Zweizylinder-DI-Motor mit Comprex-Lader ab. Als ich Fialas Besprechungszimmer betrat, saßen am Tisch: an der Stirnseite Prof. Fiala, zu seiner Linken die Herren Piëch, Aggregate-Chef von Audi, und Basshuysen. Herr Hofbauer, Aggregate-Chef von VW, saß rechts. Ich setzte mich neben ihn.«*

Herr Basshuysen hub theatralisch an: *»Herr Prof. Fiala, jetzt will ich Ihnen mal etwas zeigen, was Sie noch nie gesehen haben.«* Er legte die Volllastkurven vom 1,6-l-Vierzylinder-DI-Diesel mit Abgas-Turbolader, der in Neckarsulm in Entwicklung war, vor Fiala auf den Tisch. *»15 bar Mitteldruck.«*

Willmann: *»Das war damals ein herausragender Wert. Nun kam meine Stunde: Wie beim Skat knallte ich unsere Volllastkurven darüber: ‚15,6 bar! Mit dem Zweizylinder!'«* - Eisiges Schweigen auf der gegenüberliegenden Seite. Dazu muss man wissen, dass ein Zweizylindermotor gegenüber einem Vierzylinder einen höheren Reibmitteldruck hat. Nach geraumer Zeit kam dann der erlösende Vorschlag von Piëch: *»Wennt's uns beim Sechszylinder in Ruhe lasst, lassen wir Euch den Diesel.«*

M. Willmann: *»Wie es umgesetzt wurde, wissen wir. Wir hatten später alles: einen V6 von Audi, einen VR6 von VW und zwei Diesel-Entwicklungen, eine in Wolfsburg und eine in Neckarsulm. Aber so weit war es noch nicht. Wir arbeiteten parallel am Zwei- und Vierzylinder-DI-Motor.«*

Die Baustufe 4

Der VW-eigene Mechanische Lader, der G-Lader, war inzwischen so weit entwickelt worden, dass er an Motoren betrieben werden konnte. Aus Kapazitätsgründen beauftragten wir 1984 Prof. Pucher an der TU Berlin mit der Untersuchung eines »gebastelten« Zweizylinder-Prototyp-Motors mit G-Lader und Magnetkupplung zur Abschaltung des Laders in der Teillast. Nach den positiven Ergebnissen stellten wir unsere Zwei- und Vierzylinder-DI-Motoren auf G-Lader um.

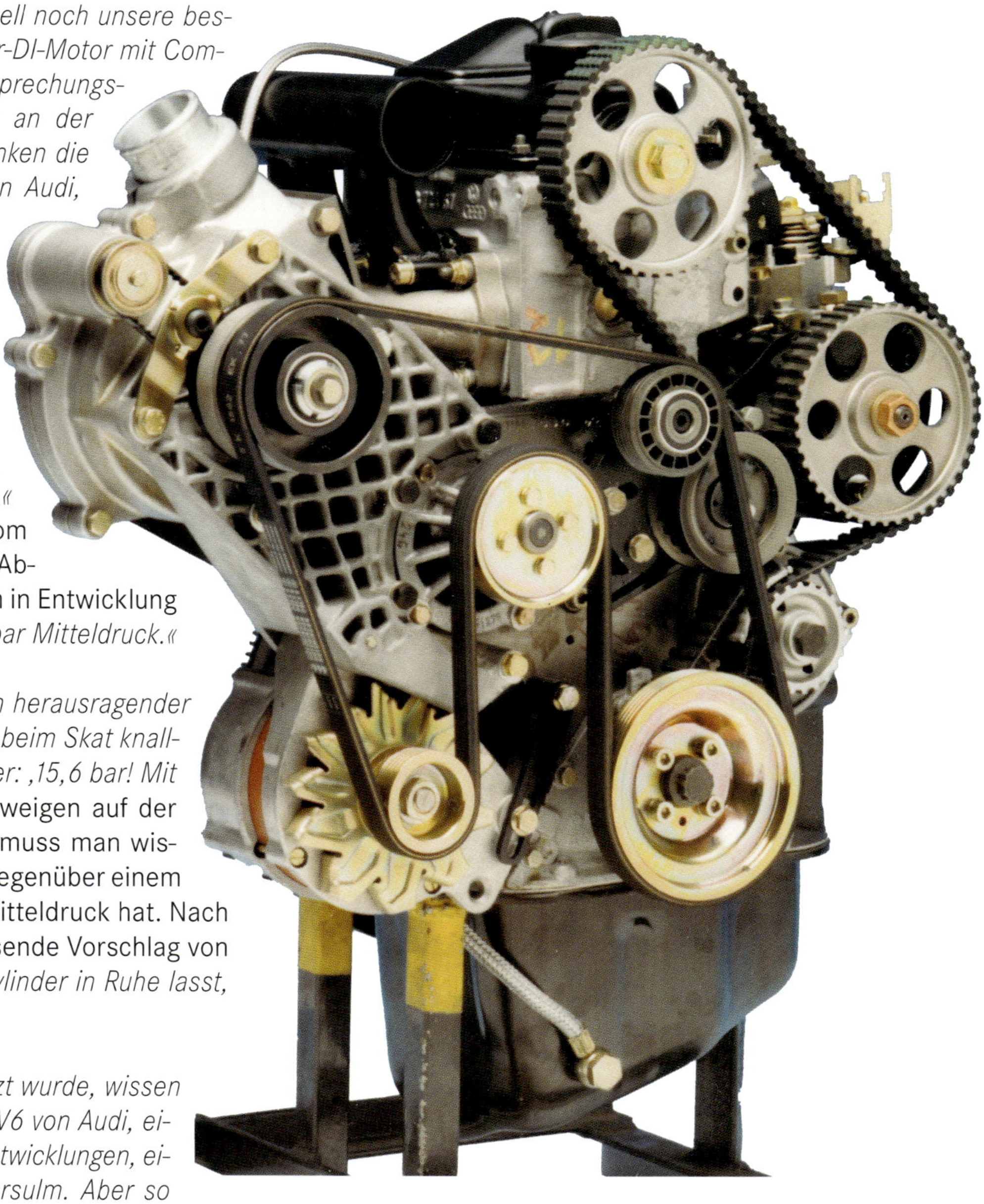

Der Zweizylinder-DI-Dieselmotor der Baustufe 4 mit G-Lader, Magnetkupplung und Massenausgleichswelle. Foto: Volkswagen

Die Thermo-Akustik-Kapsel

Neben den für ausreichende Leistung und niedrige Abgasemissionen notwendigen Motorkomponenten wurde für das Kompaktauto zusätzlich eine Motorvollkapsel entwickelt, die die Geräuschemissionen des Fahrzeuges minimieren sollte. Nachdem wir mit der Forschungs-Kapsel (Kap. I.3.3) die Grenzen der Außengeräuschsenkung untersucht hatten, sollte mit den gewonnenen Erkenntnissen für den Öko-Polo eine in Serie anwendbare Kapsel vorentwickelt werden.

Technische Daten Öko-Polo	
Zylinderbohrung	79,5 mm
Kolbenhub	86,4 mm
Hubraum	0,858 Liter
Max. Leistung	29 kW (39 PS)
Max. Drehmoment	76 Nm
Max. Mitteldruck	11,1 bar

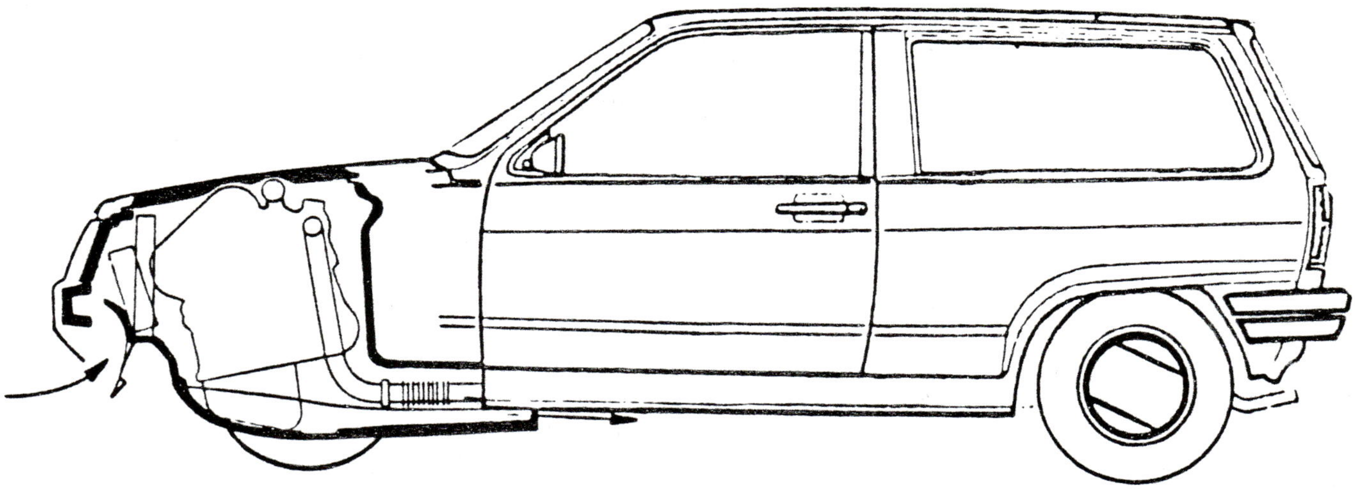

Die Motorkapsel im Vorderwagen des Öko-Polo. Zeichnung: Scher

Als Maßnahmen zur Reduzierung der Geräuschemission kamen dabei zum Einsatz:

- Motorvollkapselung zur akustischen Isolierung des gesamten Motorraumes durch spezielle Schaumstoffelemente,
- Abdichtungen für alle in den Motorraum führenden beweglichen Elemente wie Antriebswellen und Lenkungsteile,
- Vermeidung von direktem Schallaustritt durch Zu- und Abführungen für Motor-Ansaugluft, Kühlluft und Abgas durch labyrinthartige Gestaltung der Luftwege.

Dazu wurde beispielsweise der Kühllufteintritt nach unten verlegt und der Schallaustritt direkt nach vorn vollständig verhindert.

Die Öko-Polo-Kleinserie

M. Willmann: *»Unsere Mannschaft hatte mit erster Priorität den G-Lader zu sanieren und den 1,9-Liter-TDI-Motor in Serie zu bringen; daher wurde entschieden, das Öko-Polo-Projekt im Sommer 1989 an die Forschung zu übergeben. Ab März 1990 wurden 50 Öko-Polos in einem Großversuch im überwiegend urbanen Betrieb in Berlin eingesetzt.«*

Das Antriebskonzept und die Motorabschaltung durch die SNA wurde von der Mehrheit der Fahrer des »Öko-Polo-Praxistests« als gut bis sehr gut eingeschätzt. Die Thermo-Akustik-Kapsel erwies sich als unproblematisch und wirkungsvoll. Der Flottenverbrauch lag bei 5 l/100 km, bei optimaler Nutzung des Antriebskonzepts bei 4,1 l/100 km.

Störend waren die Vibrationen bei niedrigen Drehzahlen und hoher Last, hervorgerufen durch den großen Ungleichförmigkeitsgrad. Angus Forsyth: *»Mein*

Der Öko-Polo mit Zweizylinder-Direkteinspritz-Dieselmotor und SNA. Foto: Volkswagen

Vater hat das Auto ‚the Galloping Bedstead' genannt (das galoppierende Bettgestell). Sitz und Lenkrad haben im Leerlauf und bei niedrigen Drehzahlen unter Last stark vibriert. Bei 2.000 U/min war der Innenspiegel nur am Tanzen.«

Dr. Lincke, privat Porsche-Fahrer, hatte den Öko-Polo als »**Unauto**« bezeichnet. Der Hauptkritikpunkt waren die Vibrationen und die geringe Motorleistung. Damit wurde das Projekt im Mai 1992 beendet. Einige Öko-Polos haben überlebt, z. B. im AutoMuseum Volkswagen in Wolfsburg und bei Sebastian Winkler von der Interessengemeinschaft »G-Lader«.

Willmanns Schlussfolgerung: *»Als Fazit können wir festhalten, dass die Zeit für ein derart extremes Sparkonzept nicht reif war. 2002 tauchte der Zweizylinder-DI-Diesel im VW XL1 in weiterentwickelter Form wieder auf.«*

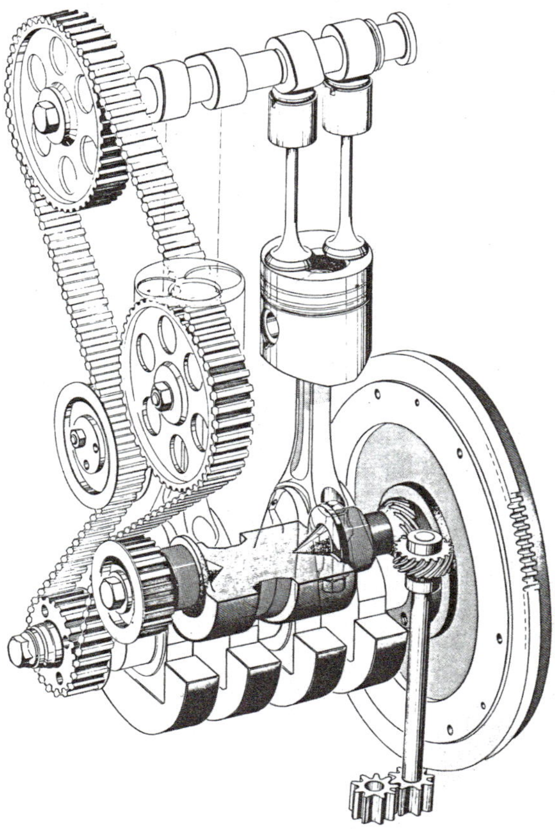

Der Zweizylinder-Dieselmotor des Öko-Polos mit riemengetriebener Ausgleichswelle. Zeichnung: Sammlg. M. Willmann

Quellen

- M. Willmann: Pkw-Dieselmotoren. Haus der Technik, Essen, 21.06.1995
- M. Willmann: Der Ausgleich des Zweizylindermotors. Vortrag TU Posznan, Juni 2002
- U. Scher: Motorvollkapselung für Öko-Polo. Bericht, 1985
- B. Wiedemann, M. Willmann, J. Nitz, G. Buschmann: Das Öko-Polo-Antriebskonzept. In: MTZ, Nr. 2/1991
- Interview mit Peter Citron, AutoMuseum Volkswagen, 14.06.2020

II.2 Vorentwicklungsprojekte

II.2.1 Die Vierzylinder-Direkteinspritzer

Von Michael Willmann und Uwe Scher

Vorentwicklungen

Die Audi Dieselentwickler in Neckarsulm, Richard Bauder, Krömer und Steinwart als Chef, hatten ihren Saugmotor bis September 1981 zu folgendem Stand entwickelt:

Technische Daten Audi-1.6-Liter-DI	
Zylinderbohrung	76,5 mm
Kolbenhub	86,4 mm
Hubraum	1,588 Liter
Kraftstoff-Einspritzung	4-Strahl-Direkteinspritzung
Max. Leistung	41,6 kW (57 PS)
Mitteldruck	8,2 bar

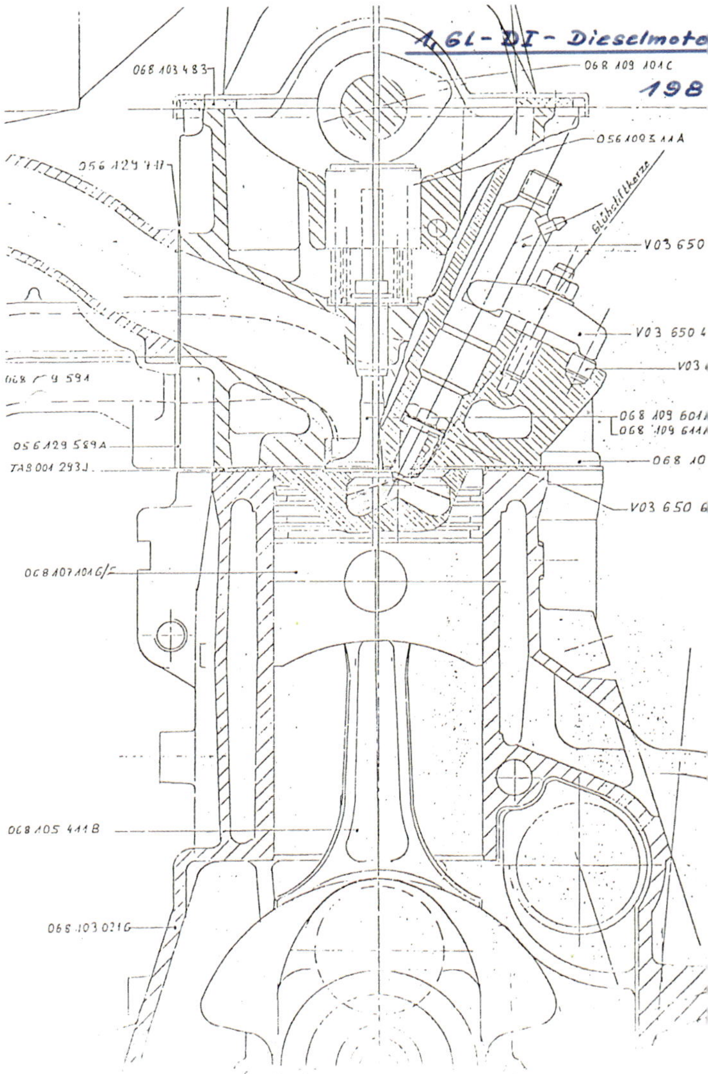

Querschnitt des 1,6-Liter-DI-Dieselmotors mit Omega-Brennraummulde. Zeichnung: Volkswagen

Formell übergab Audi den Vierzylinder-DI-Motor Ende 1981 an die Aggregate-Entwicklung Wolfsburg. Projektmitarbeiter Reinhard Müller erinnert sich: *»Wir waren 1981 in Neckarsulm – ob wir das Projekt übernehmen können? Wir haben verschiedene Drallkanal-Varianten untersucht. An der Einspritzung arbeitete Herr Mutke. Im Motor-Versuch nahm Ingolf Löhner den Motor auf den Prüfstand, doch der hielt nicht lange. Das erste DI-Auto haben wir in Ehra gezeigt. Herr C. Borgward (Bereichsleiter Qualität): ‚So ein Auto führen Sie mir hier vor, das so nagelt?' Dr. Müller sagte: ‚Zum DI gehört Aufladung. Aber: Wir arbeiteten mit wenig Einsatz am DI, weil wir nicht genug Leute hatten.'«*

Michael Willmann: *»Auf dem Wege in den Versuchsbau sah ich auf einem Gang vor der Motorversuchswerkstatt am Rande einen Motor mit abgenommenem Zylinderkopf stehen. Die DI-Diesel-Kolben waren stark angeschmolzen, also waren sie zu heiß geworden. Was war da passiert? Herr Löhner erzählte* *mir, dass die Einspritzleitungen vertauscht waren. So sei der Motor aus Neckarsulm angeliefert worden. Dadurch spritzten die Düsen im UT ein und es kam zu unkontrollierten Zündungen. Dr. Hofbauer sprach von Sabotage.«*

Mit neuen Motoren wurden die Arbeiten fortgesetzt. Wegen der hohen Kosten sollte der Motor zunächst nur mit Aufladung weiterentwickelt werden. Die Erfolge des turbogeladenen 1,6-Liter-Wirbelkammer-Motors in der Serie bestärkten dieses. In einer Projektbesprechung bei Hofbauer am 6. Juli 1982 präsentierte der Motor-Versuch den erreichten Stand. Die Leistung wurde auf 58 kW bei 4.400 U/min bei einer Rußzahl von 3,5 gesteigert. Unbefriedigend war das zu niedrige Drehmoment im unteren und mittleren Drehzahlbereich; deshalb sollte die mechanische Aufladung alternativ untersucht werden.

Aus Kapazitätsgründen wurde das Projekt im März 1983 an die Aggregate-Diversifikation übergeben. Das Team bestand aus den Konstrukteuren Leptien (UA), Fiedler, Ahrens und den Versuchsingenieuren Goergens, Rhode, Liang, Forsyth, Stolle, Gökesme sowie den Autoren als Projektkoordinatoren.

Um im unteren Drehzahlbereich mehr Drehmoment aufzubauen, wurde der Hubraum durch Vergrößerung der Zylinderbohrung von 76,5 auf 79,5 mm analog zum Zweizylinder-DI auf 1,716 Liter erhöht. Auch die Brennraumkonfiguration mit der verstärkten Verteiler-Einspritzpumpe VP 26 von Bosch (jetzt für Vierzylinder) wurde vom Zweizylinder-DI-Motor übernommen.

Das Aufladesystem

Dipl.-Ing. Wilfried Rhode beschäftigte sich als Experte mit der Aufladung. Die seinerzeit lieferbaren Wastegate-Turbolader zeigten ein ausgeprägtes »Turboloch« im unteren Drehzahlbereich. Voruntersuchungen hatten gezeigt, dass bei der mechanischen Aufladung bereits bei niedrigen Drehzahlen relativ hoher Ladedruck spontan geliefert wurde. Der VW-G-Lader hatte einen Stand erreicht, der Untersuchungen am Motor ermöglichte.

Die Ladeluftkühlung senkte die Leistungsaufnahme des Laders, verminderte den Kraftstoffverbrauch und erhöhte den Mitteldruck. Bei den ersten Versuchen gab es Ausfälle des G-Laders. Da nicht sicher war, dass zum möglichen Serieneinsatz alle Probleme gelöst würden, wurden parallel alternative Lader untersucht. Wilfried Rhode hat im September 1983 die Aufladesysteme am 1,7-Liter-DI-Dieselmotor verglichen: Abgas-Turbolader (ATL), G-Lader (GL) und Comprex-Druckwellenlader (CX).

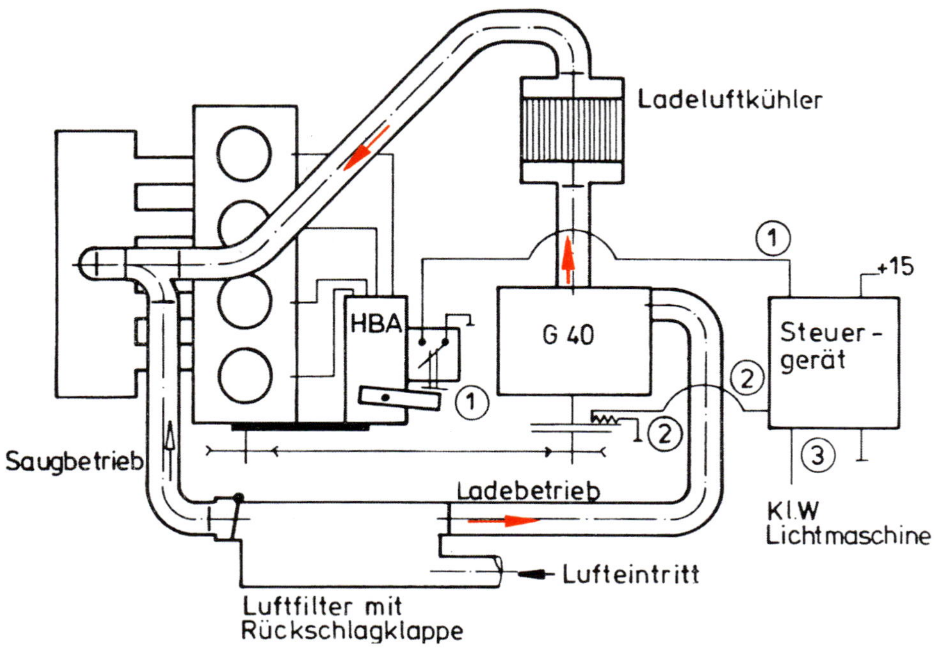

Schema der Aufladung des Vierzylinder-DI-Diesel-Motors mit G-Lader und Ladeluftkühlung. Das Steuergerät schaltet die Magnetkupplung des Laders last- und drehzahlabhängig mit Hysterese. Die schwarzen Pfeile zeigen den Weg der Luft bei Saugbetrieb (geöffnete Magnetkupplung), die roten bei Laderbetrieb. Grafik: Volkswagen

Der 1,6-Liter-Vierzylinder-DI-Dieselmotor mit K14-Abgas-Turbolader von KKK, der sich als zu klein herausstellte.

Foto: Volkswagen

Der 1,7-Liter-Dieselmotor mit direkter Kraftstoffeinspritzung und Comprex-Lader CX 93 der Firma BBC. Mit Ladeluftkühlung gab er 62 kW (36 kW/l) bei 3.750 U/min ab.

Foto: Volkswagen

Der Volllast-Vergleich auf dem Motorprüfstand

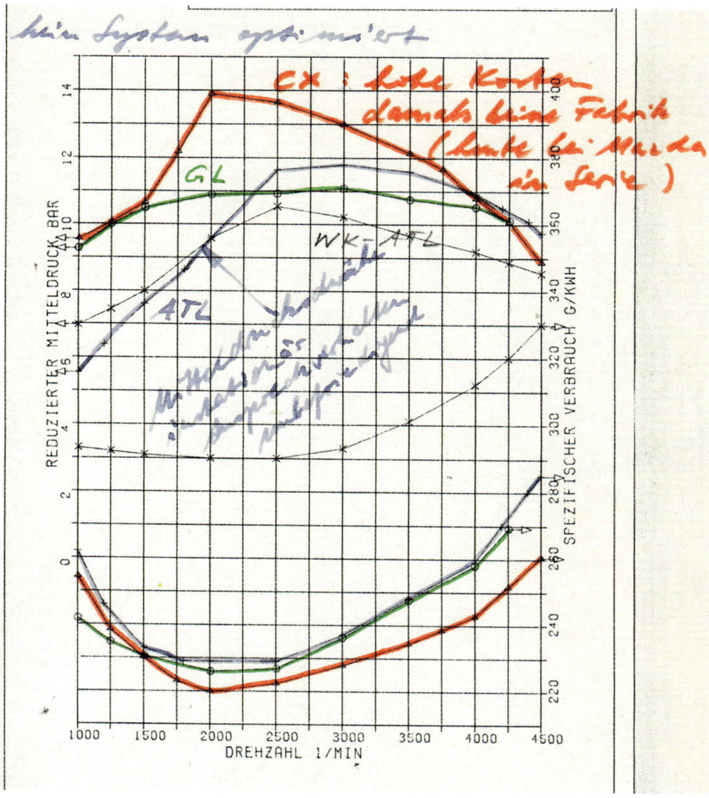

Vergleich der Volllastwerte verschiedener Lader am Vierzylinder-DI-Dieselmotor. Die Motoren mit Comprex- und G-Lader hatten 1,7 Liter Hubraum, der turbogeladene DI-Motor und der Serien-Wirbelkammer-Diesel 1,6 Liter. Alle Motoren besaßen Ladeluftkühlung bei annähernd gleicher Leistung von 62 kW (84 PS) bei 4.200 U/min. Wegen der unterschiedlichen Hubräume wurden die Mitteldrücke verglichen. Die ATL-Motoren zeigten schon bei den stationären Messungen im unteren Drehzahlbereich erhebliche Nachteile, die beim Beschleunigen noch stärker ausgeprägt waren (vgl. Kap. I.3.1). Der Motor mit G-Lader hat den gleichmäßigsten Mitteldruck-Verlauf. Der Motor mit dem Druckwellenlader hatte einen um ca. 15 bis 20 % höheren maximalen Mitteldruck als Turbo und mechanischer Lader. Der Druckwellen-Prozess arbeitet nur bei einer Drehzahl optimal. Durch Taschen in den Gehäusen wurde der Arbeitsbereich auf Kosten des Maximums ausgeweitet. Diagramm: Volkswagen

An der stationär gemessenen Volllast hat der Comprex-Motor die niedrigsten Kraftstoffverbräuche. Der Verbrauchsnachteil des G-Lader-Motors gegenüber dem Turbomotor mit fester Ladergeometrie ist im praktischen Fahrbetrieb nicht wiederzufinden. Hier kommt zum Tragen, dass der mechanisch aufgeladene Motor aufgrund seines guten Ansprechverhaltens zum Fahren in großen Gängen und damit bei verbrauchsgünstigen, niedrigen Drehzahlen verführt. Der G-Lader ist in der Teillast abgeschaltet. In der tiefen Teillast liegen die Verbräuche nicht weit auseinander.

	G-Lader	ATL	CX
P_e (kW)	60	60...65	63
n_N (min^{-1})	4000	4000...4500	3600
$M_{d\,max}$ (Nm)	158	165... 175	190
$p_{me\,max}$ (bar)	11,6	12,1...12,8	13,9
n_{Md} (min^{-1})	3000	2500...3200	2000
bei 1200 Upm			
p_{me} (bar)	9,8	7... 8	10,5
$b_{e\,min}$ (g/kWh)	223		212
$b_{e\,minVoll}$ (g/kWh)	229	215...220	220
$b_{e\,2/2000}$ (g/kWh)	330		328

Ergebnisse des Lader-Vergleichs am Vierzylinder-DI-Dieselmotor mit Ladeluftkühlung. Mitteldruck, Transientverhalten (Beschleunigung) und Kraftstoffverbrauch sprachen für den Druckwellenlader, aber die hohen Kosten dagegen. Tabelle: Volkswagen

Der begrenzte nutzbare Drehzahlbereich des Direkteinspritzers (Nenndrehzahl 4.000 U/min) erforderte zum Erreichen der Höchstgeschwindigkeit eine relativ lange Antriebsübersetzung. Um trotzdem im unteren Drehzahlbereich auch instationär genügend Zugkraft zur Verfügung zu haben, war ein hohes Drehmoment bereits bei 1.000 U/min zwingend. Der G-Lader bot das spontanste Ansprechverhalten der drei verglichenen Systeme.

Die FE-Leitung legte fest die weitere Entwicklung mit dem VW-eigenen Ladeaggregat, dem G-Lader, voranzutreiben. In der Hauptabteilungsleiter-Besprechung vom 25. März 1985 entschied die AE-Leitung (Dr. Hofbauer), dass AE-AD (Herr Wiedemann) den 1,7-l-DI-G-Lader-Dieselmotor zum angestrebten Serieneinsatz im Juli 1987 entwickeln sollte. Der G-Lader sollte die Drehmomentschwäche des Turboladers beseitigen. Eine Magnetkupplung hätte den Lader aus Verbrauchsgründen in der Teillast abschalten sollen.

Eine Ladeluftkühlung sollte die Ladungsdichte erhöhen und damit die Leistung steigern, den Verbrauch senken und die Abgasemissionen verbessern. Falls aus Abgasgründen der Einsatz eines Partikelfilters erforderlich sein würde, hätten der Turbo-und der Comprex-Motor Leistungsverluste und Verbrauchserhöhungen hinzunehmen. Nur beim G-Lader-Motor hatten Drosselverluste auf der Saug- und Auspuffseite geringen Einfluss.

Kolbenentwicklung

Der Kolbenboden erhielt Ventiltaschen, um Freigang für die Erhebungskurven der Ventile zu schaffen. In der letzten Stufe wurde der Boden an Stellen hoher Zugspannung hartanodisiert. Foto: Volkswagen

Technische Daten 1,7-Liter-DI mit G-Lader	
Zylinderbohrung	79,5 mm
Kolbenhub	86,4 mm
Hubraum	1,716 Liter
Kraftstoff-Einspritzung	4-Strahl-Direkteinspritzung
Kolbenkühlung	Ölanspritzung
Max. Leistung	62 kW (84 PS) bei 4.000 U/min
Max. Drehmoment	165 Nm bei 2.500 U/min
Mitteldruck	12,2 bar
Min. spez. Kraftstoffverbrauch	219 g/kWh
Kraftst.-Verbr. im Golf II (Drittelmix)	4,7 L/100 km

Der 1,7-Liter-Direkteinspritz-Dieselmotor mit G-Lader, Magnetkupplung, Ladeluftkühlung und VP 26-Einspritzpumpe für Quereinbau in Golf und Passat. Foto: Volkswagen

Auf einem Prüfstand der FEV wurde an einem Motor mit verstärkter Verteilerpumpe VP 26 eine Leistung von 68,4 kW (93 PS) gemessen.

Michael Willmann: *»Wegen der hohen thermischen und mechanischen Belastung traten nach 926 Stunden im DL2-Programm (ständiger Wechsel zwischen max. Leistung, max. Drehmoment und kurzzeitigem Leerlauf) auf dem Prüfstand Kolbenschäden auf. Die Freigabebedingung waren 500 Stunden. Die Analyse ergab Anrisse in den Nabenbohrungen und Querrisse. Dagegen wurde ein Formbolzen eingesetzt. Weitere Probleme: Zahnriemenschäden, Poly-V-Riemen-Risse, G-Lader-Ausfälle, Magnetkupplung. Im März/April 1984 mussten wir das Projekt an MK/MV zurückgeben.«*

Wettbewerbsvergleich

1986 stellte Austin-Rover als erster Hersteller einen DI-Dieselmotor, einen Perkins-2,0-Liter mit Abgas-Turbolader, in einem Pkw vor. Wir wurden aufgefordert, einen Vergleich mit unseren DI-Motoren mit 1,7 und 1,9 Litern vorzunehmen. In Leistung, Drehmoment und in den spezifischen Werten übertrafen die VW DI-Motoren den Perkins deutlich. Der Kraftstoffverbrauch der VW-Motoren war zudem niedriger. Im Gegensatz zu den Wolfsburgern erfüllte der Perkins-Motor die deutschen NOx-Werte nicht.

Die Thermo-Akustik-Kapsel im Golf II

Uwe Scher: *»Mit der Thermo-Akustik-Kapsel im Golf I wurde im Forschungsprojekt die Grenze der Motorgeräusch-Absenkung aufgezeigt. Dort lag das Aggregategeräusch auf dem Niveau des Rollgeräuschs. Eine praxisgerechte Geräuschkapsel hatte ich am Öko-Polo als Vorentwicklung dargestellt. Mit allen unseren Erfahrungen habe ich eine serientaugliche Vollkapsel am Golf II mit dem 1,7-Liter-Vierzylinder-DI-Motor mit G-Lader aufgebaut und vermessen lassen.«*

Direkter Schallaustritt aus dem Motorraum nach vorn und hinten wurde durch Abschottung verhindert. Absorptionsmaterial dämpfte die hohen Frequenzen. Mit einem Außengeräusch von 71,8 dB(A) lag er deutlich unter allen Serien-Diesel-Pkw. Verbesserte Heizleistung, schnellerer Warmlauf, langsameres Auskühlen waren positive Nebeneffekte.

Die Höchstgeschwindigkeit im Golf II betrug 176 km/h, für die Beschleunigung von 0 auf 100 km/h benötigte er 12,1 s. Im Drittelmix verbrauchte das Auto 4,7 l/100 km. Bei Testfahrten überzeugte das Fahrzeug durch spontanes Ansprechen und hohe Elastizität.

Konzeptänderung 1987

Der 1,7-Liter-DI-Diesel-Motor mit G-Lader und Ladeluftkühlung wurde in mehreren Baustufen entwickelt. Im DL2-Dauerlauf erreichten bis September 1987 acht Motoren 1.000 Stunden und mehr, maximal 1.725 Stunden. Die Abgaswerte unterschritten die Grenzwerte nach ECE 15/04 (Anlage 25). Zur P-Freigabe (Produktion) fehlte indes der Mut. Der Produktkreis stoppte im August 1986 das Projekt. Der Hubraum sollte stattdessen auf 1,9 Liter vergrößert werden.

Der 1,7-Liter-DI-GL-LLK-Dieselmotor im Golf II mit Thermo-Akustik-Kapsel. Sie bestand im Wesentlichen aus einer Dämmmatte unter der Motorhaube, einer Abschottung und Absorptionsschächten nach vorn und hinten, sowie einer Unterschale.
Zeichnung: Scher

Quellen:
- Versuchsbericht, 30.09.1981
- Interview mit Reinhard Müller. Barwedel, 25.11.2019
- AE-AD: Vierzylinder-DI-Dieselmotor mit G-Lader. Statusbericht AE-AD, 10.09.1984
- U. Scher: Thermo-Akustik-Kapsel. Interner Bericht, 12/1987

II.2.2 Der HTD-Motor (High Torque Diesel)

Von James Liang und Michael Willmann

Der 2,0-Liter-Saugmotor

Bereits Mitte 1983 haben wir bei AE-AD einen DI-Saugdieselmotor mit möglichst großem Hubraum aus dem EA 086-Zylinderkurbelgehäuse mit 88,0 mm Zylinderabstand untersucht. Bei den relativ niedrigeren Zylinderdrücken des Saugmotors trauten wir uns eine Zylinderbohrung von 81,0 mm bei einer Stegbreite von 7 mm zu. Das ergibt mit dem Kolbenhub von 95,5 mm einen Hubraum von 1,968 Liter. Kritisch war die Zylinderkopfdichtung.

Eine überschlägige Berechnung der Vergleichsspannung in der Hohlkehle der Kurbelwelle mit geringer Zapfenüberdeckung ergab für einen aufgeladenen Motor eine zu geringe Sicherheit gegen Dauerbruch; deshalb sahen wir vorerst keine Aufladung vor. Herr Klaus Dörel von IAV hat den Motor bei uns im Team von Herrn Horst Fiedler konstruiert. Die Höhe des Zylinder-Kurbelgehäuses hatten wir unverändert bei 220 mm von Kurbelwellenmitte belassen. Mit reduzierter Kolben-Kompressionshöhe und 136 mm Pleuel passte der Kurbeltrieb hinein.

Im Dezember 1983/Januar 1984 wurden die ersten Motoren im Sondermotorenbau bei VW in Salzgitter montiert. Aus Kapazitätsgründen hatten wir bei MAN in Braunschweig mit Unterstützung des Controllers, Herrn Tempel, mehrere Prüfstände angemietet. Der Jung-Ingenieur Jürgen Manns von IAV betrieb den Prüfstand unter der Anleitung von Günter Goergens. Mit einer Leistung von 63 PS (46 kW, 23,4 kW/l) betrug die Höchstgeschwindigkeit im Golf II mit 3+E-Schaltgetriebe 155 km/h. Im Drittelmix verbrauchte der Golf 4,7 Liter/100 km.

Mitte 1986 entschied der Produktkreis auf Betreiben Hofbauers, in eine Blockerhöhung zu investieren, die größere Hubräume für Leistungs- und Drehmomenterhöhungen ermöglichte. Ein Baukasten mit möglichst vielen Gleichteilen sollte Ottomotoren mit Aufladung bis 1,8 Liter, als Saugmotoren bis 2,0 Liter, sowie Dieselmotoren (Wirbelkammer und DI) mit 1,9 Liter Hubraum umfassen. Wegen der Bearbeitung auf der gleichen Linie stimmten wir uns mit der Motor-Konstruktion in Ingolstadt ab, die Basisentwickler für die EA 827-Ottomotoren waren.

1,9-Liter-DI-Diesel mit G-Lader

Die Erhöhung des Zylinderkurbelgehäuses (s. Kap. I.4.3), betraf auch unser Team. Jetzt sollten wir bis zum Oktober 1998 einen 1,9-Liter-DI-Dieselmotor mit G-Lader für eine Kleinserie im Golf II entwickeln. Das Aufladesystem mit dem G40-Lader, Magnetkupplung und Ladeluftkühlung konnten wir vom 1,7-Liter-Motor übernehmen und weiter optimieren. Die Zylinderbohrung von 79,5 mm des 1,7-Liter-Motors haben wir für den aufgeladenen Motor nicht vergrößert, auch weil die Bauteilfestigkeit des Kurbeltriebs noch nicht gesichert war. Die Pleuel sollten oben geführt werden.

Aus den vorhandenen Bauteilen haben wir die ersten Versuchsmotoren durch eine Platte zwischen Zylinderblock und Kopf improvisiert. Die Motoren wurden auf Prüfständen bei uns, bei der FEV in Aachen und bei der IAVF in Karlsruhe (Isotopen-Verschleißtechnik) eingesetzt. Angus Forsyth optimierte den Kaltstart.

Einfluss eines Partikelfilters

Werner Engeler ließ Partikelfilter am 1,9-Liter-DI-Vierzylinder mit G-Lader und am 2,5-Liter-DI-Fünfzylinder mit Abgas-Turbolader untersuchen. Beim G-Lader-Motor zeigte sich kaum ein Einfluss auf Leistung und Drehmoment. Beim Turbomotor ergab sich ein Leistungsverlust von 3,5 bis 7 %. In beiden Fällen wurden die Rußemissionen in der Teillast auf kaum noch messbare Werte herabgesetzt. Beim G-Lader-Motor lag die Rußzahl ab 3.000 U/min zwischen 0,5 und 1, damit etwas höher als beim turbogeladenen Motor.

Potenzialabschätzung

Im Januar 1987 hat Dipl.-Ing. Willi Rhode den Motor weiter optimiert. Bei einer Variation der Laderübersetzung konnte man die Leistung deutlich steigern. Für den Serieneinsatz beschränkten wir uns auf 66 kW (90 PS), da dies exakt an der Grenze einer Versicherungsklasse lag und hier die größten Marktchancen gesehen wurden.

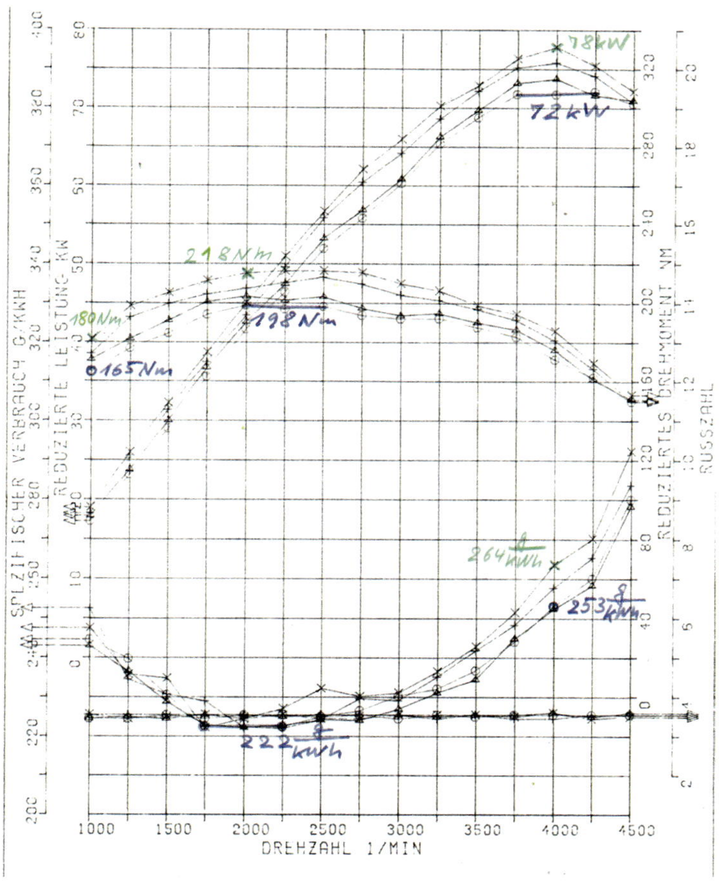

Der Kompakt-Motor

Der Trend im Fahrzeugbau zu größerer Raumökonomie in Verbindung mit reduziertem Luftwiderstand führte zu kürzeren Motorräumen mit abgesenkter Haube. Zur Erfüllung künftiger scharfer Crash-Anforderungen war die Erstreckung des Motors in Fahrzeuglängsrichtung zu minimieren. Nachdem die Grundmotoren des neuen Baukastens definiert waren, sollten auch die Peripheriebauteile für den Einbau in die Fahrzeuge Golf II und III sowie Passat III weitestgehend vereinheitlicht werden.

In der Motor-Konstruktion-Pkw-Triebwerk, Leitung Dipl.-Ing. Dieter Neyer, wurde in der Unterabteilung von Kurt Hiestermann ein Kompaktmotor entworfen. Dipl.-Ing. Hiestermann schrieb dazu: *»Der Crash bekam immer mehr Bedeutung. Wegen der Nähe zur Kühlerhutze wurde die Kühlergruppe beauftragt, Konzepte zur Aggregate-Verteilung zu erarbeiten. Daraus entstand der Kompakt-Motor.«* Eine Attrappe wurde dargestellt, aber wegen komplizierter Tandem-Nebenaggregate, die nicht verfügbar waren, der Ansatz nicht weiter verfolgt.

In Konkurrenz dazu hat Dr. Köhler bei uns den Kompaktmotor mit Hilfe von IAV, beginnend mit einer Morphologie, die neben den vielfältigen Möglichkeiten der Nebenaggregate-Anordnung auch die Einbaulage des Motors sowie die Gestaltungsmöglichkeiten des Zylinderkurbelgehäuses und des Zylinderkopfes einschließt, untersucht. Auch Dr. Hofbauer machte verschiedene Vorschläge.

In einem neuen Ansatz haben wir das Kompakt-Motor-System (KMS) kreiert, das sich durch die Vermeidung eines Tandemaggregats auszeichnete. Das weniger schwierige Problem des Durchtriebs der Lenkhilfspumpe blieb bestehen.

Variation der Laderübersetzung am 1,9-Liter-G-Lader-Motor. Die spezifische Leistung von 41,1 kW/l und der Mitteldruck von 14,5 bar waren Spitzenwerte. Diagramm: Volkswagen

Das Kompakt-Motor-System am 1,9-Liter-DI-Motor mit G40-Lader. Die Einspritzpumpe haben wir vorn liegend angeordnet. Der G-Lader musste nach hinten weichen und wurde mit einer langen Welle angetrieben. Der Klimakompressor wurde über die Lenkhilfspumpe mit Durchtrieb (Tandemaggregat) angetrieben. Alle Nebenaggregate konnten mit einem Poly-V-Riemen angetrieben werden. Foto: Volkswagen

Ein Motor wurde nach Abstimmung auf dem Motorprüfstand in einen Golf II eingebaut und erprobt. Im März 1988 ergab die finanzielle Bewertung des KMS erhebliche Mehrkosten und Investitionsbedarfe. Aus wirtschaftlichen Gründen wurde das Projekt von der Finanz abgelehnt und schließlich gestoppt. Mit einigen konstruktiven Kompromissen konnten die Crash-Anforderungen in den Fahrzeugen Golf II, III und Passat III dennoch gelöst werden.

Erprobungsbericht

James Liang: *»Mit dem Beginn des Vierzylinder-TDI bekamen wir Verstärkung aus der Wirbelkammer-Serienentwicklung. Herbert Ulke, ein erfahrener Kollege, der schon mehrere VW-Motoren auf dem Weg in die Serie begleitet hatte, wusste auch gleich, was uns fehlte: Fahrzeuge! Je mehr, desto besser. So betreute er bald den Bau mehrerer Gölfe mit unserem TDI im Versuchsbau. Wir waren von den bisher uns bekannten Zweizylinder-Polos nicht sonderlich verwöhnt und entsprechend von der Leistungsentfaltung und der Laufruhe der neuen Golf DI begeistert.*

Was mit den Fahrzeugen zu tun war, wusste Herbert auch sofort: Erprobungen! Je mehr, desto besser. Die erste Wintererprobung fand in Gällivare, Schweden, statt. Dort fuhren auch die Wirbelkammer-Kollegen jedes Jahr hin. Herbert kannte sich aus, wir übernachteten in einem schön gelegenen Ski-Appartementhotel am Dundret. Morgens nach dem Frühstück schlenderten wir zu unseren drei Autos, warfen unser Tagesgepäck hinein, starteten und fuhren auf Tagestouren, die Herbert sorgfältig geplant hatte. An manchen Tagen kamen wir am Hotel der Kollegen aus der Serienentwicklung vorbei und wunderten uns, warum die in einem Pulk in der bitteren Kälte mit ernsten Gesichtern von Auto zu Auto gingen, um sie nacheinander zu starten. Erst einige Jahre später lernte ich, dass ein Diesel in der Kälte nicht so einfach anspringt und davonfährt.

Maßgeblich für die Zündung ist die Motorkolbengeschwindigkeit im OT. Sie entscheidet, ob das Gemisch zündet oder auch nicht. Hubkolbenmotoren drehen am langsamsten, wenn ein Kolben über den Zünd-OT fährt. Man kann diese Kolbengeschwindigkeit durch hohe Leistungsaufnahme anderer Aggregate, wie der Einspritzausrüstung, erfolgreich absenken. Emissions- und leistungsgetrieben erhöhten wir immer wieder die Einspritzdrücke, was später in der Pumpe-Düse gipfeln sollte. Höchste Verdichtungsarbeit im Brenn- und Pumpenelementraum zur gleichen Zeit. Das Ergebnis war fast Stillstand im oberen Umkehrpunkt.

Es dauerte nicht allzu lange, bis auch wir bei Kaltstarts gemeinsam von Auto zu Auto gingen. Aber bis dahin erkundeten wir sorglos die winterlichen Landschaften Schwedens. Auf einer völlig vereisten Straße an einem der vielen Seen griffen die Spikeräder ausgezeichnet und wir fuhren mit drei Versuchsfahrzeugen, besetzt mit je zwei Personen, am Ufer entlang auf blankem Eis. Auf einer langgezogenen Rechtskurve sah ich, als Zweiter fahrend, plötzlich, wie Herbert vor mir in einer dicken Pulverschneewolke verschwand. Die Spikes verloren den Kontakt zum Eis und sein Wagen landete im Graben. Mit wenig Sicht nahm ich, Naturgesetzen folgend, die gleiche Bahn und prallte auf den schon stehenden Golf. Der katapultierte mich wieder sachte drehend aus dem Graben auf die Straße. Um Angus im drit-

ten Fahrzeug zu warnen, suchte ich im Beifahrerfußraum nach dem Funkmikro. In dem Augenblick guckte Herbert zu mir, sah keinen Kopf mehr und dachte: Nun ist er auch noch tot. Angus, der gerade den Tacho mit 160 km/h fotografiert hatte, kam noch rechtzeitig zum Stehen.

Unfall bei Schneeglätte in Schweden. Foto: Liang

So hatten wir wenigstens zu sechst ein geheiztes Fahrzeug. Während wir noch überlegten, wie wir in der menschenleeren Gegend Hilfe finden, kam auf gleicher Rutschbahn ein weiteres Gefährt zu Herberts Golf in den Graben geschossen. Dem entstieg ein Finne in Sandalen, der auf den Schreck einen Flachmann aus der Tasche zog und sich einen kräftigen Schluck gönnte. Glücklicherweise fanden wir ein paar Kilometer weiter ein Hotel in Betriebsruhe, wo wir auf ein Abschleppfahrzeug warten konnten. Nette Schweden dort, es gab sogar heißen Tee. Leider gingen unsere Erprobungsfahrten nicht immer so glimpflich aus.«

Der High Torque Diesel wird optimiert

Im Laufe der Entwicklung erhielt der Motor ein optimiertes Saugrohr mit trichterförmigen Einzelrohren. Der Poly-V-Riemen für die Nebenaggregate Wasserpumpe, G40-Lader und Lichtmaschine wurde mit einer hydraulisch gedämpften Rolle gespannt.

Der HTD-Dieselmotor mit der VP 26-Einspritzpumpe von Bosch und dem G40-Lader mit Magnetkupplung. Das optimierte Saugrohr hatte konische Einzelrohre. Die Nebenaggregate Wasserpumpe, G-Lader, Lenkhilfspumpe, Klimakompressor und Lichtmaschine waren an einem »Kompakthalter« befestigt und wurden von einem Poly-V-Riemen mit automatischem Spanner mit hydraulischer Dämpfung angetrieben.
Grafik: Schlenzig

Die Kraftstoff-Einspritzung

Die Einspritzausrüstung war laufend weiterentwickelt worden. Die VP 26/10 – Axialkolben-Verteiler-Einspritzpumpe mit langer Lagerung – hatte diverse Aufschaltgruppen, genannt »Christbaum« (s. Kap. II.3.1).

Da der Direkteinspritzer weniger Wärme ins Kühlwasser abgibt, ist die Heizleistung schlechter als beim Wirbelkammermotor oder gar beim Ottomotor. Hier hatten wir eine unkonventionelle Heizung mit drei Glühstiften in einem Wasserstutzen in Arbeit.

Vom HTD-Motor wurden drei Baustufen erprobt. Im DL2-Dauerlauf waren die höchsten Laufzeiten 1.421 h, allerdings mit Wechsel der Pleuellager, und 1.043 h.

Die Motordaten

1987 war folgender Entwicklungsstand beim direkteinspritzenden Vierzylinder-Dieselmotor erreicht (Tabelle).

Technische Daten 1.9-Liter-GL-Diesel	
Zylinderbohrung	79,5 mm
Kolbenhub	95,5 mm
Hubraum	1,896 Liter
Zylinderabstand	88,0 mm
Verdichtungsverhältnis	20,5
Kraftstoff-Einspritzung	Axialkolben-Verteiler-Einspritzpumpe Bosch VP 26/10 und Vierloch-Sitzlochdüsen
Aufladung	G40-Lader mit Magnetkupplung und Ladeluftkühlung
Max. Leistung	66 kW (90 PS) bei 4.000 U/min
Spez. Leistung	34,8 kW/l
Max. Drehmoment	182 Nm bei 2.300 U/min
Max. Mitteldruck	12,1 bar
Min. spez. Kraftstoffverbrauch	211 g/kWh
Abgaswerte im Passat	Anlage XXV der StVZO
Gewicht	149 kg

Der Kraftstoffverbrauchsnachteil des G-Lader-Motors gegenüber dem Turbomotor mit fester Ladergeometrie im Kennfeld ist im praktischen Fahrbetrieb nicht wiederzufinden. Der mechanisch aufgeladene Motor ermöglicht aufgrund seines guten Ansprechverhaltens das Fahren in großen Gängen und damit bei verbrauchsgünstigen, niedrigen Drehzahlen.

Seminare zur Direkteinspritzung

Michael Willmann erinnert sich: *»Während eines Urlaubs in Überlingen gab es einen Regentag. Da klinkte ich mich bei meiner Familie aus und fuhr nach Neckarsulm, um KS* (Kolben-Schmidt) *zu besuchen, denn die wollten unbedingt mit unserem DI in die Serie kommen. Aber die Dauerlaufergebnisse waren immer etwas schlechter als die der Mahle-Kolben. Das haben wir bei KS besprochen, und sie haben aufgezeigt, wie sie ihren Kolben verbessern könnten.*

Nach der Besprechung hatte ich noch Zeit und ging unangemeldet um die Ecke zu unseren Kollegen von der Audi-Diesel-Entwicklung – gegen die Anweisung meines Chefs. Dr. Stock empfing mich freundlich, und wir begannen uns auszutauschen. Er holte seine Abteilungsleiter, u. a. Richard Bauder, dazu.

Wir redeten offen über unsere Probleme. Es zeigte sich, dass wir auch bei den Lösungsansätzen große Übereinstimmung hatten. Das war auch kein Wunder, denn Audi ließ sich bei der AVL in Graz und wir bei der FEV in Aachen bei Forschungsarbeiten unterstützen. Das war auch kein Wunder: Chefs der Institute waren die Brüder Prof. Pischinger.

Daraufhin vereinbarten wir regelmäßige halbjährige Treffen, abwechselnd in Wolfsburg und Neckarsulm. Beim Brennverfahren gab es nur geringe Unterschiede. Audi hat den Kegel in der Kolbenmulde abgerundet, während wir einen spitzen verwendeten, weil wir damit eine bessere Luftausnutzung hatten.

Insgesamt brachte dieser Austausch für beide Seiten die Sicherheit, dass wir auf dem richtigen Weg waren.«

Der Motor für den Passat III

Für die Version mit Klimakompressor erhielt der Motor einen zusätzlichen Keilriementrieb.

Die Höchstgeschwindigkeit des Passat B3 betrug 176 km/h. Der Kraftstoffverbrauch lag im Drittelmix bei 5,0 l/100 km und damit um 1,1 l/100 km (18 %) niedriger als beim 1,9-Liter-Wirbelkammermotor. Sommer- und Wintererprobung waren durchgeführt. Damit waren die Funktions-Zielwerte erreicht.

Für eine Beschaffungs-Freigabe waren noch einige Probleme zu lösen:

Der 1,9-Liter-HTD-Dieselmotor für den Quereinbau im Passat III. Foto: Volkswagen

- Zahnriemen-Lebensdauer
- Dauerfestigkeit der Kurbelwelle
- Haltbarkeit des G-Laders
- Zylinderkopfdichtung
- Poly-V-Riemen mit Dämpfer

Audi hatte den Einsatz seines Typ 80 (Generation B4) auf den Juli 1991 vorgezogen und den HTD-Motor für den Passat III wegen zu geringer Restlaufzeit gestrichen.

Neue Manager

Michael Willmann: *»Im August 1987 kam Herr Hauk, Aggregate-Chef in Ingolstadt, nach Wolfsburg. Hauk wurde als Aggregate-Koordinator Dr. Hofbauer ‚vor die Nase gesetzt'. Kurz darauf musste Hofbauer Volkswagen verlassen. Dr. Seiffert, vorher Forschungsleiter, wurde neuer Bereichsleiter Aggregate. Er brachte Dr. Oetting, vorher HAL Forschung-Aggregatetechnik, mit und installierte ihn als Hauptabteilungsleiter Motorversuch. Bernd Wiedemann wurde HAL Motorversuch Diesel. Ich wurde als Nachfolger von Bernd Wiedemann Leiter der Vorentwicklung Systeme Diesel. Nicht alle Kollegen waren damit einverstanden.*

Prof. Ulrich Seiffert avancierte vom Forschungsleiter zum Bereichsleiter Aggregate. Foto: Volkswagen

1988 lief Prof. Fialas Vertrag aus, und er verließ VW. Prof. Seiffert wurde Nachfolger als FE-Chef. Dr. Oetting stieg zum Bereichsleiter Aggregate auf. Herr Wiedemann ging als Technischer Vorstand zu VW do Brasil. Karl-Heinz Neumann übernahm den Motorversuch Diesel.

Dann kam Dr. Schroer aus der Vorentwicklung in Ingolstadt, die Piëch aufgelöst hatte, zu uns. Er bekam die Aufgabe, als UA das DI-Projekt mit G-Lader zu koordinieren. Das war für mich eine Entlastung, da wir die G-Lader-Probleme noch nicht gelöst hatten. Es gab häufig Meinungsverschiedenheiten zwischen Dr. Schroer und mir, dabei habe ich auch einiges gelernt.«

Versuche mit Turbolader

Parallel zur Entwicklung des 1,9-Liter-DI-Motors mit G-Lader wurden bei uns im Versuch auch hin und wieder auf Initiative von Günter Goergens Motoren mit Turbolader getestet. Er wollte den G-Lader nicht. Willmann: *»Das löste 1988 zum Teil heftige Diskussionen im Team darüber aus, ob wir mit dem G-Lader-Konzept, das noch reichlich Probleme machte, richtig lagen. Besonders Goergens und Dr. Schroer setzten sich*

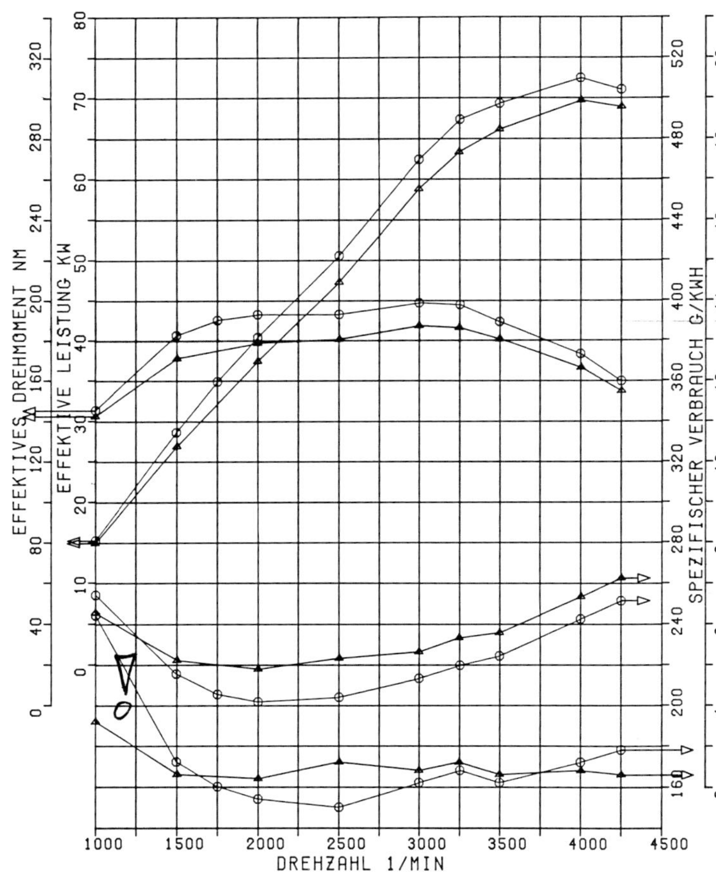

Volllast-Vergleich von G40-Lader und K14-Turbolader am 1,9-Liter-DI-Dieselmotor. Auffällig ist, dass das Drehmoment bei 1.000 U/min mit dem Abgas-Turbolader genauso groß ist wie mit dem G-Lader. Die Rußzahl liefert den Grund. Das hatten unsere Versuchsingenieure nur mit unakzeptabel hohem Rußwert von > 6 erreicht. Ansonsten zeigte der Motor mit Turbo-Aufladung höhere Leistung, höheres Drehmoment und niedrigeren Kraftstoffverbrauch. Diagramm: Volkswagen

für die Turboaufladung ein. Die Probleme mit dem G-Lader-Motor kannten wir, die möglichen mit dem Turbolader-Motor nicht.«

Bei Verbrauchsmessungen im Golf II konsumierte der G-Lader-Motor mit 4,6 gegenüber 4,8 l/100 km wegen des geringeren Stadtverbrauchs etwas weniger. Das lag daran, dass der G-Lader in der Teillast abgeschaltet war und als Saugmotor lief: *»In der Teillast ist Aufladung schädlich«*, sagte Dr. Kristof Wislocki, Professor an der Universität Posznan.

M. Willmann: *»Wir wollten uns die Option für den Einsatz eines Partikelfilters offenhalten; deshalb machten unsere Kollegen entsprechende Prüfstandsversuche am 1,9-Liter-DI mit G-Lader und am 2,5-Liter-DI mit Turbolader. Es zeigte sich, dass der erhöhte Abgasgegendruck, der durch den Partikelfilter entsteht, beim G-Lader-Motor kaum Einfluss auf Ladedruck, Leistung und Drehmoment hatte, beim Turbomotor sehr wohl. Darüber hinaus sprach nur noch der rasche instationäre Ladedruckaufbau für den G-Lader-Motor. «*

Umstellung auf Abgas-Turboaufladung (ATL)

Im Februar 1988 erreichte ein Motor mit einem relativ kleinen Abgas-Turbolader K14 von KKK auf dem Prüfstand von Herrn Klaus Uphoff bei MAN in Braunschweig 72,5 kW (99 PS) und 200 Nm bei einem minimalen spezifischen Kraftstoffverbrauch von 202 g/kWh.

M. Willmann: *»Wir hatten nach achtjähriger Entwicklungsarbeit immer noch keinen Direkteinspritzer in Serie. Frust fing an, sich in der Mannschaft breitzumachen. Gravierende Probleme mit der Dauerhaltbarkeit mehrerer Komponenten, besonders der Kurbelwelle, dem G-Lader, dem Zahnriemen und der Magnetkupplung, brachten den beabsichtigten Anlauftermin des mechanisch aufgeladenen 1,9-l-DI-Motors in Gefahr. Im Januar 1989 wurden im Motorversuch-Diesel Überlegungen angestellt, das Aufladesystem vom G-Lader auf den Turbolader umzustellen.«*

Der neue Bundesumweltminister Klaus Töpfer hatte eine Umweltinitiative angekündigt, die die Abgasemissionen von Otto- und Dieselmotoren deutlich absenken sollte, d. h. die Einführung von Grenzwerten, die der amerikanischen Norm entsprachen. In einem Gespräch mit Prof. Seiffert äußerte Töpfer, dass er dem Dieselmotor gegenüber aufgeschlossen sei, wenn die Abgasemissionen verbessert würden. Um als schadstoffarm zu gelten und von der Kfz-Steuer befreit zu werden, müssten die Abgaswerte nach Anlage XXIII im US-amerikanischen FTP-75-Test erfüllt werden:

$NO_x \leq 1$ g/Meile
Partikel $\leq$ 0,2 g/Meile

Der mechanisch aufgeladene Motor läuft in den Betriebsbereichen des Testzyklus überwiegend als Saugmotor mit relativ hohen Partikel- und HC-Emissionen. Die Abgas-Turboaufladung liefert in der Teillast einen höheren Luftüberschuss und reduziert damit die Partikel. Der Kraftstoffverbrauch war im Passat III bei beiden Konzepten mit ca. 6 l/100 km in etwa gleich. Darüber hinaus sprachen Kosten und Einbauraum gegen die mechanische Aufladung.

Dazu Michael Willmann: *»Auch mein Chef unterstellte mir plötzlich, dass ich mich weigere, auf ATL umzustellen. Ich weigerte mich überhaupt nicht und sah emotionslos auf die Fakten und unseren Auftrag. Der lautete, den Motor mit G-Lader in Serie zu bringen, und niemand hat mich davon entbunden. Ich hatte den G-Lader nicht erfunden und hing auch nicht an ihm, obgleich mein Team ihn erfolgreich saniert hatte.*

Der Umstieg bereitete uns keine Schwierigkeiten, da Günter Goergens auch immer wieder Turbomotoren auf dem Prüfstand untersucht hatte. Mit dem PSK (Produkt Strategie Komitee) im April 1989 war die Umstellung auf ATL offiziell beschlossen.«

Quellen

- M. Willmann: Persönliche Aufzeichnungen
- W. Engeler: Mündlicher Bericht, 1987
- Kurt Hiestermann: Werdegang. Notizen, 01.12.2018
- AE-AD: High Torque Diesel. Broschüre, 1987
- M. Willmann/E. Kittler: High-Tech-Motoren von Volkswagen, Motorbuch Verlag, 2021

II.2.3 »Georgies« GDI

von Jörg Ahrens und Semih Gökesme

DI mit G-Lader

Jörg (»Georgie«) Ahrens wurde Anfang 1993 von Michael Willmann dazu »verdonnert«, sein als »4,0-Liter-Auto« geplantes Projekt, einen Audi B4 mit 1,9-Liter-DI-Dieselmotor – den er statt des serienmäßigen Turboladers mit einem G60-Lader ausgerüstet hatte – während der Vorstandsfahrt auf dem Prüfgelände Wolfsburg vorzustellen.

Der direkteinspritzende 1,9-Liter-GDI-Dieselmotor mit G60-Lader, Magnetkupplung, Nebenaggregateträger und elektronischer Einspritzpumpe Bosch VP 34; Leistung 70,6 kW (96 PS) bei 4.110 U/min (37,2 kW/l), Drehmoment 209 Nm von 2.000 bis 2.500 U/min (13,8 bar Mitteldruck).
Foto: Volkswagen

Jörg Ahrens: *»Nachdem diverse Herren, u. a. Prof. Seiffert, das Fahrzeug gefahren hatten und begeistert waren, kam Herr Dr. Piëch (damals Vorstandsvorsitzender von Audi) ins Fahrzeug und fuhr mit mir durchs Prüfgelände. Und das sehr rasant. Äußerlich scheinbar unbeeindruckt, konnte ich an seinem Atem aber merken, dass ihm das Fahren in dem von uns GDI (G-Lader-Direct-Injection) genannten Auto viel Spaß gemacht hat. Nach Abschluss der Fahrt war seine einzige Frage: ‚Wie lange dauert es, bis wir in Serie gehen könnten?' Meine Antwort war: ‚Zirka zwei Jahre.'«*

Dazu Michael Willmann: *»Das muss man sich mal vorstellen, da verspricht der Sachbearbeiter dem Vorstand von Audi, der ein sehr gutes Gedächtnis hat, ohne Abstimmung mit seinen Chefs den Serieneinsatz.«*

Jörg Ahrens weiter: *»Dann riss Prof. Seiffert die Tür auf und fragte Dr. Piëch nach seinem Eindruck. Antwort war nur ein Kopfnicken! Anschließend fuhr noch Dr. Hahn. Er war ebenfalls sehr begeistert und fragte: ‚Kann man das auch mit einem VW machen?'*

Was ich zu diesem Zeitpunkt nicht wusste, war, dass am folgenden Tag ein Sonder-PSK in Ingolstadt stattfand, zu dem auch Herr Dr. Oetting und ‚Yogi' Neumann erscheinen mussten. Die Begrüßung lautete angeblich: ‚Guten Morgen, meine Herren. Umstellung aller Turbo-Dieselmotoren auf G-Lader'.

Zu Dr. Oetting gewandt: ‚Sie haben doch so einen tollen Dieselmotor mit G-Lader...' Als Dr. Oetting auf die Kosten verwies, hieß es nur: ‚Wenn Sie es nicht machen, macht's der Demel'.

Folge: Am nächsten Tag kam Dr. Neumann zurück und während seiner Ausführungen sagte er zu mir: ‚Das haben Sie uns eingebrockt, also sehen Sie zu, dass Sie Ihr Bett im Büro aufstellen.' Brauchte ich letztlich aber nicht.«

Der G-Lader

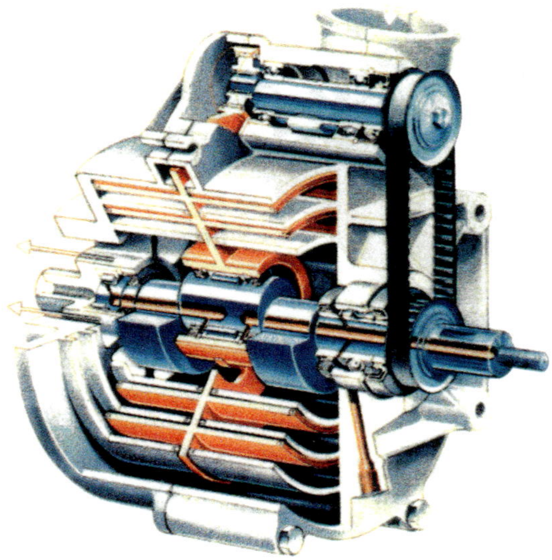

Der mechanische Volkswagen Spirallader G60, eine achtflutige Kreiskolbenmaschine mit Doppel-Exzentertrieb. Aufbau und Funktionalität des G-Laders sind in der Literatur beschrieben.
Grafik: Volkswagen

Die Kollegen in Neckarsulm und Ingolstadt – erfahrener im Umgang mit dem Audi-Vorstand Piëch – gingen die Sache gelassener an. Sie lieferten ein neun Seiten starkes Papier ab, in dem sie die Nachteile des G-Laders, den sie an ihrem 2,5-l-DI-Diesel untersucht hatten, gegenüber dem TDI auflisteten: *»... erheblicher Entwicklungsaufwand erforderlich, um die Haltbarkeit und Abgaserfüllung zu erreichen«*. Sie favorisierten die Turboaufladung.

Die Entwicklung in Wolfsburg begann zu rotieren. Im November schrieb Prof. Seiffert an Dr. Oetting: *»Wann haben wir die neue G-Lader-Strategie? Ich akzeptiere die Aussage der PE (Pkw-Entwicklung) nicht, dass der G-Lader aus Crashgründen nicht geht.«*

M. Willmann: *»Ich saß mit unserem Chef, Herrn Neumann (Leiter des Motor-Versuchs Diesel), zusammen, und wir überlegten, wie wir die Sache angehen sollten. Da hatte Neumann die Idee: ‚Piëch will Autos fahren.' Also beschlossen wir, die beiden konkurrierenden Aufladesysteme in Fahrzeugen darzustellen, um zu einer fundierten Entscheidung zu kommen.*

Im November vereinbarte Neumann mit Dr. Piëch, zunächst nur den 1,9-l-DI-Motor im Audi C4 (der erste A6) zu betrachten. Der im Audi 100 etablierte Fünfzylinder-TDI-Motor war sehr teuer, und man brauchte einen kostengünstigen Einstiegs-Diesel. Nun wurde der Fünfzylinder-TDI von einigen Kunden und der Presse wegen seiner Drehmomentschwäche im niedrigen Drehzahlbereich beanstandet, auch bedingt durch seine lange Antriebsübersetzung. Für den hubraumschwächeren Vierzylinder-TDI-Motor war in dem schweren Auto Ähnliches zu befürchten. Hier sollte die G-Lader-Technik Akzente setzen.

Wir sind nicht unvorbereitet in dieses Abenteuer gestürzt, hatten wir doch von 1983 bis 1989 die Entwicklung des Vierzylinder-DI-Dieselmotors mit dem G40-Lader, Magnetkupplung und Ladeluftkühlung betrieben, zunächst mit einem Hubvolumen von 1,7 Liter, später mit 1,9 Liter. Das Abgasziel war die Erfüllung der Grenzwerte nach ECE 15/04. Auch waren wir, zunächst unter der Leitung von Dipl.-Ing. Bernd Wiedemann, für die Entwicklung der G-Lader verantwortlich.

Ich bat unseren erfahrenen Versuchs-Ingenieur Semih Gökesme, das Team aus Wolfsburger Entwicklern und Forschern zu koordinieren. Im Dezember 1992 machte sich die Mannschaft an die Arbeit.«

Der Turbolader

In Testberichten von Turbomotoren wurde durchgehend das »Turboloch«, das Ansprechverhalten aus niedrigen Drehzahlen, beanstandet, auch bei unserem 1,9-Liter-TDI mit dem Garrett T2 ATL. Deshalb entwickelte Garrett einen kleineren Lader, den T15.

Willmann weiter: *»Dann traf ich zufällig Erich ,Ede' Gaschler aus der Forschung auf dem Flur und erzählte ihm von unserem Auftrag. Er sagte zu mir: ,Willi, wir haben bei Herrn Borrmeister an der TU Dresden einen Wirbelkammer-Diesel mit einem Verstelllader (Abgas-Turbolader mit verstellbarem Turbinen-Leitapparat) der Firma Aerodyne auf dem Prüfstand. Den könnt Ihr doch auch noch nehmen.'*

Ich sprang natürlich sofort darauf an. So kam ein drittes Aufladekonzept zu dem vorgesehenen Vergleich (Technik, Kosten Termine).«

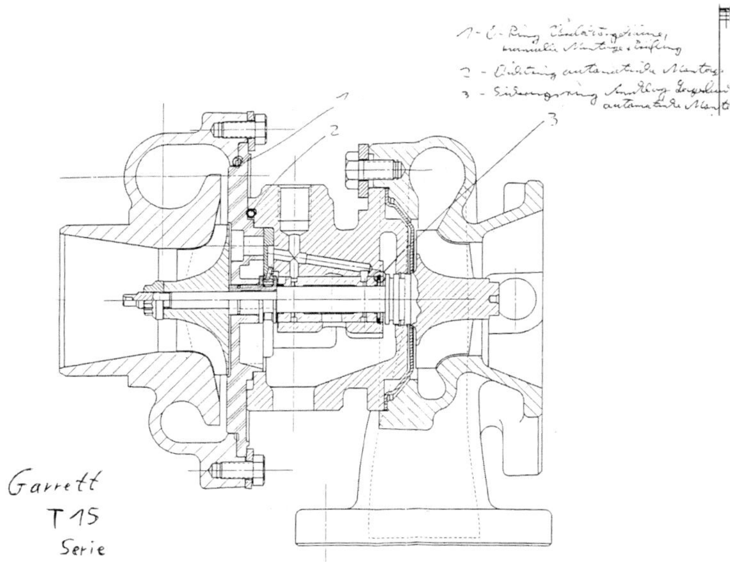

Der neue Garrett T15-Abgas-Turbolader mit kleinen Turbinen- und Verdichterrädern verbesserte das dynamische Ansprechen des Motors im unteren Drehzahlbereich, schnürte aber oben etwas zu, was sich in etwas höherem Kraftstoffverbrauch äußerte. Nach Einführung in die Serie 1993 gab es keine Beanstandungen wegen eines »Turbolochs« mehr. Zeichnung: Garrett

Der Verstelllader

Das Hauptproblem der Turbolader war der geringe Ladedruck bei niedrigem Gasdurchsatz, der durch die Pumpgrenze bestimmt wird. Im Forschungsbereich suchte man nach Möglichkeiten, das Verdichter-Kennfeld zu erweitern. Abgas-Turbolader mit verstellbarem Turbinen-Leitapparat zur Ausdehnung des Kennfeldbereichs mit hohem Wirkungsgrad und hohen Ladedrücken waren prinzipiell bekannt. Prototypen wurden z. B. an der TU Hannover bei Prof. Rautenberg untersucht. Die Fa. Aerodyne in Dallas/Texas (USA) entwickelte einen ATL mit verstellbaren Leitschaufeln am Turbineneintritt. Keiner dieser Verstelllader ging in die Serienfertigung.

Semih Gökesme schaut zurück: *»Als ich mit dem Projekt beauftragt worden bin, konnte ich den Gesamtumfang noch nicht abschätzen. Aber der Entscheidungstermin, der 25. Februar 1993, stand fest! Nur zirka zehn Wochen Zeit wurden für die Arbeiten eingeräumt. Deshalb musste die Gesamtteamarbeit reibungslos und ohne Zeitverzug ablaufen, weil die Bedeutung der Entscheidung für die Konzernzukunft sehr hoch war. Unter diesem Aspekt sollte es einen Projektarbeitsplan geben, so dass die einzelnen zuständigen Verantwortungsketten untereinander kooperieren und sich abstimmen konnten.«*

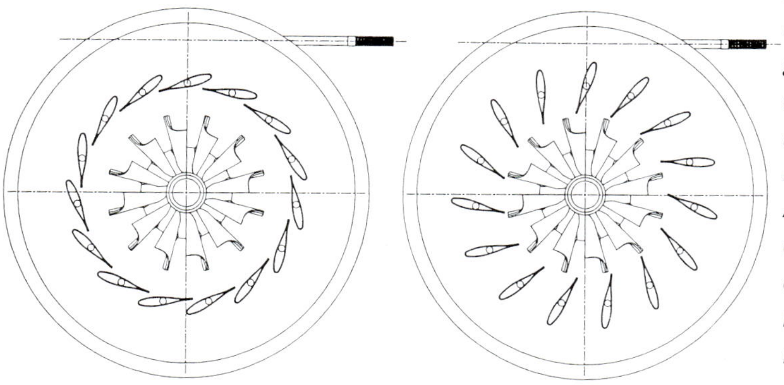

Der Aerodyne VTG-Lader (Variable Turbine Geometry). Bei geringen Durchsätzen waren die Schaufeln bis auf kleine Spalte geschlossen. Dadurch war die Strömungsgeschwindigkeit in den Spalten relativ hoch und der Impuls auf das Turbinenrad relativ stark. Auch der Anströmwinkel passte zur Drehzahl. Bei großen Durchsätzen öffnen die Schaufeln und ändern die Anströmrichtung. Dadurch wurde, je nach Motordrehzahl, eine kleinere oder eine größere Turbine dargestellt. Durch diese Variabilität entsteht ein breiteres Lader-Kennfeld mit hohen Wirkungsgraden. Die Verstellung erfolgte durch ein Hebelsystem. Zeichnung: Aerodyne Dallas

Prüfstandswerte

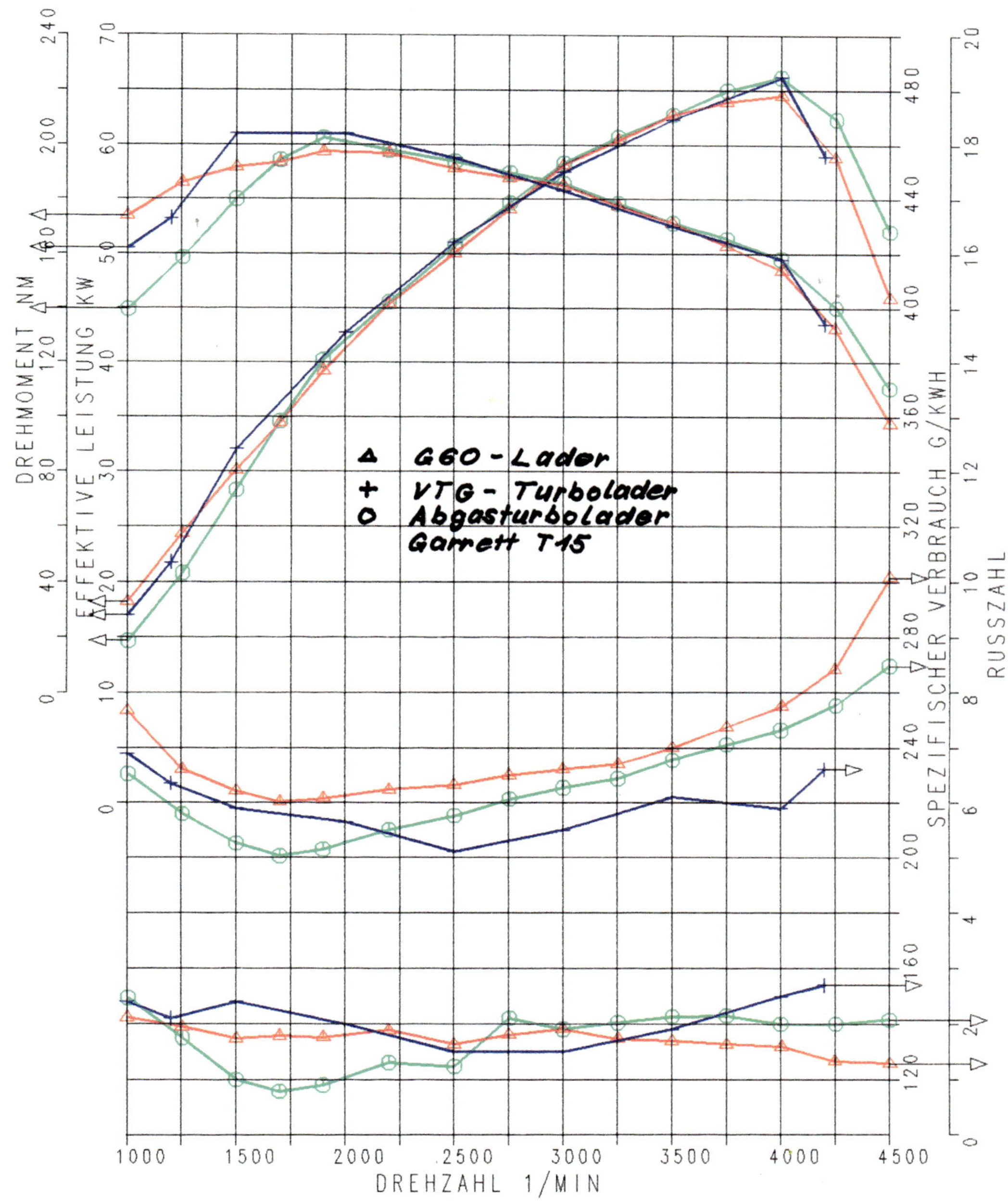

Das Diagramm zeigt die stationär gemessenen Volllastwerte eines 1,9-Liter-DI-Dieselmotors mit drei unterschiedlichen Aufladesystemen. Bei gleicher Nennleistung bot der G-Lader bei niedrigsten Drehzahlen das höchste Drehmoment. Instationär wurde der Unterschied noch deutlicher. Beim VTG-Lader ist zu berücksichtigen, dass der Prototyp in einem frühen Entwicklungsstadium war.

Diagramm: Rhode

Der stationär auf dem Prüfstand gemessene Kraftstoffverbrauch des G-Lader-Motors liegt im Minimum mit 220 g/kWh zwar über denen der Turbolader-Motoren (T15: 200 g/kWh, VTG: 202 g/kWh), aber aus vorangegangenen Messungen in Fahrzeugen auf der Straße wusste das Team, dass die Realverbräuche sich nicht wesentlich unterschieden, weil ja bekannermaßen mit dem G-Lader-Motor häufiger in höheren Gängen gefahren wurde.

Energiefluss und Wirkungsgrade

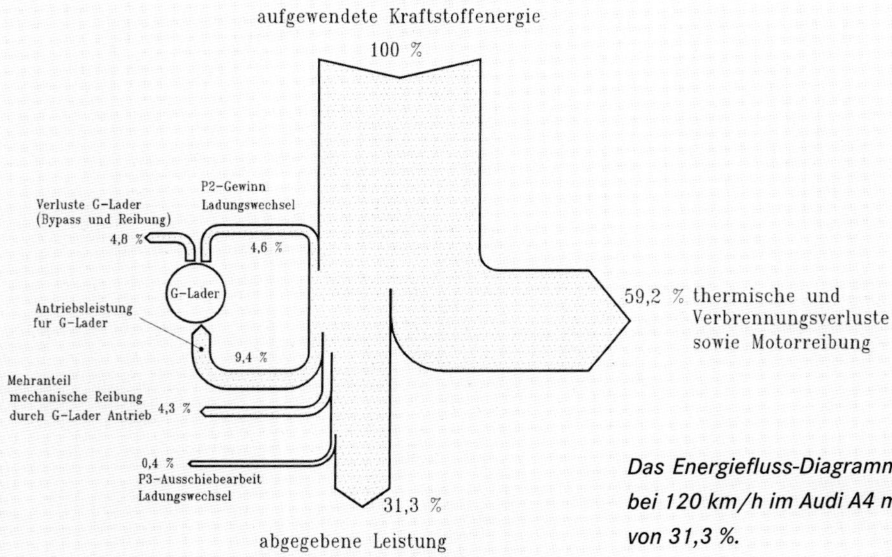

Das Energiefluss-Diagramm eines Dieselmotors mit G-Lader bei 120 km/h im Audi A4 mit einem effektiven Wirkungsgrad von 31,3 %. Diagramm: Kracke

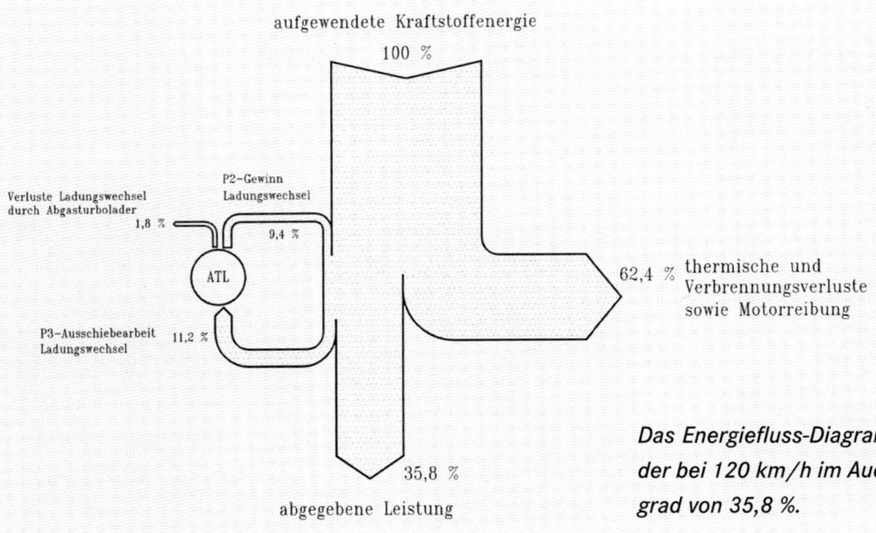

Das Energiefluss-Diagramm eines Dieselmotors mit Turbolader bei 120 km/h im Audi A4 mit einem effektiven Wirkungsgrad von 35,8 %. Diagramm: Kracke

Die drei Motoren wurden mit der elektronisch geregelten Einspritzpumpe Bosch VP 34, Ladeluftkühlung sowie Abgasrückführung ausgerüstet. Die Motoren wurden im Versuchsbau aufgebaut und auf dem Motorprüfstand auf gleiche Leistung (66 kW/90 PS) eingestellt – dort lag bekanntlich eine Versicherungsstufe. Auch das maximale Drehmoment wurde auf ca. 200 Nm gleichgestellt. Damit stellten sie einen improvisierten Entwicklungsstand dar. Alle drei Varianten hatten noch Entwicklungspotenzial.

Das Team Wolfsburg stellte drei Motoren mit drei Ladersystemen vor, deren Leistung und Drehmomente auf dem Prüfstand abgestimmt waren. Das Team Neckarsulm bereitete die Anpassung des Fahrzeug-Motorraums vor. Und Team Ingolstadt baute die Motoren, Getriebe und die dazu gehörende Peripherie in den Vorderwagen ein. Nach Eintreffen in Wolfsburg gingen die Autos auf einen Rollenprüfstand. Semih Gökesme: *»Ich erinnere mich gerne an die erfolgreiche Zusammenarbeit mit der Gesamtmannschaft.«*

Drei Audi 100 wurden mit diesen Aufladesystemen verglichen:

- mit dem neuen, kleineren Abgas-Turbolader T15 von Garrett, wie für die Modellpflege im Juli 1993 vorgesehen
- mit dem mechanischen G60-Lader mit Magnetkupplung
- mit dem VTG-Lader-Prototyp von Aerodyne (verstellbarer Leitapparat vor der Turbine)

Der 1,9-Liter-GDI-Dieselmotor im Audi 100. Der G-Lader sitzt in Fahrtrichtung links (Pfeil) und passt gut in den Vorderwagen.

Foto: Volkswagen

Piëch liebte kein Papier. Mehr als eine Seite durfte es nicht sein. Semih Gökesme hat darum auf nur einem Blatt alles Wichtige dargestellt: Technik, Kosten, Termine.

Vergleichsfahrten

Die Audi-Vorstandsmitglieder Kortüm, Larsson und Dr. Demel nutzten am 25. Februar 1993 den Transfer vom Flugplatz Waggum ins Werk zu einer Informationsfahrt. Das spontane Ansprechen des G-Lader-Fahrzeugs war überzeugend.

Semih Gökesme fuhr zusammen mit Dr. Neumann und Dr. Demel im T15-Fahrzeug vom Flughafen Braunschweig zurück ins Werk Wolfsburg: *»Als Erstes gratulierten wir Dr. Demel zur Übernahme des Chefpostens bei Audi. Lächelnd antwortete er: ‚Das habe ich heute auch aus der Zeitung erfahren'. Dr. Neumann überreichte ihm den Projektbericht, und nach einem kurzen Blick darauf sagte er: ‚Ich werde Herrn Dr. Piëch informieren, der Kostenvergleich ist interessant.'«*

Am Tag darauf fand im Prüfgelände Wolfsburg eine Vergleichsfahrt mit dem Konzern-Vorstandsvorsitzenden Dr. Piëch, dem VW-Technik-Vorstand Prof. Seiffert, dem Aggregate-Chef von VW, Dr. Oetting, dem Leiter des Dieselmotoren-Versuchs, Herrn Neumann, dem Projektleiter Dipl.-Ing. Gökesme und Michael Willmann statt. Dr. Piëch nahm sich eine Stunde Zeit, um alle drei Autos sorgfältig zu testen und zu vergleichen. Autofahren konnte er! Besonders prüfte er das Beschleunigungsvermögen aus niedrigen Drehzahlen und das Anfahren am Berg.

Die Entscheidung

Semih Gökesme: *»Dann kamen wir zur Besprechung zusammen, und die Motorhauben wurden aufgemacht. Wir standen drumherum, jeder kannte seinen Platz in der Hierarchie. Bei der Erprobung auf dem Prüfgelände hatte Dr. Piëch seinen Schwerpunkt auf Bergfahrt gelegt. Ich hörte ihn sagen: ‚Ja, der VTG kommt kurzzeitig später auf Drehzahl als der GDI.‘ Dieses probierte er mehrmals und immer wieder. Ich war sehr gespannt und dachte: Ist das jetzt schon die Entscheidung?*

Bei der Abschlussrunde vor den Fahrzeugen hatte er den Projektbericht in der Hand. Auf der ersten Seite war eine Zusammenfassung der Technik, Kosten und Termine zu sehen. Dr. Piëch fragte mich nach den Laderpreisen. Da die Kosten des G-Laders die des ATL-Laders deutlich überstiegen, sagte er: ‚Da haben die Salzgitteraner ihr Kostenversprechen nicht einhalten können.‘ Und ich antwortete: ‚Leider nicht.‘

Er ging dann zu den Fahrzeugen mit Turboladern und gab Anweisungen, wie wir weiter vorgehen sollten. Unter anderem sollten alle Oberflächen der Motoren mit einer Haube versehen werden. Daraus entstand dann später die Akustikhaube.«

Piëchs Fazit lautete: *»Der ATL spricht ab 1.700 U/min spontan auf das Gaspedal an, der Verstelllader ab 1.400 und der G-Lader ab 1.200.«* Damit hatte er exakt unsere Messungen bestätigt.

Auch den Einbau des GDI-Motors in den Golf III, dessen Vorderwagen deutlich kürzer als beim Vorgänger war, sprach Dr. Piëch an. Für den neuen Golf hätte der G-Lader aufwändig über dem Getriebe platziert werden müssen, mit einer langen Antriebswelle.

Dann kamen die Kosten zur Sprache. Vom G-Lader wurden maximal 320 Lader pro Tag gebaut, meistens weniger als 200. Garrett fertigte auf zwei Straßen je 1.000 Turbolader am Tag mit entsprechend hohem Automatisierungsgrad und dadurch niedrigen Kosten. Da konnte der G-Lader nicht mithalten.

Und der Verstelllader hatte einen guten Eindruck hinterlassen, aber der Prototyp erforderte noch einen erheblichen Entwicklungsaufwand. Die Firma Aerodyne hatte allerdings keine Produktionseinrichtungen, war aber bereit, welche aufzubauen.

Piëch entschied, dass der 1,9-l-TDI-Motor im Audi C4 zunächst mit dem T15-Lader ab Juli 1994 anlaufen soll und der VTG-Lader bis zum Juli 1996 zu entwickeln sei.

Das war der Todesstoß für den G-Lader, der noch bis zum 8. Februar 1994 gebaut wurde. Gökesme: *»Die Diskussion hatte zehn Minuten gedauert, und wir alle wussten, was wir zu tun hatten. Bei den Dieselmotoren hatten wir bereits auf Turboaufladung umgestellt, und die Otto-Motoren folgten.«*

Jörg Ahrens: *»Ich sehe das – bis heute – nur als genialen Schachzug von Dr. Piëch an, denn das Thema stand am nächsten (!) Tag (nach dem Sonder-PSK) schon in der auto motor und sport. Folge war unter anderem, dass die Einkaufspreise der damaligen ATL schlagartig in den Keller gingen und die Entwicklung des VTG-Laders forciert wurde.«*

Geplänkel am Rande: Dr. Neumann versuchte Dr. Piëch das Vierganggetriebe für den Golf TDI auszureden. Die meisten Kunden nahmen den Fünfgänger, weil das Getriebe optimal zum Drehmoment des Motors passte. Dazu Piëch: *»Dann wollen's wohl im nächsten Jahr keine Dividende haben.«*

Nach kurzem Serieneinsatz verschwand das Vierganggetriebe wegen fehlender Kundenresonanz wieder aus dem Programm.

Quellen:

- M. Willmann/E. Kittler: High-Tech-Motoren von Volkswagen. Motorbuch Verlag, 2021

II.2.4 Großer Zylinderabstand

Von Michael Willmann

Anfang der 80er-Jahre entstand ein Trend zu größeren Hubvolumina bei Vierzylindermotoren. Verbrauchseinsparung durch Downsizing war noch kein Thema. So baute Mercedes einen 2,3-Liter-Vierzylinder-Vierventil-Ottomotor und Porsche einen 2,5-, später einen 3,0-Liter-Vierzylinder mit einem Zylinderabstand von 100 mm für den Typ 944.

Attrappe eines Vierzylinder-Dieselmotors mit 102 mm Zylinderabstand (Arbeitstitel M 102) und 2,8 Liter Hubraum, der in den Golf passen sollte. Foto: Volkswagen

Der »M 102«

Dr. Peter Hofbauer, als Aggregate-Chef von VW, initiierte 1986 eine Studie für Benzin- und Dieselmotoren mit 102 mm Zylinderabstand. Der Dieselmotor sollte langhubig mit einem Hubraum von 2,8 Liter ausgeführt werden.

Bei uns, in der Aggregate-Diversifikation, beschäftigten sich Dr. Köhler und ich mit dem Auftrag. Ich studierte die wesentlichen Motorparameter mit Hilfe der Modellgesetze. So gilt beispielsweise für die Abhängigkeit der Leistung: $P_e \sim V_H^{1/3}$. Daraus folgt, dass sich die Maximale Leistung bei Hubraumvergrößerung nur degressiv steigern lässt. Aufgrund größerer Massenkräfte wird die Nenndrehzahl bei gleicher Triebwerksbelastung niedriger. Mit dem Hubvolumen kann das maximale Drehmoment deutlich erhöht werden.

Auch in der Motor-Konstruktion arbeiteten sie daran, weil ein Wirbelkammer-Motor mit einbezogen werden sollte. Im September 1988 gab es eine Attrappe. Die Nockenwelle sollte vorn mit einer Kette angetrieben werden, während die anderen Nebenaggregate von der Schwungradseite aus über Zahnriemen, Kette und lange Welle ihre Energie erhalten sollten.

Als Hofbauer 1987 Volkswagen verließ, war dieser Ansatz gestorben. Nachfolger wurde Prof. Seiffert. Nun gab es Gespräche mit Audi, mit dem Ziel, zu einem einheitlichen Zylinderabstand zu kommen. Diskutiert wurden Stichmaße von 93 und 96 mm. Audi hatte dabei auch Sechs- und Achtzylindermotoren im Auge. Im März 1990 fand ein Gespräch zwischen Dr. Oetting, inzwischen Aggregate-Chef, und Dr. Ferdinand Piëch statt. Dabei wurde auch ein Zylinderabstand von 92 mm diskutiert.

Der »M 96«

Für den M 96-Motor war eine Zylinderbohrung von 88,5 mm und ein Hub von 96,5 mm vorgesehen, was zu einem Hubvolumen von 2,374 Litern führte. Dr. Oetting forderte eine Leistung von 105 kW (143 PS).

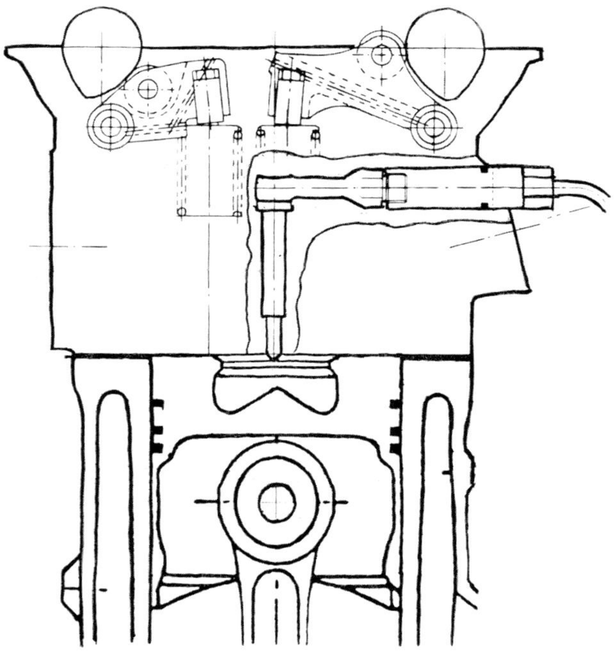

Vierventil-Zylinderkopf für den Diesel-Motor M 96 mit zentraler Düsenlage und Rollenschlepphebeln für den Ventiltrieb. Als Einspritzdüse wurde die schlanke Stanadyne Pencil nozzle vorgesehen. Zeichnung: Ditschun

Unser Auftrag lautete, mit Hilfe externer Kapazität Konstruktionsstudien anzufertigen, die sowohl eine konventionelle als auch die Pumpe-Düse-Einspritzung und ebenso die Wirbelkammer berücksichtigten. Auch Vierventil-Technik sollte untersucht werden. Herr Ditschun von MAN in Braunschweig erarbeitete die Entwürfe mit einem Zylinderabstand von 96 mm. Uwe Scher betreute die Arbeiten. So entstand 1991 unser erster Vierventil-Entwurf für einen TDI-Dieselmotor.

Der Dreiventil-Pumpe-Düse-Zylinderkopf

Unser Team um Uwe Scher sollte auch einen Zylinderkopf mit vier Ventilen und Pumpe-Düse darstellen. Ditschun verzweifelte an dem Kompromiss zwischen Ventilgröße und dem Durchmesser der Bosch-Pumpe-Düse. Die Ventile würden zu klein werden. Als Ergebnis wurde dem Aggregate-Chef ein Dreiventilkopf vorgestellt.

Dr. Oetting akzeptierte das nicht und forderte Pumpe-Düse **und** vier Ventile. Leichtsinnigerweise sagte ich: *»Das geht nicht«* – und begründete das damit, dass die Ventile schräg angeordnet werden müssten, was das Schadvolumen vergrößern würde. Das Arbeitsverfahrens-Team hatte es gerade mühsam beim Zweiventiler verringert. Dr. Oetting blieb aber hart.

Daraufhin setzten wir uns in kleinem Kreis zusammen (mit den Kollegen Scher, Ditschun und Stehr) und diskutierten die Möglichkeiten. Wenn die Ventile nicht zu klein werden sollten, gab es nur eine Lösung: Die Pumpe-Düse (PD) musste schlanker werden. Nun arbeitete Bosch gerade an der PD P1, und wir forderten, parallel eine neue PD zu entwickeln. Das lehnte Bosch zunächst ab. Ich fragte nach den Gründen. Bosch benannte Kapazitätsengpässe. Ich sagte: *»Das können wir lösen. Was brauchen Sie?« »Zwei Konstrukteure fürs Werk Venissieux!«* Das war für uns kein Problem, hatten wir doch bei IAV in Berlin noch die Mannschaft, die das System Modes dargestellt hatte. Also reisten zwei Konstrukteure nach Frankreich und erarbeiteten gemeinsam mit den Bosch-Leuten die Zeichnungen für die schlanke PD.

Die Audi-Leute in Neckarsulm stellten ebenfalls Überlegungen zu einer neuen Motorenreihe an. Es ging noch einige Male hin und her zwischen Wolfs-

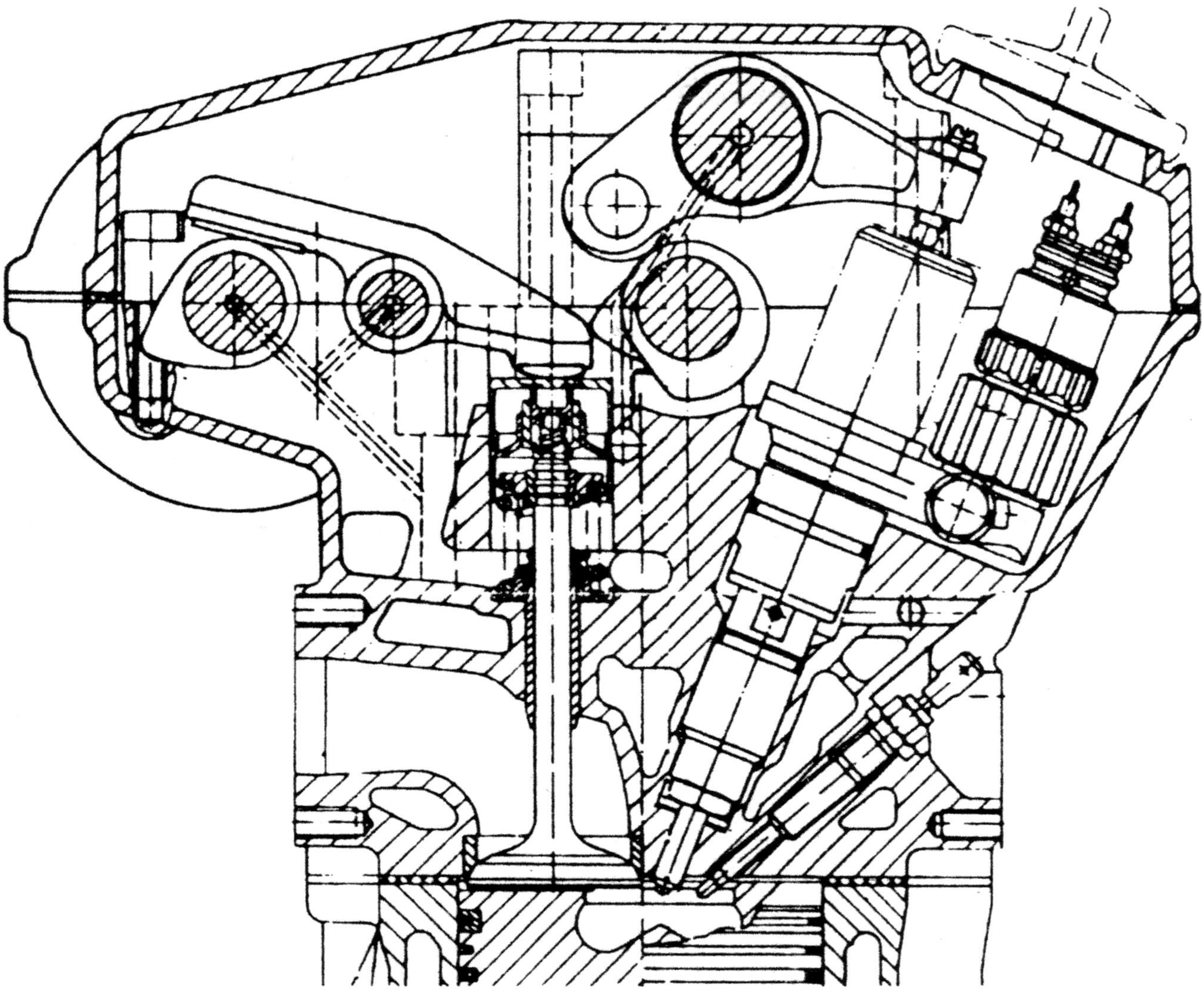

Dreiventil-Zylinderkopf für den M 96-Dieselmotor mit Pumpe-Düse-Einspritzung und zwei obenliegenden Nockenwellen. Die Nockenwelle zum Antrieb der Pumpe-Düse und der Auslassventile sollte per Zahnriemen angetrieben werden, die Einlass-Nockenwelle dagegen aus Platzgründen von einer Kette. Zeichnung: Ditschun

burg und Ingolstadt sowie zwischen den Zylinderabständen 92, 93 und 96 mm. Ende 1992 zeichnete sich ab, dass Ferdinand Piëch die Nachfolge von Dr. Hahn als Konzern-Vorstandsvorsitzender antreten würde.

Alle Investitionen wurden fortan stärker auf ihre Notwendigkeit hin überprüft. Die für eine neue Motorenbaureihe nötigen Investitionen wurden nicht genehmigt. Stattdessen erging der Auftrag, die gesetzten Leistungsziele mit dem Zylinderabstand 88 mm zu realisieren. Die von der Vorentwicklung bestellten und gefertigten Prototypmotoren der BR 96 wurden verschrottet.

Der Vierzylinder-TDI-Motor mit 88 mm Zylinderabstand und 1,9 Liter Hubraum leistete damals 66 kW (90 PS). Eine Steigerung auf 105 kW (143 PS) würde noch eine erhebliche Entwicklungszeit in Anspruch nehmen. Das Ziel wurde dann 2002 mit dem Vierventil-Pumpe-Düse-Motor noch deutlich übertroffen.

Quellen

- M. Willmann: Persönliche Aufzeichnungen
- IAV: Studie zum DI Querstromkopf, 1988
- U. Scher: M 96 – Dreiventil-DI-Dieselzylinderkopf mit Pumpe-Düse. Notiz, 13.06.1990

II.2.5 Der VR6-TDI

Von Dr. Hermann Krüger

Die Frage, ob die VR-Motorenbauweise verdieselbar ist, und ob der filigrane VR-Kurbeltrieb den Belastungen des Diesel-Brennverfahrens standhält, hat sich immer wieder gestellt. Erste Entwürfe eines VR-Dieselmotors stammten von 1982 (s. Kap. I.3.1). Im gleichen Jahr entstand auch eine Konstruktionsstudie zu einem VR6-4,0-Liter-Dieselmotor für Nutzfahrzeuge mit größerem Zylinderabstand.

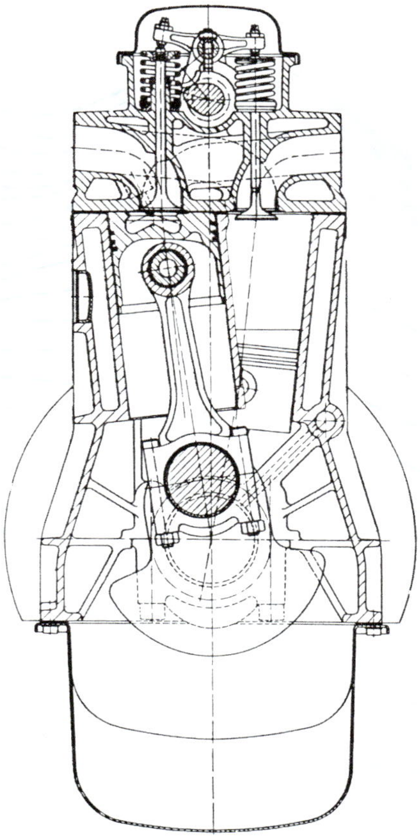

Entwurf eines VR6-Dieselmotors mit direkter Kraftstoffeinspritzung für Nutzfahrzeuge. Die Ventile wurden von einer obenliegenden Nockenwelle über Kipphebel betätigt. Als Leistungsziel wurden 90 kW (122 PS) angestrebt.
Zeichnung: Hermann Deutsch und Christiane Lilje

Dr. Hermann Krüger war der Treiber für den VR6, auch in der verdieselten, nicht in Serie gebrachten Form. Foto: Kittler

Dr. Krüger: *»Später, 1991, habe ich in der Forschung einen VR-DI-Diesel gebaut und erprobt, um die Verdieselungsfähigkeit des Serien-Ottomotors nachzuweisen. Der erste 2,8-Liter-Serien-VR-Ottomotor war bezüglich des Zylinderkopfes mit den senkrecht hängenden Ventilen im Hinblick auf eine spätere Verdieselung entworfen worden. Dieser Zylinderkopf wurde entsprechend umkonstruiert und bei Cosworth in Southampton abge-*

gossen. Zum Einsatz kam eine konventionelle Einspritzung mit einer Bosch-Verteiler-Einspritzpumpe, von einem getriebeseitigen Nockenwellenende angetrieben, da die Speichereinspritzung (Common Rail) sich noch extern in der Entwicklung befand.«

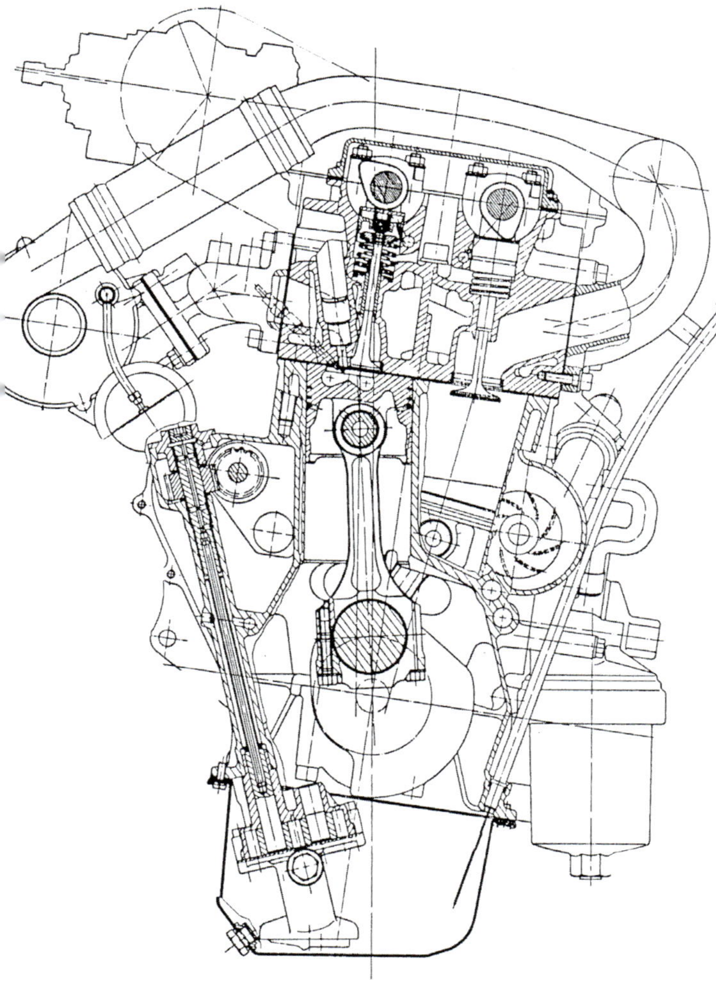

Querschnitt des 2,8-Liter-DI-Dieselmotors mit Abgas-Turboaufladung. Die Ventile wurden von zwei Nockenwellen über Tassenstößel betätigt. Dieser Motor bestand einen 500-Stunden-Prüfstandslauf. Ein weiterer wurde in einen Passat III Variant für Probefahrten eingebaut. Zeichnung: Volkswagen

Technische Daten 2,8-l-VR6-Diesel (1)	
Hubraum	2,8 Liter
Kraftstoff-Einspritzung	Verteiler-Einspritzpumpe
Aufladung	Abgas-Turbolader mit Ladeluftkühlung
Max. Leistung	80 kW (109 PS) bei 3.750 U/min
Max. Drehmoment	220 Nm bei 2.750 U/min (10 bar)
Min. Kraftstoffverbrauch	218 g/kWh

Stoltes VR6-TDI-Versuch

Von Michael Willmann

Als Nachfolger von Dr. Schweimer übernahm Herr Stolte 2003 die Leitung der Diesel-Forschung. Er griff die Idee vom VR6-TDI erneut auf. Die Motivation kam vom Passat VI, der erneut einen Quermotor bekam. Da passte der Audi V6 ohne wesentliche Änderungen am Vorderwagen mit starker Einschränkung des Innenraums nicht hinein, siehe Ford Mondeo. Der VR6-Diesel wäre auch als Top-Motorisierung für den T6 von VWN geeignet gewesen. Der VR6-Benziner war ohnehin vorgesehen.

M. Willmann: *»Ich traf Herrn Stolte auf dem Flur, und er erzählte von seinem Vorhaben. Ich sagte ihm, dass er ohne die Entwickler, die an einem sehr ähnlichen Motor arbeiteten, keine Chance für einen Serieneinsatz habe. Die Prüfstands-Untersuchungen ließ er bei Dr. Rumphorst in Hannover machen. Er hatte bei uns während der TDI-Entwicklung mitgearbeitet. Er stand nicht hinter unserem Pumpe-Düse-Projekt, sondern favorisierte die Common-Rail-Einspritzung. Er hatte sich selbständig gemacht und betrieb in Hannover in einer Halle Prüfstände.*

Auf Stoltes Empfehlung besuchte ich Herrn Rumphorst auf dem Prüfstand. Dort arbeitete Dipl.-Ing. Hermann, der bei mir in der Vorlesung die ‚Thermodynamische Analyse des Verbrennungsmotors' gehört hatte. Er wandte das Analyse-Programm, das wir während der Vorlesungen erarbeitet hatten, bei der Auswertung der Messungen an. Das freute mich natürlich.«

Auch in der Aggregate-Entwicklung arbeitete ein Team um Thomas Herbst für eine kurze Zeit an einem VR6-TDI-Motor. Die Arbeiten wurden jedoch ohne Serieneinsatz eingestellt.

Technische Daten 2,8-l-VR6-Diesel (2)	
Hubraum	2,8 Liter; Zylinderkurbelgehäuse vom Ottomotor, verstärkt
Kraftstoff-Einspritzung	Common Rail, 6-Loch-Injektoren
Aufladung	Abgas-Turbolader Garrett GT mit Ladeluftkühlung
Max. Leistung	180 kW (245 PS) bei 3.500 U/min
Max. Drehmoment	540 Nm bei 2.000 U/min
Max. Zylinderdruck	180 bar

Quellen:

- M. Willmann/E. Kittler: High-Tech-Motoren von Volkswagen. Motorbuch Verlag, Stuttgart, 2021

II.3 Die TDI-Ära

II.3.1 Der 1,9-Liter-TDI-Motor

Von Michael Willmann und Ulrich Dörges, mit einem Beitrag von Dr. Ralf Bergholz

Audi war schneller

Motorraum des Audi 100 TDI (Generation C3) mit 120 PS. Foto: Audi

Bei Audi wurde seit 1976 ständig am direkteinspritzenden Dieselmotor gearbeitet, zunächst am Vierzylinder- und später am Fünfzylindermotor. Zwischen den Volkswagen- und Audi-Dieselentwicklern gab es, gegen die Anweisungen unserer Chefs, einen regelmäßigen Austausch. So ist es nicht verwunderlich, dass sich die Brennverfahren ähnelten. Der wesentliche Unterschied war der Kegel in der Kolbenmul de. Das VW-Team hatte herausgefunden, dass ein spitzer Kegel die Luft besser ausnutzte. Über das VW-TDI-Verfahren wurde in Kap. II.1.3 berichtet. Audi blieb bei der abgerundeten Spitze.

1989 ging der Audi 100 TDI mit dem 2,5-Liter-Fünfzylinder-Motor (dieser erfüllte die Abgaswerte nach EG 86/426) in Serie. Er galt als erster sauberer Diesel-Direkteinspritzer im Pkw. Die Leistung lag bei 88 kW (120 PS), und das Drehmoment betrug 240 Nm (13,5 bar). Damit belief sich der Vorsprung vor dem Wettbewerb auf sechs Jahre.

Das Volkswagen-TDI-Konzept

In der Mannschaft gab es schon Unruhe, weil wir nach sieben Jahren Arbeit am direkteinspritzenden Dieselmotor noch immer keinen Serieneinsatz hatten. Die Entwicklung des 1,9-Liter-TDI-Motors schloss nahtlos an den HTD-Motor mit G-Lader an.

Nach einer Besprechung im Februar 1989 mit den Entscheidern von VW wurde vom Produkt Strategie Komitee beschlossen, die Entwicklung des Vierzylinder-DI-Motors auf Turboaufladung umzustellen. Als Termin des Serieneinsatzes wurde der Oktober 1991 festgelegt.

Die wesentlichen Konzeptmerkmale:

- Triebwerk mit Zylinderbohrung 79,5 mm und Kolbenhub 95,5 mm
- Elektronisch geregelte Verteiler-Einspritzpumpe Bosch VP 34
- Abgas-Turbolader Garrett T 20 mit Ladeluftkühler und Ladedruckregelung (senkt die Rußemissionen)
- geregelte Abgasrückführung (senkt die Stickoxidemissionen)
- Diesel-Oxidations-Katalysator (senkt die Kohlenwasserstoff- und Kohlenmonoxid-Emissionen)

Über den 1,9-Liter-TDI-Motor wurde ausführlich in der MTZ Nr. 3/1992 berichtet. Im Folgenden werden einige Highlights beschrieben.

Die Verteiler-Einspritzpumpe VP 26

Bei den Wirbelkammer-Dieselmotoren reichte der Einspritzpumpendruck von 300 bar für die Gemischbildung aus. Das luftverteilende DI-Brennverfahren braucht einen höheren Einspritzdruck, um kleinste Kraftstofftröpfchen in die verdichtete Luft zu spritzen. Das VW-DI-Brennverfahren ist in Kapitel II.1.3 beschrieben.

Da zu Beginn der Entwicklung direkteinspritzender Motoren die elektronisch geregelten Verteilerpumpen noch nicht zur Verfügung standen, wurden die ersten Prototypen mit 0,8, 1,6 und 1,7 Liter Hubraum mit mechanisch/hydraulisch gesteuerten Bosch-VE-Axialkolben-Verteilerpumpen begonnen.

Steigende Anforderungen an Abgasemissionen, Geräusch und Kraftstoffverbrauch erforderten die Entwicklung neuer, auf den Pkw-DI-Motor zugeschnittener Hochdruck-Einspritzsysteme mit formbarem Einspritzverlauf. Die Versuchsingenieure Günter Goergens, James Liang und Ulli Dörges arbeiteten in enger Zusammenarbeit mit Bosch ständig an Verbesserungen der Einspritzausrüstung.

Michael Willmann erinnert sich: *»Unbefriedigend waren die niedrigen Einspritzdrücke der Pumpe vor allem bei niedrigen Drehzahlen. Die Förderrate der Einspritzpumpe wurde durch einen schärferen Nocken mit c_{1000} = 1,4 m/s erhöht, wodurch das Triebwerk der Pumpe stärker belastet wurde. Wir forderten von Bosch, entsprechende Maßnahmen einzuführen. Herr Vaupel, der Vertreter von Bosch, wehrte sich vehement gegen eine Erhöhung der Einspritzdrücke. Angeblich sei die Pumpe bereits an der Festigkeitsgrenze. Davon haben sich unsere Ingenieure nicht beeindrucken lassen. Sie besorgten sich eine Musterpumpe mit einem schärferen Nocken und ließen sie an einem Motor im Dauerlauf mit maximalem Druck von 620 bar laufen. Nach 600 Stunden war die Pumpe immer noch i. O. Sie wurde Bosch übergeben, und die mussten nun - widerstrebend - eine Druckerhöhung akzeptieren.«*

Dipl.-Ing. Ulli Dörges

Geboren 13.11.1955 in Nienburg/Weser
1973-1978 Studium an der FH-Lippe/Lemgo (Ing. Maschinenbau-Konstruktionstechnik)
1982 über Viessmann (Wärmepumpe) zu VW
1982 Versuchsingenieur für Wärmebilanz und Komponenten der Dieselmotor-betriebenen-Luftwärmepumpe
1986 Wechsel zu EAD, Entwicklung Vierzylinder-DI-Motor; Projektierung eines Einspritzkomponenten/Versuchszentrums Halle16; Fachreferent für Einspritzsysteme

Dazu musste das Triebwerk der Verteilerpumpe verstärkt werden. Das geschah durch eine steifere Antriebswelle, verstärkte Hubscheiben und Rollenträger sowie eine hoch belastete Kardanik zum Ausgleich von Winkelfehlern zwischen Antriebswelle und Hubscheibe.

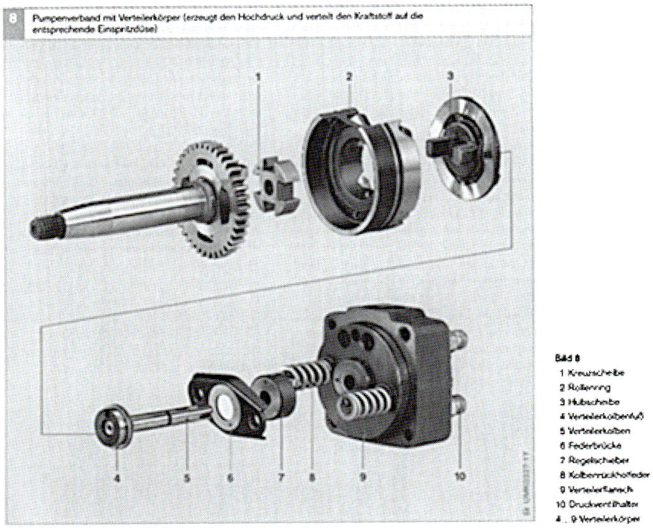

Der Antriebsstrang der VE-Pumpe mit Verteilerkopf

Grafik: Bosch

Optimierungsarbeiten wurden hauptsächlich an folgenden Teilen durchgeführt:

- den Entlastungsventilen (diese sollten das Nachspritzen verhindern)
- den Einspritzdüsen mit Sitz- und Sackloch
- den Einspritzleitungen

Die Bosch-DSLA-Sitzloch-Düsen mit fünf Spritzlöchern von 0,21 mm Durchmesser trugen zur Senkung der Abgas-Schadstoffe bei. Um einen möglichst konstanten Druckverlauf in den Einspritzleitungen bis zur Einspritzdüse zu erreichen, waren pumpenseitig am Verteilerkopf selbstschließende Druckventile angeordnet. Dadurch blieb zwischen den Einspritzvorgängen ein konstantes Druckniveau erhalten, das allerdings so abgestimmt sein musste, dass rücklaufende Druckwellen nicht ein Nachöffnen der Einspritzdüsen verursachten. Nach sorgfältiger Abstimmung konnte in den Einspritzleitungen eine Druckerhöhung bis zu 400 bar erreicht werden. Das führte zu Einspritzdrücken in der Düsenkammer bei Volllast von über 1.000 bar.

Zur Ansteuerung verschiedenster Einspritzkonfigurationen wurden folgende Aufschaltgruppen eingesetzt:

HBA	Anpassung der Förderleistung bei Einsatz des G-Laders
ELAB	elektrischer Absteller
ALFB	abschaltbarer lastabhängiger Förderbeginn
TLA	temperaturabhängige Leerlaufanhebung
LFG	unabhängige Leerlaufdrehzahlregelung
KSB	hydraulischer Kaltstart-Beschleuniger
LFB	lastabhängiger Förderbeginn
GDV	Gleichdruck-Entlastungsventile
Poti	Potenziometer am Mengenhebel zur lastabhängigen Lader-Zuschaltung

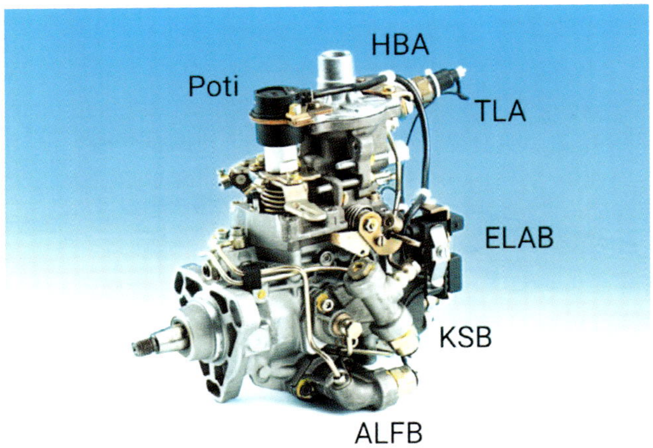

Die Verteiler-Einspritzpumpe Bosch VP 26 mit Aufschaltgruppen (»Christbaum«).

Foto: Volkswagen

M. Willmann: *»Wir forderten von Bosch ein Potenziometer am Mengenhebel der Einspritzpumpe, um ein Signal für die Einspritzmenge zur Regelung mengenabhängiger Funktionen zu haben, beispielsweise bei der EGR-Rate (Exhaust-Gas-Recirculation). Bosch lehnte das mit der Begründung ab, das Poti würde durch Vibrationen zerstört. Günter Goergens hat das nicht gestört: Er »bastelte« ein Poti an die Pumpe und ließ sie einfach laufen. Und siehe da – es passierte nichts. Da konnte Bosch nicht anders als zuzustimmen.«*

Die Verteiler-Einspritzpumpe musste ständig an die steigenden Anforderungen angepasst werden. Verschärfte Abgasgesetze verlangten eine exakte Regelung von Spritzbeginn und Abgasrückführung. Die mechanisch/hydraulisch geregelte Einspritzpumpe wurde mit ihren zunehmenden Aufschaltgruppen immer teurer.

Die Verteiler-Einspritzpumpe VP 34

Bei Bosch lief parallel zur VP 26 die Entwicklung elektronisch geregelter Systeme (Electronic Diesel Control, kurz: EDC) für Wirbelkammer-Motoren. Die ersten Versuche mit elektronisch geregelter Einspritzung bei Volkswagen wurden in der Forschung am Dreizylinder-Direkteinspritzer gemacht (s. Kap. II.1.1). Bei uns in der Aggregate-Entwicklung arbeitete James Liang am 1,9-Liter-TDI-Motor mit der Bosch VP 15.

Wieder M. Willmann: *»Als die Kosten für die EDC gesenkt wurden, konnten wir sie in unserem Projekt einsetzen. Dieses bedeutete einen neuen Sprung in der Entwicklung der hierzu erforderlichen Steuergeräte und Sensorik. Durch die EDC wurden Förderbeginn und Förderende dynamisch geregelt, was die Abgasemissionen, das Verbrennungsgeräusch und den Verbrauch verbesserte. Auch der Komfort wurde in Form von Leerlaufstabilität, Vibrationen, Ruckeldämpfung und Lastschlagreduzierung erhöht. Durch Weiterentwicklung der Hydraulik konnten die Einspritzdrücke bis auf 720 bar Pumpendruck, entsprechend 1.050 bar vor Düse, angehoben werden. Dadurch verkürzte sich die Spritzdauer auf 36° Kurbelwinkel.«*

Das Pumpentriebwerk war mit dem der VP 26 identisch. Hinzu kam jetzt ein Mengenstellwerk, das oben auf dem Pumpengehäuse angeordnet war und mit einer Exzenterwelle auf den Regelschieber des Verteilerkolbens eingreift. Zur Lagerückmeldung gab es einen elektrischen Drehwinkelgeber, der hochgenau die Position ermittelte, sodass ein geschlossener Regelkreis in Verbindung mit dem Steuergerät entstand. Die Übertragung der elektrischen Signale erfolgte über Kontaktschleifer, die die Drehbewegung kraftfrei rückmeldeten. Diese Technik sollte allerdings noch zu größeren Problemen führen.

Der Spritzversteller, der den Einspritzzeitpunkt steuert, wurde durch ein elektrisches Ventil mit Pumpeninnendruck beaufschlagt und verdrehte den Rollenträger, vergl. Kap. I.2.2. Eine Einspritzdüse mit einem induktiven Nadelhub-Sensor gab dem Steuergerät Rückmeldung über den Einspritzbeginn, sodass in Verbindung mit dem Spritzversteller ebenfalls ein geschlossener Regelkreis entstand. Dadurch wurde eine wesentliche Verbesserung der Einspritzparameter für einen effizienten und emissionsarmen Dieselmotorenbetrieb erreicht.

Kurz nach Serienanlauf kam es zu Feldbeanstandungen wegen Leistungsverlusts nach Schubbetrieb, obwohl BMW die EDC schon zwei Jahre im Einsatz hatte. Es stellte sich heraus, dass Audi und Bosch am Fünfzylinder-TDI bereits ca. 5.000 Pumpen gewechselt hatten. Sofort wurde eine Arbeitsgruppe aus Mitarbeitern von Volkswagen, Audi und Bosch eingesetzt. Als Ursache wurde eine *»deutliche Abhebung der Widerstandsschicht des Potis«* ermittelt, was möglicherweise auf Verunreinigungen im Kraftstoff zurückzuführen war. Das Fehlerabstell-Team führte Prozessoptimierungen am Poti in die laufende Serie ein.

Abb. unten: Die elektronisch geregelte Einspritzpumpe Bosch VP 34 mit dem Potenziometer im Kraftstoff Grafik: Bosch

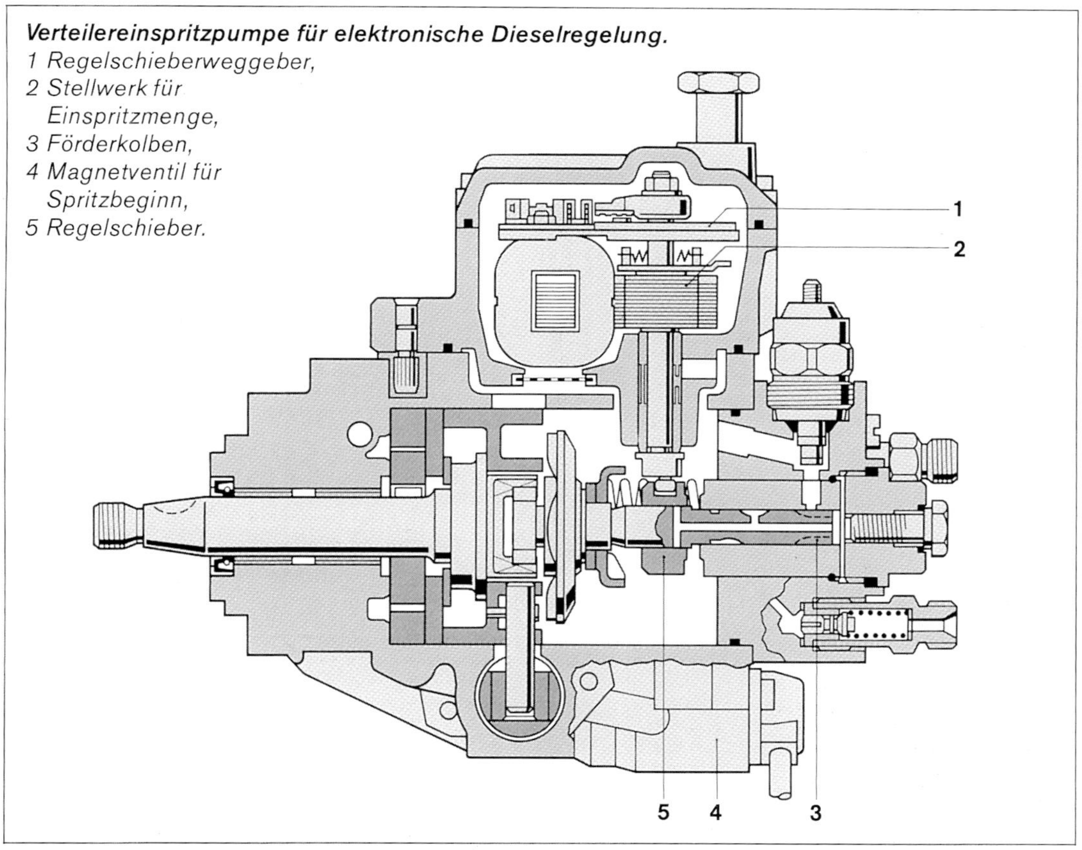

Die verbesserte Verteilerpumpe VP 37

Aber als nachhaltige Lösung reichten die Maßnahmen an der VP 34 nicht. Gebraucht wurde ein anderen Sensor, der kraftstoffunempfindlich war, vor allem unter Berücksichtigung der Kraftstoffqualität in den USA. Da kam mächtig *»Druck auf den Kessel«*, um die Nachfolge-Pumpe VP 37 mit berührungslosem Sensor schnellstmöglich zum Serieneinsatz zu bringen – nicht ahnend, was damit noch auf uns zukommen sollte. Bosch nannte den neuen Stellwerksensor Halb-Differenzial-Kurzschlussringgeber (HDK).

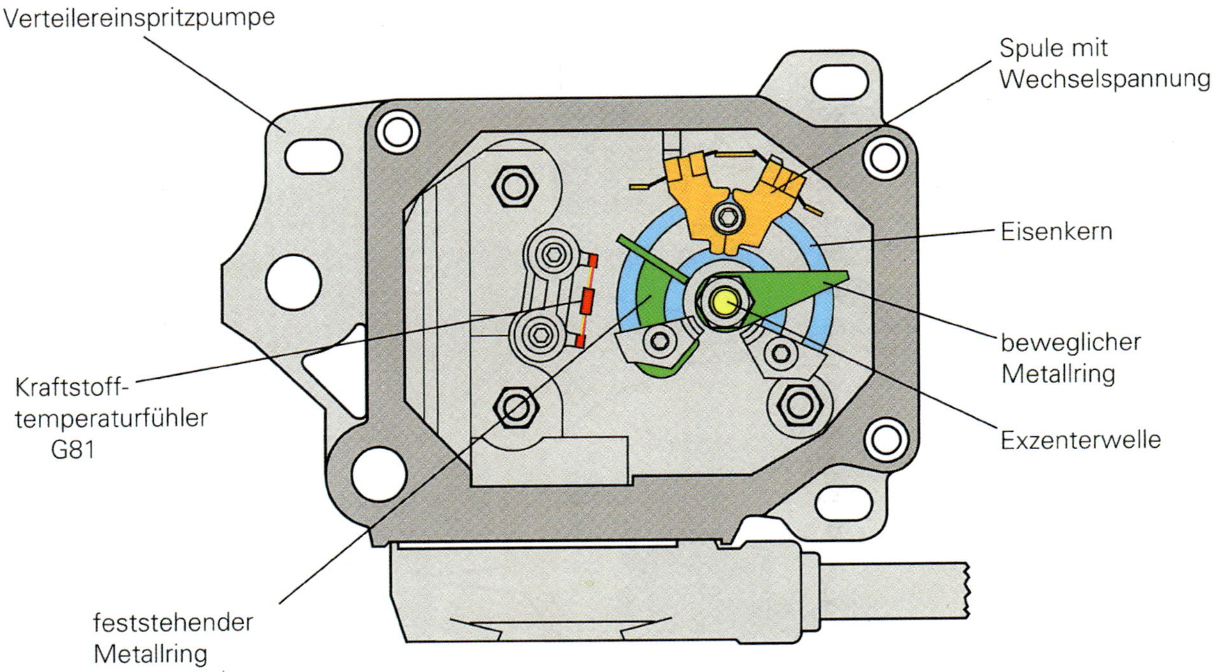

Unter dem Deckel der Einspritzpumpe Bosch VP 37 befand sich der Induktivgeber, der die Position des Mengenstellwerks an das Steuergerät meldete. Grafik: Volkswagen Selbststudienprogramm

Michael Willmann entsinnt sich: *»Der Golf TDI war bereits in der Pilotvorserie, also ein Vierteljahr vor Serienstart. Dann trat plötzlich das Fehlerbild ‚Unterbrechung im Mengenstellwerk' bei Laufleistungen ab 10.000 km auf. Es kam zu Liegenbleibern. Wir stellten sofort alle Versuchsfahrzeuge auf die VP 37 um. Und wir gründeten eine Task Force mit zwölf Ingenieuren. Eine spezielle Flotte von 27 Versuchsfahrzeugen fuhr Tag und Nacht, ausgestattet mit diversen Überwachungsgeräten (Drive Recorder). Nach zirka 12.000 km gab es die ersten Liegenbleiber mit dem gesuchten Fehlerbild.«*

U. Dörges: *»Wir konnten den Durchtritt der Signalleitungen zum Kabelgehäuse, also in das dieselgefüllte Gehäuse, einkreisen. Das Glück half ein bisschen, als das Fehlerbild online gemessen werden konnte. Jemand bewegte das Zuleitungskabel minimal, da verschwand der Fehler wie von Geisterhand. Mit dem sogenannten ‚Spaghetti-Test', bei dem ein Bündel von Anschlusskabeln stark wechselnden Temperaturen ausgesetzt wurde, gelang es uns, den Fehler zu rekonstruieren.«*

Ulrich Dörges erinnert sich noch genau an den Gesichtsausdruck des Entwicklers von Bosch, als durch leichtes Wackeln am Kabel das Fehlerbild auftrat. Als Ursache ergab sich eine »Quetsch/Schweißverbindung« des Anschlusskabels an den Vacuvitstiften, die in einem Glaskörper eingeschmolzen waren und die Verbindung zum Sensor herstellten. In einer Krisenbesprechung sprachen die Bosch-Leute von einer Schweißverbindung. Willmann sagte: *»Wenn ich in meiner Gesellenprüfung das als Schweißverbindung bezeichnet hätte, wäre ich durchgefallen. Da die Grundmetalle nicht aufgeschmolzen werden, ist das bestenfalls eine Lötverbindung.«*

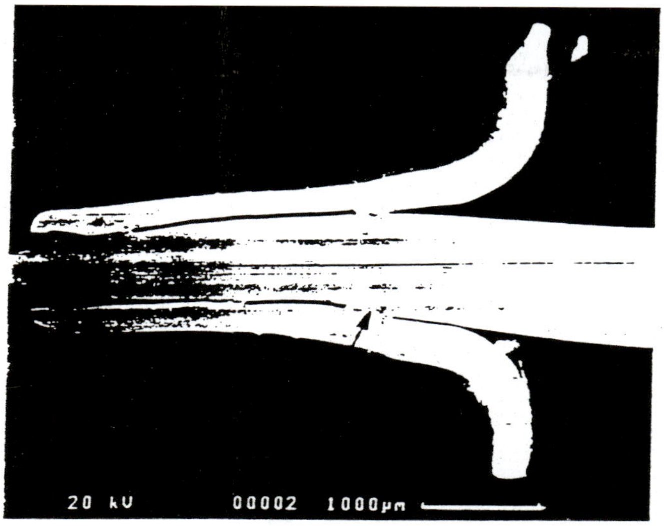

Bei der fehlerhaften Lötstelle, die die Adern des Kabels mit dem Vacovitstift verbinden sollte, lagen einige Adern frei. Es bildete sich eine ultradünne Oxydschicht, was zu einem erhöhten Widerstand führte. Foto: Bosch

Die Lösung war relativ schnell erarbeitet: Die Kabelverbindung wurde umgestellt auf eine sichere Verlötung an dieser Stelle. Der »Spaghetti-Test« erwies sich als positiv, und fortan liefen alle Versuchswagen auch über 100.000 km einwandfrei. Danach ist dieser Fehler nie wieder aufgetreten. Der Serieneinsatz des 1,9-l-TDI-Motors im Golf III erfolgte aber ein Vierteljahr später als geplant.

Das Motormanagement

Von Dr. Ralf Bergholz

Die erste Anwendung der elektronischen Diesel-Regelung bei Volkswagen fand 1980 in der Forschung mit der Bosch VP 15 am Dreizylinder-Direkteinspritz-Dieselmotor für das Auto 2000 statt (s. Kap. II.1.1). Isuzu brachte 1983 mit dem 1,8-Liter-WK-Motor als erster einen Dieselmotor mit EDC in Serie. BMW folgte 1985 mit dem Sechszylinder-WK-Turbo-Diesel. Der Audi 2,5-Liter-DI-Fünfzylinder-Diesel mit der Bosch VP 34 ging als erster Direkteinspritzer mit EDC 1989 in Serie.

Mit den Stichversuchen 1986 von James Liang wurden erste Erfahrungen mit der EDC gesammelt. Nach der Entscheidung, die EDC am 1,9-Liter-TDI-Motor einzusetzen, sollte auch die Software selbstständig werden.

Michael Willmann: *»Elektronik war für uns Maschinenbauer Neuland. Um nicht vollständig von Bosch abhängig zu sein, brauchten wir eigene Fachleute. So traf es sich gut, dass Dr. Bergholz zu uns stieß.«*

Durch seine Arbeiten bei Triumph Adler kannte er sich bestens mit Betriebssystemen und Hardware aus. Er fing mit einem Mitarbeiter, Herrn Guillaume, an und baute die Unterabteilung auch mit IAV-Kollegen auf.

Dr. Ralf Bergholz absolvierte ein Studium in Physik und Mathematik an der TU Braunschweig und promovierte an der TU Clausthal. Er kam 1988 zu Volkswagen und baute die Unterabteilung Elektronik und Regelung auf. Foto: Kittler

Nach Fehlschlägen mit dem Siemens-Steuergerät, das bei VW auch auf dem Prüfstand lief, wurde das Steuergerät (Hardware u. Betriebssystem) von Bosch geliefert. Eigene Funktionen wurden implementiert. Im Team entwickelten sie die Funktionsschnittstellen – das war das Beispiel für künftige Steuergeräte. Die Applikation am Motor geschah in enger Zusammenarbeit mit James Liang, der den Motorprüfstand betrieb und die Bedatung durchführte.

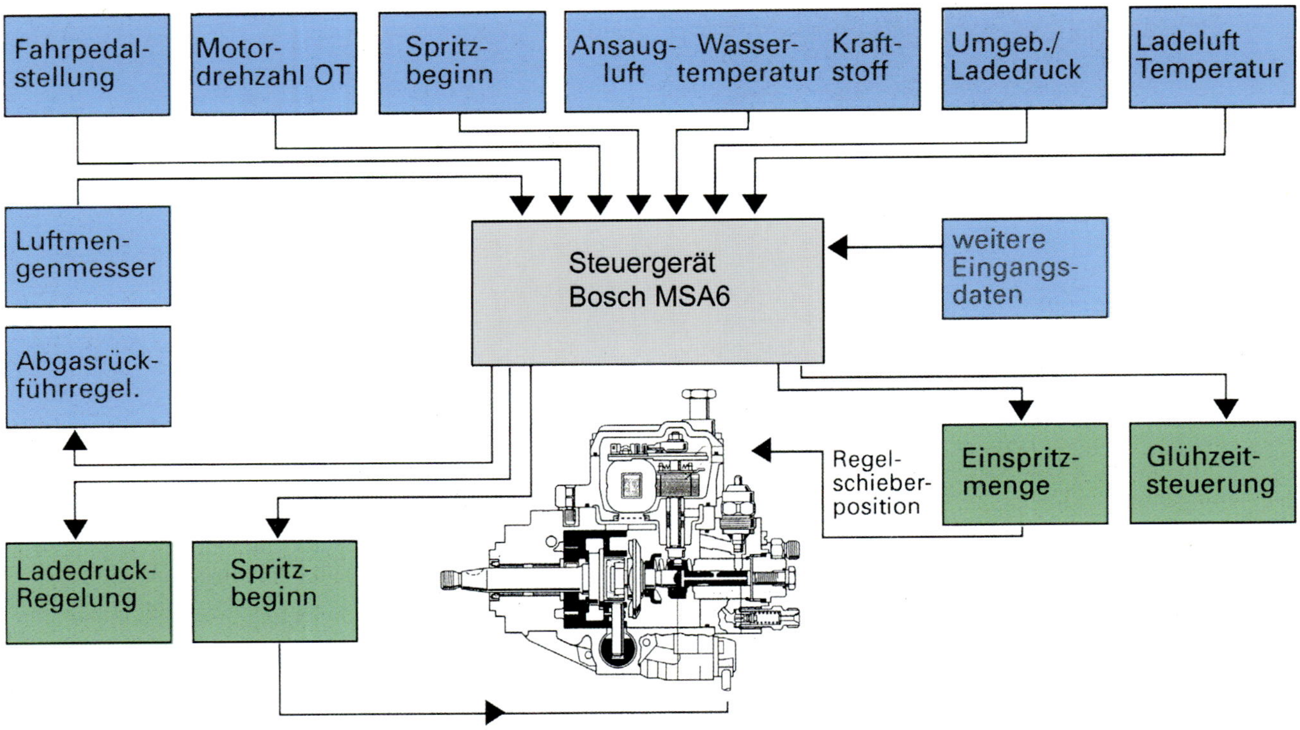

Das Motormanagement des 1,9-Liter-TDI-Dieselmotors. Grafik: Volkswagen

Ein Problem war die Überbeanspruchung des Klappen-Luftmengenmessers vom Ottomotor, der wegen der stärkeren Ansaugung des Diesels stärker belastet wurde. Als Lösung kam ein Heißfilm-Luftmassenmesser in Frage, der jedoch teurer war. Um die Genehmigung unseres Kunden Audi einzuholen, fuhr Dr. Bergholz nach Ingolstadt. Dort traf er auf Dr. Winterkorn, der das Problem sofort verstand und zustimmte.

Willmann: *»Wir forderten immer mehr Funktionen. Bosch lehnte ab, mit dem Argument, dass kein Speicherplatz mehr vorhanden sei. Nun hatten wir aber Winfried Schult-Albers von der TU Aachen im Team. Ihm gelang es, den Bosch-Code zu knacken und unsere Wunschfunktionen darzustellen. Bei der nächsten Besprechung mit Bosch präsentierte er seine Lösung. ‚Brauchen Sie bloß noch umzusetzen.' Damit behielten wir die Hoheit über unser Steuergerät.«*

Nach dem Serienanlauf des TDI-Motors trat ein weiteres Problem auf. Ein Kunde, der bei Airbus an Steuergeräten arbeitete, kaufte sich einen Audi 80 TDI. Er wusste aus eigener Erfahrung, wie schwierig es war, ein Steuergerät völlig fehlerfrei auf den Markt zu bringen. *»Da muss doch noch irgendein Fehler in der Software zu finden sein.«* Er hatte sich vorgenommen, den zu finden. Eines Tages spielte er während der Fahrt mit dem Gaspedal und nahm den Fuß nicht wie üblich zurück, sondern prellte ihn seitlich ab. Da hatte er es geschafft: Der Motor beschleunigte kurz von annähernd Leerlaufdrehzahl auf 1.300 U/min. Dann schlug die Regelung zu und fing die Drehzahl wieder ein.

Willmann: *»Das alarmierte unsere Chefs, hatte Audi doch gerade ein ähnliches Problem in den USA mit ihrem Getriebeautomaten gelöst. Für uns galt bei Fehlfunktionen: Die Bremse siegt. Damit konnte der Fahrer in jedem Fall das Fahrzeug verzögern. Das Elektronik-Team fand schnell eine Lösung, die wir Dr. Winterkorn, inzwischen TE-Chef in Wolfsburg, vorstellten. Er lobte die schnelle Abstellung des Problems. Ebenso wie die Motoren, wurde auch die elektronische Motorregelung künftig immer weiterentwickelt.«*

Folgen für das Brennverfahren

Der weitaus größte Teil der Gemischbildungsenergie wird von den Kraftstoffstrahlen aufgebracht (ca. 95 %). Die Ladungsbewegung des Gases im Brennraum trägt nur wenig dazu bei. Aufgrund der höheren Einspritzdrücke konnte der Drall des Gases von c_u/c_a = 3,2 auf 2,0 zurückgenommen werden. Damit wurde der Durchfluss von 8 auf 10 % gesteigert. Die Brennraummulde im Kolben wurde im Wesentlichen vom HTD-Motor übernommen (s. Kap. II.2.2). Weiterhin konnte das Verdichtungsverhältnis für sicheren Kaltstart auf 19,5 gesenkt werden.

Alle diese Maßnahmen kamen dem Kraftstoffverbrauch zugute. Der Bestpunkt im spezifischen Kraftstoffverbrauch lag an der Volllast bei 2.000 U/min mit 197 g/kWh (Wirkungsgrad 43,6 %) und stellte ebenso wie in der Teillast bei 2.000 U/min und 2 bar mit ca. 285 g/kWh einen Spitzenwert dar.

Aus dem hohen Wirkungsgrad des direkteinspritzenden Dieselmotors ergab sich ein Nachteil bei der Heizung um ca. 28 % im Vergleich zum Wirbelkammer-Motor. Das VW-Team entwickelte als Sofort-Maßnahme eine Glühkerzenheizung im Wasserkreis des Motors.

Triebwerksprobleme

Der TDI-Motor stellte die höchsten Anforderungen an die Triebwerksfestigkeit. Das DI-Brennverfahren mit Aufladung führte zu einem Zylinderspitzendruck von 130 bar. Bei einem Kolbendurchmesser von 79,5 mm ergab sich eine Kolbenkraft von ca. 6,5 t. Dazu kam die dynamische Belastung durch den steilen Druckanstieg von 4 bis 8 bar pro Grad KW. Dagegen spielte die Belastung durch die unausgeglichenen Massenkräfte mit maximal ca. 1,6 t bei 4.000 U/min eine untergeordnete Rolle - nicht jedoch für die Vibrationen und das mechanische Geräusch. Verstärkungen waren notwendig.

Im Mai 1991 stellte Audi überraschend, kurz vor Serieneinsatz, die Motorlagerung beim Audi 80 (Generation B4) vom Hilfsrahmen auf Längsträger um. Das machte weitere Tests am Zylinderkurbelgehäuse und den Anbauteilen erforderlich.

Michael Willmann: *»Ende 1990 kam Dr. Kühlmeyer zu mir ins Büro. Er war verzweifelt angesichts der vielen Motorausfälle bei der Erprobung. Hauptsächliche Befunde waren:*

- *Lagerstuhlbrüche im Zylinder-Kurbelgehäuse*
- *Kolbenrisse am Muldenrand und an der Abstützung*
- *Defekte Nebenaggregate-Halter*

Kühlmeyer fürchtete, dass man ihn für die Schäden verantwortlich machen würde. Ich sagte: ‚Kühli', ganz ruhig, dann bin ich ja auch noch da.' Das hat ihm ‚Mut und Kraft' gegeben, wie er später einmal sagte.

Am 16. Januar 1991 fuhren Dr. Oetting, Dipl.-Ing. Neumann, Dr. Schroer, Dr. Kühlmeyer und ich nach Ingolstadt zu Herrn Piëch, dem Vorstandsvorsitzenden von Audi, unserem Kunden und Ersteinsetzer, um ihm über unsere Probleme mit dem TDI-Motor zu berichten. Wir hatten zu jedem ungelösten Problem ein Blatt dabei, das die Ursachen, Maßnahmen, Termine und Verantwortlichen beschrieb. Das Fazit lautete: Mit einem Null-Fehler-Programm könnten wir den geplanten Einsatztermin schaffen. Dr. Piëch bedankte sich und sagte: ‚Versuchen's den Termin zu halten, und wenn Sie erkennen, dass Sie's nicht schaffen, sagen's mir rechtzeitig.'

Die Festigkeitsprobleme am Triebwerk hat Dr. Kühlmeyer mit seiner Unterabteilung mit der unkonventionellen Methode von Taguchi (multiple Regression) gelöst. Die Festigkeit in den Hohlkehlen der geschmiedeten Stahl-Kurbelwelle wurde durch das neu entwickelte Rollrichten auf das nötige Maß erhöht.

Das Beispiel der Lebensdauer des Zahnriemens erläutert die Methode. Der Zahnriemen muss vorgespannt werden, um Zahnspringer zu vermeiden. Zunächst vermuteten wir die Gesamtbelastung aus Vorspannung und Betriebskraft als Ursache für Zahnfußrisse. Die drei Haupt-Beanspruchungsparameter, Vorspannung, Riementemperatur und dynamische Kraft, wurden mit DOE (Design Of Experiments) untersucht. Mit der Methode erkannten wir auch die Wechselwirkungen. Die wesentliche Erkenntnis war, dass nicht die hohe Riemenvorspannung die Schäden verursachte, sondern eine zu niedrige Vorspannung. Je höher die Vorspannung, desto mehr Kraft wird über Reibung am Zahngrund und weniger über Kraftschluss an der Zahnflanke übertragen.«

Durch Überbeanspruchung traten Zahnfußanrisse auf, die sich bis zu Zahnablösungen entwickelten. Grafik: Volkswagen

Unser Kunde Audi

Vor den Serienanläufen hatte Piëch regelmäßige Besprechungen in der Audi-Pilothalle über die aktuellen Probleme eingeführt. Dort musste Michael Willmann vierzehntägig antreten und über unsere Fortschritte berichten. Von Audi kamen Beanstandungen wegen Turbolader-Geräuschen. Als Ursache für das »Turbopfeifen« wurde Unwucht im Laufzeug ermittelt. Ein weiteres Geräusch war das »Fauchen«, das bei Gaswegnahme entstand. Herr Knobloch war Chef der Qualitätssicherung in Neckarsulm – bei ihm musste Willmann einmal in der Woche zur Testfahrt erscheinen: *»Wir fuhren gemeinsam einen Wechselkurs und beurteilten die Geräusche. Herr Knobloch begegnete mir anfangs mit Misstrauen. Als er aber merkte, dass wir offen und ehrlich berichteten und die Probleme in den Griff bekamen, wurde er zugänglicher.«*

James Liang erzählt die Geschichte von der Wintererprobung mit Audi: *»Ich musste mit unserem 1,9-l-TDI gegen den 2,5-l-TDI von Audi zum Anfahrtest auf trockener Fahrbahn antreten. Der Chef der Audi-Dieselentwicklung stand vorn und gab das Zeichen. Ich war immer vorn. Der Audi-Mann hat gesagt: ‚Sind beide gleich schnell'. Und dann durfte ich nach Hause fahren.«*

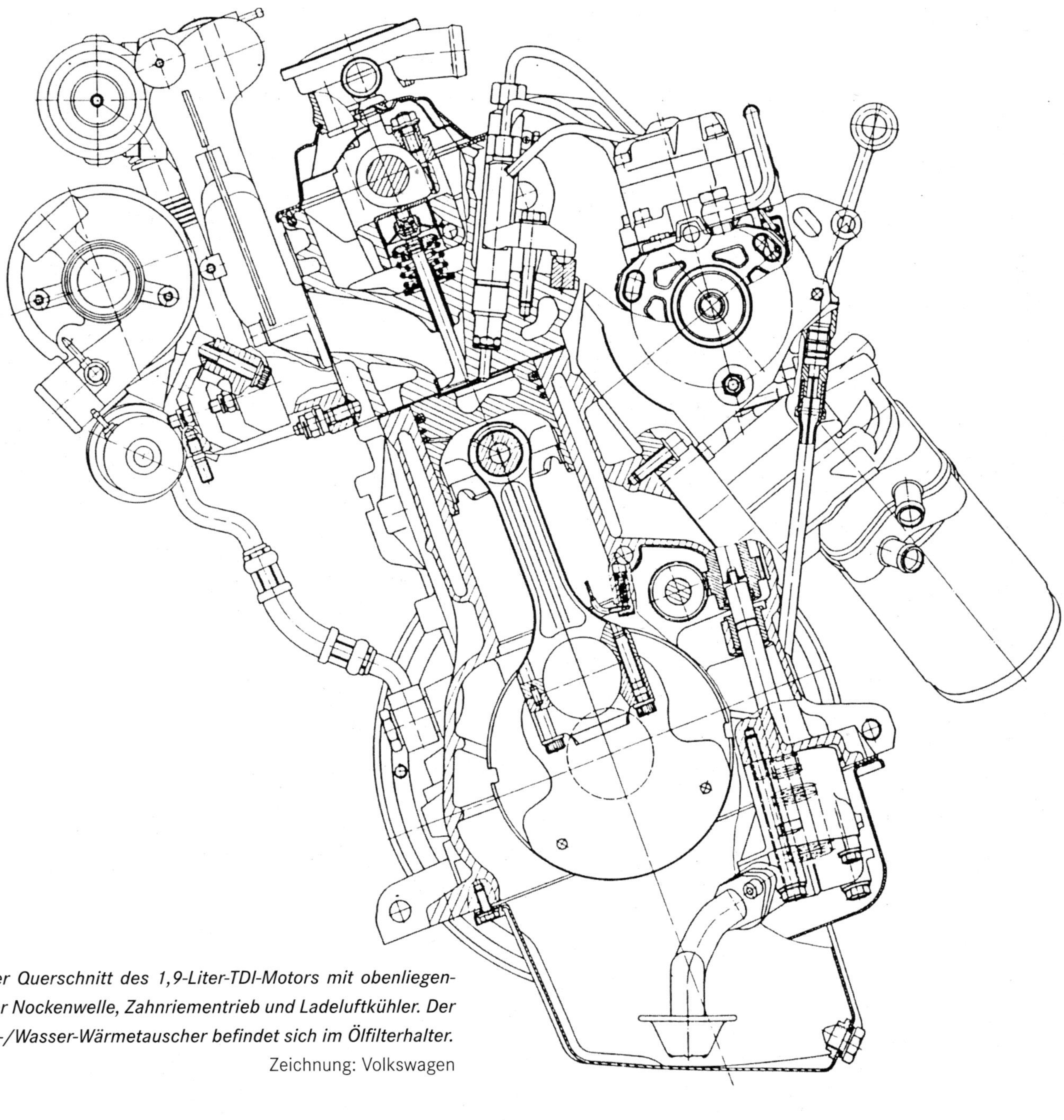

Der Querschnitt des 1,9-Liter-TDI-Motors mit obenliegender Nockenwelle, Zahnriementrieb und Ladeluftkühler. Der Öl-/Wasser-Wärmetauscher befindet sich im Ölfilterhalter.
Zeichnung: Volkswagen

Technische Daten 1,9-Liter-TDI	
Zylinderbohrung	79,5 mm
Kolbenhub	95,5 mm
Hubraum	1,896 Liter
Zylinderabstand	88 mm
Verdichtungsverhältnis	19,5
Max. Leistung	66 kW (90 PS) bei 4.000 U/min
Spez. Leistung	34,8 kW/l
Max. Drehmoment	182 Nm bei 2.300 U/min
Max. Mitteldruck	12,1 bar
Min. spez. Kraftstoffverbrauch	197 g/kWh
Abgaswerte	Anlage XXIII der StVZO

Die ersten Passat I und II hatten die Motoren als Derivat vom Audi 80 längs eingebaut. Im Passat III wurde der Motor quer installiert und war damit nahezu ein Gleichteil mit dem Golf, was die Kosten senkte. Bei einem Management-Treffen machte Dr. Piëch folgende Rechnung auf: *»Vom Golf bauen wir eine Million (pro Jahr). Da können wir keine Kostensenkung mehr über die Stückzahlen erreichen. Aber vom Audi 80 und Passat bauen wir je eine halbe*

Serieneinsätze

Im Sommer vor dem Serieneinsatz wurde ein Anlaufteam gegründet, das die Aufgabe hatte, bei auftretenden Problemen während des Anlaufs in der Produktion in Salzgitter unverzüglich vor Ort Problemlösungen zu erarbeiten. Das Team hat über 20 Punkte erfolgreich bearbeitet. Zwei Jahre nach dem Audi-Fünfzylinder-TDI erfolgte termingerecht im Oktober 1991 endlich der Serienstart mit dem 1,9-Liter-TDI – aus Sicht der VW-Leute leider zuerst im Audi 80 statt im Passat.

Das Verbrauchermagazin DM kürte in Heft 4/1991 den Audi 80 TDI zum »Auto des Monats«. Und Klaus Westrup schrieb in auto motor und sport, Nr. 20/1992: *»Die Überlegenheit des Direkteinspritzers ist eindrucksvoll. Das gilt nicht nur für den Verbrauch, sondern auch für die Leistungsabgabe.«*

Der Motorjournalist Gerhard Plattner berichtete von seiner Fahrt mit einem Audi 80 TDI um die Erde. *»Der Wagen hatte unter realistischen Bedingungen die Welt mit 85,5 km/h umrundet und dabei ganze 3,78 Liter auf 100 Kilometer benötigt. Ein wichtiger Schritt in Richtung ‚3-Liter-Auto'.«*

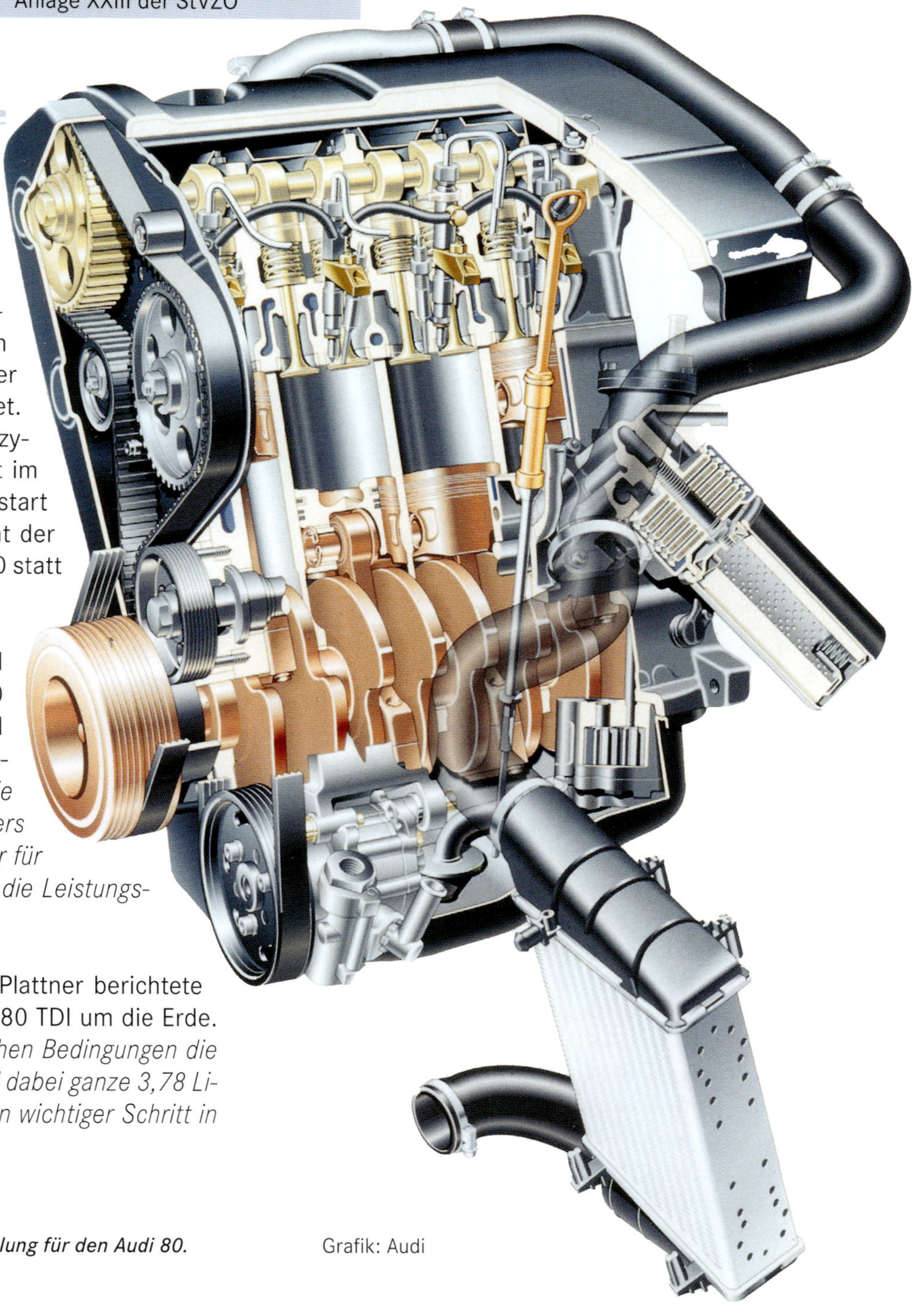

Der 1,9-Liter-TDI-Motor mit Ladeluftkühlung für den Audi 80. Grafik: Audi

Million. Da können wir über Synergien die Kosten senken, wenn wir den Passat auf Längseinbau umstellen.«

Anlässlich der Herbstvergleichsfahrt im September 1991 wurde entschieden, den Vierzylinder-TDI-Motor nicht mehr im Passat III, sondern aus »Innovationsgründen« erst im Passat IV ab Juli 1993 einzusetzen.

Modellpflege

Klaus Töpfer war deutscher Umweltminister und führte analog zur US-Gesetzgebung einen Partikel-Grenzwert von 0,08 g/km ein. Zur sicheren Erfüllung engte man die Toleranzen am Brennverfahren ein. Die Spritzlöcher in den Einspritzdüsen wurden mit einem verbesserten Erodierverfahren hergestellt, die Schadräume im Brennraum, im Feuersteg und den Ventiltaschen minimiert. Der Förderbeginn wurde hinsichtlich sicheren Kaltstarts und geringen NOx-Emissionen optimiert. Im April 1992 wurden die Verbesserungen im Audi 80 eingeführt.

Das Leerlaufgeräusch wurde von Dr. Piëch als *»John Deere sound«* bezeichnet, was im modernen Pkw nicht akzeptiert würde. Daraus entstand der Auftrag, das Innengeräusch deutlich abzusenken. Abgasrückführung reduziert den Zündverzug und damit den Druckgradienten. Dadurch wurde als Primärmaßnahme die Schwingungsanregung der Brennraumwände verringert. Als Sekundärmaßnahme haben unsere Konstrukteure das Zylinderkurbelgehäuse durch Verrippung versteift.

Beim Serienstart wurde zunächst ein Einfeder-Düsenhalter verwendet, da er gegenüber dem Zweifeder-Halter niedrigere Partikelemissionen lieferte. Mitte 1992 mussten wir gegen internen Widerstand der Sachbearbeiter auf Forderung unseres internen Kunden Audi den Zweifeder-Düsenhalter einführen. Durch Fortschritte im Herstellverfahren der Düsenlöcher (Funkenerodieren mit anschließendem hydroerosiven Verrunden der Kanten) konnten die Partikelemissionen auf das Niveau des Einfeder-Halters gesenkt werden.

Beim Zweifeder-Düsenhalter öffnet die erste Stufe bei einem Druck von 190 bar. Der Nadelhub beträgt dabei 0,06 mm. Während des Zündverzugs wird die eingespritzte Menge durch den kleinen offenen Düsenquerschnitt begrenzt. Erst bei Erreichen eines Drucks vor Düse von 310 bar wird die Kraft der zweiten Düsenfeder überwunden, und die Nadel öffnet auf den vollen Hub von 0,25 mm. Dadurch ist der Druckanstieg nach Brennbeginn sanfter. Der Gradient dp/dφ verringert sich dadurch von 5 bis 6 auf < 4 bar/Grad KW (2.000 U/min/Vollast). In die Flamme wird anschließend in der zweiten Stufe möglichst schnell eingespritzt, um einen guten Wirkungsgrad zu erreichen (Gleichraumgrad).

Zur Verringerung der Schallabstrahlung haben wir eine Akustikhaube als Teilkapsel über dem Motor installiert. Im dB(A)-bewerteten Luftschallpegel wurde durch die Maßnahmen eine Absenkung um 1 bis 2 dB(A) erreicht, in der subjektiv störenden 2 kHz-Oktave um bis zu 6 dB(A).

Der TDI-Motor für den Golf

Die Zeitschrift mot schrieb im Dezember 1992: *»Wo bleiben die sparsamen Golf? Den Audi-Technikern gebührt die Ehre, den besonders sparsamen Direkteinspritzer-Turbodiesel im 80 TDI marktfähig gemacht zu haben... Wo bleiben die Gegenstücke von VW?«*

Dazu Michael Willmann: *»Natürlich arbeiteten wir zu der Zeit längst daran. Für den Quereinbau mussten das Zylinderkurbelgehäuse und die Anordnung der Nebenaggregate angepasst werden.«*

Weitere Modellpflegemaßnahmen verbesserten das Produkt:

- kleinerer Abgas-Turbolader Garrett T15
- weitere Schadraumminimierung im Brennraum
- Verteilereinspritzpumpe Bosch VP 37 mit HDK
- Steuergerät Bosch MSA 12
- Nachzugsfreie Mehrlagen-Stahl-Zylinderkopfdichtung (MLS)

Durch diese Maßnahmen, besonders durch den kleineren Turbolader, der bereits bei niedrigen Drehzahlen einen höheren Ladedruck lieferte, stieg der Mitteldruck bei 1.000 U/min von 7,9 auf 9,3 bar. Auch konnte das Drehmoment im gesamten Drehzahlbereich deutlich angehoben werden. Bei 1.750 U/min lag das Maximum mit 202 Nm (13,2 bar). Danach wurde bei Tests der TDI-Motoren von VW kein »Turboloch« mehr beanstandet. Außerdem unterschritt der TDI-Motor im Golf, Jetta und Passat bereits drei Jahre vor Einführung die Abgasgrenzwerte der Stufe II der MVEG, als erster Pkw-DI-Motor der Welt!

Stationäre Volllastwerte des 1,9-Liter-TDI-Motors ab Juli 1993

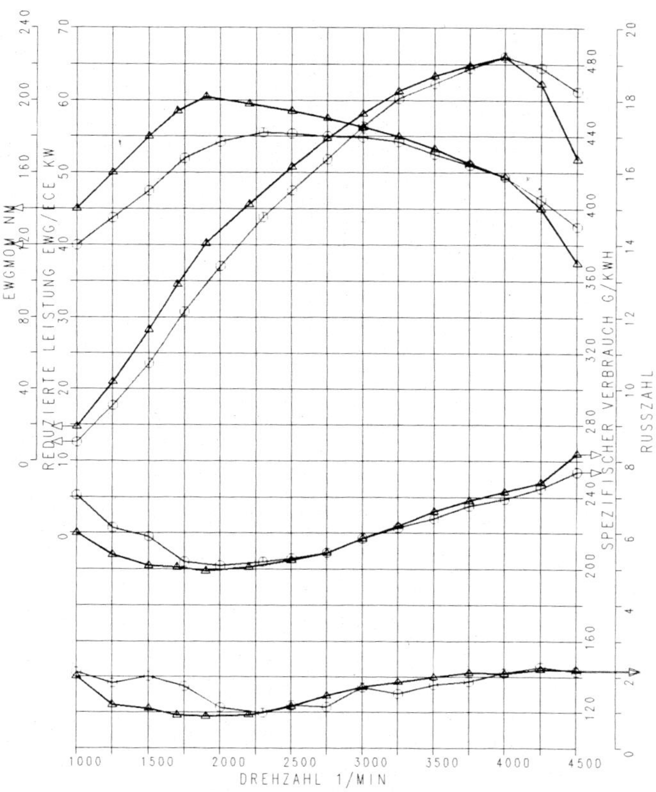

im Vergleich zum Serienmotor. Der kleinere Turbolader bewirkte eine größere Luftförderung im unteren Drehzahlbereich. Dadurch konnte mehr Kraftstoff eingespritzt und verbrannt werden, was zu einer höheren Gasenthalpie vor der Turbine führte. Das hatte wiederum zur Folge, dass die Laderdrehzahl stieg und somit mehr Luft förderte. Insgesamt konnte das Drehmoment bei niedrigen Drehzahlen deutlich gesteigert werden, und Rußzahl und Verbrauch nahmen ab. Nachteilig wirkte sich der kleinere Lader erst oberhalb der Nenndrehzahl aus. Bei gleicher Rußzahl sank die Leistung bei Überdrehzahl und der Kraftstoffverbrauch stieg ab 3.250 U/min leicht an. Allerdings wurde in dem Kennfeldbereich kaum gefahren. Diagramm: J. Liang

Auszeichnungen

Die Zeitschrift mot hat den Audi 80 mit dem 1,9-Liter-TDI im März 1993 mit dem Technikpreis als »Auto der Vernunft« ausgezeichnet. Seiffert und Demel schrieben Michael Willmann: *»...die Zeitschrift mot hat am 23. März 1993 den 1,9 l TDI mit dem Technikpreis ausgezeichnet. Wenn wir auch in der Öffentlichkeit unsere technische Vaterschaft nicht bekennen, so ist doch durch das Engagement von Ihnen ein wichtiger Beitrag geleistet worden. Also auch Dank an Ihre Mannschaft und Sie.«*

In der Motortechnischen Zeitschrift (MTZ), Nr. 7/8 1993, hieß es dann: *»Der Fachbereich Maschinenwesen der Universität in Kaiserslautern hat Dipl.-Ing. Karl-Heinz Neumann die Würde eines Doktors der Ingenieurswissenschaften ehrenhalber verliehen ... insbesondere [im Hinblick auf] die Entwicklung eines direkteinspritzenden Dieselmotors mit 1,9 l Hubraum, der sich durch einen besonders niedrigen Kraftstoffverbrauch und Einhaltung der Abgasgrenzwerte nach der strengen USA-Norm auszeichnet.«*

Abgas- und Verbrauchssenkung

Der Dieselmotor, die unter ökonomischen und ökologischen Gesichtspunkten günstigste Antriebsmaschine, wurde vom Gesetzgeber steuerlich benachteiligt. Für ein Dieselfahrzeug mit 2,0 Liter Hubvolumen war der gleiche Steuerbetrag von ca. DM 720 jährlich zu entrichten wie für ein Otto-Fahrzeug mit 5,6 Liter Hubraum. Das war ein wesentlicher Faktor, der den seinerzeit niedrigen Marktanteil des Dieselmotors in Deutschland von ca. 18 % erklärte.

Seit Oktober 1993 erfüllte der 1,9-l-TDI-Motor im Golf und Passat als erster weltweit die ab 1996 für DI-Motoren geltenden Abgaslimits nach EG Stufe III. Dieses wurde durch folgende Maßnahmen möglich:

- weiter schadraumminimierter Brennraum in Verbindung mit einer angepassten Ventilgeometrie
- schadraumminimierte, druckgesteigerte Einspritzausrüstung
- kleiner Abgas-Turbolader Garrett T 15

James Liang berichtet von einer Abnahmefahrt auf dem Prüfgelände Wolfsburg: *»Neumann hat gefragt, ob der TDI auch auf den US-Markt kann. Ich bin damit zum Unterabteilungsleiter gegangen. Der sagte, die Amis hätten den TDI nicht verdient. Aber die Abgasemissionen konnte der Motor. Das habe ich Neumann gesagt, und damit hatten wir das Projekt.«* 1996 startete der Passat mit besagtem TDI-Motor in den USA.

In einem Golf Ecomatic mit TDI-Motor hat der Pkw-Versuch im Drittelmix einen Verbrauch von 4,4 l/100 km gemessen. Das führte Mitte 1993 zu einer Diskussion in der Aggregate-Entwicklung über ei-

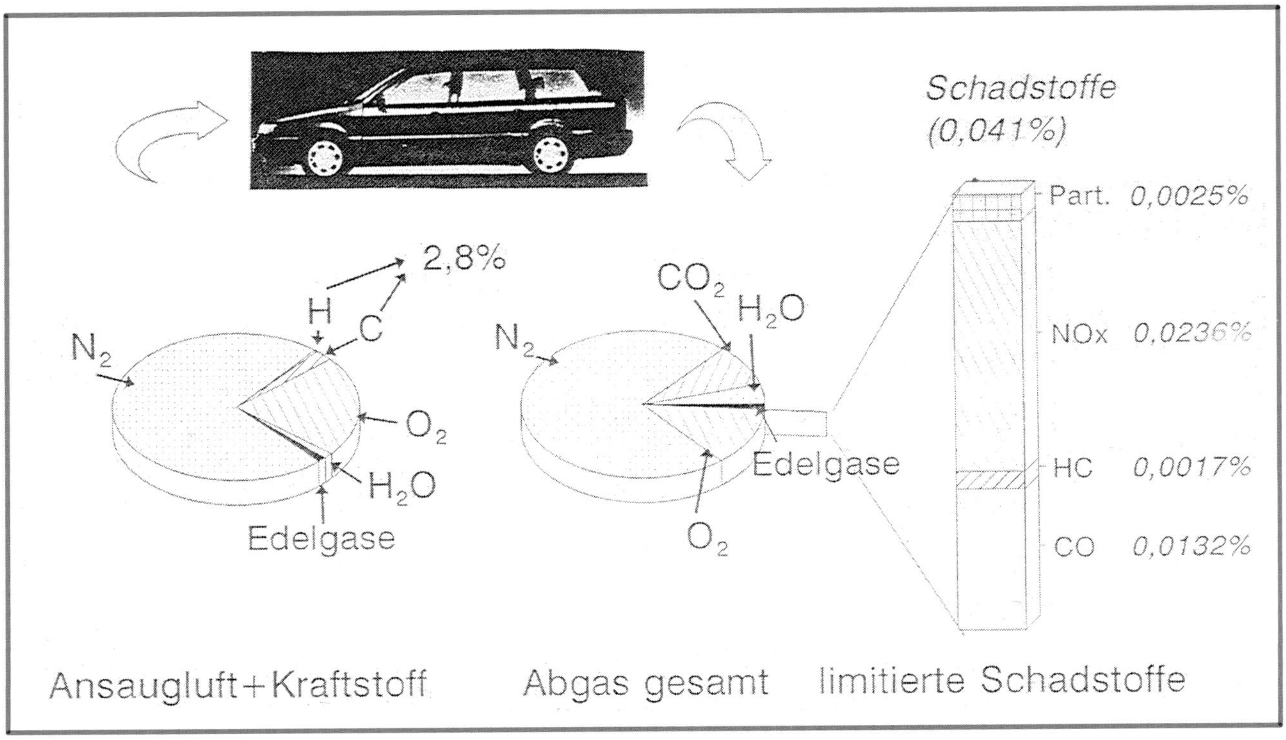

Die Massenstrombilanz des TDI-Motors in einem B-Klasse-Fahrzeug bei Konstantfahrt mit 90 km/h zeigt, was in den Motor hineingeht und was herauskommt. Daraus wird deutlich, welche geringen Mengen von Schadstoffen ein moderner Dieselmotor emittiert. Mit dieser Darstellung sollte keine Verharmlosung betrieben werden. Das Erreichte ließ uns nicht ruhen, auf diesem Weg konsequent weiterzumachen. Grafik: Volkswagen

nen Golf-TDI mit einem Kraftstoffverbrauch von 4 Litern auf 100 km. Aus dem Willmann-Team übernahm Jörg Ahrens das Projekt. Durch Abstimmung des TDI-Motors auf den unteren Drehzahlbereich in Verbindung mit einer längeren Antriebsübersetzung sollte das Ziel erreicht werden. Für den Motor bedeutete das im Wesentlichen:

- Drehmomenterhöhung auf 220 Nm bei 1.750 U/min
- Absenkung der Nenndrehzahl auf 3.700 U/min
- Verkleinerung der Spritzlöcher in den Düsen
- Verwendung von Leichtlauföl
- Einsatz einer elektro-hydraulischen Lenkung

Eine erste Abschätzung ergab einen Kraftstoffverbrauch von 3,9 l/100 km im Golf III. Schwierigkeiten bereitete die Verfügbarkeit eines geeigneten Getriebes. Das Projekt schlief dann sang- und klanglos ein, aber »Georgie« Ahrens hat daraus den GDI gemacht (s. Kap. II.2.3).

Am 9. November 1993 meldete Kollege Martin Biener den 100.000sten TDI, der in Salzgitter gebaut wurde. *»Das Jahr des TDI«* – so hieß es 1994 in der VW-Werbung. Das VW-Team hatte nun mit dem 1,9-Liter-TDI die Neuanläufe im neuen Golf III Variant (in KW 8/1994) und Audi A6 (Generation C4) als Einstiegsmotorisierung zu bewältigen.

Beim TDI Grand Prix in Österreich erzielte der Sieger mit einem Golf TDI einen Kraftstoffverbrauch von 2,32 l/100 km. Die TDI-Autos gewannen alle Vergleiche mit den Wettbewerbern. Laut Vergleichstest der Auto Zeitung *»kann dem Passat TDI keiner das Wasser reichen.«*

Der rüpelhafte Passat

auto motor und sport verglich in einem Test 1994 die Vierzylinder-TDI-Motoren im Audi 80, Golf und Passat sowie den 2,5-Liter-Fünfzylinder-TDI im Audi 100 miteinander. Bei den Audis wurde die *»immer noch störende Anfahrschwäche«* kritisiert. Dabei hatte der Audi 80 noch den T2-Lader. *»Der mit gleichem Vierzylinder ausgerüstete VW Passat ist ihm in diesem Punkt (Fahrleistungen) ebenbürtig, in der Elastizität sogar ein wenig überlegen ... und hängt insgesamt spontaner am Gas«.*

Weiter ist im Test vom *»eher rüpelhaften Gebaren des Motors im VW Passat«* zu lesen. Was war passiert? Das Auto wurde in Wolfsburg untersucht und festgestellt, dass der Motor starke Vibrationen erzeugte. Eine Überprüfung der Aggregate-Lagerung brachte keinen Hinweis. Also kam der Motor auf den Prüfstand. Die Leistung war voll vorhanden. Daraufhin hat Herr Schneider im Triebwerks-Team von Herrn Ermisch den Motor zerlegen lassen. Nicht zu fassen: Die Kurbelwelle kam in zwei Teilen heraus. Es war ein klassischer Torsionsbruch, ausgehend von der Hohlkehle diagonal durch den Hubzapfen. Nur die Axiallagerung hat die Wellenteile zusammengehalten. Die Teile kamen zu Herrn Seck ins Zentrallabor, der mit seinem Raster-Elektronenmikroskop das Gefüge untersuchte.

Michael Willmann: *»Als das bekannt wurde, sprang ich sofort ins Auto und fuhr nach Salzgitter zum Qualitätssicherer Rainer Dziggel. Ich präsentierte ihm das Ergebnis unserer Analyse. Dziggel brüllte mich an und schob die Schuld auf fehlerhafte Konstruktion. Entgegen meiner sonstigen Gewohnheit blieb ich ruhig, war aber laut. Ich hatte das Laborergebnis dabei, das eindeutig eine fehlende Rollierung nachwies. Daraufhin schleppte ich Dziggel zur Rollrichtmaschine. Wir sahen uns den Prozess an.*

Der Monteur bearbeitete die Kurbelwellen in Losen von 30 Stück. Ich fragte ihn, wie er erkennen könne, ob eine Welle gerollt sei, wenn er von der Pause zurückkäme. Er hatte keine Antwort. Daraufhin bekam er den Auftrag, jede Welle nach dem Rollieren mit einem weißen Farbpunkt an einer bestimmten Stelle zu kennzeichnen. Danach trat kein Fehler mehr auf. Die anderen 29 Kurbelwellen aus demselben Los waren im Feld und kamen alle nach ca. 25.000 bis 30.000 km gebrochen aus dem Kundendienst zurück.«

In den Folgejahren wurde der 1,9-Liter-TDI-Motor in weiteren VW- und Audi-Fahrzeugen eingeführt:

- Golf Variant TDI
- Golf Cabrio TDI
- Golf SDI
- Audi Cabrio TDI
- Sharan TDI und Ford Galaxy TDI
- Passat V TDI (nun wieder Längsmotor)
- Passat TDI (66 kW/90 PS) in den USA mit EGR-Kühlung

M. Willmann: *»Die Einführung schwefelreduzierten Dieselkraftstoffs brachte uns - und anderen Dieselmotoren auf dem Markt - wegen mangelnder Schmierfähigkeit Einspritzpumpenschäden, die aber durch Additivierung behoben wurden.*

Im Jahre 1996 hatten wir die erste Million mit unserem TDI-Motor überschritten. 1997 wurde unser Motor als ‚Diesel Car of the Year' im Passat TDI mit 110 PS ausgezeichnet.«

Der SDI-Motor

Den DI-Saugmotor hat Günter Goergens zwischendurch immer wieder mitbetrachtet, weil der TDI häufig in der Teillast betrieben wurde (s. Kap. II.2.2). Als entschieden war, dass die Wirbelkammer-Motoren auslaufen würden, mussten wir den SDI an unsere Nachbarabteilung abgeben.

Dort wurde der Motor fertigentwickelt und ging 1995 mit 47 kW (64 PS) und 125 Nm in Serie. Gegenüber dem gleichstarken 1,9-l-Wirbelkammer-Motor senkte die Direkteinspritzung den Kraftstoffverbrauch im Drittelmix von 5,6 auf 4,9 l/100 km. Der SDI-Motor erreichte als erster Saugdiesel im Golf die Abgaswerte EG II, der minimale spezifische Kraftstoffverbrauch betrug nur 222 g/kWh. Über die Entwicklung wurde in der Literatur berichtet.

Quellen

- G. Goergens, A. Strauss, M. Willmann: Ein neuer Turbodieselmotor mit Direkteinspritzung und 1,9 l Hubraum. In: MTZ, Nr. 3/1992
- H. Oetting, H. Jelden: Zwei 1,9 l-Dieselmotoren im Systemvergleich, Aachen, 1992
- Go: Ehrendoktorwürde für Karl-Heinz Neumann. In: MTZ, Nr. 7/8 1993
- W. Schruf: Erst fahren, dann sparen. In: auto motor und sport, Nr. 7/1994
- D. Neyer, R. Dorenkamp: Der neue schadstoffarme direkteinspritzende Vierzylinder-Saugdiesel von VW. Aachener Kolloquium, 1995
- R. Kihara, Y. Mikami, H. Nakao: The Peformance Advantages of Electronic Control Diesel Engine for Passenger Cars. SAE 830528
- F. Anisits, F. Mundorff, G. Pabinder: Der neue Sechszylinder-Dieselmotor des BMW 324 d. In: MTZ, Nr. 12/1985

II.3.2 Leistungssteigerung

Von Michael Willmann

Die Vierzylinder-TDI-Motoren mit 66 kW (90 PS) wurden ab 1991 im Audi 80, Passat und Golf zum Verkaufsschlager. Die Fahrzeuge des VW-Konzerns gewannen fast alle Vergleichstests gegen Wettbewerber. In Voruntersuchungen hatten wir das Leistungspotenzial des DI-Verfahrens gezeigt. Es war klar, dass wir für eine weitere Leistungs- und Drehmomentanhebung die Hauptparameter Einspritzung und die Aufladung weiterentwickeln mussten. An höheren Einspritzdrücken arbeiteten wir parallel zur Serienentwicklung (s. Kap. II.4.1).

Leistungsgrenzen

Das Erreichen der geforderten Leistung bereitete uns keine Schwierigkeiten; deshalb konzentrierten wir uns von Anfang an auf den unteren Drehzahlbereich und den Ladedruckaufbau.

Der 2,0-Liter-Vierventil-TDI-Motor

Der wesentliche Vorteil der Vierventil-Technik lag beim direkteinspritzenden Dieselmotor in der zentralen und zylinderachsparallelen Lage der Einspritzdüsen. Dadurch konnte eine gleichmäßigere Luftverteilung des Kraftstoffs erreicht werden. Darüber hinaus bietet der Vierventilkopf die Möglichkeit, den Drall drehzahlabhängig durch Drosselung oder Abschaltung eines Einlasskanals der Motordrehzahl optimal anzupassen. Auch kann der Liefergrad etwas erhöht werden.

Der für die 85-kW-Leistungsklasse vorgesehene und bereits konstruierte »96er«-Motor (Zylinderabstand) fiel im November 1992 den Sparbeschlüssen wegen zu hoher Investitionen zum Opfer (s. Kap. II.2.4). Unsere Studien aus dem Jahre 1987 ließen erwarten, dass die angestrebte Leistung auch mit

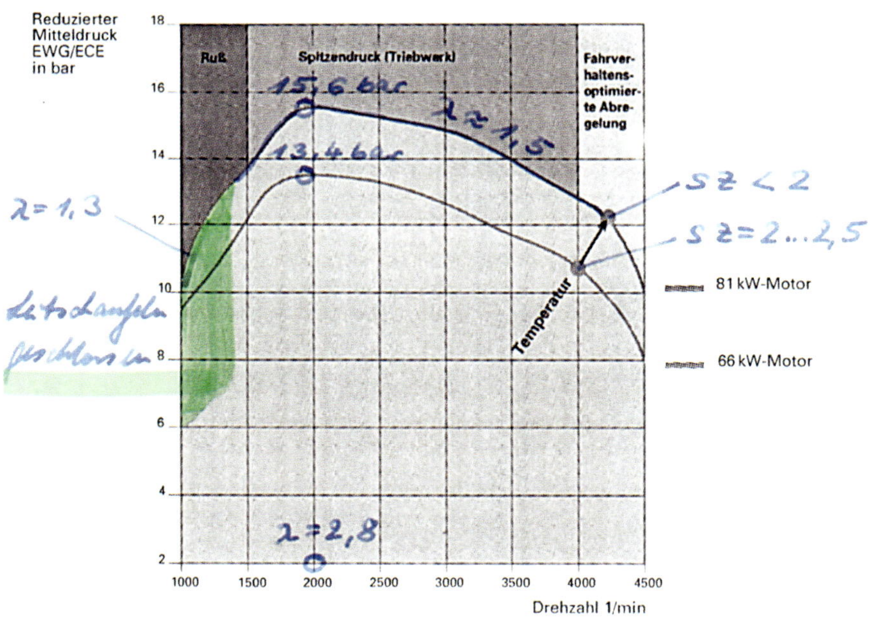

Leistungsbegrenzende Faktoren. Bei niedrigsten Drehzahlen bestimmt die Rußgrenze den maximalen Mitteldruck. Durch Verschieben der Pumpgrenze des Turboladers zu niedrigeren Durchsätzen, z. B. in Form des Verstellladers, können Ladedruck und Drehmoment erhöht werden. Im mittleren bis oberen Drehzahlbereich setzt die Belastbarkeit des Triebwerks die Grenze, die durch Maßnahmen besonders am Kolben und der Kurbelwelle nach oben verschoben werden kann. Bei Nenndrehzahl kommen Kolben und Abgaskrümmer an ihre Temperaturgrenzen und die Einspritzpumpe an ihre mechanische Grenze. Hier boten bessere Werkstoffe und Werkstoffbehandlungen Potenzial.

Diagramm: Volkswagen

dem Zylinderabstand von 88 mm bei Einsatz der Vierventil-Technologie erreicht werden könnte.

Der Audi 100 TDI geriet durch den BMW 525 tds mit Ladeluftkühlung und 103 kW (140 PS) zunehmend unter Druck: Leistung war enorm wichtig in dieser Klasse. Bei gleichem Zylinderabstand von 88 mm sollte Audi einen 2,5-l-V6-TDI-Motor mit 115 kW (156 PS, mehr Leistung als bei BMW) und VW einen 2,0-l-Vierzylinder-TDI-Motor mit 81 kW (110 PS, Versicherungs-Klassengrenze) entwickeln. Zum Erreichen der hohen spezifischen Leistung von 46 bzw. 42,7 kW/l sollte die Vierventiltechnik zum Einsatz kommen. Da bei Audi der Einsatztermin Juli 1996 drängte und der Zylinderkopf bereits weitgehend fertig konstruiert war, wurde entschieden, die Vierventilmotoren auf Audi-Basis zu entwickeln.

Zur optimalen Gestaltung der Ein- und Auslasskanäle unter Berücksichtigung der Lage der Nockenwellen, Zylinderkopfschrauben und der Glühstifte vergaben Audi und VW je einen Forschungsauftrag an die AVL in Graz bzw. die FEV in Aachen.

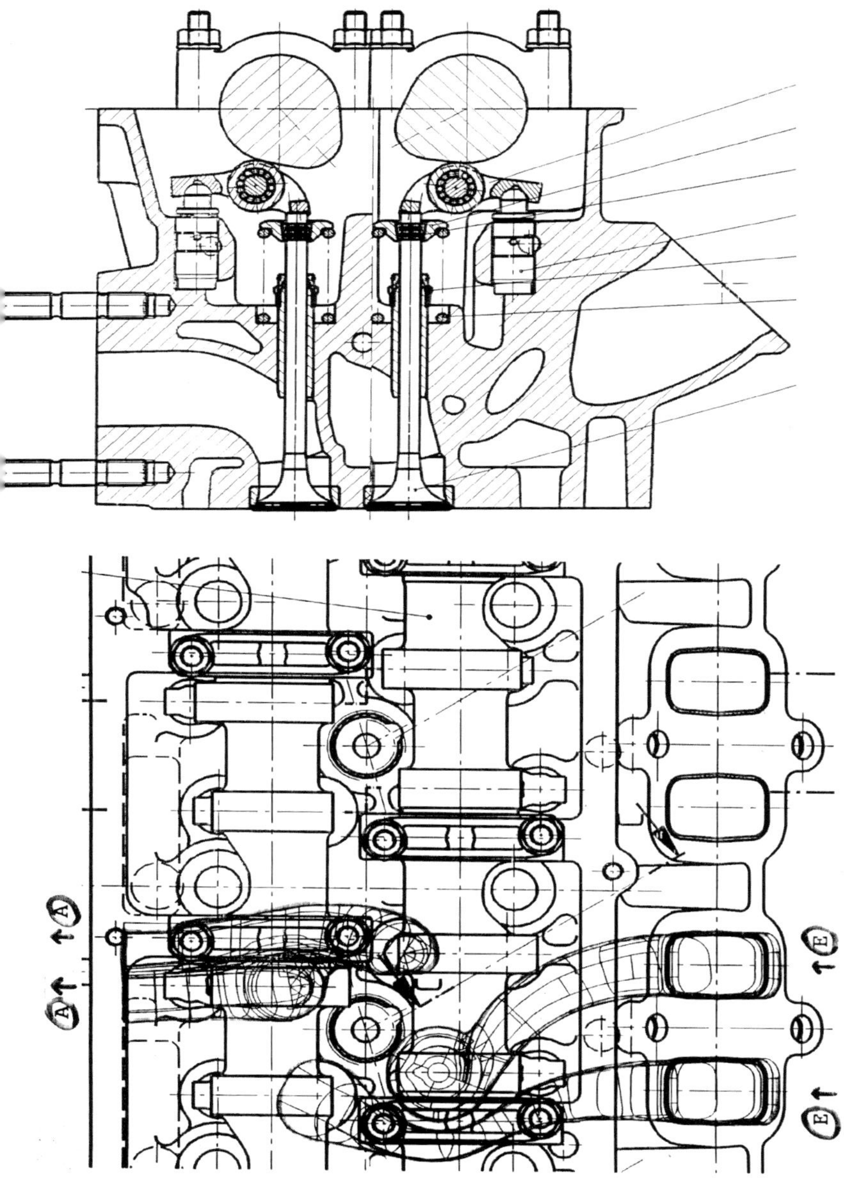

Entwurf eines Vierventil-Zylinderkopfs für den Vierzylinder-TDI-Motor. Der gedrehte Ventilstern ermöglichte eine optimale Kanalgestaltung mit zwei Tangenzial-Einlasskanälen. Zur Reibungsminimierung wurden Rollenschlepphebel eingesetzt.
Zeichnung: Volkswagen

Die Ergebnisse unterschieden sich in der Winkellage des Ventilsterns und in der Ausführung der Kanäle. Während die FEV wegen der besten Durchflusswerte für zwei Tangenzialkanäle plädierte, empfahl die AVL je einen Drall- und einen Tangenzialkanal (Füllungskanal), um Toleranzen besser zu beherrschen. Audi konstruierte den V6-TDI nach dem AVL-Vorschlag.

Die FEV-Version mit zwei Tangenzialkanälen lieferte einen größeren Durchfluss bei höheren Drehzahlen. Nach Abstimmung mit unserer Gießerei konnten die erforderlichen engen Toleranzen der Kanäle durch spezielle Fräser-Kontrollschnitte sichergestellt werden.

In der VW-Aggregate-Vorentwicklung wurden EA 188-Vierzylinder-Prototypmotoren mit dem Ventilstern von AVL und beiden Kanalalternativen konstruiert. Die Einspritzpumpe wurde wie beim Fünf- und Sechszylinder-Dieselmotor auf der Schwungradseite angeordnet und über die Nockenwelle von einem zweiten Zahnriemen angetrieben, was uns gar nicht gefiel.

Leistungssuche am Zweiventiler

Wir haben das Arbeitsverfahren ständig weiterentwickelt und schon mit dem HTD-Motor mit G-Lader (s. Kap. II.2.2) mit Parametervariationen gezeigt, was künftig möglich wäre. Im Oktober 1993 hat Willi Rhode an unserem 1,9-Liter-Serien-TDI das maximale Drehmoment durch Detailverbesserungen auf 210 Nm (13,9 bar) erhöht. Aber unser Kunde, Audi, lehnte das ab. Damit war das Thema Drehmomenterhöhung zunächst erledigt.

Im Mai 1994 erreichte ein Motor auf dem Prüfstand 75 kW (39,6 kW/l) und 222 Nm (14,7 bar). Damit verbunden war ein Anstieg des Zylinderspitzendrucks auf 155 bar gegenüber 135 bar beim Serienmotor.

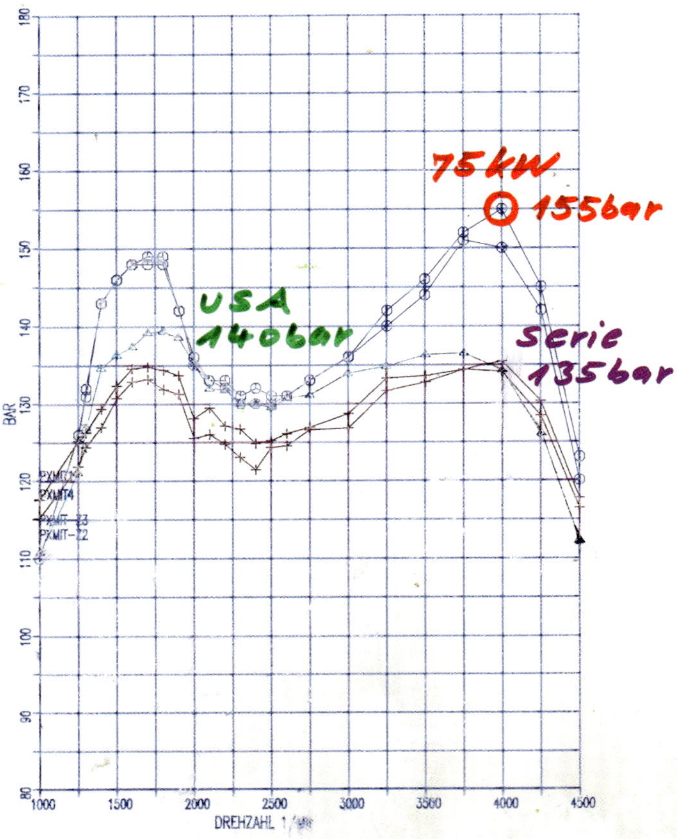

Zylinderdruckverläufe des 66-kW-TDI-Seriendiesels, einer möglichen US-Version mit höherem Drehmoment bei niedrigen Drehzahlen und der leistungsgesteigerten Version.
Diagramm: G. Stolle

Dr. Guessoum vom Zentrallabor untersuchte die Torsionswechselmomente am Flansch der Kurbelwelle und stellte fest, dass beim 66-kW-Serienmotor die Festigkeitsgrenze ab 4.750 U/min, was der Kunde nicht erreicht, überschritten wurde. Die große Masse des Schwungrads führte zu einer geringen Durchbiegung des hinteren Kurbelwellenzapfens. Bei Rotation entstand eine Unwucht, die die Biegespannung im Hohlkehlenradius der letzten Kurbelwange deutlich erhöhte. Je größer die Schwungmasse war, desto größer war auch das Biegemoment. Ein leichteres Schwungrad verschob die Festigkeitsgrenze auf über 5.000 U/min. Beim 66-kW-TDI-Motor war auch unter Berücksichtigung aller ungünstigen Toleranzen ein genügend großer Sicherheitsabstand zur zulässigen Kurbelwellen-Belastung gegeben. Die mit der Leistungssteigerung anwachsenden Zylinderdrücke erhöhten die Biegespannung in der Kurbelwelle bei ungünstigen Toleranzen über die zulässige Grenze hinaus.

Die Rote Karte

Diese Ergebnisse führten in einer internen Besprechung des TDI-Teams der Vorentwicklung Systeme Diesel (so hieß unsere Abteilung damals) im Juni 1994 zu einer Kontroverse. Sicherlich aus berechtigter Sorge um das Triebwerk, das durch die Leistungserhöhung mit 155 bar belastet wurde, konfrontierte ein Kollege mich mit einer Folie.

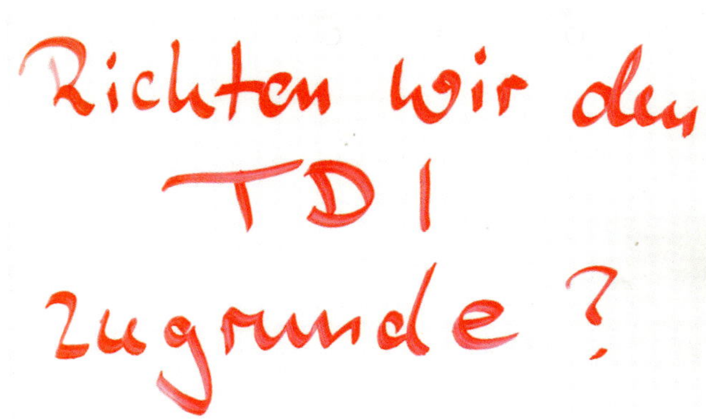

Teile der TDI-Mannschaft hatte Sorge, dass wir bei unseren begrenzten Kapazitäten keine ordentliche Entwicklung machen könnten.
Skizze: TDI-Team

Der »Rädelsführer« schickte mir dann einen Brief, in dem er seine »Provokation« begründete. Das hat der Chef auch akzeptiert. Er antwortete dem Sachbearbeiter: *»Sie führen nur Bedenken an. Das ist richtig, aber von Ihnen erwarte ich konstruktive Vorschläge zur Lösung der Probleme!«*

Unbefangenheit gegen Expertenmeinung

Ich war erst einmal geschockt. Was war zu tun, um die Mannschaft wieder einzufangen? Als ich nun ganz geknickt über den Flur schlich, kam mir Jung-Ingenieur »Hunki« (Dipl.-Ing. Steffen Hunkert) entgegen. Der kam frisch vom Studium und war noch unverbraucht. Ich sagte zu ihm, er solle sich einen Motor und einen großen Turbolader besorgen, die Leistung auf 80 kW hochdrehen und einen Dauerlauf aufsetzen: *»Nun wollen wir doch mal sehen, wie lange der Motor hält.«*

Steffen Hunkert sagt heute: *»... von nichts ´ne Ahnung gehabt.«* Er ging unbefangen ans Werk, vergrößerte den Hubraum auf 2,0 Liter und meldete regelmäßig die erreichte Laufzeit. Der Motor lief mit 80 kW (109 PS) und 220 Nm - und lief und lief und lief. Nach ca. 340 Stunden wurde der Turbolader gewechselt, weil der Flansch undicht war. Nach 520 Stunden Dauerlauf - mehr als die übliche Freigabe-Bedingung - ließ er den Motor öffnen. Die Bauteile wurden begutachtet. Bis auf die oberen Pleuellagerschalen war alles i. O.; also wurde der Motor mit neuen Pleuellagerschalen wieder montiert und im Kolbenstresstest eingesetzt. Dort lief er über 210 Stunden. Die Einspritzausrüstung musste zwischenzeitlich gewechselt werden.

Am Ende zeigten sich feste Kolbenringe und Buchsenverschleiß. Also wurden neue Kolbenringe montiert und der Motor im Thermoschock-Test eingesetzt. Dort lief er noch 162 Stunden, insgesamt also 892 Stunden. Im Februar 1993 war die Zylinderkopfdichtung defekt. Die Kurbelwelle zeigte einen ersten Anriss. Und so ein Motor mit der Leistung und den Laufzeiten sollte nicht hinzukriegen sein?

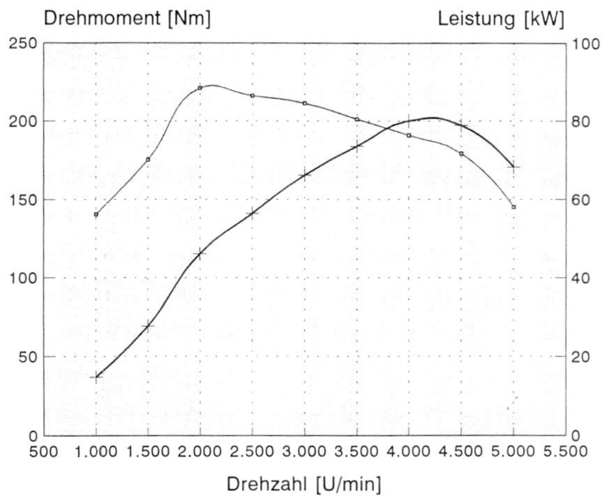

Die Volllastwerte des 2,0-Liter-Versuchsmotors (40,5 kW/l und 14 bar Mitteldruck). Diagramm: Hunkert

Am 5. Februar 1993 schrieb der Triebwerks-UA einen Brief an den Abteilungsleiter, in dem er das *»überraschende Ergebnis relativieren möchte«*, und: *»Das eine Ergebnis ist noch kein Grund zum Jubeln!«* Antwort Willmann: *»Darf man sich nach einem positiven Ergebnis nicht auch mal freuen?«*

Entwicklungsauftrag

Anlässlich einer Vergleichsfahrt mit verschiedenen Aufladesystemen in Audi C4-Fahrzeugen im Prüfgelände Wolfsburg entschied Dr. Piëch, dass der 1,9-l-TDI-Motor mit dem Verstelllader zum Juli 1996 zu entwickeln sei (s. Kap. II.2.3). Audi arbeitete an einer Leistungssteigerung ihres 2,5-Liter-Fünfzylinder-TDI-Motors. Somit war es eine logische Folge, dass Dr. Piëch auch von uns eine Leitungserhöhung hubraumkonform auf 81 kW (110 PS) verlangte. Diesen Auftrag gab ich an meine Mannschaft weiter.

Die UAs für Arbeitsverfahren und Triebwerk sagten zur Leistungssteigerung: *,Das geht nicht.'* Dazu muss man wissen, dass wir gerade erst das Triebwerk für 66 kW saniert hatten. Die Experten waren der Meinung, dass die Abteilung, die auch noch viele Fremdvergaben zu betreuen hatte, das ganze Programm nicht schaffen könne. Was war zu tun? Zu Dr. Piëch gehen und sagen: *»Das geht nicht«*, kam für mich nicht in Frage. Konnte Audi etwas, was wir nicht konnten? Also fragte ich Richard Bauder, wie die das machten. Ich fuhr mit unseren beiden Experten nach Neckarsulm. Die Audi-Dieselentwickler erklärten uns bereitwillig ihre Maßnahmen.

Auf der Rückfahrt sagte unser UA Arbeitsverfahren: *»Wenn Audi das kann, müssen wir es auch können.«* Der Triebwerks-UA blieb bei seiner Meinung gegen eine Leistungserhöhung. Ich bat ihn, seine Position noch einmal zu überdenken. Das änderte nichts, und der Kollege wechselte einvernehmlich in eine Nachbarabteilung. Nachfolger wurde Dr. Bernd Georgi.

Der Verstelllader

Um das »Turboloch« zu überwinden, entwickelte die Firma Aerodyne einen Turbolader mit verstellbarem Turbinen-Leitapparat. Ein solcher Lader eignete sich besonders für eine Leistungssteigerung, weil er einerseits bei geschlossenen Schaufeln wie ein kleiner ATL mit relativ hohem Ladedruck im unteren Bereich wirkt und bei geöffneten Schaufeln wie ein großer mit großem Durchsatz. Mit dem VTG-Lader (Variable Turbine Geometry) von Aerodyne begannen unsere Motorversuche. In einem ersten Dauerlauf zeigten sich gravierende Probleme, z. B. Ölverlust aus der Dauerschmierung und hakelige Verstellung der Schaufeln. Hier wäre eine aufwändige Entwicklung nötig gewesen. Aerodyne hatte keinen Lader in Serie. Sie hatten auch keine Fertigung und kamen für eine Serienentwicklung unseres TDI-Motors nicht in Frage. Wir nahmen Kontakt zu allen bekannten Turbolader-Herstellern auf, um sie zur Entwicklung eines VTG-Laders zu bewegen. Sie zeigten kein Interesse und boten Alternativlösungen an, die unsere Ziele nicht erfüllten.

Allied Signal, zu denen Garrett gehörte, schickte ein Fax, in dem sie mitteilten: *»AS underlines again that for economical reasons cannot and therefore will not proceed the VNT 15 program fot the 81 kW engine...«* Auch unseren geforderten Preis meinten sie, nicht halten zu können. Garrett wollte uns von ihrem One Piece-Lader (OP 15) überzeugen. Bei dem wird der Eintrittsspalt vor der Turbine verändert. Da half ein Telefonat Neumanns mit dem Management von Garrett weiter. Nachdem der »Verweigerer« bei Garrett durch Ken Watkin ausgetauscht war, begannen sie die intensive Entwicklung des VTG-Laders für unsere Motorgröße.

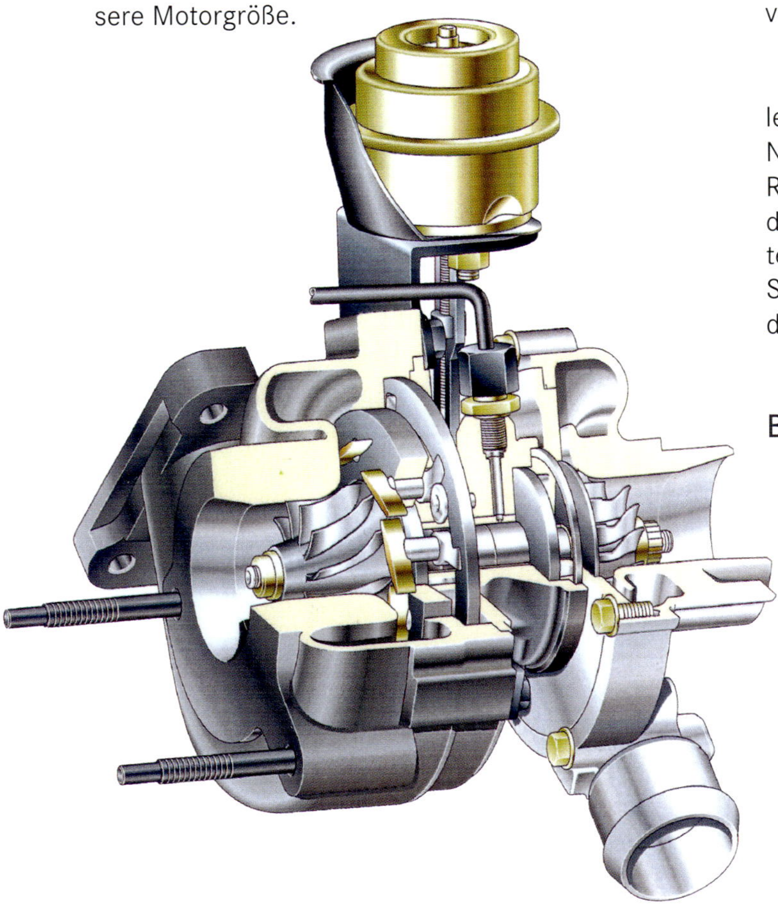

Der Garrett VNT 15-Turbolader. Die Verstellung der Leitschaufeln erfolgte durch eine pneumatische Dose, die über ein Gestänge auf den Verstellring wirkte. Der Ring mit den Schlitzen verdrehte über die kleinen Hebel die kleinen Wellen, die mit den Schaufeln (gelb) verbunden waren. Grafik: Garrett

Über den 81-kW-DI-Dieselmotor wurde mehrfach in der Literatur berichtet. Dort sind auch die Änderungen gegenüber dem 66-kW-TDI-Motor beschrieben.

Entwicklungsschwerpunkte

Im Gegensatz zu Chip-Tunern, die oft ohne Rücksicht auf Abgaswerte und Triebwerksfestigkeit die Leistung steigerten, sollte unser neuer Motor die verbesserten Kennwerte ohne nachteilige Auswirkungen erreichen. Denn wenn Chip-Tuning beim TDI-Motor nicht von Maßnahmen an der Einspritzausrüstung, Aufladung und am Triebwerk begleitet wird, droht ein früher Motorschaden.

Dazu haben wir zunächst in einer Studie auf dem Prüfstand den Einfluss des Spritzbeginns auf Spitzendruck, die Abgastemperatur sowie die Stickoxid- und Rußemissionen untersucht. Dabei stellte sich heraus, dass für unsere Ansprüche Maßnahmen am Arbeitsverfahren und am Triebwerk nötig waren.

Die hydraulische Performance der Bosch-Verteiler-Einspritzpumpe VP 37 erhöhten wir durch einen Nocken, der die Hertzsche Pressung am kleinsten Radius an der Nockenspitze abbaute und im Bereich des großen Radius die Plungergeschwindigkeit erhöhte. Damit erreichten wir mit den Fünflochdüsen mit Spritzloch-Durchmesser 0,205 einen Elementraumdruck von bis zu 800 bar und 1.200 bar vor Düse.

Biegebelastung der Kurbelwelle

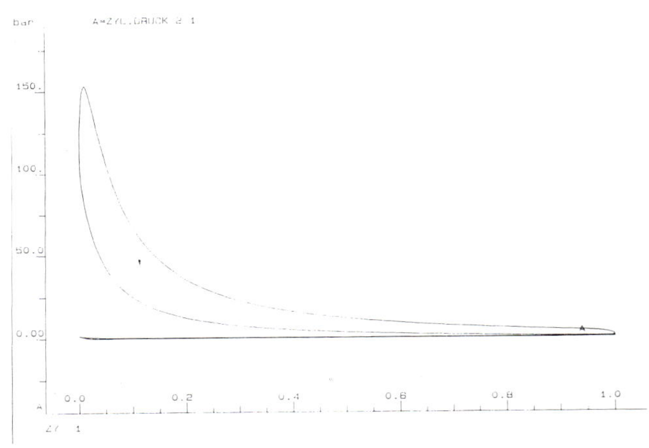

Das p/V-Diagramm von Herrn Günter Stolle zeigt den hohen Zylinder-Spitzendruck von 150 bar bei 1.500 U/min und 219 Nm.
Diagramm: G. Stolle

Bei einem Überlastversuch mit 86 kW (117 PS) stieg der Spitzendruck auf 160 bar. Derartige Versuche haben wir eingeführt, um mehr Sicherheit zu schaffen.

Bei den vielen sicherheitsrelevanten Parametern eines Motors ist es nicht möglich, alle einzeln oder im Zusammenwirken zu prüfen. Grenzmusteruntersuchungen für die wichtigsten haben wir durchgeführt. Durch Tests bei Überlast und Überdrehzahl haben wir erreicht, dass in der Serie kaum Triebwerksprobleme auftraten.

Beim 66-kW-TDI-Motor mit Einmassen-Schwungrad ist auch unter Berücksichtigung aller ungünstigen Toleranzen ein genügend großer Sicherheitsabstand zur zulässigen Kurbelwellen-Belastung gegeben. Die große Masse des Schwungrads führt zu einer geringeren Durchbiegung des hinteren Kurbelwellenzapfens.

Die mit der Leistungssteigerung anwachsenden Zylinderdrücke erhöhten das Biegemoment in der Kurbelwelle bei ungünstigen Toleranzen über die zulässige Grenze hinaus. Die kleinere Primärmasse des Zweimassen-Schwungrades bewirkt eine erhebliche Verringerung der Kurbelwellenbiegung. Dadurch konnte beim 81-kW-TDI-Motor die Kurbelwelle des 66-kW-Motors unverändert übernommen werden.

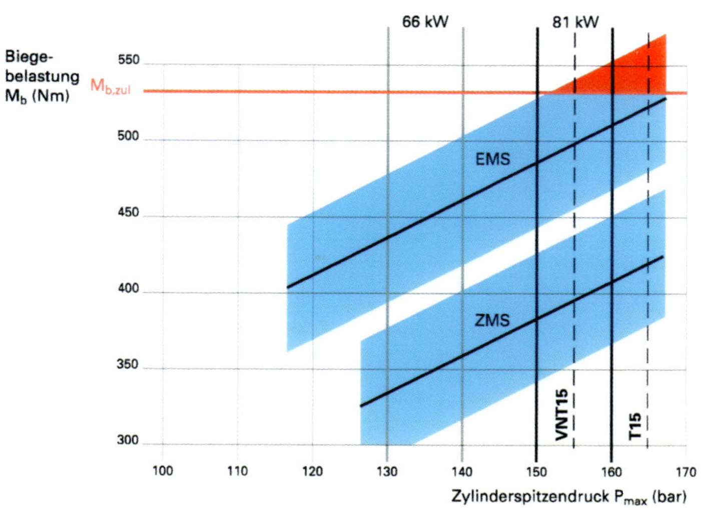

Die Biegebelastung der Kurbelwelle in Abhängigkeit vom Zylinderdruck für den 66-kW- und den 81-kW-Motor, jeweils in den Toleranzbändern des Einmassen- und Zweimassen-Schwungrads. Auch der Verstelllader VNT 15 mit geringeren Gegendrücken bei hohen Lasten entlastete die Kurbelwelle.

Diagramm: M. Willmann

Zielkonflikt Ansprechverhalten gegen Ruß

Was merkt der Kunde als erstes, wenn er seinen 66-kW-TDI gegen den neuen 81 kW eingetauscht hat und beim Händler vom Hof fährt? Ganz klar: Das Ansprechen aus niedrigsten Drehzahlen, wie er es vom 66-kW-Motor gewöhnt war. Aufgrund der höheren Leistung war das Fahrzeug zur Erzielung einer höheren Geschwindigkeit länger übersetzt. Das bedeutete, dass für gleiche Beschleunigung mehr Drehmoment erforderlich war. Die Erhöhung der Einspritzmenge führte zu einem höheren Rußausstoß. Hier halfen der Verstelllader mit höheren Ladedrücken bei niedrigen Drehzahlen und die um ca. 100 bar höheren Einspritzdrücke.

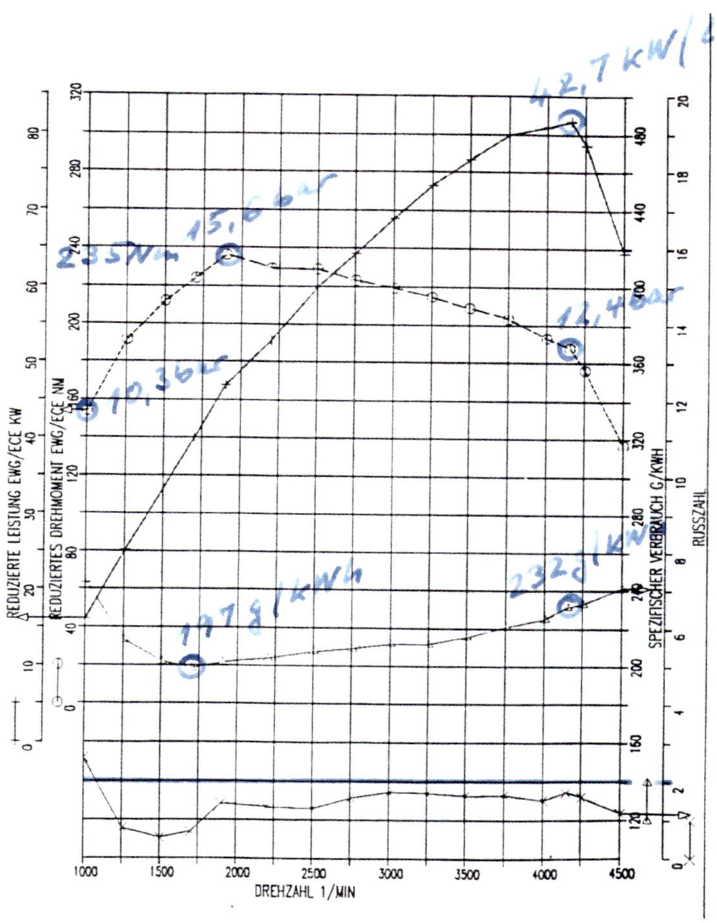

Die Volllastwerte des 81-kW-TDI-Motors. Diagramm: Volkswagen

Zur Prüfung führte M. Willmann einen Test auf der Schnellbahn im kleinen Prüfgelände in Wolfsburg ein: *»Wir starteten mit 50 km/h bei ca. 1.000 U/min im fünften Gang und gaben Vollgas. Nach einer halben Runde passierten wir die Geschwindigkeitsanzeige. Referenz war der 66-kW-Motor, der in keinem Pressebericht wegen eines Turbolochs beanstandet wurde. Das* *mussten wir mit dem 81-kW-Motor auch schaffen. Jeden Abend um 17:00 h traf ich mich mit Johann-Ludwig Schmitt mit dem neuesten Software-Stand im Prüfgelände und wir fuhren, wieder und wieder, bis wir einen akzeptablen Kompromiss erreicht hatten.«*

Chip-Tuning versus Standfestigkeit

Ein Kunde hatte einen Unfall, indem er in einem Kreisverkehr über den Mittelbuckel fuhr. Er behauptete, dass sein TDI-Motor plötzlich beschleunigt habe, ohne dass er Gas gegeben habe. VW solle für den Schaden aufkommen. Er brachte sein Auto in die Werkstatt. Pech für ihn, dass er vergessen hatte, das getunte Steuergerät auszubauen. Damit war die Garantie erloschen.

Auch auto motor und sport beschäftigte sich 1998 mit dem Thema Chip-Tuning. Ein Audi-Serviceleiter stellte fest, dass von rund einer Million TDI-Motoren im Feld nur 120 Motorschäden gemeldet worden seien, was eine sehr hohe Standfestigkeit bedeutete, und bei 100 dieser Fälle ohnehin der Verdacht auf unsachgemäßes Chip-Tuning bestehe.

Die Folge unsachgemäß ausgeführten Chip-Tunings: zerschmolzene Kolben. Foto: auto motor und sport Nr. 8/1998

Kollege Hanno Jelden dazu: *»Die Steuergeräte der Tuner enthalten Bauteile im Wert von knapp 20 Mark. Nur die Gehäuse der Tuningkits, die häufig zwischen Kabel und Stecker des Motormanagements eingesteckt werden, stammen aus dem Ersatzteillager.*

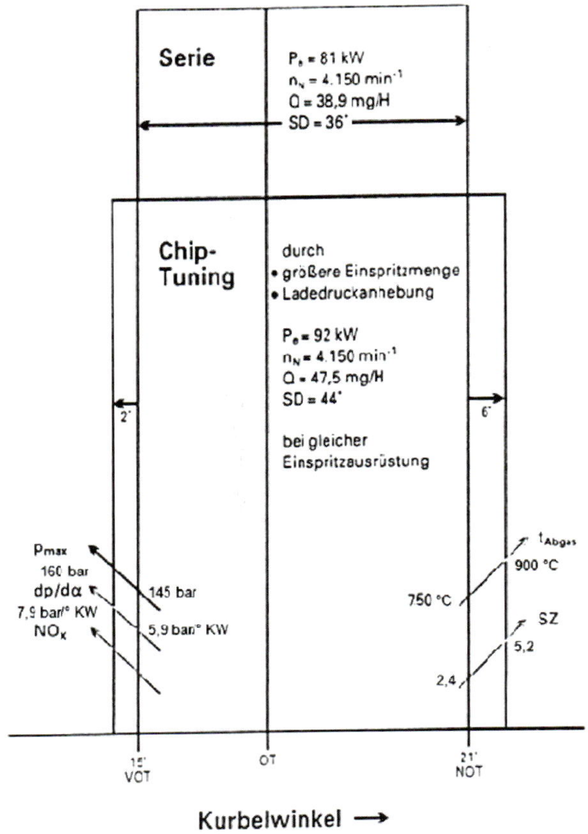

Hier ist der Kurbelwinkelbereich der Kraftstoffeinspritzung für den Serien-TDI-Motor mit 81 kW und einen über Chip-Tuning auf 92 kW gesteigerten Motor dargestellt. Zur Einhaltung der Grenzen von Belastbarkeit und Abgasemissionen steht eine Spritzdauer von 36° Kurbelwinkel zur Verfügung. Wird früher eingespritzt, steigen Zylinderspitzendruck, Druckgradient und Stickoxidwerte. Bei späterer Einspritzung als ca. 21° nach OT wird Kraftstoff in der fortschreitenden Expansionphase verbrannt, was die Abgastemperatur und den Ruß erhöht sowie den Mitteldruck senkt. Der getunte Chip im Steuergerät erhöhte die Einspritzmenge um 23 % und den Ladedruck um ca. 11 %. Wir haben eine maximale Leistung von 92 kW zwischen 3.750 und 4.150 U/min gemessen. Wegen des schlechteren Wirkungsgrads wurde die Einspritzmenge überproportional auf 47,5 mg/Hub angehoben. Das führte, bei unveränderter Einspritzhydraulik, zu einer auf 44° Kurbelwinkel verlängerten Spritzdauer und dadurch zu höherer mechanischer und thermischer Belastung des Triebwerks. Skizze: M. Willmann

Wir haben den Datensatz eines Chip-Tuners untersucht und mit den Daten unseres 81-kW-TDI-Motors verglichen. Weder die abgegebene Leistung von 100 kW (136 PS) noch das Drehmoment haben wir auf unserem Prüfstand gefunden. Der Tuner hatte bei unveränderter Einspritzausrüstung die Menge um 9 mg angehoben und den Ladedruck erhöht, so stellte es sich schließlich heraus.

Dieses Beispiel zeigte uns wieder, dass für das Einspritzen einer größeren Kraftstoffmenge in der verfügbaren Zeit von ca. 1,4 ms bei Nenndrehzahl höhere Einspritzdrücke erforderlich waren. Um das zu erreichen, hatten wir die Pumpe-Düse in der Vorentwicklung.«

Was machte der Wettbewerb?

Die Wettbewerber haben an ihren Kammer-Dieselmotoren weitergearbeitet. Direkteinspritzende Dieselmotoren befanden sich noch in der Forschungs- bzw. Entwicklungsphase.

Mit Modelljahr 1989 hatte **Honda** im Legend Sedan einen 2,0-l-Benzinmotor mit verstellbaren Leitschaufeln vor der Turbine auf dem japanischen Markt eingeführt und für kurze Zeit in Serie. Beim Ottomotor mit seinen höheren Abgastemperaturen bis ca. 1.000° C ist die Gefahr der Verzunderung mit Festgehen der Schaufeln größer.

Willmann: *»1991 brachte **Fiat** im Croma mit dem VNT 25 von Garrett am 1,929-Liter-Direkteinspritz-Dieselmotor erstmalig einen Turbolader mit verstellbaren Leitschaufeln vor der Turbine in Serie. Dr. Kuck hatte von dem Fiat-Motor gehört und beauftragte uns im Juli 1992, ein Fahrzeug zu besorgen. Im Pkw-Versuch wurde der Fiat vermessen und mit unserem Passat III mit 1,9-Liter-TDI-Motor verglichen.*

In den relevanten Rollentests lag der Kraftstoffverbrauch des Fiat um 10 bis 12 % höher als bei unserem TDI. Auch die Abgasschadstoffe waren beim Fiat höher. Untersuchungen an unserem Motor zeigten keine Vorteile für den VNT 25 gegenüber unserem kleinen T 15-Lader, weil der Verstelllader für diese Motorgröße zu groß war. Mit einem angepassten VTG-Lader sollten wesentlich bessere Werte möglich sein.

1991 wurde ein Verstelllader von der amerikanische Firma Aerodyne an der TU Dresden bei Herrn Borrmeister im Auftrag von Erich Gaschler, VW-Forschung, an dem 1,9-Liter-Wirbelkammer-Diesel appliziert. Die Ergebnisse waren so vielversprechend, dass wir im Motor-Versuch Diesel in diese Technologie einstiegen (s. Kap. II.2.3).

***Citroën** brachte 1989 einen neuen Wirbelkammer-Motor mit zwei Einlass- und einem Auslassventil. Aus einem Hubraum von 2,088 Litern generierte er 80 kW (109 PS, 38,4 kW/l) und ein Drehmoment von 245 Nm (14,7 bar). Mit diesen hervorragenden Werten konnten wir mit unserem 66-kW-TDI-Diesel nicht mithalten - noch nicht. Unser Vorteil war der niedrigere Kraftstoffverbrauch.«*

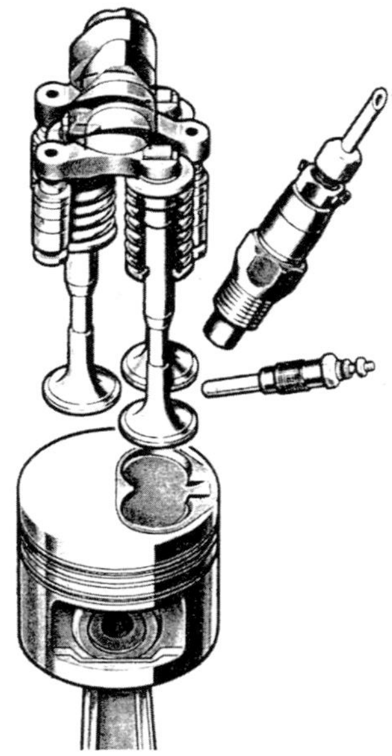

Citroëns Dreiventil-Wirbelkammer-Diesel mit Schlepphebeln. Durch Verzicht auf ein Ventil konnte die Schrägstellung der Ventile vermieden werden, was der Schadraumminimierung dienlich ist.
Quelle: auto motor und sport Nr. 10/1990

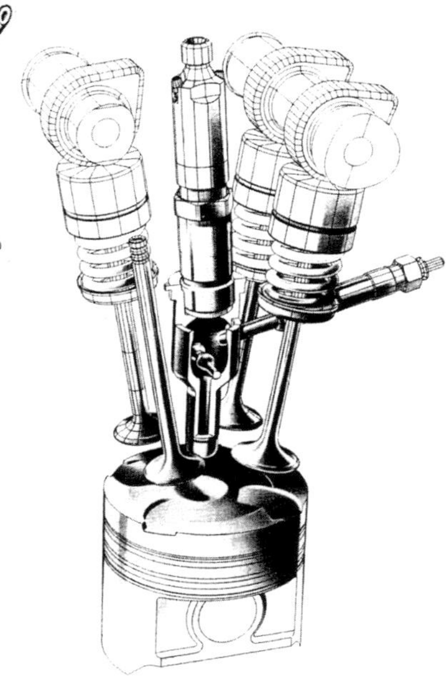

Daimlers Vierventil-Saugdiesel mit zentraler Vorkammer. Die Ventile sind leicht schräg gestellt und der Kolbenboden ist zerklüftet. Beides war für die Schadraumminimierung kontraproduktiv. Der 2,155-Liter-Motor leistete 70 kW (95 PS) bei 5.000 U/min (32,5 kW/l) und 150 Nm (8,7 bar).
Quelle: MTZ, Nr. 9/1993

***Daimler-Benz** hielt indes an der Vorkammer fest. Als Innovation brachten sie den ersten Pkw-Diesel mit Vierventiltechnik 1993 als Saugmotor in Serie. Die Leistung holten sie über die Drehzahl.«*

Quellen

- M. Koch: Kern-Schmelze. In: ams, Nr. 8/1998
- M. Willmann, H. Jelden, J. Pohle, G. Roost, A. Kracke: Der neue 81 kW-TDI-Motor von Volkswagen. In: MTZ, Nr. 12/1995
- W. Rhode: Developmental Work on the 1.9-Liter 81 kW TDI engine. SIA Presentation, 1996

II.3.3 EA 188, das neue TDI-Triebwerk

Von Semih Gökesme, Dirk Warnecke und Michael Willmann

Dr. Piëch hatte entschieden, die Arbeiten an Motoren mit größerem Zylinderabstand wegen Investitionen in Milliardenhöhe einzustellen, und stattdessen die vorhandene Baureihe mit 88 mm Zylinderabstand zu modernisieren. Der Motor ist in der MTZ ausführlich beschrieben worden; hier sollen interessante Entwicklungsschwerpunkte und Hintergründe näher erläutert werden. In der Diesel-Vorentwicklung entstanden 1990 die ersten Entwürfe.

Ziele

Wesentliche Vorgaben waren, dass der Einbauraum des Motors in der neuen Golf-IV-Plattform (Quereinbau) in der Baubreite wegen steigender Crash-Anforderungen und der Baulänge aufgrund der geforderten Pendellagerung, drehmomentstärkerer Getriebe und Zweimassen-Schwungrad kompakter zu konstruieren war.

Das neue Triebwerk sollte die Basis für alle künftigen Vierzylinder-Dieselmotoren bilden. Dazu gehörten:

- 1,9-l-66 kW-Zweiventil-TDI-Motor mit Verteiler-Einspritzpumpe
- 2,0-l-Vierventil-TDI-Motor für 85 kW (115 PS) auf der Basis des Audi-Zylinderkopfs (gemäß der von Audi beeinflussten Piëch-Entscheidung *»alle Dieselmotoren bekommen Vierventil-Köpfe«*)
- 1,9-l-Zweiventil-EWK-Wirbelkammer-Motor mit Emissionsmaßnahmen für 63 kW (86 PS)
- ggf. ein 1,9-l-EWK-WK-Saugmotor als kostengünstiger Einstiegsdiesel

Bei den Wirbelkammer-Motoren wurde, ausgelöst durch den neuen Peugeot-Citroën-Diesel, eine Dreiventil-Konfiguration diskutiert.

Konzeptmerkmale

Typisch für den neuen EA 188:

- Entfall der Nebenwelle (Antrieb von Ölpumpe und Vakuumpumpe), was schon Ende der 70er-Jahre mit dem Ziel der Gewichts-, Reibungs- und Kostensenkung dargestellt und diskutiert, aber wegen der erforderlichen Investitionen nicht umgesetzt wurde
- Umsetzung einer hängenden Aggregatelagerung (Pendellagerung) zwecks Akustik- und Komfortverbesserung
- Strukturversteifungen zur Verbesserung der Akustik, die über die bereits am EA 180-TDI-Motor eingeführten Maßnahmen hinausgehen sollten
- Steuerkette mit hoher Lebensdauer (t_{50} = 300.000 km)
- Aluminium-Zylinderkurbelgehäuse zur Gewichtsreduzierung
- Wasserpumpen-Spiralgehäuse im Kurbelgehäuse
- Anordnung der Einspritzpumpe hinten am Motor, Antrieb über die Nockenwelle, um vorne eine kompakte Bauweise der Nebenaggregate zu ermöglichen, die auch Synergien mit den Ottomotoren hinsichtlich Gleichteilen und der Vorderwagengestaltung bedeutete
- Elektrohydraulische CC-Lenkung zur Reduzierung der Antriebsenergie und Vereinfachung der Riementriebe; somit keine mechanisch angetriebene Lenkhilfepumpe im Poly-V-Riementrieb
- Vorhalt für zukünftige Weiterentwicklungen:
- Vierventil-Zylinderkopf für DI-Motoren mit Verteiler-Einspritzpumpe,
- Drei- und Vierventil-Zylinderköpfe für DI-Motoren mit Pumpe-Düse
- Dreiventil-Zylinderkopf für WK-Motoren

Konstrukteur für die Steuer- u. Nebenaggregatetriebe war Dirk Warnecke. Er wollte eigentlich in den Versuch statt in die Konstruktion, blieb aber dann doch - denn: Es herrschte ein unglaublicher Gemeinschaftsgeist für die anstehende Aufgabe unter den Dieselkollegen. *»Wie stark man als Konstrukteur das Produkt mitgestalten und beeinflussen kann! Maschinenbau ist immer auch ein bisschen Kunst!«* Mit dem Kollegen Sven Röpke wurde durchaus auch samstags konstruiert (z. B. beim Thema Steuertrieb). Dazu Michael Willmann: *»Wir hatten immer Termindruck.«* Piëch verlangte immer Vollgas. J. Ahrens fügt hinzu: *»Und wir waren immer dran!«*

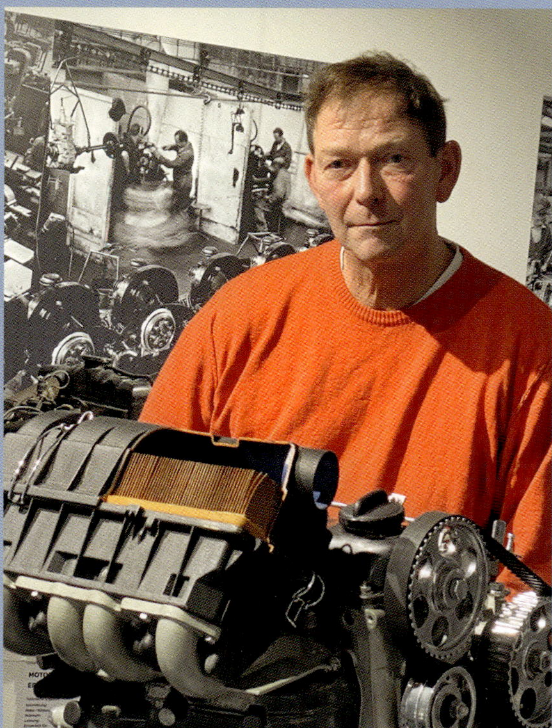

Dipl.-Ing. (FH) Dirk Warnecke

geboren 05.05.1963 in Rotenburg/Hannover
Lehre Kfz-Elektriker bei VW
1985-1989 Studium FH Kiel (Kraft- und Arbeitsmaschinen), Diplomarbeit in der VW Forschung
01/1991 Eintritt bei Volkswagen in der Nutzfahrzeug-Dieselkonstruktion bei Paul Rottenkolber,
Vorentwicklung Fünfzylinder-Kettentrieb, Motor 96, EA 188 mit Verteiler-Einspritzpumpe (VEP); danach Serienentwicklung, Konstruktion Zahnriemen- und Nebenaggregatetriebe,
Fachreferent Steuer- u. Nebenaggregate Konstruktion

Mit UA Günter Roost wurde erstmals CAD in unserer Konstruktion eingeführt, wobei Warnecke zunächst »Bremser« war. Es war ein holpriger Anfang, neue Hardware war für einige augenscheinlich nur »Spaßgerät«. VW arbeitete mit ICEM DDN und später mit proE, Audi arbeitete mit CATIA. Semih Gökesme hatte übrigens als erster einen Laptop!

Aufgrund der Fertigungstiefe gab es einen hohen Anteil an Hausteilen, die in der Komponente VW Salzgitter geplant und später gefertigt wurden. Damit ging das Erstellen von sämtlichen Konstruktionsunterlagen in der Entwicklung auch mit Fremdvergabefirmen, wie z. B. IAV, Volke und Rücker, einher.

Warnecke ging als Konstrukteur zwecks Schadensbegutachtung auch auf den Prüfstand: *»Wir hatten nur ein Mini-Budget, beispielsweise für Prototypenteile. Aber Willmann unterschrieb alle BMs sofort!«* Damals sollten junge Leute weitgehend selbst entscheiden, und die Chefs gewannen damit viel Freiraum.

Die Akustikhaube für den TDI 81 kW kreierte Frank Stebner. Welche Farbe sollte der »TDI«-Schriftzug haben? Audi machte einen roten Schatten am »i«. Um zu einer Entscheidung zu kommen, baute er ein Buchstaben-Set zum Einclipsen in verschiedenen Farben auf. Dafür wurde extra ein Vorderwagen in die Pilothalle gestellt. Piëch hat entschieden, das »i« komplett rot zu machen.

Die von Ferdinand Piëch initiierte Einfärbung leistungsstärkerer Motorversionen begann mit dem 81-kW-Triebwerk und setzte sich peu à peu fort. Foto: mot

Piëch entschied auch über eine Verlängerung der Ölwechselintervalle – es musste deutlich mehr als bei Mercedes sein (Zahl wie Umfang der Erde). Dazu Norbert Ermisch: *»Die Prüfstandsarbeit für Öl-Intervalle war sehr aufwändig.«*

Vereinheitlichung mit dem Ottomotor

Der EA 180-TDI-Dieselmotor hatte noch die vom ursprünglichen Ottomotor EA 827 stammende Nebenwelle, mit der Schmierölpumpe und Vakuumpumpe angetrieben wurden. Bei den Dieselmotoren mussten aus Festigkeitsgründen borierte Zahnräder eingesetzt werden (s. Kap. I 2.2). Der Wegfall der Nebenwelle mit den Schraubenrädern bedeutete eine Verbesserung der Umweltbilanz im Herstellungsprozess. Außerdem wurde das Motorgewicht in Verbindung mit weiteren Maßnahmen gesenkt.

Während der Konzept- und Konstruktionsphase bestand enger Kontakt zur Motorkonstruktion Ingolstadt, die den 827-Nachfolger EA 113 bearbeitete, um im Sinne eines Baukastens möglichst viele Gleichteile zu verwenden. In den Kasseler Besprechungen wurde mit Engagement um den besten Kompromiss gerungen, an denen von Beginn an auch die Produktion Salzgitter beteiligt war. Am Ende ist außer der kettengetriebenen Ölpumpe und dem Dichtflansch vorn kein wesentlicher Gleichteileumfang übrig geblieben.

Konstruktionsdetails

Während der Entwicklung des 1,9-l-TDI-Motors traten häufig Brüche des Zylinderblocks im Bereich der Lagerstühle bei GG 25 (ein besserer Grauguss) auf. Umfangreiche Versteifungsmaßnahmen führten zur gewünschten Lebensdauer.

Der Einsatz von Aluminium beim Zylinderkurbelgehäuse des TDI-Motors erforderte eine auf den Werkstoff abgestimmte Konstruktion, beispielsweise Zuganker. Die Voruntersuchungen mit Nass-Buchsen aus AlSi25 im GG-Gehäuse erhöhten aber den Verschleiß. Die Untersuchungen waren nicht termingerecht abgeschlossen, sodass eine Entscheidung für Alu in dem vorgesehenen Zeitrahmen zu risikobehaftet erschien.

Es gab im Motorenbau einen Trend *»weg vom Zahnriemen«*, weil die Lebensdauer und damit der teure Wechsel nicht befriedigten. Stattdessen sollte eine Duplex-Steuerkette eingesetzt werden. Die Probleme des Zahnriemens waren bekannt, die der Steuerkette nur zum Teil. In einem statischen Dehnungstest mit blockierter Kurbelwelle war die Kette deutlich steifer als der Zahnriemen. Eine Studie am Sechszylinder-TDI-Motor hatte aber gezeigt, dass die hohe Beladung des Motoröls mit abrasiven Rußpartikeln die Kette schnell verschleißen lässt (s. Kap. II.5.1). Das wurde im Entwurf nicht berücksichtigt. Nur mit sauberem Öl in einer separaten Kassette wäre eine hohe Kettenlebensdauer erreichbar gewesen. Es gab auch Überlegungen mit nebenstromgefiltertem Öl für die Kettenschmierung und den Kettenspanner.

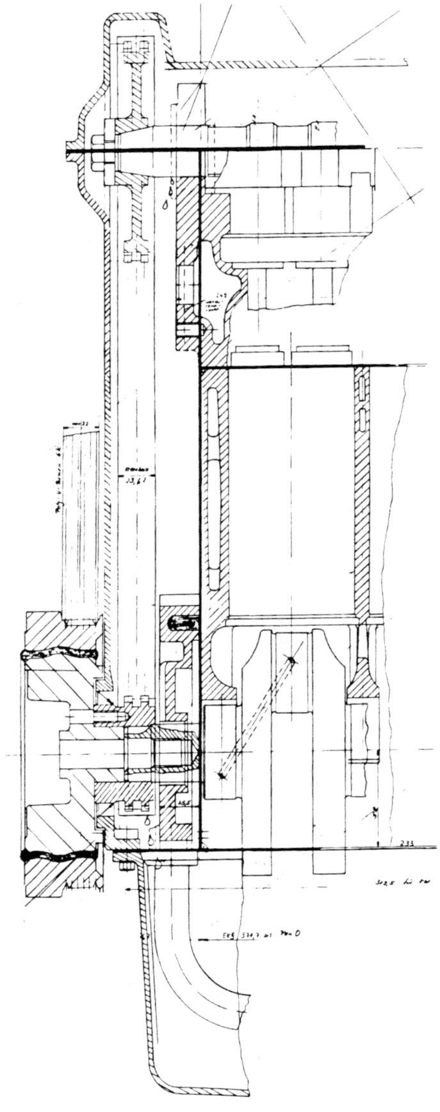

Nockenwellenantrieb über Duplex-Steuerkette aus der Steuerkettenstudie Dieselmotor mit Einspritzpumpe hinten. Für Dieselmotoren mit abrasiven Rußpartikeln im Öl wäre ein separater Ölkreis für die Kette erforderlich geworden. Zeichnung: Volkswagen

Wegen des nötigen Investitions- und Einzelkostenaufwands wurde der Zahnriemen schließlich beibehalten. Eine mitentscheidende Tatsache war allerdings auch, dass deutliche Fortschritte bei den Elastomeren und Zugsträngen die Zahnriemenqualität verbesserten. An diesen Verbesserungen hatte der Versuchs-Kollege Arnold Strauß in Zusammenarbeit mit den Zulieferern erheblichen Anteil.

Die ersten Studien an Versuchsmotoren (1,9-l-2V-TDI und 2,0-l-4V-TDI), jeweils mit hinten angebauter Einspritzpumpe, zeigten keine Nachteile im Leistungs- und Abgasverhalten gegenüber der Anordnung vorn.

Daher wurde die Konzeptbaustufe so ausgeführt, wobei aber der Antrieb der Unterdruckpumpe für die fahrzeugseitige Bremskraftverstärkung ungeklärt blieb. Erst spätere ausführliche Untersuchungen des dynamischen Spritzbeginns bei Lastwechsel von Gerd Lange zeigten starkes Springen. Deshalb wurde die Baustufe 1 mit vorn liegender Einspritzpumpe unter erheblichem Termindruck umkonstruiert. Somit konnte dann auch die Vakuumpumpe durch das hintere Nockenwellenende angetrieben werden.

Dipl.-Ing. Semih Gökesme

geboren am 05.11.1953 in Ankara
1972-1980 Studium an der RWTH Aachen (Maschinenbau)
1. Nov. 1980 zu Viessmann, Einsatz bei VW, Abt. Aggregate-Diversifikation Wärmepumpen-Entwicklung
Februar 1982 zur Volkswagen AG, Entwicklung von Dieselmotoren

Beginn der Serienentwicklung

Semih Gökesme berichtet: *»Nach der Vergleichsfahrt am 26. Februar 1993 zur Entwicklungsentscheidung der zukünftigen Motoren von Herrn Dr. Piëch ging ich mit Michael Willmann zu unseren Büroräumen. Willmann sagte: ‚Sag jetzt gar nichts, komm morgen früh, teile mir Deine Entscheidung mit. Du übernimmst die Projektleitung der Serienentwicklung EA 188 1,9-l-TDI Motoren zum SOP-Termin nach dem heutigen Piëch-Beschluss.‘ Ich entschied, erst mal nicht mehr daran zu denken, aber es ging natürlich nicht. Die Nacht war unerhört lang, mit vollen Projektplänen im Kopf. Ich hatte in der kurzen Zeit mit einer kleinen Gruppe ja diese Vergleichsfahrt zu Recht gestalten können, aber was jetzt kommt, war eine Kette von Aggregaten, die, für die Serienfreigabe geeignet, entwickelt werden mussten! Morgens klopfte ich an die Tür. Michael merkte, dass die Nacht nicht prall war und sagte mit sehr leiser und mit ruhiger Stimme: ‚Es gibt immer eine Lösung, komm setz Dich.‘ Er spendierte einen Kaffee. Er hatte die Erweiterung des Teams bereits angedacht und wollte sie zügig beantragen. Ich sollte einen Projektplanentwurf vorbereiten und kurzfristig vorstellen. Er wird danach das Gesamtteam, bestehend aus Versuch, Konstruktion und Arbeitsverfahren, zum Vorstellungstermin einladen.«*

Gökesme weiter: *»Mit einer tollen Arbeitsgruppe, die bereit war, sich untereinander zu unterstützen und sich nicht auf die Uhrzeit zu fixieren, denen bewusst war, dass jeder mit der Rückendeckung des Ableitungschefs Willmann rechnen konnte, der seine Mitarbeiter aufzubauen wusste, konnte es nicht schiefgehen. Der für den Konstruktionsbereich verantwortliche Unterabteilungsleiter Günter Roost hatte in unserer Gruppe mit seinen innovativen Ideen einen besonderen Stellenwert. Was letztlich bedeutete: So konnten wir alle unsere Projekte, die wir nach dem 26. Februar 1993 als Auftrag bekommen hatten, rechtzeitig zum SOP-Termin in Serie bringen.«*

Baustufe 1

Es stellte sich heraus, dass die CC-Lenkung nicht termingerecht fertig würde; die Rückkehr zur hydraulischen Lenkhilfepumpe war angesagt. Deshalb mussten die Nebenaggregate-Anordnung sowie deren Antrieb mit Poly-V-Riemen im Mai neu konstruiert werden. Dadurch geriet das Projekt in Terminverzug. Aufgrund der Situation wurde Dirk Warnecke der bereits genehmigte Urlaub gesperrt, Überstunden und Fremdvergaben wurden erhöht.

Im Versuch ergaben sich Probleme mit Zylinderverzügen, Kolbenfressern, Ventilaufsetzern und Überhitzung. Insgesamt waren Ende 1994 noch 15 Probleme ungelöst, wie Semih Gökesme berichtete. Damit die Versuche schnell weitergeführt werden konnten, hat Michael Willmann zu ihm gesagt: *»Lass die Gehäuse nachhonen und die Motoren mit neuen Kolben weiterlaufen.«* Damit konnten wir auch Audi termingerecht mit ersten Motoren beliefern, die allerdings nicht für Freigabeläufe geeignet waren. Audi war gar nicht begeistert. Suchten die einen Schuldigen für ihre eigenen Terminprobleme?

Baustufe 2

Auftretende Probleme mit der Zahnriemenspannrolle, der Umlenkrolle für Klimakompressor, der Kurbelwellen-Zentralschraube, dem Nebenaggregatehalter für Klimakompressor, dem EGR-Ventil und dem Ölrohr für den Abgas-Turbolader mussten gelöst werden. Undichtigkeiten an der Zylinderkopfdichtung, der Wasserpumpe, der Ölfilterhalter-Dichtung, der Vakuumpumpe und dem Ventildeckel wurden festgestellt. Des Weiteren traten Risse am Saugrohr, Verformung an der Zahnriemenabdeckung, Flankenverschleiß und Fußanrisse am Zahnriemen, Risse am Nebenaggregatehalter und an der Ölwanne auf. In der Summe waren noch zehn Probleme ungelöst. Damit wartete noch viel Arbeit auf das Team, aber es wurden auch Laufzeiten bis 680 Stunden auf den Prüfständen erreicht.

Baustufe 3

Im Oktober 1995 erreichten die Motoren maximal 1.109 Stunden auf dem Prüfstand. Der Zahnriemen und die PV-Spannrolle machten noch Probleme. Durch Einsatz eines Generatorfreilaufs der Fa. INA konnten die Spannerarm-Amplitude und der Verschleiß der Lagerung schließlich beherrscht werden. Die Genehmigung der Prototypenbestellung bei Michael Willmann dauerte für Warnecke rund drei Minuten: *»Mach, was Sinn macht und helfen kann. Entscheide selbst, bei der Baustelle weißt Du das doch besser als ich!«*

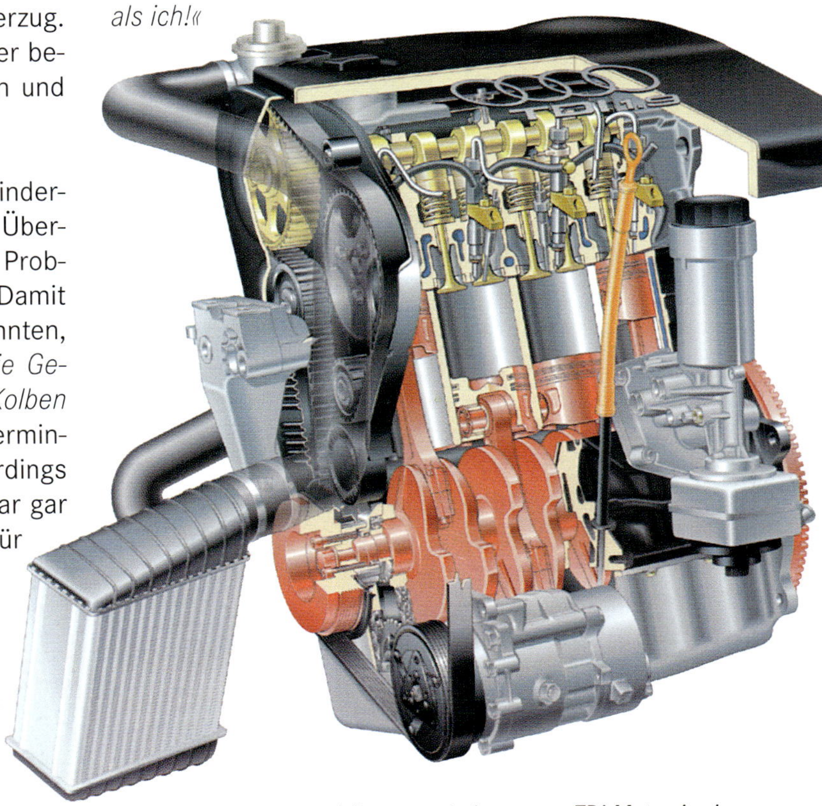

Das Wasserpumpengehäuse war beim neuen TDI-Motor in das Zylinderkurbelgehäuse integriert. Der Ölfilter war stehend angeordnet. Der Zahnriemen trieb von der Kurbelwelle aus über eine Umlenkrolle die Wasserpumpe, die Einspritzpumpe und die Nockenwelle an. Generator, Lenkhilfepumpe und Klimakompressor wurden von einem Poly-V-Riemen angetrieben. Die Aluminium-Ölwanne sorgte für bessere Abdichtung. Die Akustikhaube dämmte hochfrequente Geräusche vom Zylinderkopf. Der Ladeluftkühler stand seitlich im Radhaus. Grafik: Volkswagen

Der neue EA 188-Motor erschien nacheinander ab 1996 im Audi A3, Skoda Octavia, VW Golf und Vento sowie im Seat Toledo. Alle Fahrzeuge basierten auf derselben Plattform mit quer eingebautem Motor-Getriebe-Aggregat und Frontantrieb. Es folgten Motorderivate des EA 188 als SDI und 81-kW-TDI.

Quellen

- M. Willmann, S. Röpke, J. Hilbig, D. Warnecke, S. Gökesme: Das neue Triebwerk von Volkswagen. In: MTZ, Nr. 11/1996
- Autorentreffen, AutoMuseum Volkswagen, 12.12.2023

II.4 Die Pumpe-Düse-Motoren

II.4.1 Der HDE-Diesel (Hoch-Druck-Einspritzung)

Von Uwe Scher und Michael Willmann

Bei den Forschungsarbeiten am Zweizylinder-DI-Dieselmotor hatten Günter Goergens, James Liang und Ulli Dörges mit Bosch die VE-Axialkolben-Verteiler-Einspritzpumpe zur verstärkten Pumpe VP 26 weiterentwickelt. Der maximale Druck betrug ca. 700 bar im Pumpenraum und durch die dynamische Erhöhung vor Düse ca. 1.000 bar. Im Kapitel II.3.1 ist die Entwicklung der Verteilerpumpen-Einspritzsysteme für DI-Dieselmotoren bei VW beschrieben.

Einspritzforschung

Herr Scher: *»Um das Potenzial einer Einspritzdruckerhöhung zu studieren, untersuchten wir eine Bosch-MW-Reihenpumpe an unserem Zweizylinder-DI-Motor mit Comprex-Aufladung. Ein Vergleich der erreichbaren Mitteldrücke mit den Verteilerpumpen zeigte einen deutlichen Einfluss des Einspritzdrucks auf den erreichbaren Mitteldruck.*

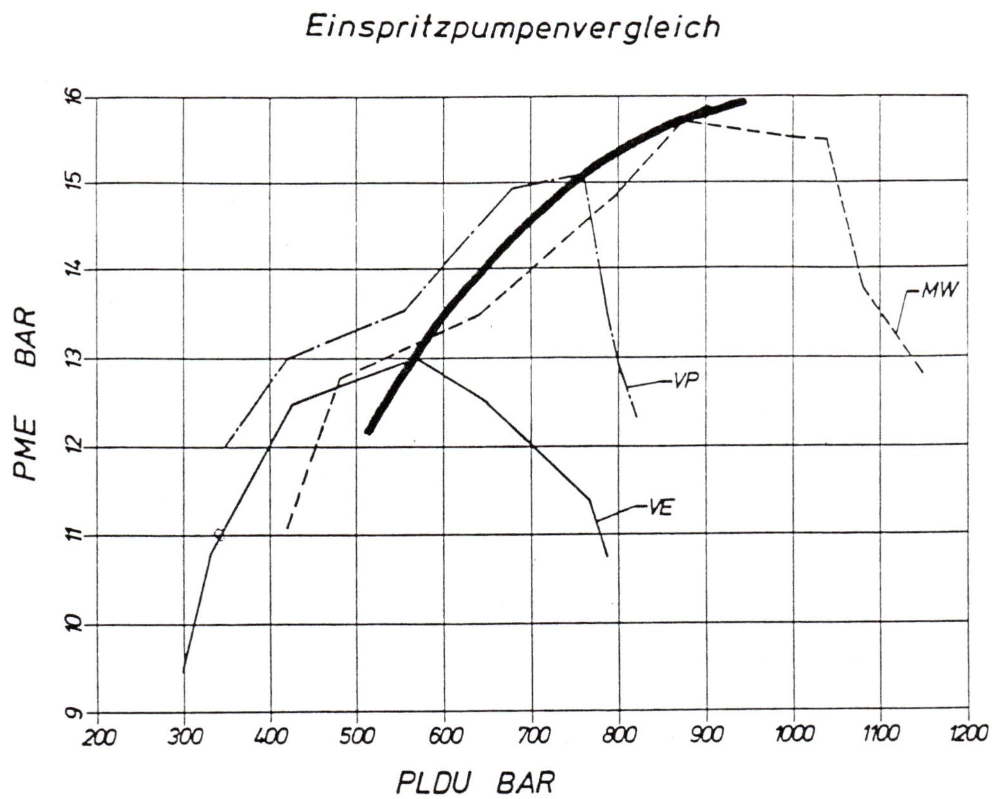

In dem Diagramm sind die Mitteldruckverläufe der verschiedenen Einspritzpumpen über dem Leitungsdruck aufgetragen. Auch wenn die Randbedingungen, z. B. Drall und Spritzlochzahl, nicht gleich waren, zeigte sich doch eine eindeutige Tendenz: Mit dem Einspritzdruck wächst auch der erreichbare Mitteldruck. Diagramm: Scher

Wir erkannten, dass die Verteilerpumpe bei den Einspritzdrücken an ihre Grenzen kommt. Eine Analyse des Wirkungsgrads hat eine weitere Schwachstelle des Systems mit Pumpe, Leitung und Düse aufgedeckt.«

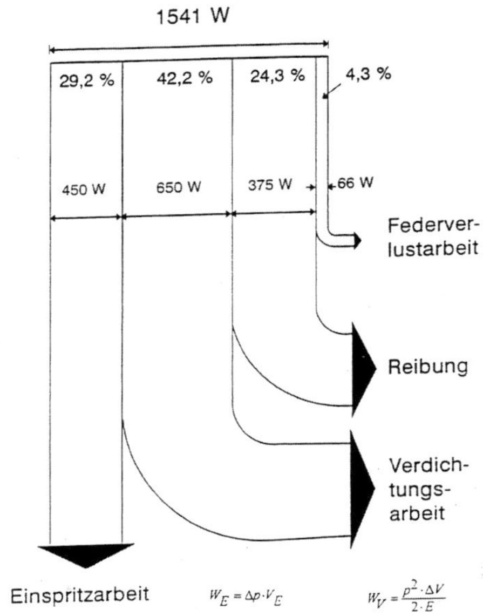

Das Energieflussdiagramm der Axialkolben-Verteiler-Einspritzpumpe VP 26 am 1,9-Liter-TDI-Motor bei Nennleistung verdeutlicht den niedrigen Wirkungsgrad des Systems Verteilerpumpe mit Leitungen und Düsen. Die Drücke betrugen 720 bar im Pumpenraum und 1.050 bar vor Düse. Diagramm: Scher

Die Erkenntnis war, dass die Verdichtungsarbeit des kompressiblen Kraftstoffs bei hohen Drücken viel höher als die reine Einspritzarbeit ist. Dabei ist das komprimierte Volumen im Pumpenelement, in den Leitungen und Düsen entscheidend. Das heißt, dass die Einspritzleitungen, die ein »Schadvolumen« darstellen, besser zu vermeiden sind. Das Verhältnis der Einspritzarbeit zur aufzubringenden Gesamtarbeit bestimmt den Wirkungsgrad.

Bei einer Verteilerpumpe mit Leitung und Düse beträgt das Schadvolumen ca. 2.000 mm³ und die Verdichtungsarbeit bei angenommenen 1.600 bar ca. 27 Nm. Bei einer Pumpe-Düse finden die Hochdruckerzeugung und der Transport zur Düse auf engstem Raum statt. Bei dem Schadvolumen von ca. 500 mm³ ist die Verdichtungsarbeit von ca. 7 Nm etwa gleich groß wie die Einspritzarbeit.

Um künftigen Anforderungen nach höherer Leistung, hohem Drehmoment schon bei niedrigen Drehzahlen und verschärften Abgasemissionen zu begegnen, suchte das Team 1985 nach Systemen mit größerem Potenzial. Dazu wurden zunächst alle damals bekannten Einspritzsysteme von Uwe Scher analysiert und nach Aufbau und Funktion sortiert. Herausgekommen ist dabei eine Übersicht von insgesamt 28 Einspritzsystemen.

Übersicht und Analyse

Um bei dieser Vielzahl von Systemen diejenigen herauszufinden, die das größte Potenzial für einen Pkw-Direkteinspritzer besitzen, wurde ein Lastenheft erstellt. In intensiven Diskussionen mit allen beteiligten Entwicklern wurde daraus ein Bewertungssystem entwickelt, bei dem die Kriterien so gestaltet und gewichtet wurden, dass sie untereinander uneingeschränkt vergleichbar waren.

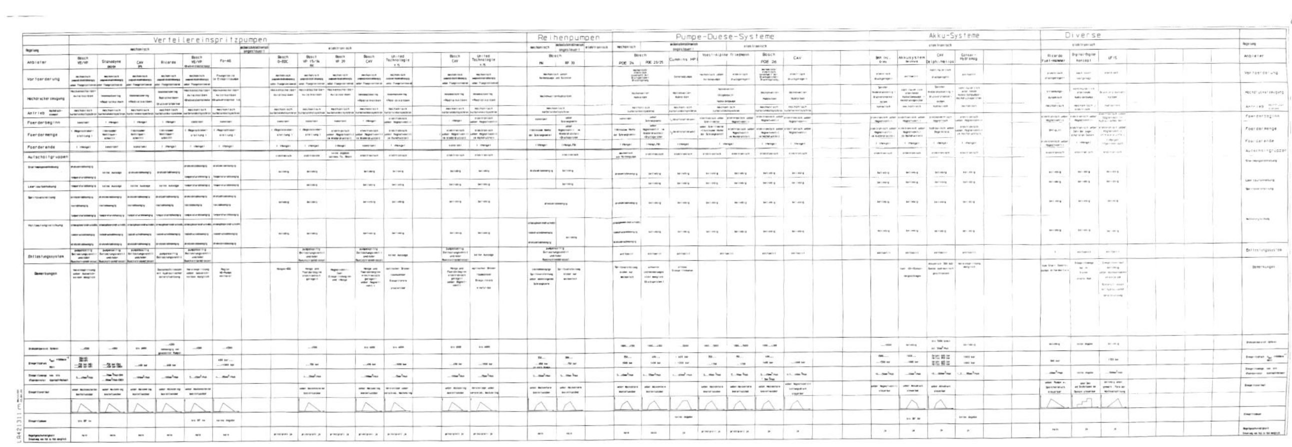

Die »Tapete«: Einspritzsystemangebot im Jahr 1985. Man erkennt, neben zahlreichen Verteilerpumpen-Systemen, wenige Reihenpumpen, einige Pumpe-Düsen- sowie Akku-Systeme und ein paar Exoten. Tabelle: Scher

Als wesentliche Merkmale haben sich dabei herausgestellt:

- Einspritzdruck
- Einspritzratenverlauf
- hydraulischer Wirkungsgrad

Bewertung

Der Einspritzdruck und der Einspritzverlauf spielten bei der Bewertung eine entscheidende Rolle, wie unsere Prinzipversuche gezeigt hatten. Für die Teillast braucht der DI-Diesel kleine Spritzlöcher für kleinste Kraftstofftröpfchen, um die Rußbildung gering zu halten. Um die große Volllastmenge in der begrenzten Spritzdauer durch die kleinen Spritzlöcher einzubringen, ist hoher Einspritzdruck zwingend erforderlich. Dr. Polach von Bosch sagte: *»Druck ist alles.«*

Beim Druckverlauf wurde das klassische Dreieck mit sanftem Anstieg und steiler Absteuerung angestrebt. Ein langsamer Druckanstieg mit einer geringeren Einspritzrate sorgt dafür, dass während des Zündverzugs nur eine kleine Menge Brennstoff im Zylinder ist, die den Zylinder-Druckgradienten niedrig hält. Hier kommt der natürliche Druckverlauf der Pumpe-Düse dem Ideal sehr nahe. Auch die Fähigkeit zur Voreinspritzung mit einer kleinen Menge vor der Hauptmenge wurde in die Beurteilung einbezogen.

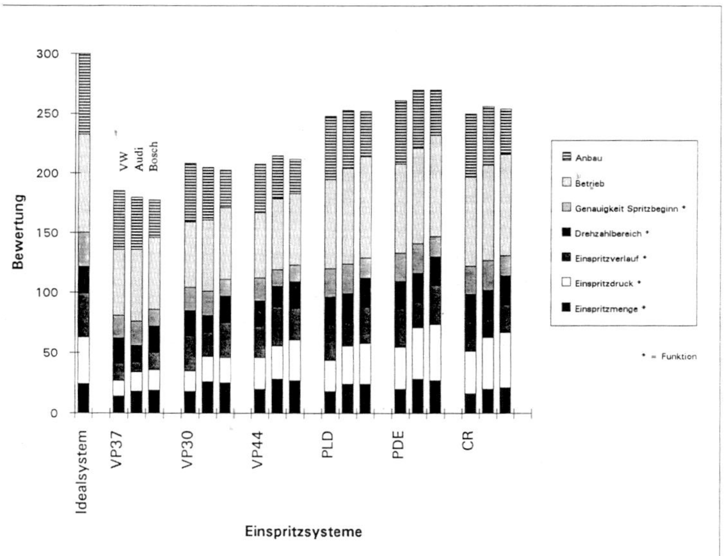

Das Ergebnis der Bewertung der Einspritzsysteme sprach eindeutig für die Pumpe-Düse (PDE) vor Common Rail (CR) und Pumpe-Leitung-Düse (PLD). Die Verteilerpumpen schnitten schlechter ab. Diagramm: Scher

Ebenfalls wurde der hydraulische Wirkungsgrad mit einer hohen Wichtung belegt, da die Antriebsleistung des Einspritzsystems den Gesamtwirkungsgrad des Motors beeinflusst.

Im nächsten Schritt wurden Kollegen aus verschiedenen Abteilungen gebeten, anhand unseres Bewertungssytems ihre Einschätzung vorzunehmen. Ergebnis war, dass die Pumpe-Düse im Vergleich den höchsten Zielerfüllungsgrad erreichte. Die Bewertung der verschiedenen Einspritzsysteme wurde 1993 mit erweiterten Kenntnissen wiederholt, dieses Mal bei VW, Audi und Bosch. Es kam das Gleiche heraus.

Die Pumpe-Düse

Das System vereinigt ein Hochdruck-Pumpenelement und eine Einspritzdüse in einem Gehäuse. Jeder Zylinder bekommt eine PD. Angetrieben werden die Elemente von einer Nockenwelle.

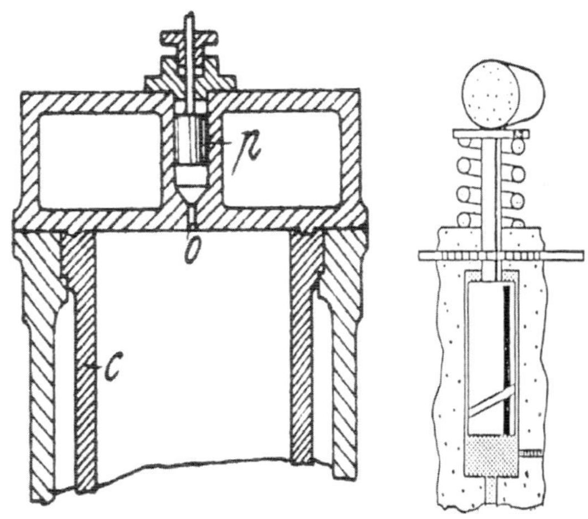

Das Grundprinzip der Pumpe-Düse hat Rudolf Diesel 1905 unter dem Pseudonym »Oskar Lintz« zum Patent angemeldet. Das rechte Teilbild zeigt den Aufbau einer Pumpe-Düse. Der Plunger besitzt, wie bei einer Reihenpumpe, eine Schrägkante. Durch Verdrehen des Plungers mittels einer Zahnstange werden das Förderende und die Einspritzmenge eingestellt. Zeichnung: Bosch

Die PDE 23

1982 kam Bosch mit dem Vorschlag, am Zweizylinder-DI-Dieselmotor eine Pumpe-Düse einzusetzen. Sie präsentierten die PDE 23 (Pumpe-Düse-Elektronik), die als System »G« bezeichnet wurde. Bei ihr sollte der Absteuerdruck bis zur folgenden Einspritzung in einem Speicherraum konserviert werden. Die nächste

Füllung des Hochdruckraums begann mit dem Restdruck im Speicher. Das sollte den Wirkungsgrad verbessern. Die Pumpe-Düse war von Sigma in Frankreich entwickelt und von Bosch mitsamt der Firma übernommen worden. Später wollte Bosch von der Pumpe-Düse für Pkw-Diesel aber nichts mehr wissen.

Die mechanische Voest-Alpine-Pumpe-Düse

Michael Willmann erinnert sich: *»1984 stellten uns die Herren Dr. Klaus Egger und Dr. Maximilian Kronberger die Pumpe-Düse PD 1 der Firma Voest-Alpine-Friedmann vor. Die Firma entwickelte eine elektronisch geregelte Pumpe-Düse. Die war erst in Planung und noch nicht verfügbar; deshalb starteten wir unsere Versuche mit der mechanisch/hydraulischen Pumpe-Düse an unserem Zweizylinder-DI-Dieselmo*tor.«

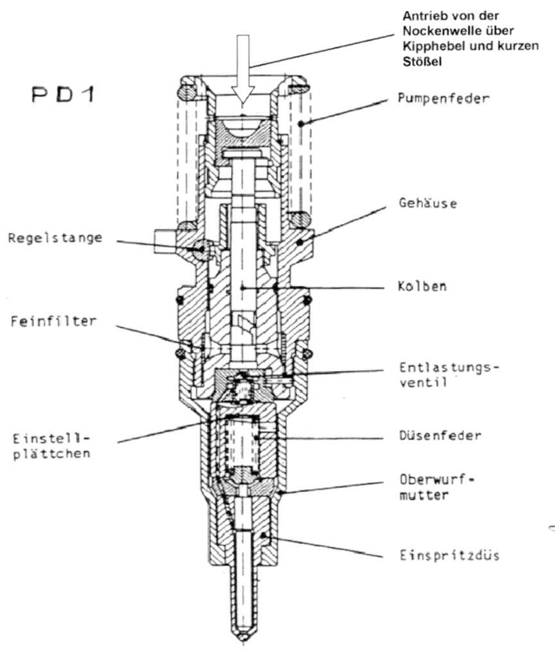

Die Pumpe-Düse PD 1 der Firma Voest-Alpine-Friedmann wurde über Stellmotoren betätigt und elektronisch in der Einspritzmenge und im Spritzbeginn geregelt. Geworben wurde mit einem maximalen Einspritzdruck von 1.640 bar bei 2.200 U/min Nockendrehzahl. Zeichnung: Voest

Entwickelt wurde die Pumpe-Düse bei dem Turbinenhersteller Voest-Alpine, der ins Automobilgeschäft einsteigen wollte. Die Produktion sollte die mit der Einspritzausrüstung erfahrene Firma Friedmann übernehmen.

Der Motor

Das Hauptproblem bei der Umsetzung war die Notwendigkeit, den Pumpe-Düse-Antrieb in den Nockentrieb zu integrieren. Das erforderte eine Neugestaltung der Zylinderköpfe. Aus Kapazitätsgründen wurden Konstruktionsarbeiten an MAN in Braunschweig vergeben. Deren Konstrukteur, Erwin Ditschun, kreierte die Zylinderköpfe für die Pumpe-Düsen verschiedener Hersteller. Willmann: *»Unseren Forschungs-Diesel mit 0,86 Liter Hubraum und G-Lader nannten wir* ***HDE-Motor*** *(**H**och-**D**ruck-**E**inspritzung).«*

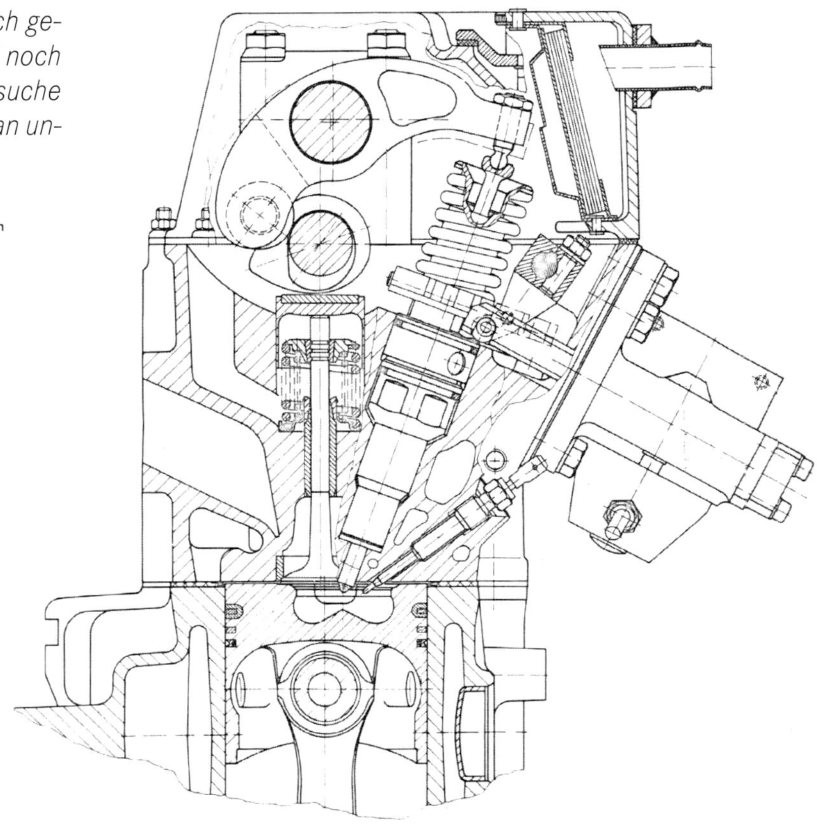

Die mechanisch geregelte Pumpe-Düse PD 1 der Firma Voest-Alpine-Friedmann wurde in die Zylinderkopf-Konstruktion des Zweizylinder-DI-Dieselmotors integriert. Die Mengen-Regelstangen der Einzelelemente werden über Kugelköpfe an einer gemeinsamen Stange, die durch einen elektrischen Stellmotor verschoben wird, betätigt. Die Spritzverstellung erfolgt durch Verdrehen der exzentrischen Kipphebelachse über einen hydraulischen Aktuator, der von einem Magnetventil angesteuert wird. Trotz mechanischer Betätigung wird elektronisch geregelt, allerdings entsprechend langsam. Zeichnung: Volkswagen

Der HDE-Zylinderkopf mit den Voest Pumpe-Düsen auf dem Zweizylinder-Direkteinspritz-Dieselmotor. Der Zahnriemen treibt die Nockenwelle und mit der Rückseite die Ausgleichswelle, wie beim Basismotor. Die Nockenwelle trägt neben den Nocken für die Ventilbetätigung einen zusätzlichen Nocken für die Pumpe-Düse. Die Kipphebel mit ihrer Achse und die Lagerung wurden wegen der hohen Drücke entsprechend kräftig ausgeführt. Der hydraulische Aktuator ist hier platzsparend vertikal angeordnet und steuert den Spritzbeginn. Den Ladedruck liefert der G40-Lader, der von einem Poly-V-Riemen angetrieben wird.
Foto: Volkswagen

Weitere Einspritzsysteme

Willmann: *»Auch die österreichische Firma Steyr-Daimler-Puch hatte eine mechanische Pumpe-Düse in der Entwicklung. Diese bezogen wir in unsere Untersuchungen ein, allerdings ohne Versuche.«*

Ein ehemaliger Kollege aus der Forschung, Udo Renger, hat die »Cridec«-Einspritzung, die BKM in den USA entwickelte, für unsere Untersuchungen empfohlen. Es handelte sich um eine magnetventilgesteuerte Druckverstärkerdüse mit kleinem, integriertem Druckspeicher. *»Wir leasten das System für unsere Versuche«,* gibt Herr Willmann zu Protokoll.

Die »Ganser-Hydromag-Speichereinspritzung« (später »Common-Rail-System«) beeindruckte durch ihre Flexibilität. Obwohl die Drücke unseren Anforderungen nicht entsprachen, kam sie in die engere Wahl.

Das Cummins HPI-System

Auch der Lkw-Motoren-Hersteller Cummins in den USA wollte ins Pkw-Geschäft einsteigen. Für den VW-Pkw-Dieselmotor schlugen sie im November 1986 ihr in Entwicklung befindliches System HPI (High Pressure Injection) vor. Das war eine Pumpe-Düse mit offener Einspritzdüse. Die Spritzverstellung erfolgte über ein hydraulisches Koppelelement im Antriebsstrang der Pumpe-Düse, das bei jedem Einspritzvorgang spritzbeginnabhängig neu befüllt und entleert wurde (siehe grüner Bereich im nebenstehenden Bild). Der Hochdruckkolben spritzt die im Düsenraum vorgelagerte Kraftstoffmenge (siehe roter Bereich) ein. Die Einspritzung endet mit dem Verschließen der Spritzlöcher durch die Düsennadel.

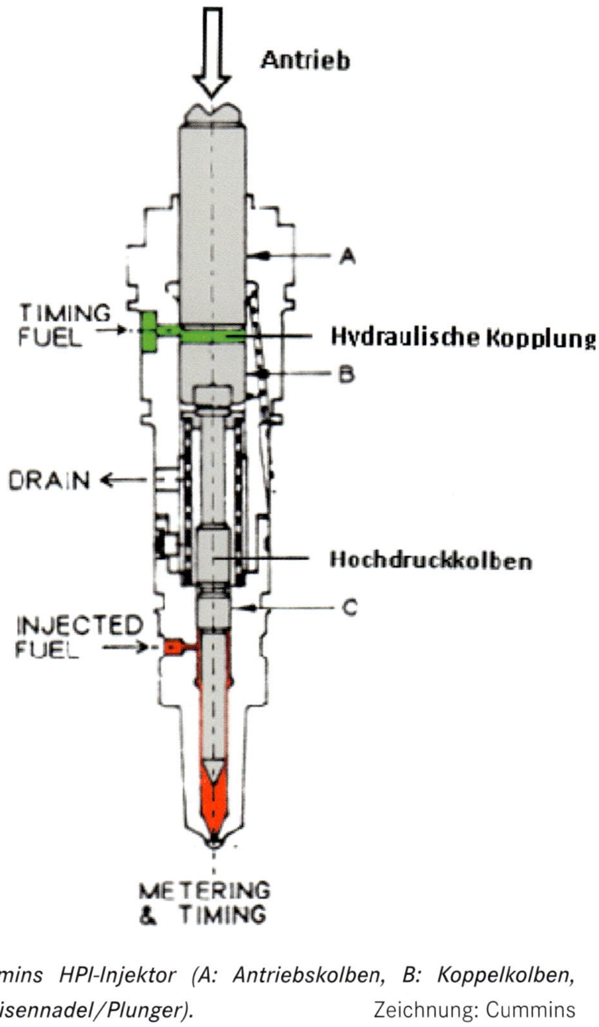

Cummins HPI-Injektor (A: Antriebskolben, B: Koppelkolben, C: Düsennadel/Plunger). Zeichnung: Cummins

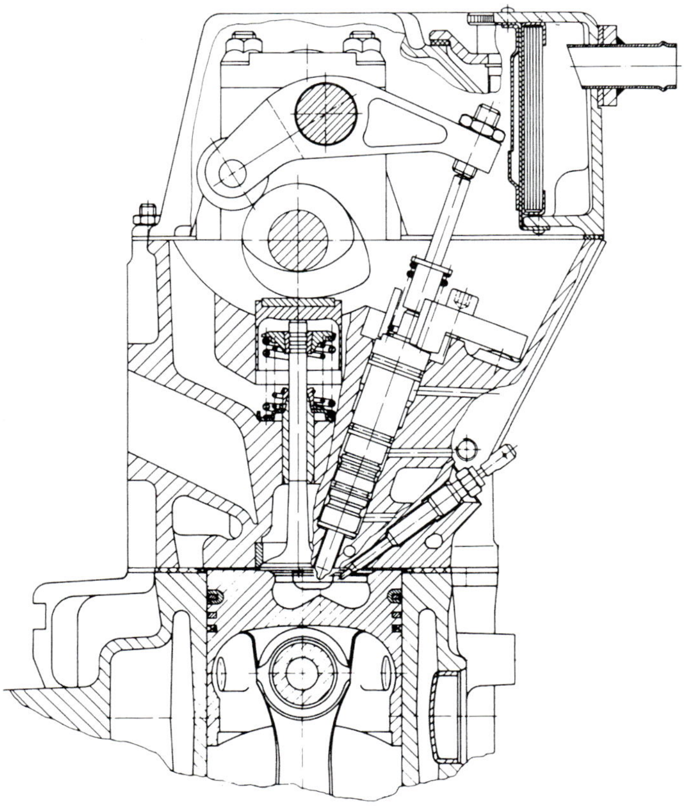

Die Cummins HPI-Einspritzung am Zweizylinder-DI-Dieselmotor zeichnet sich durch geringen Platzbedarf aus.

Zeichnung: Cummins

Die Experimente

M. Willmann: *»Damit wir die oben beschriebenen Systeme besser verstehen und beurteilen konnten, beschlossen wir, ausgewählte Systeme zuerst auf dem Pumpenprüfstand in einem Testblock und die aussichtsreichsten am Zweizylinder-DI-Motor mit G-Lader und Ladeluftkühlung zu untersuchen. Die Arbeiten liefen im Rahmen der Dissertation von Andreas Kracke. Den Motorprüfstand der MAN in Braunschweig betrieb Kai Behnk von der IAV.«*

Abb. unten: Die Einspritzraten verschiedener Einspritzsysteme wurden am Zweizylinder-DI-Dieselmotor bei 4.000 U/min und 45 mm³ Einspritzmenge, also hoher Last, ermittelt.

Diagramm: Kracke

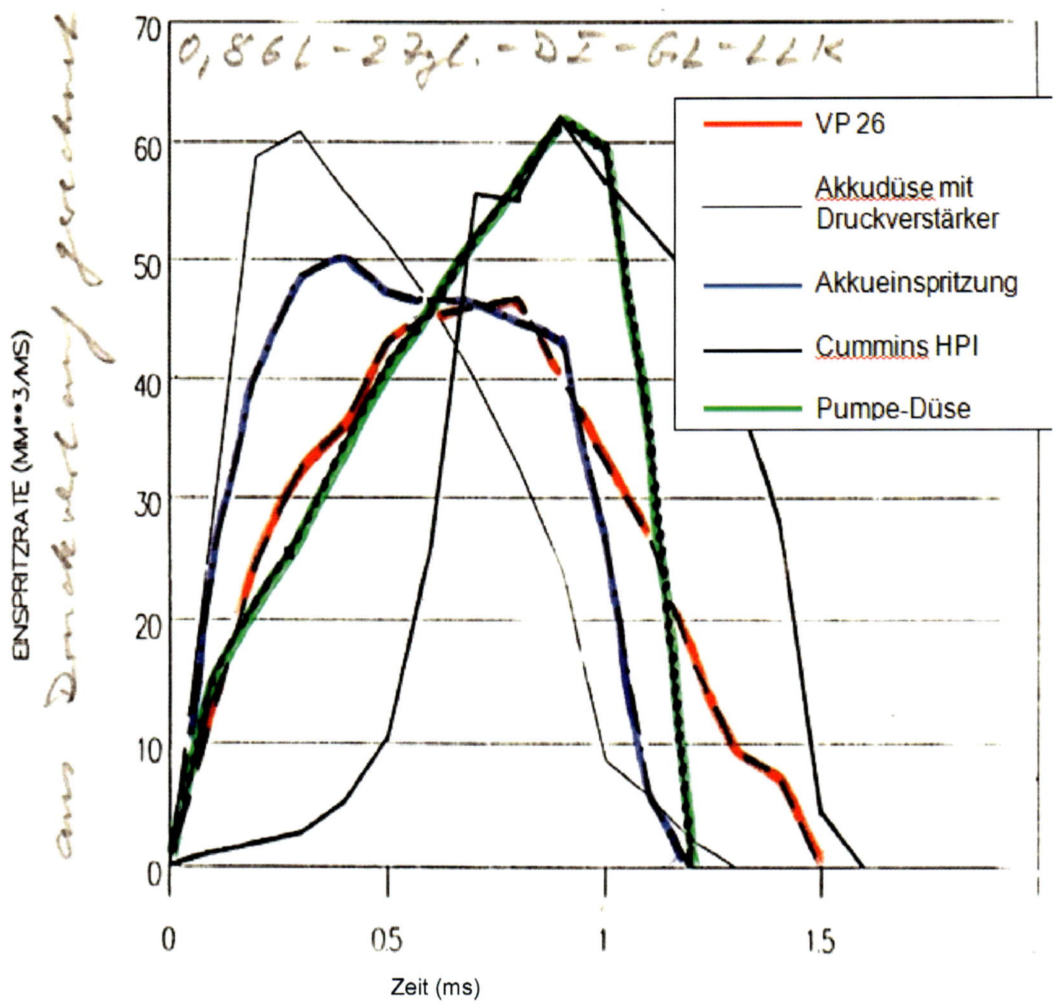

Die wesentlichen Erkenntnisse waren:

- Die verstärkte Verteilerpumpe Bosch VP 26 wurde bei unseren Serienentwicklungen eingesetzt und diente hier als Vergleichsbasis.
- Das Cridec Akkusystem mit Druckverstärkung stammte von BKM (USA) und litt an einem zu kleinen Speichervolumen.
- Bei der Ganser Hydromag Speichereinspritzung (Akkusystem), später Common Rail genannt, war der Druckanstieg zu steil und fiel zu schleppend ab.
- Der Einspritzratenverlauf der offenen Pumpe-Düse HPI (High Pressure Injection) von Cummins war wegen des langsamen Druckaufbaus und des ungünstigen Abfalls extrem nachteilig.
- Als einziges Einspritzsystem zeigte die Pumpe-Düse den gewünschten Verlauf der Einspritzrate, nämlich sanften Anstieg, um zum Brennbeginn nicht zu viel Kraftstoff im Brennraum zu haben, und schnelles Absteuern, um Nachspritzer zu vermeiden.

Die besten Werte des Zweizylinder-DI-Motors wurden mit der Pumpe-Düse P1 von Voest- Alpine Automotive erreicht.

Technische Daten	
Zweizylinder-DI mit Pumpe-Düse P1 (Voest-Alpine)	
Max. Leistung	37 kW (50 PS) bei 4.500 U/min
Spez. Leistung	43 kW/l
Max. Mitteldruck	12,8 bar bei 2.750 U/min
Schwärzungszahl	3,5 Bosch
Min. Vollastverbrauch	235 g/kWh

Michael Willmann resümiert: *»Damit war unsere Entscheidung zugunsten der Pumpe-Düse endgültig gefallen, aber es warteten noch Hindernisse während der Entwicklung auf uns. Nun stellte sich die Frage, woher wir eine geeignete Pumpe-Düse beziehen könnten. Da führte unser erster Weg zu Bosch, die eine mechanisch/hydraulische Pumpe-Düse für Nutzfahrzeuge im Programm hatten. Wir trafen dort mit dem Experten für Pumpe-Düse, Dr. Ebelen, zusammen. Wir erklärten ihm unser Vorhaben. Seine Antwort war: ,Wir machen keine Pumpe-Düse und wenn, dann höchstens für Lkw-Motoren'.«*

Weil Bosch nicht wollte und Voest keine Serienerfahrung hatte, installierte IAV in Berlin ein Team unter der Leitung von Herrn Dahlmann zur Entwicklung einer eigenen Pumpe-Düse, um von Lieferanten unabhängig zu werden.

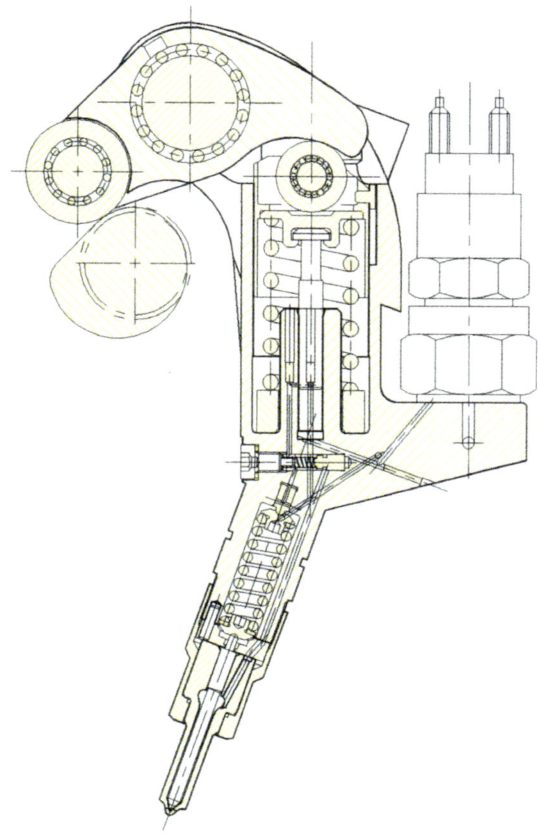

Die MODES-Pumpe Düse-Konstruktion wurde in den Zylinderkopf integriert. Zeichnung: IAV

Daraus entstand das System MODES (Modulares Einspritz-System). Lucas, die bereits Pumpe-Düsen für Volvo lieferten, wollte anfangs die MODES-PD bauen, aber später bevorzugten sie ihre eigene verbesserte PD. Damit war die Forschungsphase beendet, und die Ergebnisse wurden ab 1988 auf den Vierzylinder-DI-Motor im Vorentwicklungs-Projekt »EDE 2000« übertragen.

Quellen

- H. Bauer: Diesel-Einspritzsysteme – Unit Injector Systems/ Unit Pump Systems. Robert Bosch, 1999
- Mechanisch angetriebene Pumpedüse. Informationsblatt, Bosch
- U. Scher: Einspritzsystem für luftverteilende DI-Dieselmotore. Interner Bericht, 1985
- A. Kracke: Untersuchung der Gemischbildung durch Hochdruckeinspritzung bei Pkw-Dieselmotoren. Dissertation TU Hannover, 1991
- M. Willmann: Persönliche Aufzeichnungen (1990)

II.4.2 EDE 2000 (Evolutionary Diesel Engine)

Von Uwe Scher und Michael Willmann

Evolutions-Diesel

Die Idee, einen Evolutions-Dieselmotor für das Jahr 2000 zu konzipieren, entstand Anfang 1987 in der Aggregate-Diversifikation von Volkswagen auf der Basis unserer Vorentwicklungs- und Forschungsarbeiten. Willi Rhode hatte mit dem 1,9-Liter-DI-Motor mit G40-Lader schon 78 kW (106 PS) und einen Mitteldruck von 14,5 bar gemessen (s. Kap. II.2.2) und damit das Potenzial des DI-Diesel-Verfahrens gezeigt.

Der 1,9-Liter-DI-Motor war noch nicht in Serie, da starteten die Untersuchungen zu höherer Leistung. Daraufhin trat ein Team der Aggregate-Diversifikation mit Horst Fiedler, Uwe Scher, Johann-Ludwig Schmitt und Michael Willmann zusammen und erarbeitete zum 15. April 1987 das Konzept für die »Evolutionsstufe 1«. Ziel war, mit einem Vierzylinder-Dieselmotor hoher Leistung, auf Basis des in Entwicklung befindlichen 1,9-l-Direkteinspritz-Dieselmotors, für einen Mittelklasse-Pkw die US-Abgaswerte und ein niedriges Außengeräusch zu erreichen:

Max. Leistung 85 kW (115 PS) bei < 5.000 U/min
Spez. Leistung 34,8 kW/l
Max. Mitteldruck 16 bis 17 bar
Min. Kraftstoffverbrauch 200 bis 205 g/kWh

Maßnahmen zur Zielerreichung waren:

- elektronisch angesteuerte Hochdruckeinspritzung (Pumpe-Düse)
- alternativ Untersuchung der Abgas-Turboaufladung
- Überarbeitung des Brennverfahrens
- Erstellung eines Sanierungskonzepts wegen Triebwerksproblemen

Die Systemstudie über Einspritzsysteme für Pkw-DI-Motoren (U. Scher, 1985) ergab für die Pumpe-Düse den höchsten Zielerfüllungsgrad. Der Zweizylinder-HDE-Forschungs-Dieselmotor (s. Kap. II.4.1) hatte das Potenzial und die Machbarkeit eines Pumpe-Düse-Motors nachgewiesen. In diesem Projekt sollte das Konzept mit der Pumpe-Düse PD1 von Voest-Alpine Automotive auf einen Vierzylindermotor übertragen werden.

Mit einem Pumpe-Düse-Einspritzsystem für Pkw-Anwendung bei einer Zylindergröße von ca. 0,5 Liter haben wir technisches Neuland betreten. Unserer umtriebigen Führungsriege um Bernd Wiedemann ist es zu verdanken, dass dafür ein Fördertopf aus öffentlichen Mitteln geschaffen wurde, mit dem wir Motoren und ein Demonstrationsfahrzeug erstellen konnten. Gemeinsam mit VW-Tochter IAV wurde im Oktober 1988 der Projektantrag zur Finanzierung durch das Bundesministerium für Forschung und Technologie, den Senat für Wissenschaft und Forschung Berlin eingereicht. Bis zum Serieneinsatz mussten noch einige Komponenten entwickelt und viele Probleme gelöst werden.

EDE-Motor - Baustufe 1

Der Rumpfmotor entsprach dem in Entwicklung befindlichen EA 180-TDI-Motor mit Nebenwelle. Da beim Serienmotor Anfang 1989 von der Mechanischen Aufladung auf Abgas-Turboaufladung umgestellt wurde (s. Kap. II.2.2), übernahm der EDE-Motor dieses Ladekonzept. Der Zylinderkopf war eine Neukonstruktion.

Die hohe Förderrate der Pumpe-Düse ist nur mit einer steifen Abstützung der Kräfte aus dem Antrieb zu erreichen, da andernfalls die Elastizitäten von den hydraulischen Komponenten zu den mechanischen verlagert würden. Das musste bei der Konstruktion

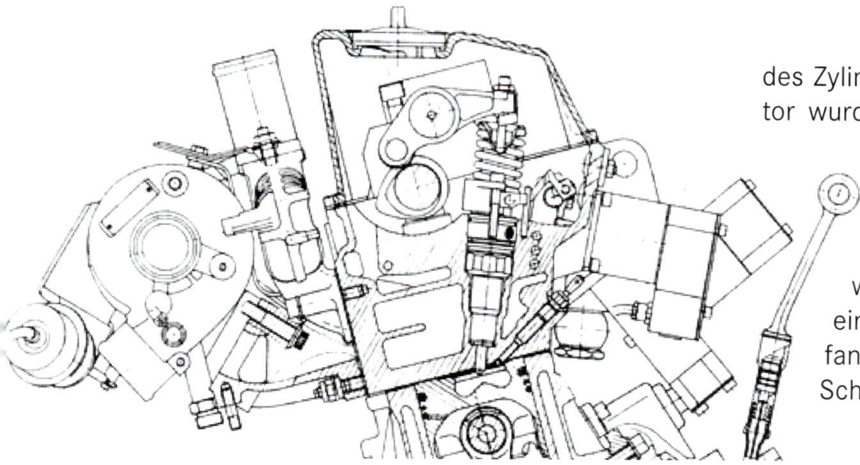

Der 1,9-Liter-DI-Dieselmotor EDE 2000 der Baustufe 1 mit Abgas-Turbolader und der mechanischen Pumpe-Düse PD 1 von Voest-Alpine, die in die Zylinderkopf-Konstruktion integriert wurde. Der stabile Rollenkipphebel zum Antrieb der Pumpe-Düsen verringert die Reibung am Nocken. Zeichnung: Volkswagen

des Zylinderkopfes berücksichtigt werden. Beim Motor wurde das Zylinderkopf-Konzept vom Zweizylinder-DI mit Voest-Alpine-Pumpe-Düese verwendet, wobei die Einspritzmengenregelung über einen Schrittmotor – der über Regelstangen mit den vier PDs verbunden war – erfolgte und die Spritzverstellung über eine exzentrische Nockenwellenlagerung stattfand, die einen hydraulisch verstärkten zweiten Schrittmotor nutzte.

Unser Ziel war, eine elektronische, mittels Magnetventil geregelte Pumpe-Düse einzusetzen, aber die war noch nicht in der von uns geforderten Qualität verfügbar. Im Februar 1989 wurde der Prototyp-Motor mit mechanischen Pumpe-Düsen von Voest auf dem Prüfstand bei IAV in Berlin in Betrieb genommen. Eine abgesetzte hydraulische Voreinspritzung zur NOx- und Geräuschsenkung sowie zur Begrenzung des Zylinder-Spitzendrucks wurde eingeführt. Die ersten Ergebnisse zeigten, dass noch viel Arbeit zu erledigen war.

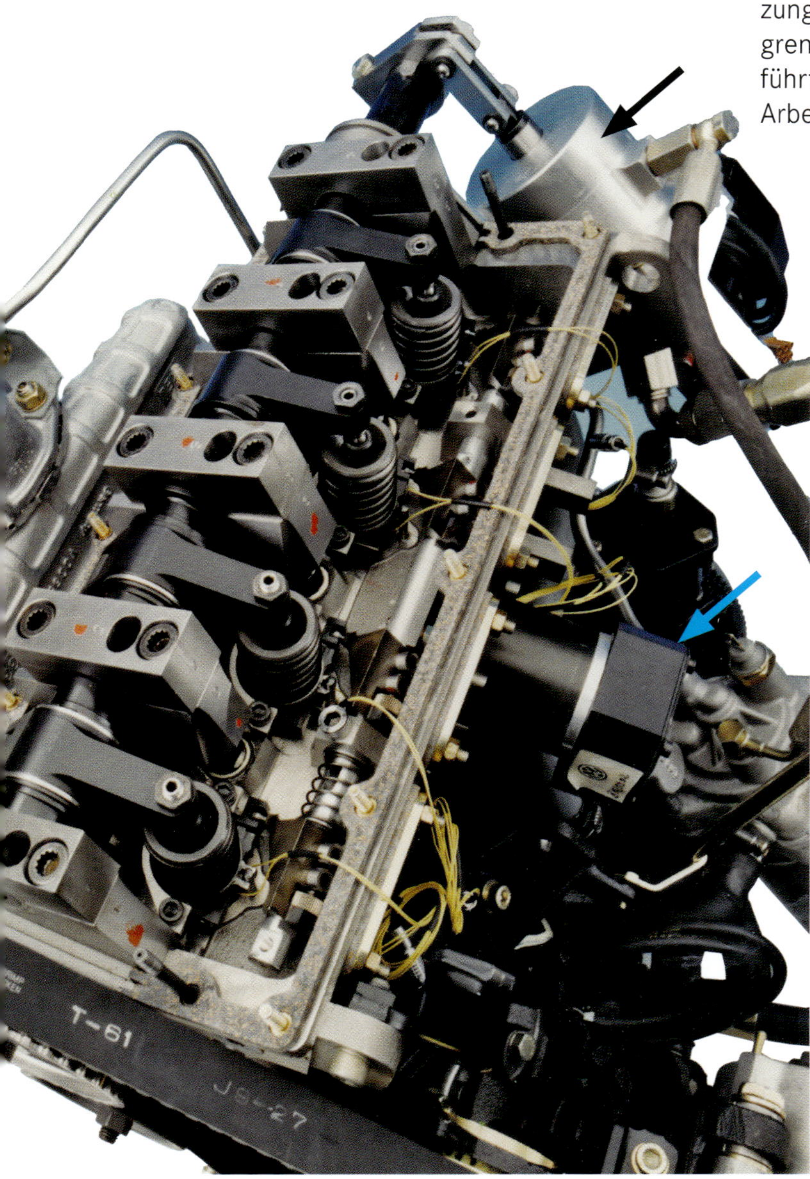

Voest-Alpine Automotive gab in einer Veröffentlichung in den VDI-Nachrichten die Zusammenarbeit mit VW am Projekt EDE 2000 bekannt. Auch Steyr-Daimler-Puch sollte für ihren M1-Motor mit der Pumpe-Düse beliefert werden. Aber es kam noch anders. Voest ließ die Pumpe-Düsen bei Friedmann & Meier in Hallein bauen. Die jedoch verkauften ihre Fabrik an Bosch. Damit stand die Voest-Entwicklung ohne Fertigung da. Wir mussten uns nach anderen Lieferanten umsehen. Es gab 1992 Kontakte zu Nippondenso, Diesel Technology Corporation (DTC) und Lucas. Nippondenso favorisierte die Common-Rail-Einspritzung und wollte bei der PD nicht einsteigen. *»Als bekannt wurde, dass Bosch sich an DTC beteiligen wollte, schied auch dieser Lieferant aus. Wir suchten ja nach einer Alternative zu Bosch«*, schaut Michael Willmann zurück.

Blick in den Zylinderkopf des 1,9-Liter-EDE-2000-Motors. Auffallend sind die massiven Kipphebel für den Antrieb der Pumpe-Düsen. Der Stellmotor in der Mitte (blauer Pfeil) betätigt die Regelstange zur Einspritzmengenverstellung, die mit den vier PDs verbunden ist. Der hydraulische Aktuator am Ende des Zylinderkopfs (schwarzer Pfeil) verdreht die exzentrische Kipphebel-Lagerung zum Einstellen des Spritzbeginns. Foto: Volkswagen

Strategiemeeting auf der Sababurg

Auf der Sababurg, nahe Hofgeismar, fanden regelmäßige Treffen der Volkswagen-Dieselentwickler mit den Bosch-Leuten von K5 (Dieseleinspritzung) statt. Michael Willmann zeigte dort am 30. Oktober 1991 eine strategische Folie für künftige Fahrzeugeinsätze mit DI-Dieselmotoren und die zugehörigen Einspritzausrüstungen mit deren Einsatzterminen.

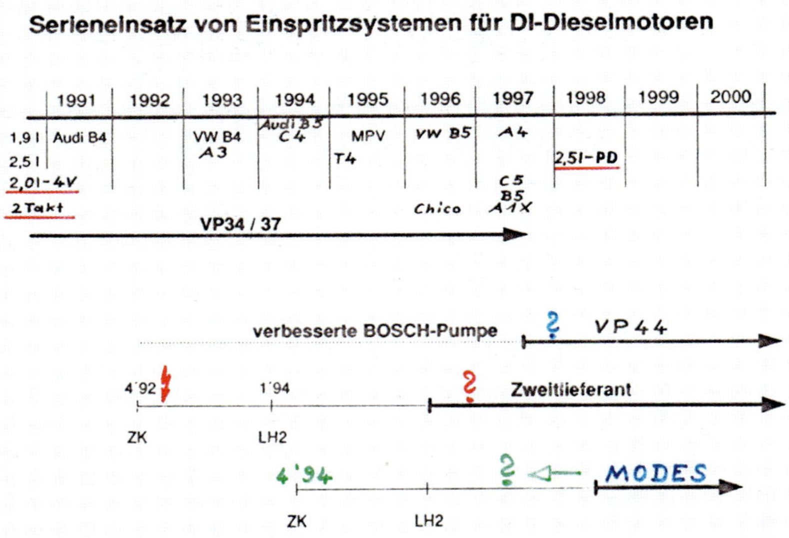

Die Folie zeigt die geplanten Serieneinsätze von Einspritzsystemen für unsere Motoren und Fahrzeuge. Dass die Bosch-Verteilerpumpen 1997 auslaufen und durch einen Zweitlieferanten mit Pumpe-Düse ersetzt würden, konnte Bosch nicht gefallen.

Folie: M. Willmann

Die Veröffentlichung von Lucas über eine Zusammenarbeit mit VW zum Bau von Pumpe-Düsen ließ keine Zweifel aufkommen, dass es das VW-Team ernst meinte. Im Protokoll schrieb Herr Mushardt von Bosch: *»RB schätzt die PDE 26 als System mit dem höchsten Leistungspotenzial ein, das aber wegen hohen System- und motorseitigen Aufwandes für die nächste Pkw-Generation zu teuer ist.«*

Bosch schlug stattdessen das System PLD (Steckpumpe mit Magnet-Ventil und kurzer Leitung) vor. *»Das war nur ein halber Schritt auf dem Weg zu unserem Ziel. Wir haben das abgelehnt, weil wir das beste System haben wollten.«*

Eine Woche später rief Dr. Walz, der Chef von K5, bei Dr. Neumann an und sagte: *»Dann verlieren wir 3.500 Pumpen pro Tag. Eigentlich wollten wir nicht, aber jetzt entwickeln wir die Pumpe-Düse.«* Von da an ging es mit dem Bosch-Know-how schnell bei der Entwicklung der Pumpe-Düse voran. Wie häufig bei Bosch, ist der Wettbewerber in den Konzern integriert worden. Nun also wurde die Einspritz- und Steuergeräte-Mannschaft von Voest übernommen. Bosch-intern machten die Herren Krieger und Schwarz dem Protagonisten für die PD, Dr. Kronberger, das Leben schwer. Auch Dr. Egger, bei Voest ein Verfechter der Pumpe-Düse, vertrat nun das Common-Rail-System.

Bosch lieferte zunächst die bestellten PD1 weiter aus. Höhere Kosten sprachen gegen die Voest-Konstruktion. Darüber hinaus bot die Bosch-eigene PDE 26 wegen ihrer elektronischen Regelung von Menge und Spritzbeginn deutliche Funktionsvorteile. Aber durch die Umstellung von der Voest PD1 zur Bosch PDE 26 hatten wir ein Jahr verloren.

In einer Notiz vom 27. Januar 1989 äußerte Dr. Oetting Zweifel an der *»Sinnhaftigkeit der Entwicklungsarbeit an Pumpe-Düse-Systemen«*, da sie bei der Lösung der Probleme – am 1,9-Liter-TDI-Motor – nicht helfen würden. Dazu Michael Willmann: *»Ich dachte strategisch. Wir hatten keine Forschung oder Vorentwicklung, die sich mit künftigen Anforderungen beschäftigten. Mir war klar, dass technische Innovationen Zeit in Anspruch nehmen. Wenn wir unnötigen Stress vermeiden und mit guter Qualität zum Serienstart anlaufen wollten, mussten wir frühzeitig anfangen. Wir haben also aus eigenem Antrieb parallel zur Serienentwicklung auch Forschung und Vorentwicklung mit einem kleinen Team um Uwe Scher betrieben.«*

Prof. Seiffert wurde 1987 als Nachfolger von Dr. Hofbauer Aggregate-Chef. Er sagte angesichts der vielen untersuchten Einspritzsysteme: *»Eine Wiedemann-Einheit sind 100.000 DM.«* Er behauptete, dass das Team bereits 100 Mio. DM für die DI-Einspritzung ausgegeben hätte. Am 18. Februar 1990 fragte er beim Controller, Herrn Bauer, an: *»Wieviel wurde bis jetzt für Pumpe-Düse EA 189/26 ausgegeben?«* Die Antwort lautete: *»TDM 14.705,4, einschließlich Dr. Schweimers TDM 1.144,3«*. Das war ja toll – dann hätten die Vorentwickler noch 85,294 Mio. DM zur Verfügung gehabt.

EDE 2000, Baustufe 2

Durch geringe Modifikation des Zylinderkopfs zur Aufnahme der Pumpe-Düse PDE 26 von Bosch war die Baustufe 2 entstanden. Die Konstruktion wurde, wie schon bei der ersten Baustufe, von erfahrenen Dieselexperten der MAN in Braunschweig um Erwin Ditschun im Auftrag von VW durchgeführt. Der Entwurf zeigt noch die ältere Version der PDE 26 mit in der Mitte größerem Gehäusedurchmesser. Durch die »fehlende« Einspritzpumpe ergeben sich neue Möglichkeiten für die Anordnung der Nebenaggregate, z. B. der Einsatz von Gleichteilen mit Ottomotoren.

Die Umstellung von der Voest- auf die Bosch-Pumpe-Düse war zunächst ein Rückschritt im Zeitablauf. Das verursachte auch eine Kostenerhöhung. Daraufhin teilte Dr. Oetting mit, dass für 1993 kein Geld für die Pumpe-Düse-Entwicklung zur Verfügung stünde. Die Ausstiegsmöglichkeiten aus dem Vertrag sollten geprüft werden ... Was nun?

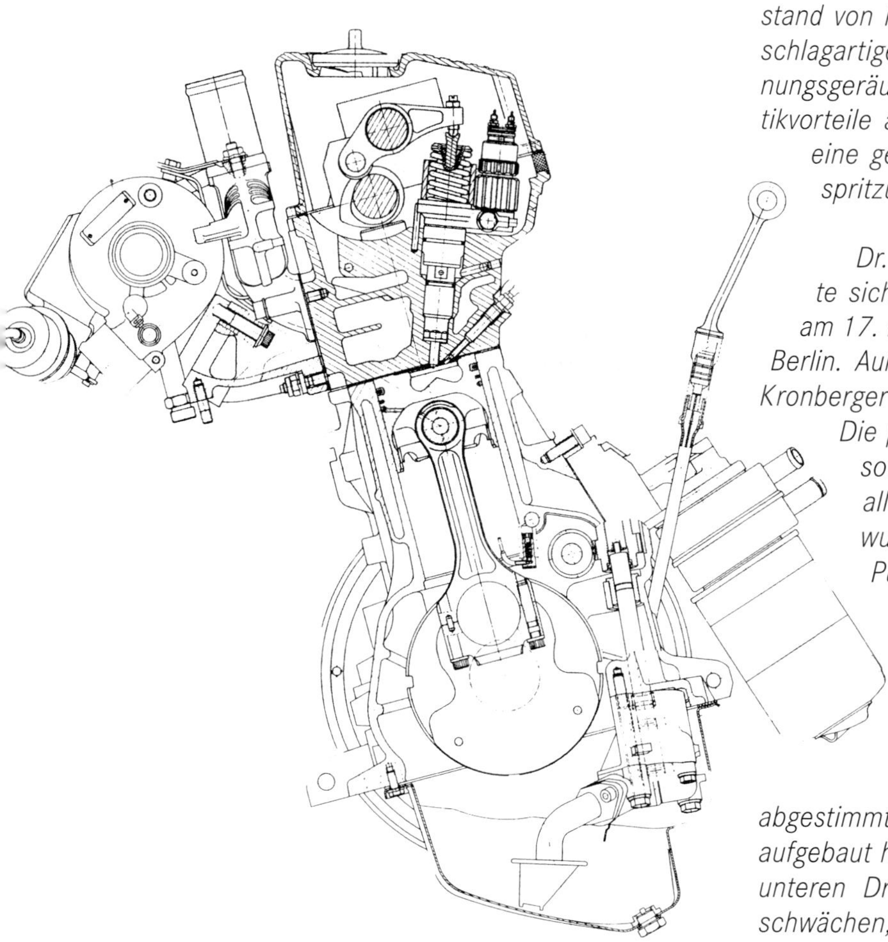

Der Baustufe-2-Motor mit der magnetventilgesteuerten Bosch PDE 26 Pumpe-Düse im Zylinderkopf. Zeichnung: Volkswagen

M. Willmann: *»Die Arbeiten waren schon weit vorangeschritten, und wir waren vom Pumpe-Düse-Motor überzeugt und schwer zu bremsen. Glücklicherweise hatten wir bei IAV noch Geld aus vorangegangenen Projekten. Mit Dr. Meyr vereinbarte ich, dass wir ‚auf Sparflamme‘ weitermachen, ohne es ‚an die große Glocke zu hängen.‘«*

Volllastwerte mit Bosch PDE 26

Michael Willmann weiter: *»Im Entwicklungsgespräch am 5. November 1993 haben wir dem neuen Technischen Vorstand der Marke Volkswagen, Herbert Schuster, die mit dem EDE-Motor erreichten Werte präsentiert. Der maximale Mitteldruck von 17,5 bar stellte einen neuen Meilenstein in der Entwicklung des Pkw-Dieselmotors dar. Wegen befürchteter Haltbarkeitsprobleme an den Pumpe-Düse-Elementen wurde der Nennleistungspunkt von 85 kW (115 PS) bei 4.000 U/min noch nicht angefahren. Der Motor auf dem Prüfstand von Herrn Manns erzeugte unter Last auch bei schlagartigem Lastwechsel erfreulich niedrige Verbrennungsgeräusche. Es waren deutliche Rauch- und Akustikvorteile aufgrund des Ausweichkolbensystems, das eine geteilte Einspritzung mit Vor- und Haupteinspritzung ermöglichte, festgestellt worden.*

Dr. Oetting war immer noch skeptisch, wollte sich aber die Ergebnisse ansehen. Wir fuhren am 17. Dezember 1993 zu einer Präsentation nach Berlin. Außer uns waren Reinhard Schwartz und Dr. Kronberger von Bosch und Kollegen von IAV anwesend. Die präsentierten Ergebnisse beeindruckten insofern, als die Prognosedaten von 1987 vor allem bei den Abgaswerten noch übertroffen wurden. Kronberger war ein Protagonist der Pumpe-Düse und lobte deren Vorzüge aus. Schwartz versuchte immer noch, die Pumpe-Düse zu verhindern. Er reichte einen Zettel an Kronberger: ‚Halten Sie endlich den Mund‘.«

Wir fuhren einen Audi A4 mit einem grob abgestimmten EDE-Motor, den IAV in unserem Auftrag aufgebaut hatte. Es gab noch vieles zu verbessern. Im unteren Drehzahlbereich offenbarten sich Zugkraftschwächen, aber das hohe maximale Drehmoment beim Beschleunigen war beeindruckend. Das Verbrennungsgeräusch war noch nicht optimal, der Ruckeldämpfer war noch nicht appliziert.«

Technische Daten EDE-2000-Motor	
Zylinderbohrung	79,5 mm
Kolbenhub	95,5 mm
Hubraum	1,896 Liter
Zylinderabstand	88 mm
Verdichtungsverhältnis	19,5
Aufladung	Abgas-Turbolader KKK K14
Max. Leistung	85 kW (115 PS) bei 4.250 U/min
Spez. Leistung	44,8 kW/l
Max. Drehmoment	285 Nm bei 1.900 U/min
Max. Mitteldruck	19 bar
Max. Einspritzdruck	2.000 bar
Min. spez. Kraftstoffverbrauch	202 g/kWh
Abgaswerte	MVEG III

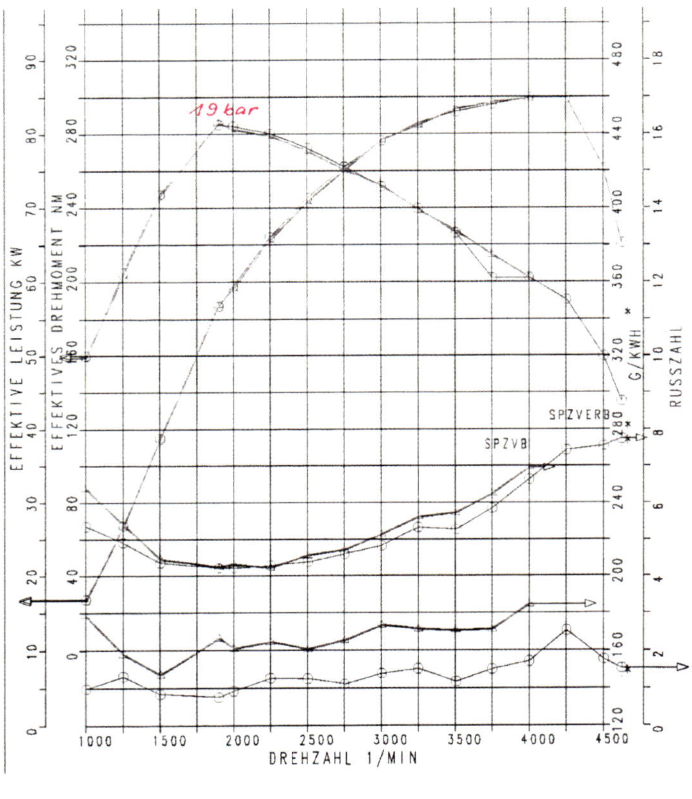

Das Diagramm vom November 1995 zeigt die Volllastwerte von zwei EDE-Motoren unterschiedlichen Baustandes.

Diagramm: Volkswagen

Entwicklungsauftrag

Nachdem der EDE-2000-Motor auf Anhieb so überragend gute Mitteldrücke und Abgaswerte gezeigt hatte, trug Karl-Heinz Neumann anlässlich einer Managementfahrt auf dem Rückflug dem Konzern-Vorstandsvorsitzenden Dr. Piëch in Anwesenheit von Dr. Demel und Herrn Dotzauer die VW-Dieselstrategie 2000 vor. Nach Ansicht der VW-Entwickler überwogen die Vorteile der Hochdruckeinspritzung die der Vierventiltechnik (zentrale Düsenlage).

M. Willmann: *»In der Mittagspause einer PSK-Sitzung am 14. Februar 1994 in Wolfsburg gingen Neumann und ich mit einem Pumpe-Düse-Zylinderkopf und einem Blatt Papier, auf dem wir den Vierventil-Pumpe-Düse-Motor dargestellt hatten, in den Vorraum. Dort erläuterte ich die Vorzüge der Pumpe-Düse. Ich sagte: ‚Das, was der Vierventiler mit Common Rail kann, können wir mit zwei Ventilen und Pumpe-Düse auch, zu niedrigeren Kosten.‘*

Mit einem Brötchen in der Hand entschied Dr. Piëch gegen den Widerspruch von Dr. Demel, dass der geplante 85-kW-Vierzylindermotor nicht mit Vierventiltechnik, sondern mit Pumpe-Düse im Zweiventilkopf zu 7/97 zu entwickeln sei. Demel hatte erst kurz vorher Piëch überzeugt, dass alle künftigen Konzern-Dieselmotoren Vierventiltechnik bekommen sollten. Seit diesem Tag sprach Demel nicht mehr mit mir«, schmunzelt Willmann.

Auch bei Audi wurde 1990 die Voest-PD am Fünfzylinder-DI-Motor untersucht. Bei leistungsgleicher Einstellung lag der Mitteldruck im unteren und mittleren Drehzahlbereich deutlich höher als bei der Axialkolben-Verteilerpumpe. Audi hatte für ihren V6-TDI-Motor mit vier Ventilen und Bosch VP 44-Radialkolben-Verteilerpumpe einen Serieneinsatz zum Juli 1996 geplant. Da war ihnen der Umstieg auf die Pumpe-Düse zeitlich zu riskant, und sie entschieden sich, bei der Radialkolbenpumpe zu bleiben. Beide Motoren sollten *»im Wettbewerb parallel entwickelt werden, damit später in die richtigen Fertigungslinien nur einmal investiert wird. Das darf gern etwas kosten«* – Piëch liebte die interne Konkurrenz.

Damit war die Forschungs- und Vorentwicklungsphase des Pumpe-Düse-Motors abgeschlossen. Der EDE-Motor hatte das gesteckte Ziel erreicht. Jetzt wurde es ernst!

Quellen

- VW/IAV: Evolutionary Diesel Engine 2000. Technischer Bericht, 1991
- M. Willmann: Persönliche Aufzeichnungen

II.4.3 Zwei- oder Viertakt für das »3-Liter-Auto«?

Von Hartmut Stehr und Steffen Hunkert

Zweitakt-Geschichte

Bei großen Diesel-Schiffsmotoren hat sich bekanntlich der Zweitakter gegenüber dem Viertakter in Sachen Wirkungsgrad/Kraftstoffverbrauch durchgesetzt. Aber auch bei Fahrzeugantrieben wurde oft parallel an beiden Konzepten geforscht, so auch seit Anfang der 80er-Jahre im VW-Konzern. Nicht zuletzt wegen zahlreicher Veröffentlichungen von Wettbewerbern wuchs der Druck, den Zweitakter verstärkt zu verfolgen. Parallel zur Serienentwicklung der Viertakt-Direkteinspritz-Dieselmotoren (mit 88 mm Zylinderabstand) wurden somit in Zusammenarbeit mit der Konzernforschung Zweitakter, basierend auf derselben Baureihe, untersucht.

Als Anfang der 90er-Jahre bei VW sowohl das DI-Brennverfahren als auch die Hochdruckeinspritzung (Pumpe-Düse, Bosch PDE 26) sowie mit dem serienreifen G-Lader ein geeignetes Spülgebläse zur Verfügung standen, wurde 1992 eine weitere Studie bei AVL mit einem Dreizylinder-Zweitakter durchgeführt. Er hatte (noch) eine Verteiler-Einspritzpumpe, einen G60-Lader, Gleichstromspülung mit Einlassschlitzen über den gesamten Umfang und zwei Auslassventile. Mit einer Motorleistung von 44 kW (60 PS) und einem Drehmoment von 140 Nm wurden diesbezüglich die Ziele Ende 1992 erreicht.

Ebenfalls 1992 veröffentlichte Dr. Piëch (damals noch Audi-Chef) in der ATZ den Artikel »3 Liter/100km im Jahr 2000?«. Am 1. Januar 1993 wurde er VW-Konzernchef in Wolfsburg. Somit hatte der VW-Konzern nun ein klares Entwicklungsziel!

Da inzwischen der Komfort eine große Rolle spielte, entschied man sich gemeinsam mit Audi noch im selben Monat für die Vorentwicklung eines Dreizylinder-Zweitakters auf Basis des Forschungsprojekts, das im Kleinwagen »Chico«, ebenfalls in Vorentwicklung, das »3 Liter«-Ziel in Serie noch vor der Jahrtausendwende erreichen sollte.

Der nie in die Serie gebrachte VW Chico.

Foto: AutoMuseum Volkswagen

Projektstart Zweitakt in der Entwicklung

Hartmut Stehr entsinnt sich: *»In der Aggregate-Entwicklung, also bei uns in der neu von Michael Willmann gegründeten Unterabteilung ‚Konzept- und Komponentenentwicklung', sollte innerhalb von einem Jahr Vorentwicklungszeit die Basis für eine Konzeptentscheidung für den ‚3-Liter-Motor' getroffen werden.*

Also bekam ich die ehrenvolle Aufgabe, als ‚Projektleiter' dieses anspruchsvolle Motorprojekt voranzubringen. Angesichts des zunächst früh angedachten SOP-Termins herrschte extremer Zeitdruck. Auch deshalb sollten in diesem Projekt Vertreter sowohl aus der Forschung als auch aus den Motor-Serienentwicklungen (VW und Audi Neckarsulm) sowie aus der angedachten Motor-Serienproduktion (hier: dem Motoren-

werk Salzgitter), neben Finanz, Einkauf und der Fa. IAV (für Chico-Einbau), regelmäßig dabei sein. Das Projekt war aufregend, weil es sowohl bezüglich des konkreten Motorkonzepts (u. a. Kurbelgehäuse, Aufladung, Ventilzahl etc.) als auch hinsichtlich der technischen und terminlichen Umsetzbarkeit sehr unterschiedliche Einstellungen und Ziele gab. Nichtsdestotrotz starteten wir hochmotiviert dieses innovative Projekt. Die Entwicklung am Motorprüfstand sowie im Fahrzeug übernahm Steffen Hunkert.«

Steffen Hunkert: *»Bei dem Motor, den wir aus der Forschung übernahmen, handelte es sich um einen auf das Zweitaktverfahren umgebauten Dreizylinder aus dem Projekt Auto 2000* (s. Kap. II 1.1). *Die nötige Blockhöhe zur Unterbringung der Einlass-Spülschlitze und Kanäle wurde durch ein Aluminium-Zwischenteil mit eingesetzter, nasser Laufbuchse erreicht. Als Einspritzpumpe diente eine modifizierte Bosch-Verteiler-Einspritzpumpe VP 26.*

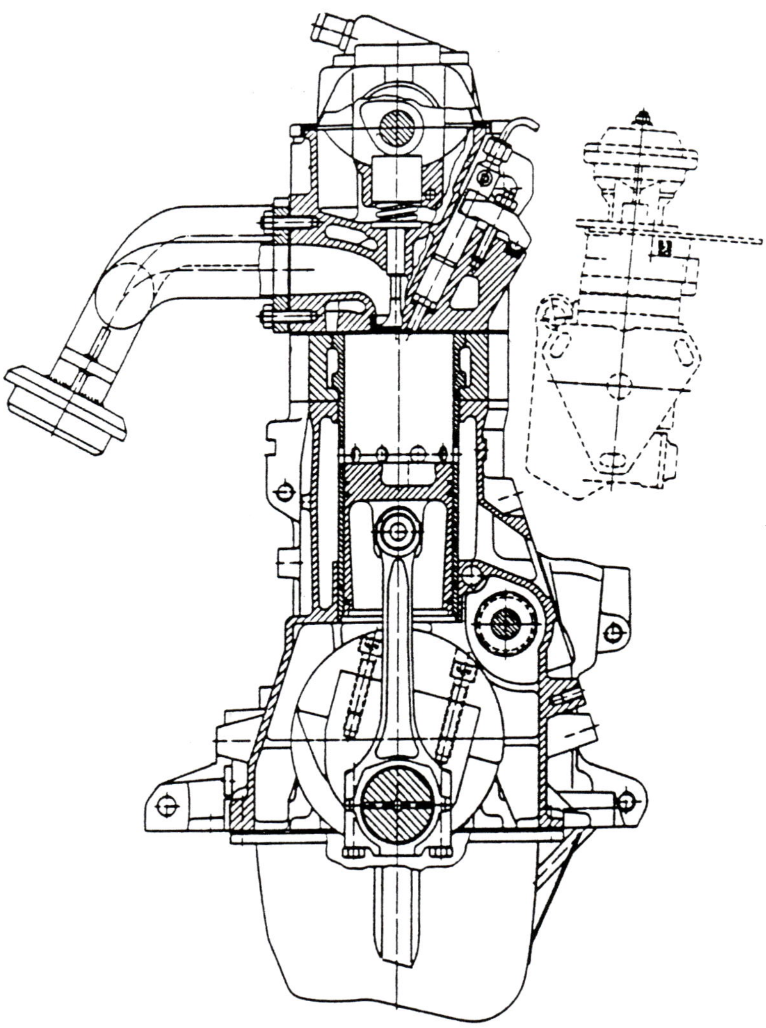

Schnitt Zweitakt-DI mit VP 26. Quelle: Sammlg. Willmann

Der Motor besaß Längsspülung: Dabei wird die Spülluft über das den unteren Zylinderraum umgebende Kurbelgehäuse durch schräg gefräste Spülschlitze in den Laufbuchsen dem Brennraum zugeführt und gleichzeitig ein Drallimpuls aufgeprägt. Die Abgase werden durch zwei zeitgleich öffnende Auslassventile im Zylinderkopf abgeführt. Der Kolben überfährt mit seinen Kompressionsringen die kantengebürsteten Spülschlitze und verschließt diese, wogegen der Ölabstreifring immer unterhalb dieser verbleibt.«

Technische Daten	
Dreizylinder-Zweitakt-Diesel	
Zylinderbohrung	75 mm
Kolbenhub	86,4 mm
Hubraum	1,15 Liter
Kraftstoff-Einspritzung	VP 26 modifiziert (1:1 übersetzt zur Kurbelwelle)
c_{1000}	1,3 m/s
Düse	5 x 0,18 mm im Zweifederhalter
Kolbenmulde	Omega-Form (ähnlich Viertakt-Motor)
Anstellwinkel Spülschlitze	20 bis 33°
Verdichtungsverhältnis	21
Spülgebläse	G60 (Übersetzung 1,8)
Antrieb	Keilrippenriemen
Ventildurchmesser	2 x 31 mm

Motorergebnisse

Der Motor erreichte ein maximales Drehmoment von 110 Nm bei 1.700 U/min und eine Leistung von 46 kW (63 PS) bei 4.000 U/min. Enttäuschend waren aber die erreichten Verbrauchsergebnisse: Im Bestpunkt war der Zweitakter mit 249 g/kWh ca. 27 % schlechter als der 1,9-Liter-Serien-TDI. Auch die Verbrauchs-Hochrechnung mit dem besten gemessenen Kennfeld ergab im »3-Liter-Auto« einen MVEG-Kalt-Verbrauch von 3,7 l/100 km.

Technische »Herausforderungen«

Steffen Hunkert: *»Schon während des Prüfstandbetriebs traten Probleme im Kurbeltrieb auf. Bedingt durch das Zweitakt-Verfahren, entstanden im Pleuel ausschließlich Druckkräfte, sodass sich im oberen Pleuelauge kein Anlagewechsel und damit kein erweiternder Schmierspalt ausbilden konnte. Die Folge war ein* *schneller Verschleiß, der jedoch mit einer etwas aufwendigen Konstruktion vielleicht beherrschbar gewesen wäre. Die doppelte Zündfolge bedingte zudem wegen der fehlenden Auskühlungsphase eine hohe thermische Belastung der Kolben, die durch einen Kolbenkühlkanal abgefangen wurden. Das Überfahren der Spülschlitze durch die Kompressionsringe hatte prinzipbedingt einen hohen Ölverbrauch zur Folge. Der durchaus leistungsfähige G-Lader beansprucht erheblichen Bauraum und wirkt sich durch seine Leistungsaufnahme natürlich negativ auf den Kraftstoffverbrauch aus.*

Dipl.-Ing. Steffen Hunkert

Geboren 15.08.1965 in Laucha/Unstrut
Lehre Motorenschlosser
Wehrdienst
1987-1992 Studium TU Dresden (Kraftfahrzeugtechnik)
05/1992 zu Volkswagen, Dieselmotoren-Entwicklung

In einem Fahrzeug (Golf) verbaut, zeigte sich das durch die doppelte Zündfrequenz erhoffte, für einen Dreizylinder-Diesel erstaunlich laufruhige Verhalten. Das Laufgeräusch beim Beschleunigen erinnerte an Motoren wie im DKW 3=6 oder im Wartburg. Ab Leerlaufdrehzahl (600 U/min) konnten wir mit Volllast fahren, aber nach 3.500 U/min fiel das Drehmoment stark ab.

Die beschriebenen Nachteile, vor allem im Kraftstoffverbrauch, im Ölverbrauch, in der Haltbarkeit/Lebensdauer (vor allem von Kolben und Kolbenbolzen) konnten im gegebenen Zeitrahmen nicht abgestellt werden. Dazu kamen die bekannten Probleme im Bauraum (u. a. für Spülgebläse G-Lader sowie Blockhöhe für Schlitze) sowie Einzelkosten und Investitionen. Dies brachte uns Ende 1993 zu der Entscheidung, das Projekt an die Forschung zurückzugeben.«

Der alternative Dreizylinder-Viertakt-Dieselmotor

»Als sich im Sommer 1993 abzeichnete, dass wir mit dem Zweitakter innerhalb des Zeitplans weder die Verbrauchsziele erreichen, noch dessen technische Probleme abstellen könnten, kreierten wir mit ‚kleinstem Budget' parallel ein Alternativ-Konzept: einen 1,2-Liter-Viertakt-Direkteinspritzer-Saugmotor: Das Basis-Triebwerk dazu, ein Dreizylinder-Aluminium-Kurbelgehäuse mit Nebenwelle, bekamen wir aus der Forschung (Projekt Auto 2000). Risse im Wassermantel konnten wir erfolgreich mit Kunstharz abdichten.

Um gleichzeitig sowohl das Verbrauchsziel als auch die künftigen Abgasgrenzwerte zu schaffen, sollte das Zweiventil-Pumpe-Düse-Konzept aus dem Projekt EDE 2000 übernommen werden. Also machten wir aus einem Vierzylinder-EDE-Kopf durch Absägen und Verdeckeln einen Dreizylinder-Kopf. Analog kürzten wir die Ventilhaube. Die Nockenwelle dazu wurde neu konstruiert und schnell gefertigt. Die Bosch-Pumpe-Düse PDE 26 ließen wir bei Bosch von 7 mm Plunger auf 8 mm mit DLC-Beschichtung umrüsten.«

Und weiter Steffen Hunkert: *»In jeder Pumpe-Düse befanden sich ein Nadelgeschwindigkeitssensor und eine Dehnmesstreifen-Vollbrücke. So war es möglich, mit Trägerfrequenzverstärker und Oszilloskop sowohl den Einspritzdruck als auch die Bewegung der Düsennadel zu überwachen.*

Mittels einer Handsteuersoftware konnten die Pumpe-Düse-Elemente bezüglich der Einspritzmenge und des Spritzbeginns verstellt werden. Probleme bei der Inbetriebnahme gab es, da der Motor konstruktiv auf eine Zündfolge 1-3-2 ausgelegt war, die Steuerungs-

Erster Dreizylinder-Pumpe-Düse-Motor am Prüfstand in Wolfsburg. Foto: Sammlung M. Willmann

Technische Daten Dreizylinder Pumpe-Düse-Motor	
Zylinderbohrung	76,5 mm
Kolbenhub	86,4 mm
Hubraum	1,2 Liter
Zylinderabstand	88 mm
Verdichtungsverhältnis	18
Laufbahnbeschichtung	Nikasil
Kraftstoff-Einspritzung	PDE 26 (Pumpe-Düse) von Bosch, magnetventilgesteuert
Einspritzdruck	bis 1.700 bar
Düse	6 x 0,16 mm, 150° Strahlkegelwinkel, 20° geneigt
Drall c_u / c_a	2,0
Brennraumulde	abgeleitet vom 1,9-l-66 kW TDI

software jedoch auf 1-2-3 taktete. Ein Fehler, an den man nicht sofort denkt, der aber nur einen Lauf auf Zylinder 1 erlaubte.

Der Motor erreichte (bedingt durch den Saugbetrieb) einen effektiven Mitteldruck von 8,1 bar, was einem Drehmoment von 77 Nm entspricht. Die Maximalleistung betrug 30 kW (41 PS), die bei 4.250 U/min erreicht wurde. Der spezifische Verbrauch lag im Bestpunkt bei 229 g/kWh, im Vergleichspunkt 2.000 U/min und 2 bar effektivem Mitteldruck wurden gute 314 g/kWh erreicht.

Die hier und da gehegte Hoffnung, dass die Hochdruckeinspritzung einen rußarmen Volllastbetrieb bis an die Grenze λ = 1 ermöglichen könnte, hat sich nicht erfüllt, sodass für Folgekonzepte eine Abgas-Turboaufladung vorgesehen wurde. Nur so konnten später höhere Leistungen und bessere Fahrleistungen erzielt werden.

Aus dem Verbrauchskennfeld wurde ein MVEG-Warmverbrauch im Zielfahrzeug der A00-Klasse von 2,81 l/100 km hochgerechnet – ein vielversprechender Wert, der in die Zukunft wies.«

Zu einem Serienprojekt dieses Saugmotors im Chico als »3-Liter-Auto« kam es jedoch nicht mehr, weil das Fahrzeugprojekt eingestellt wurde. Es erfolgte jedoch später auf dieser Basis die Entwicklung eines 1,2-Liter-Dreizylinder-Turbodieselmotors in der Baureihe EA 188 mit Bosch-Pumpe-Düse UI-P1 für den »3-Liter-Lupo« mit Serieneinsatz im Jahr 1999 (als erster Diesel mit EU4-Abgaszulassung).

Quellen

- Piëch: 3 Liter/100 km im Jahr 2000? In: ATZ, Nr. 1/1992

II.4.4 Die Pumpe-Düse-Serienmotoren

Von Hartmut Stehr; mit Beiträgen von Dirk Warnecke, Uwe Scher, Jörg Ahrens, James Liang, Rolf Graupmann und Ulrich Dörges

Komponenten-Serienentwicklung Pumpe-Düse-System

Nachdem bei VW die Entscheidung gefallen war, als nächste TDI-Generation Zweiventil-Motoren mit Pumpe-Düse-Hochdruckeinspritzung zu entwickeln, war dem Team (Konzept- und Komponentenentwicklung) die Serienentwicklung (insbesondere hinsichtlich Absicherung der dafür benötigten, neuen Komponenten) übertragen worden. Zu diesen neuen Umfängen gehörten: Die Pumpe-Düse-Elemente selbst, deren Antrieb (über Rollen-Kipphebel einschließlich Nockenwelle und deren Zahnriementrieb), deren Kraftstoffzuführung sowie Befestigung und Abdichtung.

Lieferantenfestlegung

Nach der Konzeptentscheidung für Pumpe-Düse-Motoren mussten zunächst die Serien-Lieferanten für diese Pumpe-Düse-Systeme, also Injektoren und Motorsteuergeräte, über Forward-Sourcing-Prozesse des Einkaufs festgelegt werden. Der Einkauf musste dazu mit Lastenheften versorgt werden, die sich an den Ergebnissen (Vorentwicklung bei Uwe Scher), künftigen Zielen sowie Machbarkeits-Aussagen von Herstellern orientierten. Entwicklungsziel war ein wettbewerbsüberlegener Motor mit klaren Kundenvorteilen bei Fahrspaß, Kraftstoffverbrauch und Schadstoffemissionen. Wichtige Eckpunkte waren im Lastenheft zum Beispiel der maximale Einspritzdruck von 2.050 bar sowie die Einspritzmengen-Genauigkeit von +/- 1,5 Kubikmillimeter (für Vor- und Haupteinspritzmenge zusammen!) in vier Prüfpunkten.

Außerdem wurden geometrische Randbedingungen bezüglich Einbauraum, Befestigung, Antrieb, Abdichtung, elektrischem Anschluss und Kraftstoffversorgung einheitlich vorgegeben. Als erste Serien-Lieferanten wurden die Firmen Bosch (Drei- und Vierzylindermotoren) sowie Lucas (Fünfzylindermotor) festgelegt. Dies war sinnvoll, weil Bosch nach Übernahme von Voest-Alpine bereits ein gut vorentwickeltes Konzept (mit Ausweichkolben für abgesetzte Voreinspritzung) in der PDE 26 dargestellt hatte, und weil Lucas bereits seit 1993 ein Pumpe-Düse-System für die Volvo-Lkw FH12 im Werk in England erfolgreich produzierte. Unsere neuen Motoren waren aber immer so konzipiert, dass die Pumpe-Düse-Systeme beider Hersteller wahlweise eingesetzt werden konnten.

Funktionsweise der Pumpe-Düse

Das nebenstehend abgebildete Beispiel, die Bosch UI-P1, zeigt die wesentlichen Bauteile im vereinfachten Schnitt zum Zeitpunkt »Ende der Voreinspritzung«. Bei jeder Nockenwellenumdrehung wird der Pumpenkolben während der Spritzpause über seine Feder langsam nach oben geschoben. Dabei saugt er über das geöffnete Magnetventil Kraftstoff aus dem Vorlauf an. Vor dem Arbeitstakt gelangt die Rolle im Kipphebel auf die steile Flanke des Nockens. Der Kolben bewegt sich nun schnell nach unten und stößt den Kraftstoff zunächst wieder aus.

Kurz vor dem gewünschten Einspritzbeginn schließt das Magnetventil. Im Hochdruckraum steigt der Druck bis zum eingestellten Öffnungsdruck der Voreinspritzung, zum Beispiel 200 bar. Dann beginnt die Voreinspritzung. Die Düsennadel spannt über den Federteller die Düsenfeder, die auch den Ausweichkolben (AWK) schließt, weiter vor. Dessen Öffnungsdruck ist über seinen Sitzdurchmesser so eingestellt, dass er unmittelbar nach Beginn der Voreinspritzung öffnet. Beim Öffnen wird durch den Hub des

AWK das Hochdruckvolumen schlagartig vergrößert, was den Druck fallen lässt und die Düsenfeder weiter vorspannt. Beides führt zu einem sicheren Wieder-Schließen der Düsennadel und dem Ende der Voreinspritzung.

Die Voreinspritzmenge (z. B. 1,5 +/- 0,5 mm³) wird durch das Verhältnis der Sitzdurchmesser von AWK und Einspritzdüse bestimmt. Der Spritzabstand und der Öffnungsdruck der Haupteinspritzung werden durch den Hub des AWK festgelegt. Durch die weiterlaufende Hubbewegung des Pumpenkolbens steigt der Druck schnell wieder an bis zum nun erhöhten Öffnungsdruck der Düse (durch die weiter vorgespannte Düsenfeder), zum Beispiel bis 400 bar, und die Haupteinspritzung beginnt. Die Düsennadel öffnet sich ganz, der Einspritzdruck steigt aufgrund der gegenüber der Einspritzrate höheren Förderrate stetig weiter an. Dies führt zu einer Zunahme der Strahl-Eindringtiefe im Brennraum während des Arbeitstakts und damit zu einer guten Verbrennung.

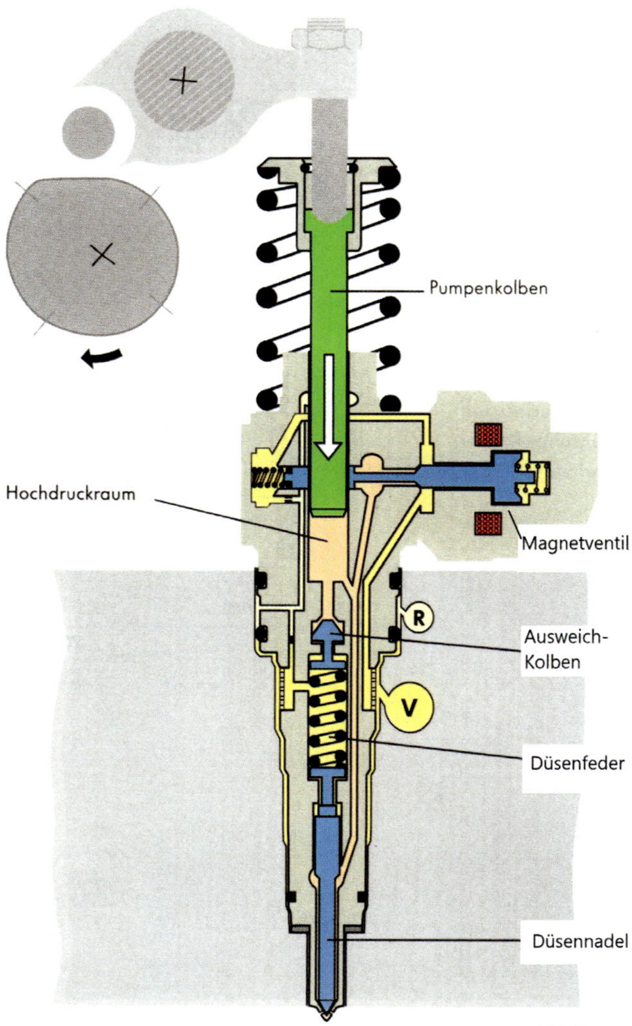

Funktionsschema Pumpe-Düse UI-P1 (Zeitpunkt: Ende der Voreinspritzung). Grafik: Selbststudienprogramm 209 von Volkswagen

Prinzipbedingt steigt der Einspritzdruck damit sowohl mit höherer Einspritzmenge als auch mit höherer Drehzahl. Dies entspricht gut dem natürlichen »Bedarf« des Motors. Um die Einspritzung zu beenden, wird das Magnetventil geöffnet. Der Einspritzdruck sinkt schlagartig, und die Düsennadel schließt. Der restliche Kraftstoff im Hochdruckraum wird zurück in das Rail gefördert. Nach Erreichen des unteren Totpunkts beginnt der Füllvorgang erneut.

Pumpe-Düse-Komponentenentwicklung auf Prüfständen

Die eigentliche Konstruktions- und Absicherungs-Verantwortung lag bei den Pumpe-Düse-Entwicklern. Hierzu besaßen bzw. bauten Bosch und Lucas entsprechende Komponentenprüfstände, in denen die Funktionswerte sowie auch die Dauerfestigkeit der Injektoren erprobt wurden. Da diese Systeme jedoch bezüglich ihrer Motorfunktion sowie Dauerhaltbarkeit nur im Zusammenbau bewertet werden, wurden bei uns komplette Zylinderköpfe samt Antriebs-Zahnriemen und eingebauten Pumpe-Düsen getestet. Die Funktionsprüfstände erhielten die benötigte Messtechnik wie Einspritzverlaufs-Indikatoren (EVI) sowie Einspritzmengen-Indikatoren (EMI) und »Messknochen«. Dies waren mit Dehnmessstreifen versehene Antriebs-Kugel-Stößel der Pumpe-Düsen. Auf den Dauerlaufprüfständen wurden die Pumpe-Düse-Systeme standardmäßig mit 10 % Überlast, also mit 2.200 bar Einspritzdruck betrieben. Das Ziel war erst nach über zwei Jahren intensiver Entwicklungsarbeit an allen Komponenten erreicht, als sicher 500 Stunden (entsprechend ca. 120.000 km mit Höchstgeschwindigkeit!) absolviert wurden.

Schwerpunkte bei den Pumpe-Düse-Entwicklungen

Während bei Bosch in Frankreich mit der PDE 97 (Pumpe-Düse-Element, SOP 1997) ein neuer Injektor auf Basis der PDE 26 entwickelt wurde, der sich hauptsächlich durch das nun »liegende« statt bisher stehende Elektro-Magnetventil unterschied, wurde bei Lucas in England der serienmäßige Lkw-Injektor »nur« verkleinert und mit einem hydraulischen Voreinspritzsystem versehen. Er hieß EUI 100 (Electronic Unit Injector).

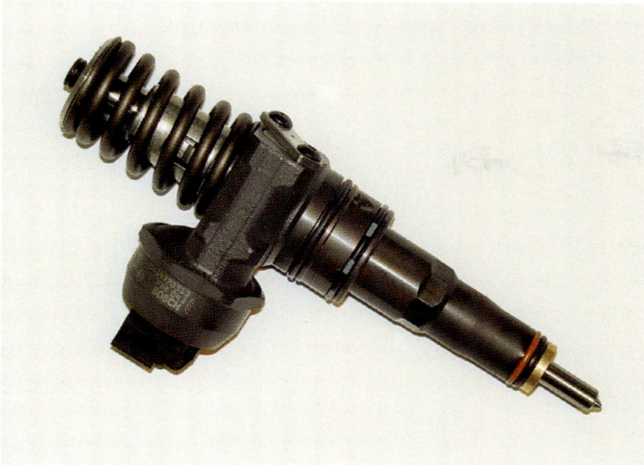

Bosch Pumpe-Düse UI-P1.

Foto: Selbststudienprogramm 209 von Volkswagen

Typische Probleme machten, neben Funktions-Abweichungen zum Lastenheft, die Haltbarkeit (z. B. Risse in allen druckbeanspruchten Teilen, Kavitations-Erosion und Verschleiß oder Fresser an allen mechanisch beanspruchten Bauteilen). Jede technische Änderung brachte einen neuen Musterstand bei der Pumpe-Düse hervor. Mit der letzten Musterstufe (C-Muster, bedeutet auf Serieneinrichtungen gefertigt) der Bosch-UI-P1gab es mehrere Entwicklungsschritte.

Die ersten Serieneinsätze der Bosch-Pumpe-Düse waren im Sommer 1998 der 1,9-l-85-kW-Motor im Passat und zeitgleich der 1,4-l-55-kW-Dreizylinder. Das Bosch-Element hieß nun UI-P1 (Unit Injector). Beim Start des neuen Fünfzylinder-Pumpe-Düse-Motors kam ebenfalls die Bosch-UI-P1 zum Einsatz, weil sich mit dem Lucas-System der SOP-Termin nicht halten ließ.

Besondere Herausforderungen, Maßnahmen und Ergebnisse

Von Ulrich Dörges

Ein großes Problem war bei dieser Technologie, dass im Prinzip ein Motor um das Einspritzsystem herum gebaut wird. Der Einbau und die Betätigung über Schwinghebel und Nockenwellen mit sehr hohen Spitzenmomenten stellten sich als eine große Herausforderung dar und verbrauchten einige Entwicklungsstufen an Motoren und Bauteilen. Ein Einstieg in diese Technik bedeutete, es gibt kein Zurück, denn sowohl die Bereitstellung der Motor-Produktion als auch der Einspritzkomponenten beim Lieferanten in den geplanten Stückzahlen waren ein immenser Schritt.

Ein Einspritzdruck betriebssicher von über 2.000 bar darstellen zu können, bedeutete neueste Technologien: Eine Stahlqualität von höchster Reinheit prozesssicher bereitzustellen, erforderte ganz neue Lieferketten. Nur ein schwedischer Lieferant konnte hier mithalten. Den Gerüchten nach stammte ein Großteil des Stahlschrotts als Ausgangsmaterial dafür von russischen Lagerbeständen alter T34 Panzer. So etwas wünscht man sich wieder zurück - »Panzer zu Pumpe-Düsen!«

Ein markantes Problem der Pumpe-Düse-Einheiten waren anfangs die prägnanten Einspritzgeräusche, die sich dadurch ergaben, dass beim Beenden der Einspritzung und durch das Öffnen der Steuerventile eine starke Druckwelle erzeugt wird, die sich auch akustisch nach außen auf den Motor überträgt. Hierbei kam es auf eine präzise Auslegung und Optimierung der Magnetventil-Geometrien an, um auf der einen Seite ein schnelles Öffnen und Schließen zu erreichen, und zum anderen einen möglichst sanften Absteuerbeginn zur Abmilderung der Druckwelle zu erreichen. Zahlreiche Varianten wurden im Rahmen der Vorserien getestet und optimiert, bis auch das geschafft wurde.

Ulrich Dörges: *»Insgesamt ergab sich nach Abschluss der Konstruktions- und Optimierungsrunden ein Einspritzsystem mit einer exzellenten System-Robustheit. Es gibt kaum ein anderes System, das entsprechend hohe Reserven gegenüber schlechten Kraftstoffqualitäten oder Benzinbeimischung erreicht. In diversen Versuchen, die ich selbst durchgeführt habe, ist es mir nicht gelungen, durch Kraftstoffbeimischungen diese Systeme zum Ausfall zu bringen. So waren die Vorgaben für unseren Kundendienst bei Falschbetankung entsprechend überschaubar und bestanden eigentlich nur darin, den Tank zu leeren und neu mit Diesel zu befüllen. Ganz anders bei Common-Rail-Systemen: Dort ist eine Fehlbetankung unter Umständen mit immensen Reparaturkosten verbunden.*

Durch die hohe Robustheit konnten wir auch eine unbedenkliche Freigabe für 100 % RME (Rapsöl-Methyl-Ester)-Betankung erteilen, anders als bei Verteiler-Einspritzpumpen; dort mussten zunächst diverse Robustheits-Maßnahmen eingeführt werden. Auch beim Thema Nachhaltigkeit gab es Vorteile, da ja bei VW seit jeher das Thema Austauschteile/Aufbereitung verfolgt wird. Die Aufbereitung bestand lediglich aus einer Reinigung, dem Wechseln der Dichtringe und des Kugelbolzens, einer Vermessung auf einem speziellen Prüfstand, und beim i. O.-Ergebnis gab es ein zweites Leben für kleines Geld. Ich hatte mehrfach Gelegenheit, Pumpe-Düsen nach über einer Million Kilometern zu zerlegen, und es gab kaum Verschleiß.

Zur Mengenpräzision: Die Fertigung und Prüfung der Pumpe-Düse-Elemente in der Fabrik zeigte nach den erfolgten Optimierungsrunden innerhalb der Vorserien eine sehr hohe Fertigungsqualität, sodass in der Produktion eine Ausbringung von über 90 % möglich war.

Und zur Zuverlässigkeit: Anlässlich eines Besuchs einige Zeit nach Serienbeginn im Bosch-Pumpe-Düse-Fertigungswerk in Rommelsbach nahe Stuttgart, zog der Werksleiter den Autor nach der Besprechung vertrauensvoll zur Seite: ‚Herr Dörges, sagen Sie mal, die ausgefallenen Teile aus dem Kundendienst, haben Sie die irgendwo gelagert, oder schmeißen Sie die weg? Bei Common-Rail analysieren wir die alle, und das sind nicht wenige.' Dörges musste ihm gestehen: *‚Wir hatten einfach keine', worauf der Werkleiter mich mit großen Augen ungläubig anschaute und sagte: ‚Na dann hoffen wir mal, es bleibt so.'«*

Haltbarkeit des Pumpe-Düse-Antriebs für 2.050 bar

Während die Pumpe-Düse-Elemente in der Vorentwicklung noch einen Plunger-Durchmesser von 7 mm besaßen, wurde dieser im Rahmen der Serienentwicklung auf 8 mm erhöht. Grund war die damit deutlich höhere Einspritzrate und somit kürzere Einspritzdauer. Dies bedeutete eine Steigerung der Betätigungskraft von bisher maximal 804 kp (7 mm) auf nunmehr 1.050 kp (8 mm) – also auf über eine Tonne!

Nicht nur die Pumpe-Düse-Elemente selbst, sondern auch deren Antriebselemente, also Nockenwelle samt Antrieb und Lagerung, Rollenkipphebel und »Knochen« (kurze Schubstange mit zwei kugeligen Enden), mussten hierfür massiv ertüchtigt werden. Eine Schlüsselrolle nahm die damals noch neuartige Oberflächenbeschichtung »Diamond-like Carbon« (DLC) ein: Sowohl der Pumpenkolben (»Plunger«) als auch der »Knochen« sowie Kipphebel, Bolzen und Buchse darin bekamen diese Beschichtung. Besonders viel Arbeit wurde dabei in die Auslegung des Rollentriebs im Kipphebel investiert.

Zahnriementrieb

Von Dirk Warnecke, Uwe Scher und Rolf Graupmann

Mit der Pumpe-Düse wurde also die Einspritzpumpe in den Zylinderkopf integriert. Damit konnten zunächst hinsichtlich des Steuer- und Nebentriebs geometrische Synergien mit der Otto-Schwesternbaureihe EA 113 erfüllt werden. Offensichtlich so gut, dass der Motor anfänglich bei einigen Betreibern für Verwirrung sorgte und für einen Benziner gehalten wurde:

Uwe Scher: *»Nachdem erste Pumpe-Düse-Motoren in die Audi-Fahrzeugerprobung geschickt wurden, gab es kurz darauf eine Ausfallmeldung wegen mangelnder Motorleistung und ungewöhnlicher Geräuschentwicklung. Die Analyse ergab jedoch, dass das Fahrzeug aus Unkenntnis vor der Probefahrt mit Benzin betankt wurde (‚...der hatte gar keine Einspritzpumpe und hörte sich nicht wie ein Diesel an...').«*

Die hochdynamischen Einspritzvorgänge erzeugten allerdings ein nie zuvor dagewesenes Belastungsniveau, was auch hier die Notwendigkeit von umfassenden Maßnahmen nach sich zog und letztendlich den gegenständlichen Gleichteilumfang zunichtemachte.

Folgende Änderungen mussten unter Serieneinsatzzeitdruck umgesetzt und freigefahren werden:

1. Zahnprofiländerungen in Teilung und Geometrie (»HighTorqueDrive« - HTD)
2. Materialänderungen bei Zugstrang, Elastomer sowie Rücken- und Zahngewebe
3. Zahnriemenverbreiterung auf 30 mm, einschließlich Spurlagenverschiebung des Keilrippenriementriebs
4. erstmaliger Einsatz eines hydraulischen Zahnriemenspanners
5. erstmaliger Einsatz eines Nockenwellen-Tilgers
6. »Einspritzzähne« am Kurbelwellenrad

Uwe Scher: *»Durch die Pumpe-Düse-Kraftstoffförderung wurden kurzzeitig sehr hohe Antriebskräfte in den sich längenden Zahnriemen eingeleitet. Durch die ersten fünf Maßnahmen allein konnte das Problem noch nicht zufriedenstellend gelöst werden. Abgestellt wurde das erst mit Einführung eines sogenannten ‚Ein-*

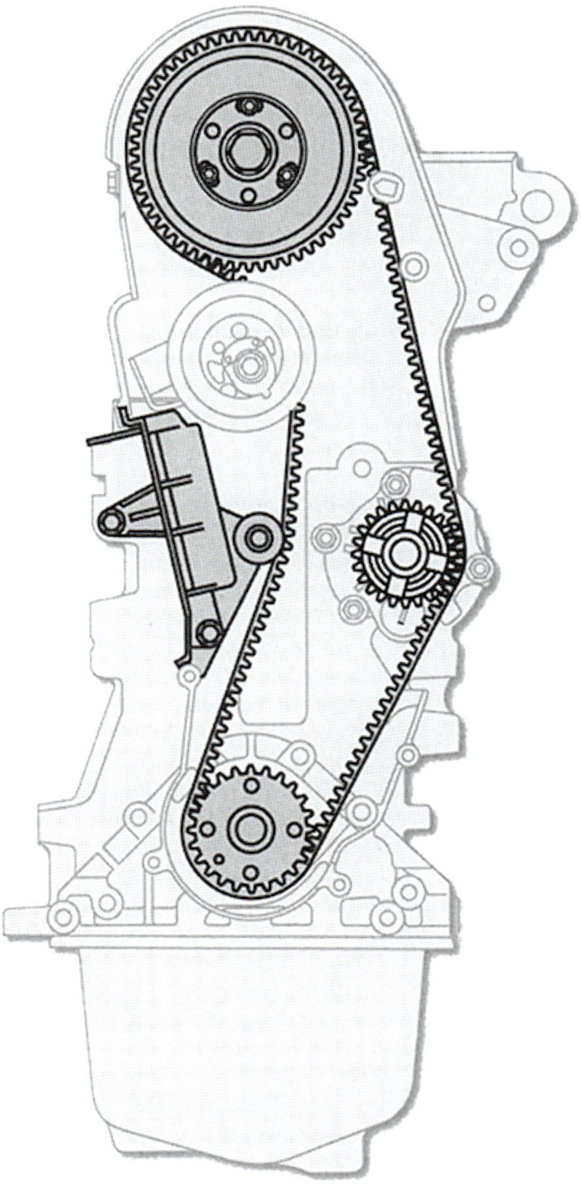

Zahnriementrieb 1,9-l-TDI Pumpe-Düse.
Grafik: MTZ-Sonderheft »25 Jahre VW-Diesel«

spritzzahns'. Dabei handelt es sich um eine ungleiche Teilung der Riemenradverzahnung, die sich den Effekt zunutze macht, dass bei Vierzylinder-Viertaktmotoren die Einspritzungen immer im selben Kurbelwinkelfenster stattfinden. Dabei wird durch eine verbreiterte Zahnlücke die kurzzeitige Zahnriemenlängung kompensiert, die den Kontakt zwischen Zahn-Kopf von Riemenrad und Zahnriemen vermeidet bzw. reduziert.«

Kurbelwellen-Rad mit Einspritzzahn.
Grafik: MTZ-Sonderheft »25 Jahre VW-Diesel«

Mit diesen Modifikationen konnte der Serienanlauf der ersten Pumpe-Düse-Motoren gerettet werden. Durch kontinuierliche Weiterentwicklung konnten nach Umstellung auf Oval-Rad-Technologie am Kurbelwellenrad der hydraulische Spanner sowie der Nockenwellen-Tilger später wieder entfallen.

»Erste Laufversuche«

Von James Liang

»Die ersten Versuchsmotoren liefen beim Käpt'n (Gerd Lange) auf dem Prüfstand. Käpt'n nannten wir ihn, weil er vorher zur See fuhr und herrliche Geschichten erzählen konnte. Gerd hatte eine Strichliste im Prüfraum hängen, in die er jeden Motor eintrug, der wegen Totalschaden wieder abgebaut werden musste. Es waren wohl einige, und so mancher kam nicht über den Start hinaus. Der Prüfstand hatte eine sogenannte Pendelmaschine, die zur Leistungsmessung nicht nur bremsen, sondern auch schleppen konnte. Wenn man nun zum Starten des Motors mit einem Ruck den Prüfstands-Regler von ‚Soll 0' auf 1.000 U/min drehte, überraschte die getriebene Kurbelwelle sowohl den Zahnriemen als auch die zum Mitlaufen aufgeforderte Nockenwelle. Die hingegen wurde kräftig von den Pumpe-Düse-Einheiten gebremst. Der Zahnriemen sprang über, was bei einem DI sofort Kolbenaufsetzer bedeutete. So entstanden extrabreite spannrollenberuhigte Zahnriemen.«

Zahnriemen: »Stimmt die Chemie?«

Von Rolf Graupmann und Dirk Warnecke

Herr Graupmann: *»Waren wir doch bisher ein aufgewecktes Team junger und älterer Ingenieure, also reine Techniker – war unser neuer Kollege in unseren Augen, als Diplom-Chemiker, etwa ein Exot? Aber der hatte es faustdick hinter den Ohren! Er verstand sein Geschäft. Er war bestens vorbereitet und bat im weiteren Gespräch um eine Zeichnung der aktuellen Riemen. Es dauerte nicht lange, und seine Expertise kam postwendend: Das könnte auch nicht funktionieren, denn Trägermaterial und Profilmaterial harmonierten nicht, gingen keine stabile Verbindung ein. Das erkannte Claus Grosser, unser neuer Kollege, auf Anhieb an der TL (Technisches Lastenheft), die auf der Zeichnung angegeben war. Er habe nämlich die TL früher einmal selbst verfasst, wusste also genau, was drinstand. Alles sei kein großes Problem, meinte er, und griff anschließend zum Telefonhörer, um bei den Firmen Bayer Leverkusen und BASF anzurufen. Dort wurden umgehend die richtigen Materialien geordert und gleich an die Riemenhersteller weitergeleitet. Die Zulieferfirmen stellten nun die richtigen Materialien bei, und die Riemenhersteller fertigten Riemen, die immer besser den Anforderungen standhielten und letztendlich das i. O. der Qualitätssicherung erhielten.«*

»Leerhubstößel« gegen den Verschleiß

Von Uwe Scher

»Zunächst nicht erklärbare Verschleißerscheinungen an den, wie bei zahlreichen anderen Motoren (Otto- und Dieselmotoren), eingesetzten Tassenstößeln mit hydraulischem Ventilspielausgleich fanden ihre Erklärung in einer durch den Pumpe-Düse-Antrieb verursachten Durchbiegung der Nockenwelle in Richtung Kurbeltrieb. Da dies zu einem Zeitpunkt erfolgte, während im Zylinderinneren ein infolge der Verdichtung hoher Druck herrschte und der hydraulische Ventilspielausgleich für einen direkten Kontakt zwischen Ventil und Grundkreis der Steuernocken sorgte, kam es zu hohen Kontaktkräften, die sich in Verschleiß an den Tassenstößeln äußerten. Gelöst wurde dieses Problem durch Einsatz von ‚Leerhubstößeln', die für ein definiertes Spiel zwischen Nockengrundkreis und Tassenstößel sorgen, so dass die Durchbiegung der Nockenwelle ohne Kontaktaufbau stattfinden kann.«

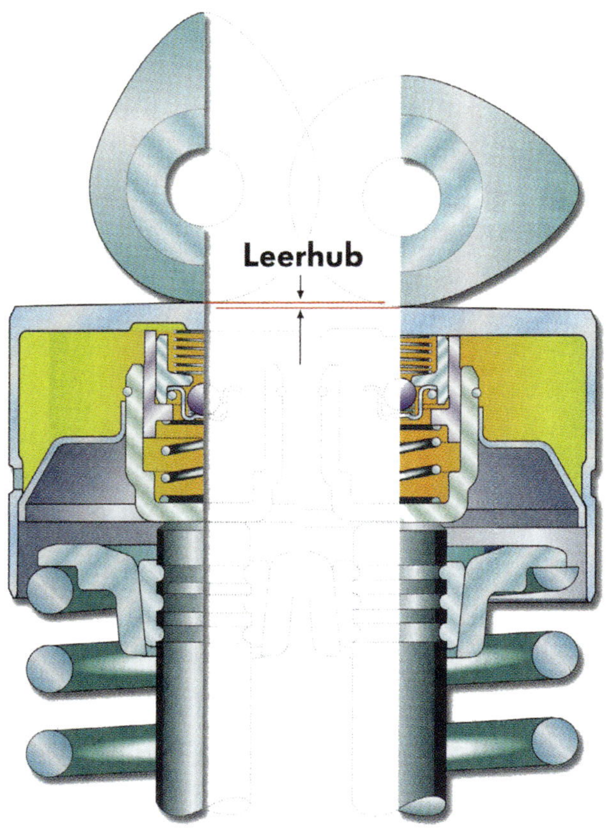

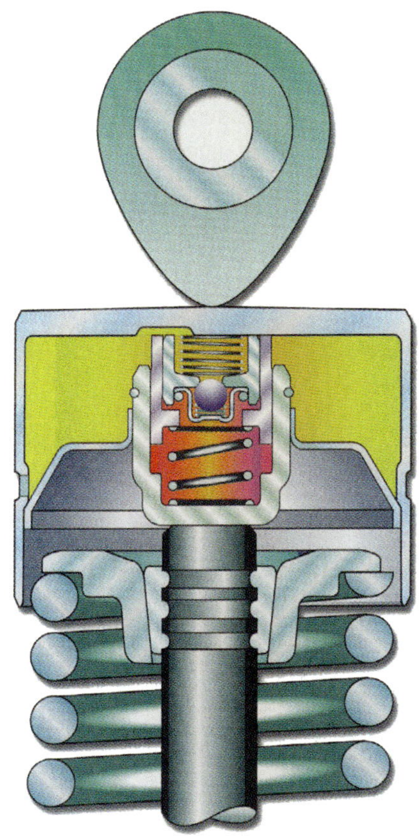

Leerhubstößel 1.

Grafik: MTZ-Sonderheft »25 Jahre VW-Diesel«

Kraftstoffversorgung der PD-Elemente via »Tandempumpe« und »Mischrohr«

Um eine Kraftstoffbefüllung der Pumpe-Düse-Elemente auch bei hohen Motordrehzahlen ohne Hohlraumbildung und damit ohne Kavitationsrisiko sicherzustellen, war eine Kraftstoffpumpe erforderlich, die ein entsprechendes Druckniveau bei Nenndrehzahl mit möglichst gutem Wirkungsgrad darstellen konnte. Bei niedrigen Drehzahlen war ein geringerer Vorlaufdruck erforderlich.

Daher bot sich eine Pumpe an, deren Drehzahl proportional zur Motordrehzahl verläuft; somit eine motorgetriebene Pumpe. Gegen elektrische Pumpen sprach neben deren Nachteil im Wirkungsgrad auch die Tatsache, dass es bis dahin keine geeigneten Konzepte bei den bekannten Herstellern gab. Außerdem hätten für alle Motor-Fahrzeug-Konstellationen im Konzern separate Lösungen entwickelt und freigegeben werden müssen.

Die Kraftstoff-Vakuum-Tandempumpe

Von Jörg Ahrens

Aus Package-Gründen gab es für eine mechanische Kraftstoffpumpe allerdings nur wenige Einbaumöglichkeiten. Eine davon nutzte (wie bereits beim Vorgängermotor) die mechanische Vakuumpumpe. So kam die Idee auf, eine mechanische Pumpe zu entwickeln, die beides gleichzeitig konnte: Unterdruck für die Bremse sowie alle mit Unterdruck betriebenen Bauteile (z. B. die elektro-pneumatischen Wandler = EPW) und gleichzeitig für eine selbstansaugende Kraftstoffpumpe zur Verfügung zu stellen.

Jörg Ahrens ist zu Recht stolz: *»Dieses war definitiv ein Novum im Motorenbau, denn eine Pumpe mit Überdruck für den Kraftstoff und mit Unterdruck für die Bremse in einem Gehäuse, mit einer Antriebswelle, gab es bis dahin noch nicht. Dazu kamen der vorhandene Öldruck für die Schmierung der Welle und der Flügel für die Unterdruckpumpe. Dementsprechend wurde die Pumpe auch erfolgreich zum Patent angemeldet. (DE 19843827 A1).«*

Während der Entwicklung kamen doch diverse Patente hinzu, z. B. eine Art »Feinabdichtung«, die dafür sorgte, dass die Bauteile der Kraftstoffpumpe niemals trockenliefen. Gewährleistet wurde das durch ein kleines Reservoir (Siphon). Dadurch wurde sichergestellt, dass bei leergefahrenem Tank ein Selbstansaugen nach Tankbefüllung möglich war. Außerdem: Ein »Luftabscheider«, denn der Saugunterdruck war mit -0,9 bar so hoch, dass in den unteren Drehzahlen die Luft aus dem Kraftstoff gezogen wurde (DE 19823003 A1). Dadurch bildeten sich Luftbläschen, die ungünstig für die Funktion der Pumpe-Düsen waren.

Während der Entwicklung kam es zu Abrissen der Zylinderschrauben, die den Deckel für die Kraftstoffpumpe am Gehäuse befestigten. Die Ursache waren »Absteuerschläge« der Pumpe-Düsen, die teils kräftige Druckspitzen über das Rail im Kopf zurück zur Pumpe sandten. Dadurch wurde der große Deckel der Pumpe derart mit Kraftspitzen beaufschlagt, dass nach einiger Laufzeit mit Überlast die Schraubenköpfe abrissen. Behoben wurde dies durch Schrauben

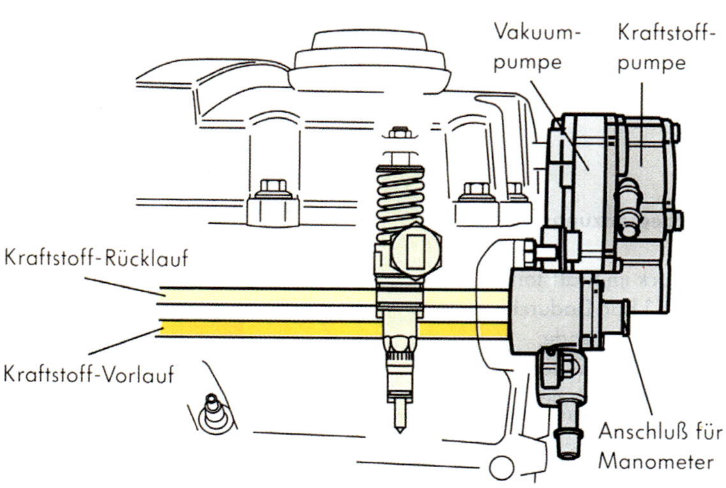

Tandempumpe LuK am Zylinderkopf.

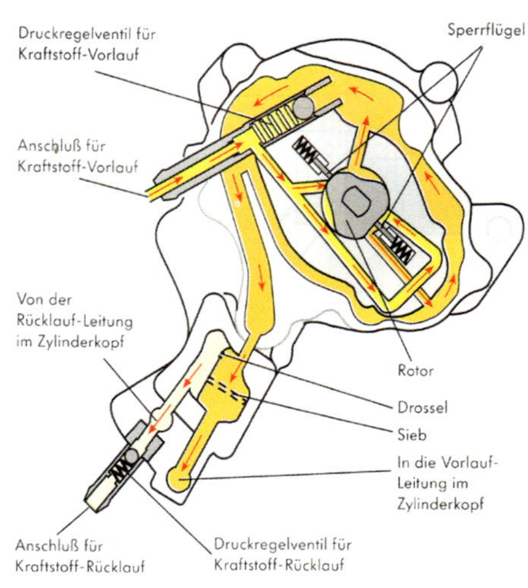

Sperrflügel-Kraftstoffpumpe LuK.

Grafik: VW Selbsstudienprogramm 209

mit höherer Festigkeit und ein drehwinkelgesteuertes Anzugsverfahren.

Diese Druckspitzen sorgten ebenfalls dafür, dass die Gummidichtung zwischen Deckel und Gehäuse sehr schnell verschliss. Das wurde behoben durch den Einsatz einer Metall-Gummi-Sickendichtung. Ein weiterer Kniff war, zwischen den beiden Dichtringen (Abtrennung Welle zur Druckseite und Welle zur Unterdruckseite) eine Verbindungsbohrung anzulegen. Diese sorgte dafür, dass Schmieröl bzw. Kraftstoff, die sich an den Wellendichtringen »vorbeigemogelt« hatten, durch den hohen Ansaugunterdruck der Pumpe wieder zurück auf die Ansaugseite der Kraftstoffpumpe geführt wurden.

Die erste Entwicklung startete mit der Fa. Pierburg (später umbenannt in BarLuk / LuK) in Bühl und einer »Sperrflügel«-Kraftstoffpumpe (s. nachstehende Abbildungen). Da die Stückzahlen damals sehr hoch werden sollten, kam noch Bosch als zweiter Lieferant hinzu. Ahrens: *»Der Clou war aber, dass per Lastenheft alle Verschraubungspunkte, der Zulauf, der Rücklauf, der Unterdruckanschluss und auch die Fördercharakteristika beider Hersteller identisch waren. Und dies, obwohl die Hersteller unterschiedliche Förderpumpensysteme einsetzten. Aber das ermöglichte eine einheitliche Motorabstimmung. Es war also völlig egal, ob eine LuK- oder Bosch-Pumpe an dem Motor verschraubt wurde.«*

»Rail« und »Mischrohr«

Für die weitere Kraftstoffzuführung von der Tandempumpe zu den Pumpe-Düse-Elementen im Zylinderkopf entschieden wir uns bei den Drei- und Vierzylindermotoren für eine in den Zylinderkopf eingebrachte »Rail-Bohrung«, von der aus Stichbohrungen zu den einzelnen Pumpe-Düse-Schächten verliefen, welche am Rand »verkugelt« wurden. Analog wurde auch mit den Kraftstoffrückläufen verfahren.

Bei der Kraftstoffversorgung über die »Rail-Bohrung« im Kopf musste noch ein wesentliches Problem gelöst werden: Die zunehmende Kraftstofftemperatur im Zulauf-Rail von der Einspeisestelle (Tandempumpe) bis zum am weitesten entfernten Injektor am anderen Ende des Rails. Ursache für die Temperatur-Zunahme waren die von den Pumpe-Düse-Elementen nach jeder Einspritzung zurück in den Zulauf abgesteuerten, erwärmten Kraftstoffmengen sowie der Wärmeeintrag aus dem Zylinderkopf. Dies würde unkorrigiert zum einen zu unterschiedlichen Einspritz-Massen der verschiedenen Zylinder, zum anderen auch zum Sieden bzw. Zersetzen des Kraftstoffs am »heißesten« Zylinder führen.

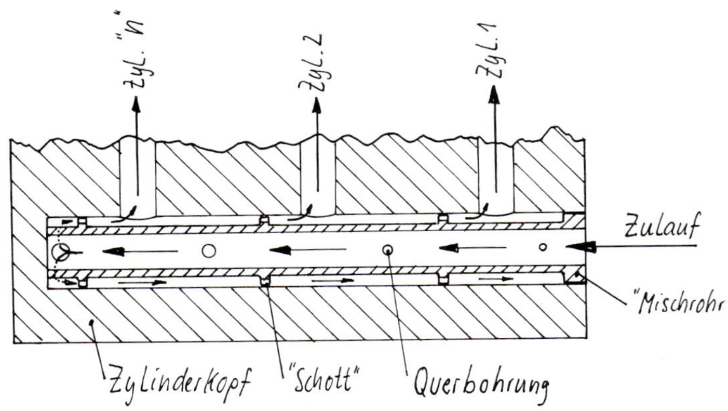

Prinzip »Mischrohr« (aus der Patentanmeldung).
Grafik: Erfindungsmeldung Stehr

Als Lösung wurde eine einfache Idee eingesetzt und patentiert: das »Mischrohr«. Dabei wird in das Rail ein Kunststoffrohr eingesteckt, welches einen kleineren Durchmesser als die Rail-Bohrung hat und verschiedene Querbohrungen sowie Führungs-Flächen besitzt (s. Skizze). Der noch kühle Kraftstoff wird innen zugeführt und strömt ganz durch den Kopf bis zum am weitesten entfernten Zylinder. Dadurch bekommt dieser nun kühleren Kraftstoff. Außen strömt der Kraftstoff zurück zu den anderen Zylindern und

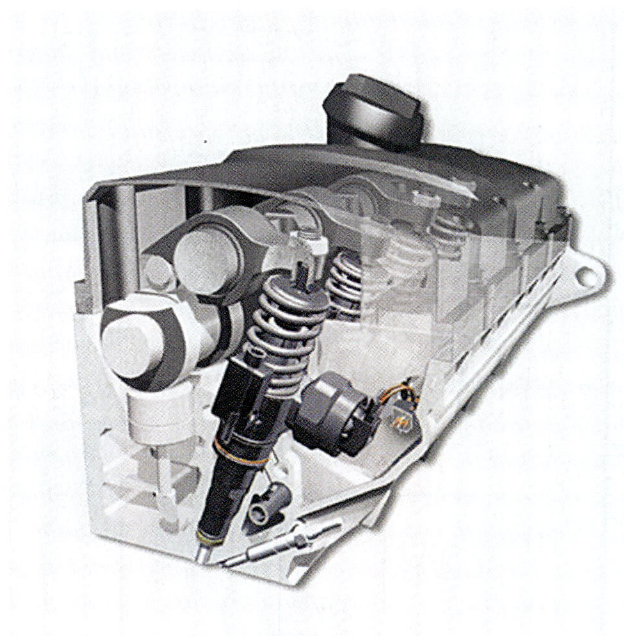

Schnittbild Zylinderkopf (R3/R4) mit Bosch UI-P1.
Grafik: MTZ-Sonderheft »25 Jahre VW-Diesel«

erwärmt sich. Ahrens: *»Durch geschickte Anordnung von Quer-Bohrungen konnten wir nun erreichen, dass sich die Kraftstoff-Zulauftemperaturen an allen drei bzw. vier Pumpe-Düsen nahezu bis auf ein Grad Kelvin annäherten. Dies war eine wichtige Maßnahme zur Sicherstellung des Motor-Rundlaufs sowie auch der Dauerhaltbarkeit der Pumpe-Düse-Elemente.«*

Erste Pumpe-Düse-Motorprojekte in Serie

Ab 1995 liefen in allen drei Diesel-Entwicklungsabteilungen Serienentwicklungen für die neuen Zweiventil-Pumpe-Düse-Motoren. Zunächst waren dies die Drei-, Vier- und Fünfzylinder-Motoren. Später kam noch der Zehnzylinder-V-Motor hinzu. Die Fünf- und Zehnzylinder-Motoren hatten als Besonderheiten unter anderem Aluminium-Zylinderkurbelgehäuse sowie Nockenwellenantriebe über Stirnradgetriebe.

Die Vierzylindermotoren besaßen alle einen Hubraum von 1,9 Liter, wie schon die Vorgängermotoren. Es gab drei Leistungsvarianten mit 85 kW (115 PS), später 96 kW (131 PS) und zuletzt 110 kW (150 PS). Die Dreizylinder-Motoren hatten zunächst 1,4 Liter Hubraum, 55 kW (75 PS) und ein Grauguss-Kurbelgehäuse wie die Vierzylinder. 1999 folgte der 1,2-l-Dreizylinder, welcher sich durch ein Aluminium-Kurbelgehäuse (mit Zugankern) vom 1,4-l-Motor unterschied und ausschließlich für das nun verkündete Projekt »3-Liter-Auto« zum Einsatz kam. Er war die serienmäßige Umsetzung des Konzepts, das Steffen Hunkert in der Vorentwicklung untersucht hatte (siehe Kap. II.4.3), allerdings nicht mehr als Saugmotor, sondern nun als Turbo-Motor mit 45 kW (61 PS) (statt 30 kW beim Saugmotor). Alle Zweiventil-Pumpe-Düse-Motoren erfüllten die neue Abgasstufe EU3 noch ohne aktive Abgasnachbehandlung, der 1,2-Liter sogar auf Anhieb schon EU4.

Die Vierzylinder-Motoren wurden gleichzeitig als Quereinbau- und als Längseinbau-Varianten entwickelt und kamen in sämtlichen Fahrzeugplattformen bei allen vier Konzernmarken zum Einsatz. Der Dreizylinder wurde, wie der Fünfzylinder, nur quer eingebaut, der Zehnzylinder nur längs. Die ersten Serieneinsätze der Pumpe-Düse-Baureihe waren im Jahr 1998 der 55 kW-Dreizylinder sowie der 85 kW-Vierzylinder (hier als Beispiel).

Mit einer Nennleistung von 85 kW hatte der neue Motor zwar nur eine kleine Leistungssteigerung (von bisher 81 kW), dafür aber eine Drehmomentsteigerung von 21 % (von 235 Nm auf 285 Nm) und gleichzeitig eine Emissions-Absenkung von Euro 2 (D2) auf Euro 3.

Technische Daten	
VW 1,9-Liter-Vierzylinder, 85 kW (115 PS)	
Motor-Kennbuchstabe	AJM
Zylinderbohrung	79,5 mm
Kolbenhub	95,5 mm
Hubraum	1,968 Liter
Verdichtungsverhältnis	18,0
Kraftstoff-Einspritzung	Bosch-Pumpe-Düse UI-P1
Motor-Management	Bosch EDC15 P
Max. Leistung	85 kW bei 4.000 U/min
Max. Drehmoment	285 Nm bei 1.900 U/min
Abgasnachbehandlung	Oxidations-Katalysator
Abgasstufe	D3 (Euro 3)
Spezifischer Verbrauch	197 g/kWh (Bestpunkt)

Presse-Echo (Beispiel 85-kW-Vierzylinder) und Wettbewerbsvergleich

Hartmut Stehr: *»Mehr als gespannt verfolgten wir das Echo der Fachpresse, als der 85-kW-Motor im Passat getestet und natürlich mit dem Wettbewerb verglichen wurde. Und viele Presseberichte machten uns stolz, wie zum Beispiel der Vergleich des Passat zum Mercedes C 200 CDI (mit 75 kW und 235 Nm) in auto motor und sport (Nr. 20/1998): »...beim TDI grenzt das Zusammenspiel solcher Dynamik mit den realisierten Verbrauchswerten fast an Hexerei. Noch vor Jahren hätte so etwas niemand für möglich gehalten.« Und: »Der Sieger nach Punkten heißt ... Passat TDI. Zu verdanken hat er diesen Vorsprung einem Dieselmotor, dessen Effizienz im Moment wirklich einmalig ist.«*

VW Passat V mit 85-kW-Pumpe-Düse-Motor. Foto: Volkswagen

Einen weiteren Vergleichstest zwischen diesen beiden Konkurrenten brachte Auto Bild (Nr. 38/1998): *»...aber den Passat kann er so nicht schlagen. Der Pumpe-Düse-Diesel überzeugt mit starkem Antritt und geizt noch mehr als der ohnehin schon sparsame Benz.«* In der Punktetabelle schlägt der Passat den C 200 bei »Motor/Getriebe« mit 88:69 Punkten, u. a. im Attribut »Beschleunigung« mit 15:10 und, bei »Elastizität/Höchstgeschwindigkeit« mit 20:12; im Punkt »Motoreigenschaft/Laufruhe« immerhin noch knapp mit 13:12.

Wesentliche Ursachen für die Vorteile der Pumpe-Düse-Motoren (in Leistung und Verbrauch) zu den damaligen Konkurrenten mit Common-Rail-Systemen der ersten Generation waren zum einen der höhere Einspritzdruck von nominal 2.000 bar zu 1.350 bar sowie die kleinere Antriebsleistung des Einspritzsystems im Teillast-Bereich: Die ersten Common-Rail-Motoren besaßen noch keine regelbare Hochdruckpumpe, und das System musste bei Teillast Kraftstoff »abblasen«.

Auch beim Vergleich von mot (Nr. 18/98) mit dem Vorgängermotor (81 kW/110 PS) im Passat ist das Urteil eindeutig: *»Die rund 1000 Mark Aufpreis zur 110-PS-Version sind in jedem Fall gut angelegt: Mehr Fahrspaß, größerer Fahrkomfort und der günstige Verbrauch plus dem Gütesiegel der derzeit saubersten Abgase nach D3-Norm machen die Entscheidung leicht.«* Hartmut Stehr resümiert: *»Diese und viele weitere Berichte sowie die Verkaufserfolge bestätigten uns, dass wir mit der Zweiventil-Technik und dem Hochdruck-Einspritzsystem Pumpe-Düse bei den Euro-3-Dieseln ‚auf das richtige Pferd' gesetzt hatten.«*

Pumpe-Düse-Weiterentwicklung: Vierventil-Motorprojekte

Um den erreichten Wettbewerbsvorteil auch bei den folgenden Dieselmotorisierungen für Euro 4 zu erhalten, entwickelte die Vorentwicklung parallel auch Vierventil-Motoren, sowohl mit Pumpe-Düse-Ausführungen verschiedener Lieferanten (Lucas, Bosch und Siemens) als auch mit Common-Rail-Systemen. Als es schließlich absehbar war, dass auf Basis der bisherigen Motor-Baureihe EA 188 mit nur 88 mm Zylinderabstand ein Vierventil-Motor mit achsparallelen Ventilen und neu entwickelten Pumpe-Düsen realisiert werden konnte, der dem parallel untersuchten Common-Rail wiederum überlegen war, wurde eine Serienentwicklung für SOP 2002 entschieden. Es erfolgte eine Entwicklung mit Ersteinsatz eines 103 kW-Euro-4-Quermotors im neuen Touran 2002 mit Bosch-Pumpe-Düse UI-P2 und 2.050 bar (wie der Vorgänger UI-P1). Diese Baureihe ersetzte die bisherigen 1,9-l-Zweiventil-Euro-3-Motoren mit 96 kW (130 PS) und 110 kW (150 PS). Sie ermöglichte Euro-4-Fahrzeuge noch ohne den später eingesetzten Diesel-Partikelfilter.

Es folgte eine Motorvariante mit 125 kW (170 PS), die damals wiederum Benchmark in spezifischer Leistung war. Dieser Motor erhielt eine Piezo-betätigte Pumpe-Düse mit maximalem Einspritzdruck von 2.200 bar, die gemeinsam mit Siemens im Joint Venture VW-Mechatronik im Werk Stollberg produziert wurde. Auch im Kraftstoffverbrauch setzte der Motor einmal mehr Maßstäbe: Mit einem spezifischen Bestverbrauch im Kennfeld von nur 190 g/kWh dürfte er bis heute ungeschlagen sein.

Testpiloten-»Lehrling« Hartmut Stehr während der erfolgreichen Flugerprobung des NDAE (New Diesel Aircraft Engine), eines 2,0-l-4V-Pumpe-Düse-Motors (132 kW), in einer Ruschmeyer MF85 in Melle. Foto: Sammlg. Stehr

Quellen

- auto motor und sport (Nr. 20/1998)
- Auto Bild (Nr. 38/1998); mot, Nr. 18/1998

II.5 Die Nutzfahrzeug-DI-Motoren

II.5.1 »Kein Leben und kein Sterben«

Von Michael Willmann

Die Aggregate-Vorentwicklung (Dr. Kuck, Dr. Pohlmann) beauftragte 1982 die AVL in Graz mit der Untersuchung eines Sechszylinder-TDI-Dieselmotors für unseren LT. Dabei stand hohe Lebensdauer im Vordergrund der Ziele.

Phase 1: der 2,4-Liter-Sechszylinder-TDI-Diesel

Das Team von Klaus Brockmüller in der Motor-Konstruktion nahm die Umstellung von der Wirbelkammer zur Direkteinspritzung vor. Mit den Zylinderabmessungen des 1,6-Liter-Vierzylinder-Serien-Wirbelkammer-Motors von 76,5 x 86,4 mm (Bohrung x Hub) ergab sich beim Sechszylinder ein Hubraum von 2,382 Liter.

Herr Reinhard Knoll bei AVL applizierte an dem Motor das AVL-luftverteilende Direkteinspritzverfahren. Wie beim Sechszylinder-Wirbelkammer-Motor wurde die Einspritzpumpe über die Nockenwelle und einen zusätzlichen Zahnriemen angetrieben.

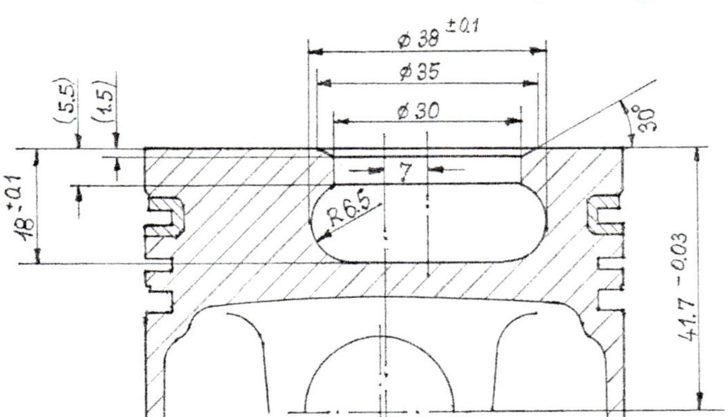

Die AVL-Kolbenmulde hatte seinerzeit noch keinen Kegel, vgl. Audi. Zeichnung: AVL

Mit der verstärkten Bosch-VE-Verteiler-Einspritzpumpe betrug die Nennleistung 73,6 kW (100 PS) und der max. Mitteldruck 10,2 bar bei seinerzeit üblicher Rußzahl von 3,5. Ein Vergleich mit der MW-Reihenpumpe von Bosch zeigte das Potenzial durch höhere Einspritzdrücke. Die Leistung stieg auf 95 kW (129 PS) und der Mitteldruck auf 12 bar. Es blieb bei einigen Prototypen.

Phase 2: der 2,84-Liter-Sechszylinder-TDI-Diesel

Bei einem neuen Anlauf wurde ebenso wie beim 1,9-Liter-Vierzylinder-DI-Motor auch beim Sechszylinder-Diesel die Zylindereinheit auf Bohrung 79,5 und Hub 95,5 mm vergrößert. Dazu gehörte auch die Blockerhöhung um 16,5 mm. Dadurch konnte das 136 mm lange Pleuel eingesetzt werden. Der Kolbenbolzen wurde auf 26 mm verstärkt.

1986 bekam AE-AD die Projektleitung und beauftragte die IAV im Rahmen des öffentlich geförderten Projekts »Stadtbus-Antriebskonzept« (Bi-Bus) mit der weiteren Entwicklung des Sechszylinder-DI-Dieselmotors. Peter Deja war Geschäftsführer der IAV in Gifhorn. Erste Versuche machte Matthias Weiß im Zuge seiner Diplomarbeit bei IAV im Auftrag von Günter Goergens, Aggregate-Diversifikation.

Für den Bi-Bus wurden Motoren bereitgestellt. Diese Versuchsbusse von Auwärter hatten zwei Sechszylinder-DI-Dieselmotoren. Beim Beschleunigen liefen beide, in der Teillast nur einer bei höherem Mitteldruck und damit mit niedrigerem Kraftstoffverbrauch.

Untersuchungsergebnisse		
2,84-Liter-Sechszylinder-DI-Diesel (1986)		
	Leistung (kW)	Drehmoment (Nm)
Saugmotor	62	189
Abgas-Turbolader	89,5	280
ATL + Ladeluftkühler	96	297

Im weiteren Verlauf untersuchte Matthias Weiß eine Bosch-MW-Reihenpumpe mit höheren Drücken, was kürzere Spritzdauern und Annäherung an den thermodynamisch idealen Gleichraumprozess brachte. Aber für einen möglichen Serieneinsatz blieb es bei der Verteilerpumpe.

Ein 62-kW-Saugmotor wurde in einem LT erprobt. Aufgrund der guten Elastizität des Motors ergaben sich hervorragende Fahrleitungen, aber das Geräusch wurde beanstandet.

Brüche der Kurbelwellen-Lagerbrücken bei den Prüfstands-Dauerläufen erforderten Verstärkungsmaßnahmen: Mit diesem Stand wurde das Projekt an die Motor-Konstruktion übergeben, dann aber ohne Serieneinsatz abgebrochen.

Phase 3:
der 3,0-Liter-Sechszylinder-TDI-Diesel

Im Frühjahr 1987 wurde nun im dritten Anlauf die Entwicklung eines Sechszylinder-DI-Motors für den LT erneut beschlossen. Er sollte die kommenden Abgasvorschriften auch auf abgasharten Märkten erfüllen und aus Geräuschgründen in der Nenndrehzahl auf 3.500 U/min begrenzt sein. Die Brennraummulde im Kolben erhielt den Kegel für bessere Luftausnutzung, wie bei unseren Vierzylinder-DI-Dieseln.

Durch Vergrößerung der Zylinderbohrung auf 81 mm bei 95,5 mm Hub wuchs der Hubraum des Sechszylinders auf 2,955 Liter. Angesichts der Erfahrungen an Vierzylinder-Versuchsmotoren trauten wir uns die große Bohrung zu. Die Zeichnungen wurden in der Motor-Konstruktion erstellt.

Jetzt konnte es den Verantwortlichen nicht schnell genug gehen. Die Motor-Konstruktion prognostizierte erste Motoren für November 1989 und den SOP für August 1993. Daraufhin schrieb Dr. Oetting am 3. Februar 1989: *»H. Neumann (HA Diesel-Versuch), das ist alles zu langsam. Wir brauchen den Motor ganz schnell. Was kann man tun?«*

Von nun an trug die Motor-Versuch-Vorentwicklung Dieselsysteme die Projektverantwortung. Der Serieneinsatz sollte im Juli 1994 starten. Die Motorabstimmung ließen wir auf unseren angemieteten Prüfständen bei MAN in Braunschweig machen. Herr Klaus Uphof war Versuchsingenieur. Ein auf 85 kW (Überlast) abgestimmter Motor wurde in einen LT eingebaut. Damit lief, meist mit Privatfahrten an den Wochenenden, die frühe Projekterprobung. Am Projektende standen mehr als 100.000 km auf dem Tacho, ohne nennenswerte Probleme.

Diesen Nutzfahrzeug-Motor wollte man nicht mit Zahnriemenwechseln belasten; daher nutzte Gerd Lange einen Motor für Versuche mit einer Steuerkette. Die Hersteller von Ketten und Zahnriemen belegten durch immer neue Versuche die Vorteile jeweils ihres Systems. Die Probleme mit Zahnriemen waren uns hinlänglich bekannt. Steuerketten waren für uns jedoch Neuland.

Der 3,0-Liter-TDI-Motor für den LT hatte die elektronische Einspritzpumpe mit dem Antrieb hinten. Foto: Volkswagen

Der Sechszylinder-TDI wurde als Umweltdiesel ohne Ladeluftkühlung konzipiert. Auf dem vorderen Kurbelwellenzapfen saß ein Drehschwingungsdämpfer. Foto: Volkswagen

Nach 200 Stunden im verschärften Dauerlauf zeigte sich eine Kettenlängung von 2,67 mm, was unakzeptabel war. Die Ursache für diesen abrasiven Verschleiß waren harte Ölkohlepartikel im Motoröl durch Blow-by. Eine Verschleißminderung brachte eine Duplex-Kette in einer Kassette mit eigenem Öl (Details s. Kap. II.3.3).

In der letzten Entwicklungsstufe wurde das Projekt auf UDI (Umweltdiesel-Direct-Injection) umgetauft. Dazu erhielt der Motor eine elektronische Einspritzung. Gerd Lange applizierte die Daten auf dem Prüfstand. Für die Leistung von 75 kW (102 PS) und das Drehmoment von 230 Nm konnte auf eine Ladeluftkühlung verzichtet werden.

Auch mit den Abgasemissionen erreichten wir unser Ziel. Zwei Thermoschock-Dauerläufe wurden erfolgreich abgeschlossen. Auf dem Dauerlauf-Prüfstand sind 900 Stunden erreicht worden. 1991 wurde das Projekt endgültig abgebrochen.

II.5.2 TDI auch für den T4

Von Uwe Scher

Volkswagen und Audi hatten sich geeinigt, dass die Diesel-Entwicklung in Wolfsburg bleibt. Dessen ungeachtet machten die Neckarsulmer Diesel-Entwickler aus dem Fünfzylinder-Wirbelkammer-Motor (s. Kapitel I.4.4) einen Direkteinspritzer, der 1989 als erster »sauberer« direkteinspritzender Dieselmotor im Audi 100 in Serie ging. Im Gegensatz zu den Vierzylinder-Wettbewerbern Perkins-Rover und Fiat erfüllte er die gültigen Abgasgrenzwerte.

Scher: *»Wir bekamen die Aufgabe, aus dem aufwändigen 2,5-l-TDI für den Audi-Pkw einen Nutzfahrzeugmotor zum Einbau in den VW T4 zu entwickeln. Für den Einsatz im VW-Transporter waren wegen der geänderten Einbaulage von Längseinbau im Audi zu Quereinbau beim VW T4 Anpassungen an zahlreichen Komponenten erforderlich (u. a. an Saugrohr, Abgaskrümmer, Ölwanne, Ölansaugung, Turbolader usw.). Daneben waren die größten Probleme die geforderte Kostenreduzierung und die für Nutzfahrzeugmotoren deutlich anspruchsvolleren Dauerhaltbarkeitsanforderungen.«*

Die Kurbelwelle

Ein Beispiel hierfür war die Entwicklung einer neuen Kurbelwelle, die statt aus teurem, hochlegiertem 42CrMoS4 aus kostengünstigerem VW TL1438 (ein C45-Stahl hoher Festigkeit mit eingeschränkten Legierungsbestandteilen) gefertigt werden konnte – bei gleichzeitiger Lebensdauersteigerung. Erreicht wurde dies durch Optimierung von Konstruktionsmerkmalen, mit denen die Gestaltfestigkeit der Kurbelwelle gesteigert werden konnte. Die wichtigsten dabei waren:

- optimierte Hohlkehlen an den Hubzapfen und angepasste Rollverfestigung (Rollrichten)
- verlegte Ölversorgungsbohrungen für die Pleuellagerschmierung
- angepasste Schwungradabstimmung.

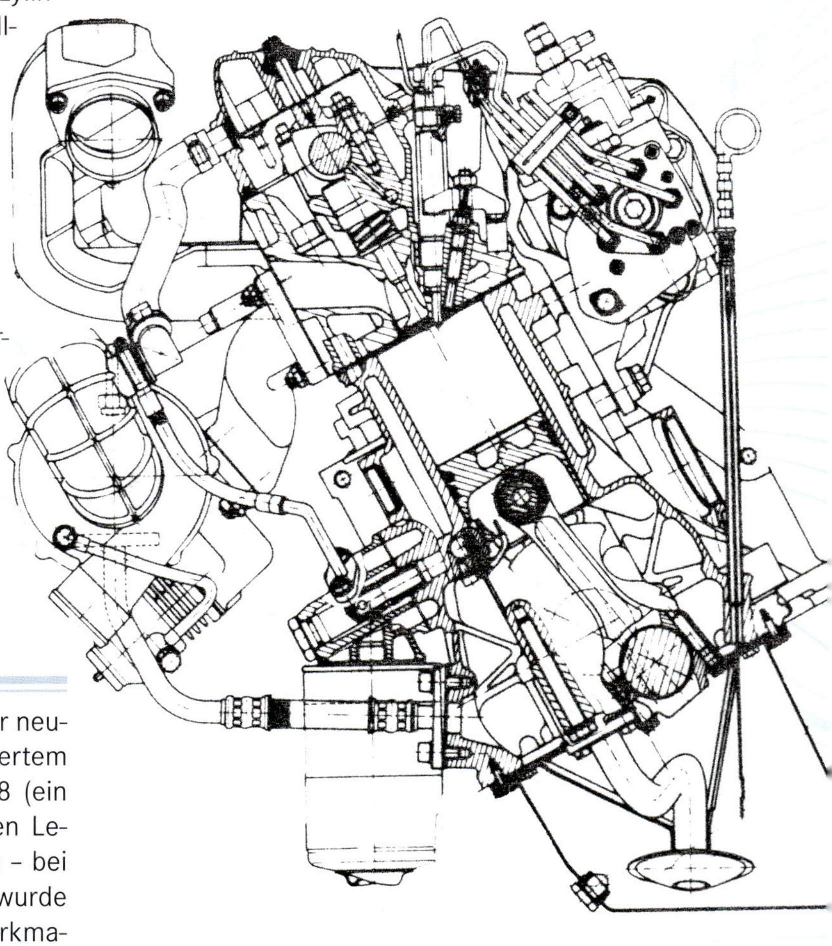

Querschnitt des Fünfzylinder-TDI-Motors, wie er im Audi 100 verbaut wurde. Für den T4 musste er in die andere Richtung schräg gestellt werden. Zeichnung: Audi

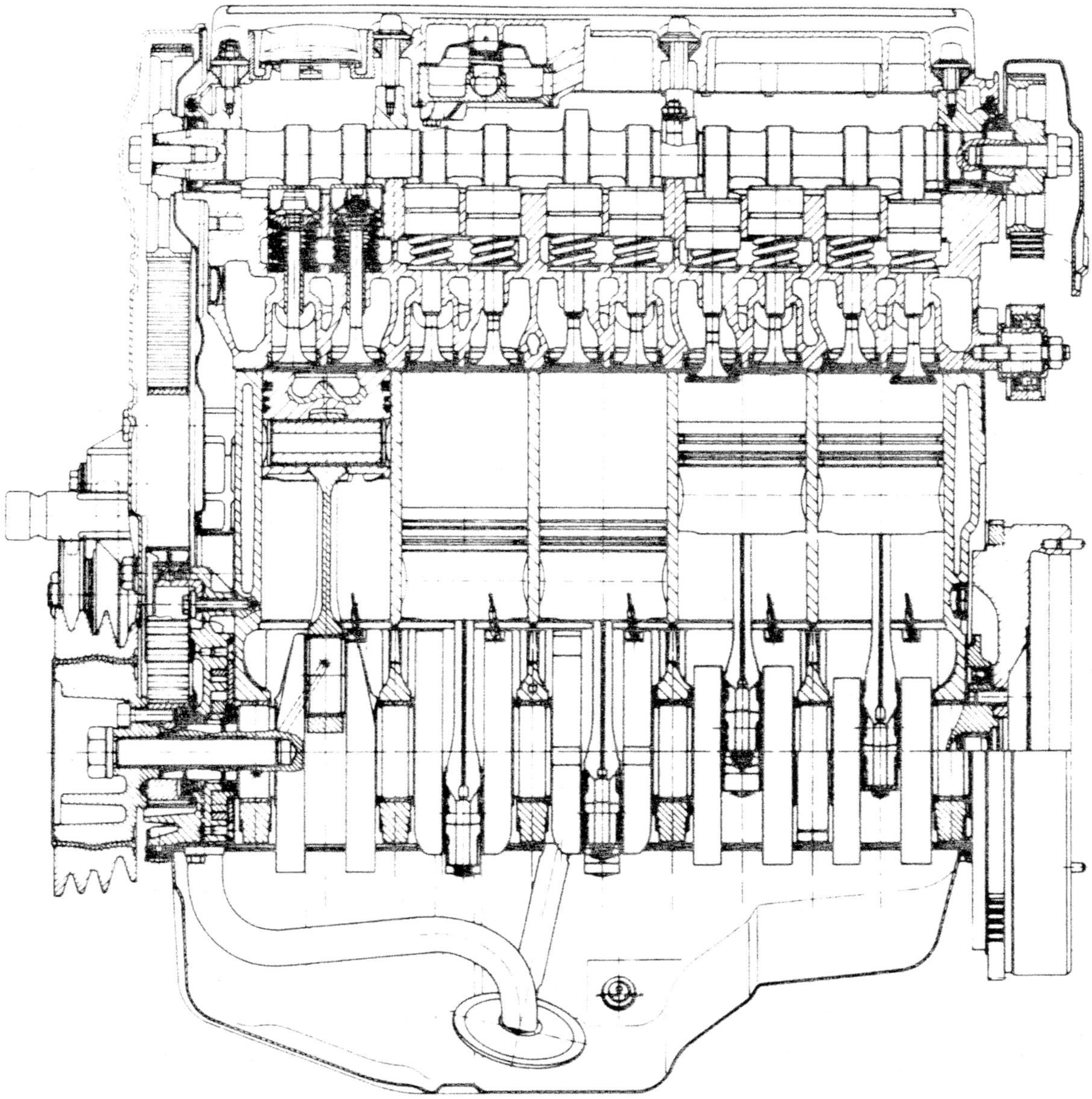

Längsschnitt des Fünfzylinder-TDI-Motors mit dem Drehschwingungsdämpfer auf der Kurbelwelle und dem Einspritzpumpenantrieb vom hinteren Ende der Nockenwelle.
Zeichnung: Audi

Durch Neuabstimmung von Brennverfahren und Turbolader konnte das Drehmoment, insbesondere bei niedrigen Drehzahlen, gesteigert werden, was dem Einsatz im Nutzfahrzeug zugute kam.

Uwe Scher: *»Als die mutige Konzern-Entscheidung getroffen wurde, alle Dieselmotoren auf Direkteinspritzung umzustellen, waren unsere Kollegen von den Wirbelkammer-Truppen plötzlich ohne Perspektive. Unsere Mannschaft war mit den vielen Fahrzeugeinsätzen des Vierzylinder-TDI-Motors mehr als ausgelastet. Nur mit Überstunden und Fremdvergaben konnte das Pensum bewältigt werden.*

Daher war die Entscheidung, dass wir den Dreizylinder-TDI und den Fünfzylinder-TDI für den T4 an unsere Nachbarabteilungen abgeben sollten, nachvollziehbar. So konnten wir uns voll auf den Vierzylinder-TDI mit allen seinen Varianten und Zukunftsentwicklungen konzentrieren.«

Der Fünfzylinder-TDI im Transporter T4 lief 1996 an und wurde zum robustesten Motor, von dem nicht wenige die 500.000-km-Marke überschritten.

Quellen

- Fünfzylinder UDI-Dieselmotor für T4.
  1. Zwischenbericht, 1990
- U. Hanke: Geschichte der Audi-Motorenentwicklung

Teil III

Rekorde und Rennen

III.1 Weltrekorde mit dem Diesel-Golf

Von Konrad Barnert
mit Beiträgen aus dem Archiv Auto Zeitung

Die Auto Zeitung Köln fand in Volkswagen einen starken Partner, als sie die Zuverlässigkeit des neuen Golf Diesel unter Beweis stellen wollte. Dem vorausgegangen war die Pressevorstellung am 24. September 1976, als sich Peter Hofbauer und Redakteure der Kölner Zeitschrift mit Argumenten über Verbrauch, Motorlauf und Dauerhaltbarkeit des kleinen Diesels »beharkten«. Und ob sich 1.275 Mark Mehrpreis für einen Golf Diesel wirklich lohnten...Hofbauers Statement: *»Dieser Motor wird die doppelte Lebensdauer eines Ottomotors erreichen!«*

Klarheit würde hier nur eine gnadenlose Dauertestfahrt bringen. Noch im Oktober gab Technikvorstand Ernst Fiala grünes Licht, und VW stellte der Redaktion einen weißen LD-Zweitürer mit Nummer WOB-V 974 zur Verfügung, der technisch weitgehend im Originalzustand blieb. Natürlich wurden Fahrwerk und vor allem Motor – 1,5 L mit offiziell 50 PS – zuvor optimiert. Darum kümmerte sich die Forschung 2. Herr Barnert hat dafür zwei Autos vorbereitet – zum Einsatz kam nur eines. Motoren, Getriebe und Fahrwerk wurden komplett vermessen, einschließlich US-75-Abgastest. Bei Versuchen im Windkanal wurde der Vorderwagen um 50 mm abgesenkt. Ein langer 4. Gang sollte Drehzahl und Verbrauch absenken.

Sonderheft der Auto Zeitung zum Langstreckentest.
Quelle: Auto Zeitung Sonderdruck Testberichte 1977

Auf Achse machte sich die AZ-Crew auf den 1.200 km langen Weg nach Südfrankreich, um auf der Kleber-Versuchsstrecke von Miramas einen Nonstop-Vollgastest zu starten – natürlich unter Aufsicht des zuständigen FFSA-Verbands. Insgesamt 14 Redakteure der Zeitschrift – darunter der damalige Chefredakteur Jürgen Reinke und sein späterer Nachfolger Günter Wiechmann sowie langjährige Redakteure wie Werner Müller und besagter Gernot Röhrig – wechselten einander am Lenkrad ab, alles topfitte Männer von Anfang dreißig. *»Ständige Höchstbelastung ist für einen Selbstzünder Gift«*, hieß es im Teambericht, *»ein Diesel hat seine Stärken im Teillastbereich, so dass bei dieser Hochgeschwindigkeitsfahrt ein technischer Kollaps durchaus im Bereich des Möglichen lag.«*

Aber Schäden gab es nicht – abgesehen von Kleinigkeiten wie dem Ausfall der Kraftstoffanzeige und den Kollisionen mit Scharen von aufgeschreckten Hasen. Die Auto Zeitung lobte: *»Im Temperament und in der Drehfreudigkeit übertrifft der Diesel fast alle serienmäßigen Konkurrenten.«* Dies habe vor allem an der hohen Verdichtung, der ausgefeilten Brennraumform und der ungewöhnlich hohen Drehzahl von 5.000 U/min gelegen... Übrigens mussten alle Ersatzteile (max. 20 kg), die während des Rekordversuchs eingesetzt werden sollten, im Wagen mitgeführt werden.

In 17 Tagen und Nächten wurden ab dem 4. Januar bei ständig Vollgas 9.974 Runden in Miramas absolviert. Unterbrochen wurde die Fahrt nur durch die Fahrerwechsel, die immer für eine kleine Tankfüllung genutzt wurden – wegen des heftig schäumenden Dieselöls wurde der Tank nie vollgemacht.

Allerdings war am 7. Januar 1977 die vorschriftsmäßige 10.000-km-Inspektion fällig. *»Die Techniker bereiteten erhitztes Öl vor, um den Motorölwechsel zu beschleunigen«*, schrieb die Auto Zeitung. In der nahen Werkstatt wurden der Ventildeckel demontiert, alle Einstelldaten überprüft und die Einspritzmenge etwas reduziert. Zudem wechselte man alle vier Reifen und stellte das Auto von 4 auf null Grad Vorspur um. Am 11. Januar *»steht erneut Ölwechsel mit Filter auf dem Programm«*, und am 15. Januar erfolgte die 30.000er-Inspektion.

Am 18. Tag, dem 21. Januar früh 0:34, war es geschafft. Auf den insgesamt 50.000 km erzielte man 31 internationale Rekorde, unter anderen über 50.000 km mit einer Durchschnittsgeschwindigkeit von 127,004 km/h. Bei der Abschlussfeier in Paris ließen sich auch die größten Widersacher des Diesels, mit Champagner feiern. Die Auto Zeitung legte anschließend ein 32seitiges Sonderheft auf.

Der Golf Diesel, mit dem zuerst eine Rekordfahrt absolviert und Monate später die Rallye Monte Carlo abgespult wurde

Foto: Auto Zeitung

Insgesamt waren weitere 50.000 km Dauerstress geplant. Nach dem Check des Wagens in Wolfsburg schipperte er von Emden aus nach Nordamerika. *»Auf einer Gewalttour – wiederum innerhalb kürzester Zeit – sollten alle klimatischen Bedingungen auf den Diesel-Neuland einwirken«* hieß es in der Auto Zeitung. Start war bei Schneetreiben in New York, zwei Tage später quälte Hitze und Luftfeuchtigkeit in Florida. Dann ging es durchs Hochland Mexikos bis an den 5.452 m hohen Popocatepetl. Testfahrer Gernot Röthig resümierte: *»Dünne Luft bedeutet: verminderte Kühlung, heißeres Öl, verminderte Endleistung.«* Aber der Golf hielt durch, trotz des schlechten Kraftstoffs, über den Hofbauer spottete: *»Der Diesel-Sprit in Mexiko ist so schmutzig, dass man sogar tote Hunde im Tank finden kann.«*.

Knapp 30.000 km spulte der Golf in Nordamerika ab, weitere 20.000 km wurden noch auf europäischen Straßen zurückgelegt. Am 28. Juli 1977 sprang während der letzten Testetappe in Frankreich zwischen Namur und Lüttich der Kilometerzähler auf die 100.000-Marke um. Der Dieselverbrauch hatte sich in Europa auf 6,56 L/100 km eingepegelt. Eine gute Voraussetzung, um das Auto anschließend nochmals einzusetzen – bei der Rallye Monte Carlo im Januar 1978.

alsbald aus wie im Gesicht eines Boxers: Mit Leukoplast-Streifen hatte die Test-Crew nachhaltig zur Selbsthilfe gegriffen, um die grellen Lichtpunkte zu dämpfen.

Bis zum Abend des 7. Januar registrieren die Tester im Bordbuch recht stereotype Eindrücke: „Öl und Wasser o. k.", ab und zu einmal „Wischerblätter vorne gewechselt". Da jeder es sich zum Sport macht, bei dieser Rekordfahrt um Zehntelsekunden und km/h-Bruchteile zu kämpfen, wechseln wir unter den Argus-Augen des technischen Kommissars den Standpunkt der Ersatzteilkiste – vom Kofferraum in den Beifahrerfußraum. Wir gehen davon aus, daß dieses Umladen dem Vorderwagen zu einer, wenn auch nur geringfügig tieferen Lage verhilft, die die Aerodynamik verbessert. Wir bilden uns ein, daß diese Maßnahme die Rundenzeiten um ein bis zwei Zehntelsekunden steigert. Wenn all unsere Berechnungen stimmen, wird der 10 000-km-Rekord am 7. Januar um 21.40 Uhr fällig. Wir entschließen uns nun, die 10 000-km-Inspektion vorschriftsmäßig anzuhängen und trainieren den ganzen Nachmittag an einem bereitstehenden Golf die Handgriffe.
Die Techniker bereiten erhitztes Öl vor, um den Motorölwechsel zu beschleunigen. Da wir vermuten, daß sich auf dem mörderischen Kurs, der immerhin zu vier Fünftel der Gesamtstrecke aus Kurven besteht, die Fahrwerks-Geometrie verstellt haben könnte, trainiert ein Team Spur- und Sturzeinstellung in Rekordzeit.
Nach exakt 2000 Runden und 10 000-km-Rekord von 127,094 km/h passiert Tester Werner Müller die Ziellinie mit Vollbremsung und hetzt durch eine mit Pylonen abgesteckte Strecke zur nahen Werkstatt. Die FIA-Bestimmungen ordnen an, daß sich dieser Raum nicht weiter als 30 Meter von der Rekord-Piste befinden darf. In der Werkstatt wird geschuftet, geflucht, geschwitzt.

DIE PRÜFUNG

Nach 50 000 Kilometern ständiger Höchstbelastung zeigte das Motor-Innere bei der ersten Demontage, wie das Diesel-Aggregat den extremen Fahr-Zustand verkraftet hat.
Der total zerlegte und vermessene Motor wies bemerkenswert gute Daten auf. Hier der Vergleich der Maße nach und – in Klammern – vor der 50 000-Kilometer-Etappe: Kurbelwellenzapfen Ø 45,97 mm (45,97 mm), Zylinderbohrung Ø 76,545 mm (76,510 mm), Kolben Ø 76,448 mm (76,488 mm). Die Maße lagen alle gut in der Toleranzgrenze und hatten einen Verschleiß von max. 4,5 Hundertstel mm. Die Laufflächen zeigten für die Kilometerleistung normales Abnutzungsbild. Ebenso war das Tragbild der Ventile einwandfrei. Die Überprüfung des Fahrwerks zeigte keinen außergewöhnlichen Verschleiß.

26

Hintergrundinfos des Langstreckentest.

Quelle: Auto Zeitung Sonderdruck Testberichte 1977

III.2 Rallye Monte Carlo 1978

Von Rolf Graupmann

Im Herbst 1977 dachte man bei Volkswagen verstärkt daran, die Kundenakzeptanz des 1976 in Stockholm präsentierten Golf Diesel durch sportliche Auftritte zu forcieren. Was lag da näher als an der berühmten Rallye Monte Carlo teilzunehmen? Über Formel V, die Vorgänger-Institution für VW Motorsport, meldete das Werk offiziell zwei Golf Diesel für Gruppe 1, Serientourenwagen, in der Klasse bis 2,0 L, an. Als Fahrer wurden die Teams Jochi Kleint, Andreas Hänsch und Eckard Schimpf, Hans-Christoph Mehmel eingesetzt. Modifikationen am Fahrzeug waren außer dem Einbau einer Sicherheitseinrichtung wie Überrollbügel und Austausch von Stoßdämpfern und Reifen nicht zugelassen.

Trotzdem wurde im Werk eine optimierte Nockenwelle zur Leistungssteigerung von 50 PS auf über 55 PS montiert. Dass diese Autos – vier Jahre vor dem Serienstart des Golf TD – bereits über aufgeladene Diesel verfügt hätten, war eine Ente. Sie ließen sich aber auf über 5.000/min drehen und erwiesen sich als standfest. Andreas Hänsch erinnert sich: *»Wenn es bergab ging oder Schnee lag, war Frontantrieb eine gute Sache.«*

Herr Graupmann bestätigt: *»In der Forschung 2 setzte man auf den im vorherigen Kapitel beschriebenen 100.000-km-Dauerläufer der Auto Zeitung aus Köln. Peter Hofbauer hatte den Motor aufmachen und nach Verschleißerscheinungen untersuchen lassen. Das Regelwerk schließt nicht aus, Zylinderbohrungen im Rahmen der Toleranzmaßnahmen, die z. B. bei Reparaturarbeiten anfielen, auszuführen. Also wurde davon Gebrauch gemacht und die einzelnen Zylinder neu gehont. Die Kolben sind entsprechend ausgetauscht worden. Ebenso wurden die Kolbenringe sorgfältig auf ein reibungsarmes Zusammenspiel von Zylinderbohrung und Kolbenspiel ausgesucht und montiert. Das galt auch für die Lager von Kurbelwelle und Pleuel. Damit der Motor mehr Luft zum Atmen bekam, wurden*

Das Werksteam von Volkswagen mit den zwei Teilnehmerfahrzeugen vor dem Start der RMC 1977. Links Wagen WOB-VS16 mit Nr. 49 (Kleint/Hänsch), rechts WOB-VV 42 mit Nr. 65. Der Motor von Nr. 49 war kein offizieller Werksmotor, sondern wurde auf Initiative von Hofbauer in der Forschung 2 modifiziert. Das Team von links nach rechts, Hans-Jürgen Burckhardt, Jochi Kleint, Andy Hänsch (?), Reinhard Rode, Manfred Roth, Klaus-Peter Rosorius, Manfred Seyfferth, Gunter Kühl, Bastus Zauner, Eckhard Schimpf, Hans-Christoph Mehme. Foto: Volkswagen Motorsport

die Ansaugkanäle an der Unterseite geöffnet. Hier ließ es sich Peter Hofbauer nicht nehmen selbst zur biegsamen Welle zu greifen. Gemessene 58 PS waren das stolze Ergebnis.«

Das Team Kleint/Haensch, das sich bis auf die 16. Stelle vorgearbeitet hatte, fiel nach der 7. Sonderprüfung in der Nacht 24./25. Januar 1978 an 20. Stelle liegend aus. Grund: ein Riss der Zylinderkopfdichtung. Das Team Schimpf/Mehmel wurde durch mehrfache Reifenschäden zurückgeworfen und durfte wegen Zeitüberschreitung nicht mehr zur letzten Schleife, der »Nacht der langen Messer« antreten. Das Team wurde aber dennoch als 3. der Diesel-Klasse bis 2,0 Liter gewertet.

Kleint/Hänsch (Nr. 49) mit großen Chancen für eine Bestplatzierung vor dem Ausfall. Foto: Volkswagen Motorsport.

Der von der Auto Zeitung erst in Miramas und dann auf der RMC eingesetzte Golf Diesel ist ein Exponat des AutoMuseums Volkswagen. Foto: Kittler

Das Dauerläuferteam Röthig/Ottenburger der Auto Zeitung hielt sich wacker und wurde als zweites Dieselfahrzeug in der Klasse bis 2,0 L auf Rang 83 in der Gesamtwertung abgewunken. Wie im Kapitel zuvor geschildert, hatte ihr Auto Ende 1977 bereits die Dauerversuche in Frankreich, in den USA und abschließend in Europa schadlos absolviert

Den Klassensieg für Dieselfahrzeuge errang das französische Privatteam Laurent/Marche auf Golf I D. Es durfte den VW-Werksservice in Anspruch nehmen und die drei bis dahin führenden Citroen niederkämpfen.

Der von der Auto Zeitung mit Unterstützung der Forschung 2 aufgebaute und privat eingesetzte Golf Diesel befindet sich heute in der Obhut der Stiftung AutoMuseum Volkswagen in Wolfsburg.

Offizielle Kontrollmarken am Golf Diesel der AZ-Mannschaft. Foto: Kittler

III.3 Der SMVW (SparMobil Volkswagen)

Von Hermann Oetting und Michael Willmann

»Eines Tages rief mich der Kollege Dr. Emmenthal an und erzählte mir von einem tollen Mann, den er kennengelernt habe, der seine sehr erfolgreichen Gespanne für Motorradrennen selbst baut, der sich aber als Werkstattleiter einer Alfa Romeo-Vertretung sein Brot höchst lustlos verdient und sich beruflich verändern wolle. Er, Emmenthal, habe derzeit keine Stelle frei, könne den Mann deshalb nicht einstellen. Ob ich nicht eine Möglichkeit sähe?

Dr. Oetting und Thomas Bader. Foto: Kittler

Auch ich hatte keine Planstelle frei, aber ich hatte noch Budgetmittel. Also habe ich mich mit dem Mann, später mein Freund Thomas Bader, verabredet. Auch ich war von ihm ziemlich beeindruckt, schlug ihm vor, mit uns als Einmann-Firma einen Vertrag zu schließen und für uns ein Wettbewerbsauto zu bauen. Er willigte ein.

Das Auto sollte kein Rennwagen sein, sondern ein einsitziger SparMobilVW (SMVW), also für Wettbewerbe taugen, bei denen es um möglichst geringen Kraftstoffverbrauch ging. Ich hatte mich nämlich schon jahrelang geärgert, dass Shell solche Veranstaltungen als ‚Shell-Marathon' durchführte und immer die ‚Lehrlinge' von Mercedes-Benz gewannen.

Verbrauchs-Rekordfahrten gibt es seit Anbeginn der Automobilentwicklung. Einer der wichtigsten Wettbewerbe der jüngeren Vergangenheit ist der Shell Eco Marathon. Diese Prüfung wird in verschiedenen Regionen der Welt ausgetragen und von der Mineralölfirma Shell organisiert. Es geht darum, mit einem Kraftfahrzeug eine definierte Strecke mit geringstem Verbrauch zurückzulegen, wobei eine Mindestgeschwindigkeit (im hier geschilderten Jahr 25 km/h) eingehalten werden und eine Bremsverzögerung von 2 m/s² gesichert sein muss. Aus dem Realverbrauch wird dann ein vergleichbarer Verbrauch errechnet. Bei den allermeisten Fahrzeugen handelt es sich um nicht straßenzugelassene Vehikel mit mindestens drei Rädern, sowie mindestens 1 m Radstand und 0,5 m Spurweite. Hinter den windschnittigen, zwischen 20 und 100 kg leichten Spezialanfertigungen stehen Automobilhersteller, Hochschulen und Universitäten oder Interessenverbände.

Die Arbeiten an dem Auto fanden – mit einer Ausnahme – in Baders Reihenhaus-Keller in Wolfenbüttel statt. Mein Mitarbeiter Dr. Georg Schweimer (1939-2006) hielt mit Bader den ständigen Kontakt und stand ihm für notwendige Berechnungen und Theoriefragen zur Verfügung. Außer uns dreien und G. Boeckler, der mit Bader abrechnete, kannte das Projekt bei VW zunächst niemand.

Irgendwann musste es aber ruchbar werden, denn das Autochen brauchte ja eine möglichst windschlüpfige Außenhaut. Die konnten wir nicht in Baders Keller machen, sondern dafür mussten wir in den Windkanal. Der unterstand nicht mir, sondern genau wie ich dem Chef der VW-Forschung. Ich musste also zu meinem Chef (Dr. Seiffert, Forschungsleiter) und gestehen. Die Kopfwäsche für mich hielt sich zunächst in Grenzen, aber er wollte natürlich unverzüglich nach Wolfenbüttel, um zu sehen, was da entstanden war. Das fand er wohl ganz ansprechend, ging aber seinerseits sofort zu seinem Chef (Prof. Fiala, FE-Vorstand). Der war not amused, denn er redete nur von ‚dem Ding'. Warum? Alte Ingenieurskrankheit: not invented here!«, entsinnt sich Dr. Oetting.

Das Fahrzeug

Am Ende werkelte für kurze Zeit ein Team von knapp zehn Fachleuten an dem kettengetriebenen Unikat mit seidenbespannten 28-Zoll-Rädern und windschnittiger, zigarrenförmiger Kunststoff-Karosserie. Sie saß auf einem Rahmen aus Stahl- und Alu-Rohren. Der zweischalige, drei Kilo leichte, hauchdünne Aufbau des 2,8 m langen Sparwunders bestand aus Aramid-Gewebe über einem hölzernen Rahmen. Über der Fahrerin thronte eine Plexiglasabdeckung. Die leer, aber fahrfertige 28 kg leichte Konstruktion wurde im Wolfsburger Windkanal optimiert. Ergebnis: ein cW-Wert von 0,15 und ein c_W x A-Wert (Stirnfläche 0,32 m²) von nur 0,048 m². Gebaut und fertigentwickelt worden ist der SMVW von Januar 1980 bis Juni 1982.

Rollengelagerte Nockenwelle (Mitte oben), dahinter die Schwungmasse. Vorn gelochtes Nockenwellenrad. Über eine Schwungnutzkupplung wurde das von einem Rennfahrrad stammende Hinterrad angetrieben. Foto: Kittler

Filigrankonstruktion des nur 28 kg leichten SMVW.
Foto: AutoMuseum Volkswagen

Der Motor

Das von einem winzigen Einzylinder-Diesel angetriebene »Ding« nahm bereits das Grundprinzip des späteren Golf III Ecomatic vorweg – nämlich das »Segeln«, also das Rollen bei ausgeschaltetem Motor unter Ausnutzung der kinetischen Energie des Fahrzeugs. Umgesetzt wurde dies mit einer SNA und dem sehr großen Schwungrad, von dem der Motor jederzeit angelassen werden konnte. Es gab ein Zweigang-Schaltgetriebe mit Freilauf in der Hinterradnabe.

Der 9,5 kg leichte, nur 20 cm hohe Motor war eine Art miniaturisierter Forschungsmotor. Der luftgekühlte Direkteinspritzer mit Tropfölschmierung hatte nur 25,7 cm³ Hubraum und leistete 0,272 PS / 0,2 kW bei 3.000 U/min. Sein maximales Drehmoment von 0,8 Nm hatte er bei 2.000 U/min. Der im Bereich von 1.500 bis 3.000 U/min optimal laufende Leichtmetall-Einzylinder erlaubte 30 bis 40 km/h.

Er bekam eine nadelgelagerte Kurbelwelle, um die Reibung gering zu halten. Sie war geteilt, um auch das Pleuel oben und unten mit Nadellagern versehen zu können. Die Steuerung der beiden Ventile übernahm eine obenliegende Nockenwelle, angetrieben von einem Zahnriemen. Die Nockenwelle und die aus Leichtmetall gefertigten Kipphebel waren kugelgelagert. Die winzige Bosch-Einspritzpumpe wurde angepasst.

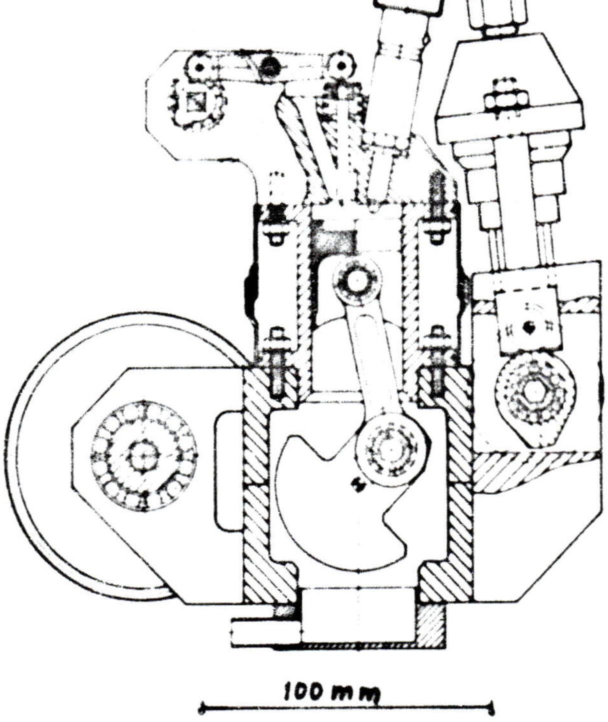

Schnitt senkrecht zur Kurbelwelle des Motors.
Zeichnung: SAE-Paper, Feb. 1983

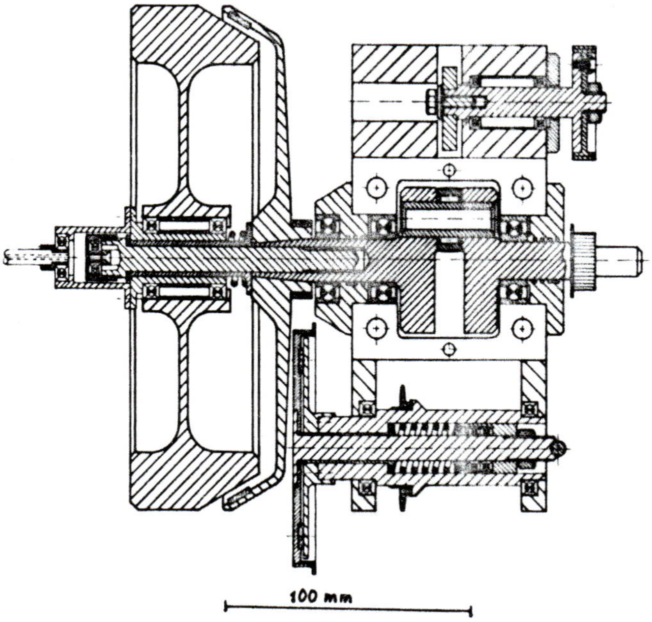

Schnitt durch die Kurbelwelle des Motors.

Zeichnung: SAE-Paper, Feb. 1983

Problematisch war die Kalibrierung der Einspritzdüse: Mit einem extrem filigranen Bohrer (50tausendstel mm) gelang es aber, vier Einspritzlöcher in die Düse zu bohren. Aus Gewichtsgründen gab es keine Vorglüheinrichtung im Heron-Zylinderkopf. Darum musste der Zylinder vor jedem Start vorgewärmt werden – mit einem Handfön. Auf eine leistungshemmende Ölpumpe konnte man verzichten, weil ja die Ölversorgung über die Tropfölvorrichtung lief.

Technische Daten SMVW Einzylinder-Diesel	
Zylinderbohrung	32 mm
Kolbenhub	32 mm
Hubraum	25,7 cm³
Verdichtungsverhältnis	20,0
Max. Leistung	0,2 kW (0,272 PS) bei 3.000 U/min
Max. Drehmoment	0,8 Nm zwischen 1.500 und 3.000 U/min
Verbrauch	450 g/kWh
Einspritzpumpe	Plunger-ø 5-mm
Einspritzdruck	350 bar
Düsenlöcher (Mikrometer)	4 x 50
Kraftstoffmenge	0,5-1,2 mg/Takt
Einspritzgesetz	nicht variabel
Turbulenzerzeugung	Einlass-Schirmventil
Brennraum	Heron im Kolben
Kolbenringe	3
Lager	nur Wälzlager
Schwungrad	4,6 kg einschließlich Kupplung und Kurbelwelle
Schwungrad-Kupplung	Kork-Alu
Anlasskupplung	Kork-Alu

Erfolgreiche Einsätze

Der SMVW staubte bei jedem Wettbewerb, bei dem er antrat, den ersten Preis ab, und wir bekamen sehr positive Presseresonanz. So tauchte er mit 1.492 km/Liter bei einem Durchschnitt von 16 km/h im Guinness Book of Records 1984 als damals sparsamstes Auto der Welt auf (heute überholt).

Oetting: *»Für den 4. Juli 1982 hatten wir erstmals für den Internationalen Shell Marathon gemeldet. Das Team hatte die perfekte Fahrerin gefunden: eine 23jährige Design-Mitarbeiterin mit Jockey-Abmessungen und erfreulichem Technikverständnis. Cornelia Lenz (so ihr Mädchenname) und das SMVW-Team probten nun unermüdlich auf dem Versuchsgelände Ehra-Lessien und auf dem Kleinen Prüfgelände Wolfsburg den Einsatz.«*

»Lenzchen« musste nicht nur die komplizierte Technik einschließlich des neuentwickelten Bordcomputers beherrschen. Mit zwei Fußpedalen wurde gelenkt, die zwei Gänge waren über einen Hebel rechts auf der Querstrebe einzulegen – dort, wo sich auch der »Gasgriff« befand. Die Pilotin musste zudem ohne klaustrophische Anwandlungen ihren Job verrichten.

Beim Wettbewerb am 4. Juli in Hockenheim startete der SMVW in Klasse IV (»Profis mit Dieselmotoren«). 53 sehr unterschiedlich gestylte Sparmobile rollten über sieben Runden über den mit Schikanen versehenen, kleinen Kurs – am Ende wurden 14,3 km erreicht. Um Karambolagen abzumindern, trugen die Teilnehmer leichte Helme. *»Man hätte durchaus umkippen können, wenn wir mit bis zu 30 km/h um die Ecke preschten«*, entsinnt sich die Fahrerin – denn als verbindliches Durchschnittstempo galten 25 km/h. Damit sollte verhindert werden, dass sich Wettbewerbsfahrzeuge mit Schrittgeschwindigkeit Minimalverbrauchswerte erschlichen.

Mit einer Pipette war der Kraftstoffbehälter, ein Stück Kraftstoffschlauch, befüllt worden. Ebenfalls tropfenweise wurde dann von Shell-Experten die Restmenge ermittelt. 884,3 km aus einem einzigen Liter wurde errechnet. Volkswagen wurde so überlegener Verbrauchssieger. Der seit 1980 von einem Mercedes-Benz-Experimentalwagen gehaltene Rekord war jedoch nicht übertroffen worden - weil das Reglement geändert (zweite Bremse obligatorisch) und die Durchschnittsgeschwindigkeit von 15 auf 25 km/h hochgesetzt worden war.

Wagen und Fahrerin gingen am 28. August 1982 nochmals nach Ehra-Lessien, um hier unter den gleichen Bedingungen wie zuvor der Mercedes zu fahren. Erwartungsgemäß erzielte das Team einen neuen Weltrekord. 1.491 km mit einem Liter Dieselkraftstoff wurden rechnerisch ermittelt (0,0671 l/100 km). Nach dem erfolgreichen Abschneiden beim Marathon am 2. Juli.1983 in Raamsdonksveer beendete Volkswagen das Projekt.

Das Fahrzeug befindet sich heute als Exponat im AutoMuseum, wurde aber nie mehr gestartet. Nochmals hineingequetscht in das Fahrzeug hat sich die heutige Marketingspezialistin Cornelia Plattner nie mehr. Nicht weil sie nicht mehr hineinpassen würde, sondern wegen der zu befürchtenden Brüchigkeit der filigranen Konstruktion. Der SMVW steht dort Seite an Seite mit anderen Rekordfahrzeugen wie dem ARVW, jener Experimental-Zigarre, die in Nardo 360 km/h erreicht hatte. Einige der Mitarbeiter an diesem Hochgeschwindigkeitsauto waren übrigens auch am SMVW tätig.

Redaktioneller Gegenwert

Dr. Oetting: *»Dennoch, nach etwas weniger als einem Jahr, das kleine Auto war immer noch im Einsatz, stand plötzlich und unerwartet an einem Freitagnachmittag der Chef von Forschung und Entwicklung, Prof. Dr. E. Fiala, vor meinem Schreibtisch: ‚Ich höre das Ding hat eine halbe Million Mark gekostet!' Es stimmte grob, es war sogar etwas mehr gewesen. ‚Ich will wissen, wie das Geld wieder reinkommt, den Return on Investment. Sie haben eine Woche Zeit. Am nächsten Freitag stehe ich wieder hier!' Und weg war er.«*

Der Autor musste erst mal durchschnaufen, da hatte er eine schöne Bombe vor den Füßen! Gott sei Dank hatte er einen sehr guten Kontakt zum damaligen Pressechef Anton Konrad, erzählte ihm von Fialas Auftritt und fragte ob er helfen könnte. Nach kurzem Nachdenken sagte er, ja er könne. Ich solle mal sofort zu ihm rüberkommen, er müsse bald weg. Oetting: *»Als ich bei ihm ankam, saß da ein junger Mann, an dessen Namen ich mich leider nicht erinnere. Konrad sagte: ‚Der kennt bereits Ihr Problem. Alles weitere mit ihm, ich muss jetzt weg'.*

Die Idee von Konrad war, wir erfassen alle redaktionellen Artikel über den SMVW. Da es nur positive gibt, messen wir wie viel Fläche die in dem jeweiligen Blatt einnehmen, multiplizieren die mit dem Annoncenpreis/cm², den wir bei denen bezahlen und haben unser Return on Investment, denn ein positiver redaktioneller Artikel über VW ist mehr Wert als jede Annonce.

Der junge Mann und ich gingen sofort an die Arbeit. Bis Freitagabend, den Samstag durch und als wir am Sonntagmittag auf diese Weise 5 Millionen, also das Zehnfache, was ‚das Ding' gekostet hatte, zusammengekratzt hatten, sagte ich: ‚Jetzt reicht's!', und wir gingen nach Hause.

Am Montagmorgen stand ich deutlich vor 8 Uhr (Arbeitsbeginn) vor Fialas Tür, also fast eine ganze Woche zu früh. Seine Sekretärin wunderte sich, denn sie hätte keinen Termin für mich eingetragen und der Chef müsse auch gleich weg. Als Fiala kam, fragte er, was ich wolle. Ich sagte ihm in dürren Worten, was wir gemacht hätten und das Ergebnis. Ob Konrad das bestätigen würde? Ich sagte: ‚Natürlich, rufen Sie ihn an.' Das tat er. Als Konrad meinen Bericht bestätigte, kam kein Wort des Dankes oder der Anerkennung, nur die Bemerkung: ‚Jetzt hat ein anderer ein Problem'. Damit meinte er offenbar den, der mich bei ihm verpfiffen hatte. Das war genug des Dankes!«

Quellen:

- G. W. Schweimer, T. Bader: A very Small (1.6 CID) DI Diesel Engine. SAE 830089
- P. Schinhofen: Leichtathlet. In ams 20/1982
- G. Hack: Der schnelle Diesel. Motorbuch Verlag, 1987
- Interviews Cornelia Plattner, 2019. In: Volkswagen Classic Magazin 16/2019
- Pressemeldung Volkswagen, 06.07.1982

III.4

Der ARVW (Aerodynamic Research Volkswagen)

Von Eberhard Kittler

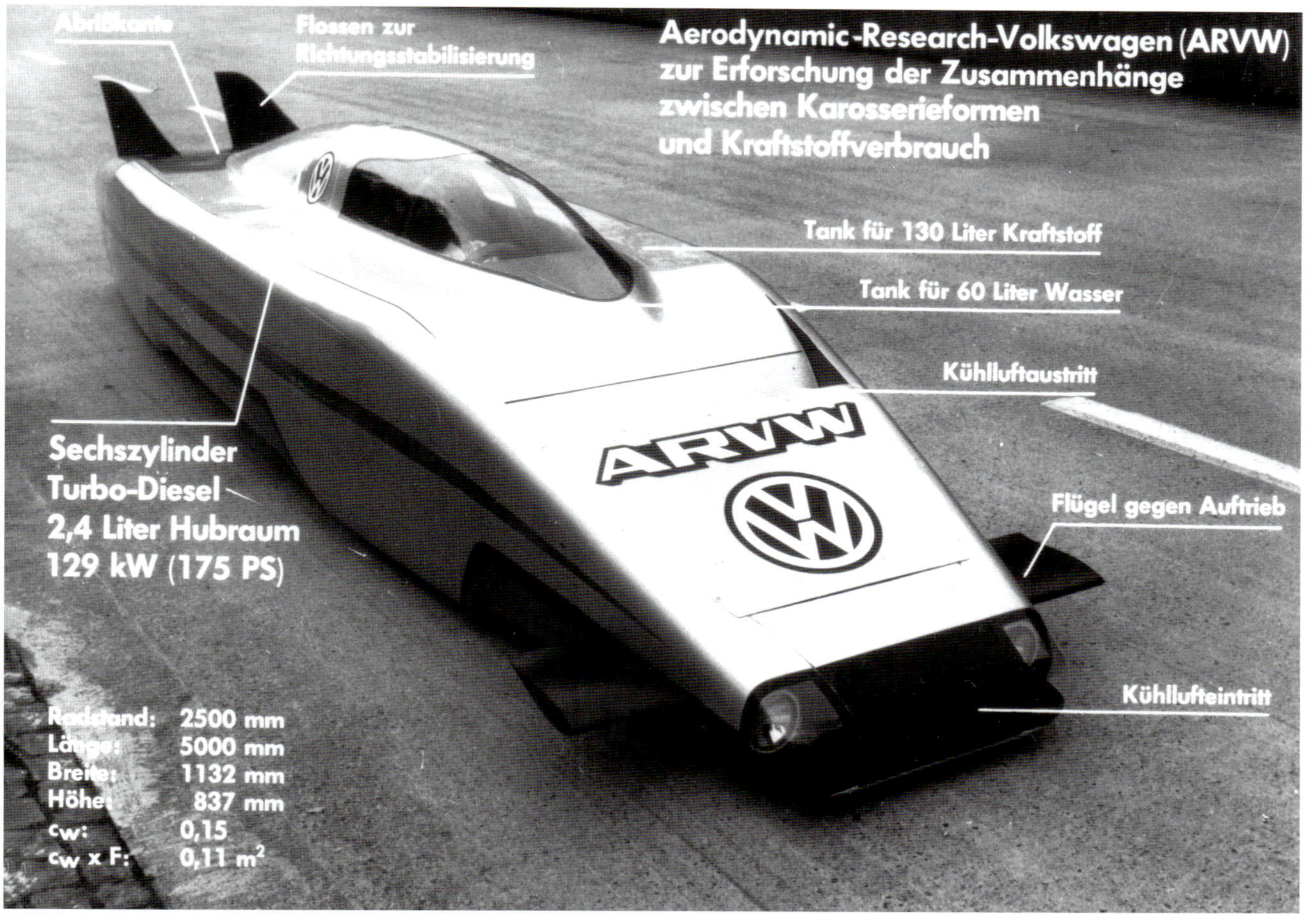

Die wichtigsten Features des ARVW. Foto: Volkswagen

Ende der 70er-Jahre entbrannte ein Wettstreit darüber, den effizientesten Dieselmotor auf die Straße zu bringen. Mercedes-Benz schickte dafür seinen C111-III (3,0-L-R5-Turbodiesel mit 190 PS) auf die Rekordstrecke nach Nardo, und die Wolfsburger konterten im Herbst 1980 erfolgreich mit dem Aerodynamic Research Volkswagen (ARVW). Bei dem VW-Monoposto handelte sich um einen rund 5,0 m langen, 975 kg leichten Silberpfeil in Zigarrenform (c_W 0,15) und mit extrem schmaler Spur, dessen von Klaus-Rainer Deutenbach im Windkanal optimierte Gestaltung von Emil Pommer realisiert worden ist.

Leiter Forschung und Entwicklung war Dr. Ernst Fiala. Als Leiter Konzernforschung (und damit »Auftraggeber« für das Projekt) fungierte Dr. Ullrich Seiffert, Hauptabteilungsleiter waren Dr. Hermann Oetting und Dr. Peter Walzer. Dr. Georg Schweimer stand der Abteilung vor, zu der u.a. ARVW-Motorenentwickler Rolf Poltrock gehörte. Projektumsetzer Rudolf-Helmut Strozyk berichtete an Abteilungsleiter Dr. Klaus-Dieter Emmenthal. Und Günter Klaus war Abteilungsleiter Forschung Fahrzeugtechnik und damit ARVW-Projektleiter Jürgen Nitz übergeordnet.

Den Antrieb des Rekordwagens, besorgte ein aufgeladener 2,4-l-Sechszylinder-Reihenmotor (EA 087). Der basierte auf dem Saugdiesel, der seit 1978 den VW LT1 (75 PS / 55 kW bei 4.500 U/min, 142 Nm bei 3.000 U/min) beschleunigte. Dort war der Motor vorn längs zwischen Fahrer/Beifahrer platziert worden, um die Hinterachse anzutreiben. Der Motor war eng verwandt mit dem EA 827. Nockenwelle und Kühlmittelpumpe wurden bei den VW-Reihensechszylindern über einen Zahnriemen angetrieben. Der Diesel hatte zusätzlich für den Antrieb der Bosch-Verteilereinspritzpumpe einen kleinen Zahnriemen an der Rückseite des Zylinderkopfes.

Auf den Volkswagen-Motor war (Kap. I.5) auch Volvo aufmerksam geworden und nutzte ihn in seinen Pkw. Am Thema Aufladung des Serienmotors wurde zu diesem Zeitpunkt noch gearbeitet. In Serie kam der große Turbodiesel schließlich 1983 in Form einer 90- und einer 102-PS-Variante. Die Dieselversionen erhielten künftig einen Kaltstartbeschleunigerzug: Bei dessen Betätigung wurde der Förderbeginn der Einspritzpumpe nach »früh« verstellt, das Starten somit erleichtert und die Neigung zum Blaurauchen reduziert.

Die 1979 neu etablierte Konzernforschung/Forschung Aggregatetechnik entwickelte eigenständig ein Aufladekonzept. Immerhin sollten ja Geschwindigkeiten von weit oberhalb von 300 km/h erreicht werden – mit dem 1983 in Serie gegangenen Turbodiesel wäre dies nie geschafft worden. Unter Verantwortung von Rudolf-Helmut Strozyk fanden die Diplomingenieure Werner Kurpiers und Rolf Poltrock zu einer zielführenden Lösung. Wobei die Motoren-Weiterentwicklung völlig getrennt vom Aufbau des Fahrzeugs verlief – Emil Pommer hatte lediglich die Außenabmessungen des LT-Saugdiesels erhalten und einen Turbolader einzukalkulieren, um die entsprechenden Lagerpunkte vorzusehen.

Das Fahrzeug selbst nutzte Serienkomponenten von VW und Audi. So stammten Kupplung und seilzuggeschaltetes Viergang-Getriebe (einschließlich der längeren Gangstufen optimiert) aus dem Audi 100. Motor und Getriebe wogen zusammen 330 kg. Nicht über eine Kardanwelle, sondern über zwei kurze Ketten gelangte die Antriebskraft zur Hinterachse, ein Differenzial gab es nicht. Der 837 mm hohe und 1.100 mm schmale Rekordwagen verfügte über ein modernes Fahrwerk mit Querlenkern und Drehstäben vorn sowie Längslenkern, Stoßdämpfern und Federbeinen hinten. Darüber spannte sich ein 40 kg leich-

Motor des ARVW, Auslassseite. Foto: Volkswagen

Cockpit mit Tanks und Überrollbügel. Foto: Kittler

Motor des ARVW, Riemenantrieb. Foto: Volkswagen

ter Gitterrohrrahmen, der teilweise für den Kühlkreislauf mitgenutzt wurde. Er trug einen Aufbau aus Aluminium und einem Mix aus glasfaserverstärktem Polyester und extrem leichten Carbon-Kunststoff. Zwei Alu-Sicherheitstanks enthielten 130 Liter Diesel und 60 Liter Wasser. Die Vorratstanks befanden sich beidseits des Fahrers. Rundinstrumente informierten über den Betriebszustand des Motors. Der Rennsitz war mittig vor dem Triebwerk platziert. Aufgebaut wurde der ARVW bei BWR (Badische Waggonfabrik Rastatt), wo auch der Mercedes-Benz C11 sowie diverse Porsche-Rennwagen entstanden sind.

Die Forschungsabteilung bekam dafür insgesamt sechs Saugdiesel aus der Nutzfahrzeug-Entwicklung zur Verfügung gestellt, so Rolf Poltrock. Angesichts des minimalen Einbauraums wurden unterschiedliche Turbolader von KKK sowie drei verschiedene Turbinengehäuse gecheckt. Bei dem gewählten Bauteil konnte der Abgaskrümmer entsprechend angepasst werden, um näher an den Motor zu kommen (gekürzte Stehbolzen, Krümmer in Schräglage). Als noch anspruchsvoller erwies sich die Ladeluftkühlung, die den Wirkungsgrad verbesserte. Um aber durch den Einbau eines entsprechenden Kühlers nicht den Strömungswiderstand (Kühlschlitze) und das Gewicht zu erhöhen, nutzte man eine Wasserverdunstungskühlung. Für ein Rekordfahrzeug war dies genial, als alltagstaugliche Lösung für Serien-Pkw taugt dieses Verfahren aber nicht.

Dabei wurde der Ansaugluft noch vor dem Turbolader Wasser nach dem Vergaserprinzip zugemischt (dank des entsprechend ausgeformten Venturi-Rohrs kein Gegendruck im Saugrohr). Die fein zerstäubten Wassertropfen verdampften während des Kompressionsvorgangs im Verdichter und entzogen dabei der Luft die Wärme. Projektleiter Nitz: *»Mit diesem Verfahren konnte die Ladelufttemperatur bei Volllast auf 100° gehalten werden. Die maximale Wasserzugabe betrug 44 % des Kraftstoffverbrauchs.«* Ohne Wasserzugabe wäre die Ladelufttemperatur auf 200° gestiegen.

Die Grobauslegung des Motorkonzepts stammte von Werner Kurpiers und wurde von Rolf Poltrock finalisiert. Sie machten aus dem 2.383 cm³ großen Wirbelkammerdiesel (Bohrung x Hub 76,5 x 86,4 mm) ein Hochleistungs-Triebwerk. Der ungeregelte KKK-Turbolader (max. Ladedruck 2,7 bar kurz vor Nenndrehzahl) unterstützte maßgeblich bei der Leistungssteigerung auf 175 PS / 129 kW bei 4.700 U/min und dem maximalen Drehmoment von 294 Nm bei 4.100 U/min. Die höhere Leistung stand im Wesentlichen oberhalb von 3.200 U/min an. Positiver Nebeneffekt des Leistungsmaximums im oberen Drehzahlbereich: geringer Abgasgegendruck, bessere Gaswechsel mit guter Zylinderfüllung, geringere thermische Belastung der Motorenbauteile.

Nochmals Jürgen Nitz: *»Die hohe Aufladung machte Änderungen am Motor notwendig. Das normale Verdichtungsverhältnis wurde von 23:1 auf 16:1 reduziert, indem Wirbelkammer und Kolbenmulde entsprechend vergrößert wurden. Im Zuge dieser Maßnahmen konnte die Geometrie zwischen Kolbenmulde, Wirbelkammerlage und Einspritzstrahlwinkel optimiert werden, so dass bei hoher Leistung ein guter spezifischer Verbrauch vorlag. Der Motor hatte keine Glühkerzen, um in der Wirbelkammer eine ungestörte Gemischbildung und Verbrennung zu erzielen. Wegen der höheren Verbrennungsdrücke mussten die Einspritzdüsen modifiziert werden. Ihr Abspritzdruck musste auf 160 bar angehoben werden. Um die thermische Belastung der Kolben zu reduzieren, wurde eine Ölanspritzkühlung des Kolbenbodens notwendig.«*

Einerseits sanken durch das niedrige Verdichtungsverhältnis die Verbrennungsspitzendrücke auf 140 bar. Andererseits bescherten die geringe Verdichtung und die nicht vorhandene Glühkerzen (damit aber ungestörte Gemischbildung und Verbrennung) Probleme beim Startverhalten des kalten Motors: Bei-

Motor hinter der Sitzschale (hier ausgebaut). Foto: Kittler

Das nahezu komplette ARVW-Team (hinten bis ganz rechts): Poltrock, Brandes, Meschke, Strozyk, Reich, Rathmann, Mertens, Nitz, Folten, vorn Henzler und Deutenbach.
Foto: Volkswagen

spielsweise in den kühlen Morgenstunden musste etwas Startpilot-Spray in den Ansaugstutzen gesprüht werden, so J. Nitz. Hinzuzufügen wäre noch, dass die erforderlichen größeren Wirbelkammern zunächst hausintern nicht zur Verfügung standen. Darum wurden sie – so R. Poltrock – auf dem »kleinen Dienstweg« beim Opel-Händler in Braunschweig besorgt. Auch anderen konstruktiven Erfordernisse musste mit ingeniösem Verstand begegnet werden: Da der Motorraum durch den Unterboden geschlossen war (Ölwanne als Teil des Unterbodens), musste die Wärme des Getriebeöls über einen separaten Kühlkreislauf abgeführt werden.

Im Oktober 1980 war das Auto fertig und ging im November unter FIA-Aufsicht auf Rekordjagd ins süditalienische Nardo. In den Tagen vorher musste das Fahrwerk nochmals überarbeitet werden. Selbst Bauteile aus Strozyks privatem Porsche wurden eingebaut. Auch der Tausch nicht standfester Motoren stellte die Entwickler vor große Herausforderungen. In Nardo waren weit höhere Geschwindigkeiten möglich als im heimischen Ehra-Lessien. VW demonstrierte, was dank einer aerodynamisch perfektionierten Karosse trotz der relativ überschaubaren Motorleistung von »nur« 175 PS möglich war: 360 km/h Höchstgeschwindigkeit, der Durchschnittsverbrauch bei diesem extrem hohen Tempo lag bei 13,6 l/100 km. Bei konstant 250 km/h beschränkte sich der Diesel-Konsum auf 6,5 l/100 km. Sechs Klassenrekorde wurden aufgestellt, dazu zwei Weltrekorde: 500 km mit stehendem Start (345,26 km/h), eine Stunde mit stehendem Start (353,88 km/h).

Fahrer des schnellsten Diesels der Welt war Formel-1-Pilot Keke Rosberg (Weltmeister 1982), den Sportchef Klaus-Peter Rosorius verpflichtet hatte. Als Ersatzpiloten waren Helmut Henzler und Alfred Baier im Einsatz. Fiala und Seiffert waren für den Abschluss der Rekordfahrten eingeflogen worden. Das gesamte Team – ein Dutzend Mitarbeiter – erhielten anschließend Ehrenurkunden für die »Beste Forschungsarbeit im Jahr 1980«. Übrigens gab es ersatzweise auch ein »T-Car«, das allerdings nicht zum Einsatz kam. Das in Nardo eingesetzte Original steht heute im AutoMuseum Volkswagen, während sich der Ersatzwagen als Leihgabe im Automobilmuseum Riga befindet.

Quellen:

- Interview Pommer 13.12.2022
- Interview Poltrock 08.12.2022
- Interview Nitz 21.02.2011
- ATZ 84 (1982) 5
- auto motor und sport, Nr. 27/1980

III.5. Öko-Rekorde

Von Michael Willmann

Staffellauf nach Marignane

Irgendjemand hatte die Idee, den jährlich stattfindenden Staffellauf zur Wolfsburger Partnerstadt Marignane in Südfrankreich mit drei Öko-Polos zu begleiten und minimalsten Kraftstoffverbrauch zu demonstrieren.

Hofbauer hat gerechnet: Er verglich die Energieverbräuche eines Läufers mit dem eines Öko-Polos. Bei letzterem hat er einem Kraftstoffverbrauch von 3 l/100 km angesetzt.

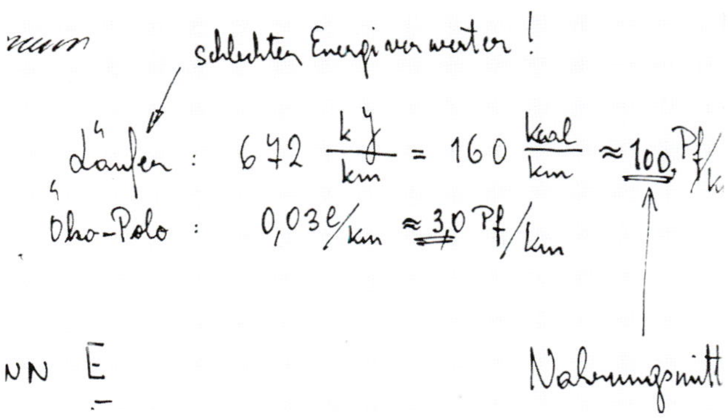

Hofbauers Rechnung vom Juni 1987 wies den Öko-Polo als einen besseren Energieverwerter aus, was sich auch in den Kosten niederschlug. Quelle: M. Willmann

Die »Verbrauchsfahrt«

Der farblich auffällige Polo vor dem Rathaus in Wolfsburg. Foto: M. Willmann

Die Organisation und die Vorbereitung der Fahrzeuge fanden bei IAV unter Leitung von Jürgen Nitz statt. Die Motoren (Kapitel II.1.3) wurden hinsichtlich minimaler Reibung modifiziert. Z. B. wurden Kolbenringe mit reduzierter Tangentialspannung, einfache Ventilfedern und Leichtlauf-Motoröl eingesetzt.

Der Start fand am 28. August 1987 um 15.00 Uhr vor dem Rathaus in Wolfsburg statt. Die Farben der Autos sollten Umweltfreundlichkeit symbolisieren. Foto: M. Willmann

Drei Öko-Polos fuhren auf unterschiedlichen Strecken mit. Die Fahrer wurden besonders geschult, um die Vorteile der Schwungnutze in niedrigen Verbrauch umzusetzen. Am 2. September wurde das Ziel in der Wolfsburger Partnerstadt Marignane in Südfrankreich erreicht.

Das Ergebnis

Den niedrigsten Kraftstoffverbrauch mit 1,7 Litern Diesel erreichte das Fahrzeug, das auf Autobahnen fuhr. Ob die Durchschnittsgeschwindigkeit von knapp 60 km/h schon ein Verkehrshindernis darstellte? Aber auch die beiden anderen Autos mit Verbräuchen von 2,1 bzw. 2,2 Litern/100 km zeigten, was mit sparsamen Fahrzeugen und angepasster Fahrweise möglich war. Die Bild-Zeitung schrieb: *»Für 27 Mark Sprit von Berlin nach Marseille.«*

Der Geschäftsführer von IAV Dr. Pauli ließ sich mit seiner Firma für den Erfolg feiern, ohne den Auftrag- und Geldgeber zu erwähnen. Das kam auch Prof. Fiala zu Ohren und erregte sein Missfallen.

Das be-min-Auto

Eine große Herausforderung stellte auch der Kraftstoffverbrauch im US-Test dar. Mit dem IRVW mit dem 1,5-Liter-Wirbelkammer-Diesel hatten wir 1977 eine Mileage von 60 mpg (Miles per Gallon), entsprechend 3,92 l/100 km, demonstriert. Der Öko-Polo mit dem Zweizylinder-Direkteinspritzer hatte das Potenzial für deutlich niedrigere Verbräuche.

Wir beauftragten IAV mit dem Projekt eines Rekordfahrzeugs. Dazu wurde der Luftwiderstand der Polo-Karosserie durch aerodynamische Maßnahmen herabgesetzt und der Rollwiderstand, z. B. durch entsprechende Reifen verringert.

	Landstraße	Landstraße	Autobahner
Fahrzeug	**WOB-VD 28** (B-VD 668)	**WOB-VD 31** (B-VT 771)	**WOB-VY 46** (B-VD 641)
vom	28.8.-2.9.87	28.8.-2.9.87	30.8.-2.9.
gefahrene Kilometer (bereinigt) (km)	1.456,0	1.456,0	1.401,0
Kraftstoffverbrauch PLU-Anzeige (l)	30,727	32,325	25,020
Betankte Kraftstoff-menge (l)	30,1	31,7	23,9
Verbrauch (l/100 km)	2,067	2,177	1,706
gefahrene Zeit ca. (h)	30,8	30,8	24,25
Durchschnittsgeschwindigkeit (km/h)	47,3	47,3	57,8
gefahrene Kilometer Gesamt-Projekt (km)	3.550	3.520	3.430

Verbrauchswerte Wolfsburg-Mariagne.

Mein Fazit: Als Resümee hatten wir festgestellt, dass mit einer weiteren Senkung des c_W-Werts und Maßnahmen zur schnelleren Erwärmung des Motors nach dem Kaltstart ein Verbrauch im Highway von über 100 mpg möglich wäre.

Der luftwiderstandsarme Rekord-Polo mit einem c_w-Wert von 0,34 gegenüber 0,4 des Serien-Polos.

Foto: Sammlg. M. Willmann

	Öko-Polo	be_min-Auto	
60 km/h	2,6	2,1	l/100 km
90 km/h	3,8	3,2	l/100 km
120 km/h	5,5	4,9	l/100 km
US-City	61	83,9	mpg
US-Highway	77	97,7	mpg
Combined	68	90.1	mpg

Verbrauchswerte des be-min-Autos im Vergleich zum Öko-Polo.

Quellen

- Öko-Polo im Bild-Test, Bild 20.11.1987

III.6 Die R*TDI-Story

Von Michael Willmann

»Als Entwickler des Vierzylinder-TDI-Motors und des G-Laders diskutierten wir in der Abteilung Diesel-Entwicklung 2 nach Abschluss des Polo G 40-Cups und Auslauf des G60 Rallye Golf immer wieder Möglichkeiten für einen Diesel-Cup.«

Der Auftrag

Am 13. Mai 1996 wurde in einer Besprechung zwischen Dr. Piëch, Dr. Neumann und M. Willmann die Ziele des VW-Rennsport-Engagements festgelegt: *»Zwei Jahre üben wir mit dem Golf III, nach der Pressevorstellung des neuen Modells Mitte `97 mit dem A4. Danach gehen wir das große Ziel an ...«* Ursprünglich bestand die Absicht, mit serienmäßigen Golf GTI-TDIs mit dem 81-kW-TDI-Motor anzutreten. Dr. Neumann nannte das Leistungsziel von 150 bis 160 PS. Volkswagen Motorsport sollte die Fahrzeuge aufbauen und den Renneinsatz durchführen. Es gab auch Skeptiker: *»Kann mir unmöglich vorstellen, dass diese Motoren 24 h überstehen! Wann läuft ein 24-h-Test im Vorfeld und wollen wir in ams mit einem traurigen Abgang enden?«* schrieb H. Kreiner, Qualitätssicherer bei VW, früher Leiter des Audi-Rennsports, am 21. März 1996 an Dr. Winterkorn.

Im Sommer 1996 forderte Dr. Piëch plötzlich die Teilnahme am 24-Stunden-Rennen auf dem Nürburgring im selben Jahr. Dadurch standen bis zum Renneinsatz nur neun Wochen zur Verfügung. Der Auspuff durfte nicht sichtbar rauchen. Wegen des geringeren Kraftstoffverbrauchs des TDI-Motors konnte mit einer geringeren Anzahl von Tankstopps gerechnet werden. Dadurch bestand die Chance, auch gegenüber leistungsstärkeren Ottomotoren, am Ende gute Platzierungen zu erreichen.

Als Basis für den Rennmotor diente der 81-kW-TDI-Motor, wie er im VW Golf, Passat und Audi A4 seit Anfang des Jahres angeboten wurde. Während es beim Serienmotor auf eine optimale Abstimmung der Einzelziele ankommt, standen beim Rennmotor Leistung, Drehmoment und Kraftstoffverbrauch im Vordergrund. Auf der Rennstrecke würde der Motor überwiegend an der Volllast bei hohen Drehzahlen betrieben.

Der R*TDI-Motor

Die rennbegeisterten Mitarbeiter aus der Diesel-Entwicklung 2, allen voran Matthias Weiß und Dr. Andreas Kracke, bildeten das Motor-Entwicklungsteam, das bereit war, die Arbeiten überwiegend in Überstunden zu erledigen. Personal für diese Aufgabe wurde nicht bereitgestellt. Am Ende der ersten Woche nach Projektstart leistete der R*TDI-Motor auf dem Funktionsprüfstand bereits 118 kW (160 PS). Ein Kollege meinte: *»Warum wollen wir denn noch mehr Leistung, die Chefs haben doch nicht mehr gefordert?«* Aber der sportliche Ehrgeiz hatte die sehr motivierten Kollegen gepackt, und wir waren noch keineswegs zufrieden.

Da das Hubvolumen mit 1,9 Liter vom Basismotor festgelegt war, blieben zur Leistungssteigerung die Hauptparameter Drehzahl und Mitteldruck. Der Ein-

*Der 1,9-Liter-R*TDI-Dieselmotor mit der modifizierten Einspritzausrüstung (gelb), dem großen Turbolader und dem Saugrohr vom SDI.* Foto: Volkswagen

spritzdruck und damit die Belastung des Triebwerks der Pumpe steigen mit der Drehzahl. Um Überlastungen auch an anderen Bauteilen zu vermeiden, wurde die Motordrehzahl auf 4.300 U/min beschränkt. Demzufolge musste der wesentliche Anteil an der Leistungsanhebung vom Mitteldruck kommen.

Durch Überarbeitungen der Gaskanäle, der Steuerzeiten, des Saugrohres, des Brennraums und der Einspritzung sowie Verwendung eines größeren Turboladers wurde der Gasdurchsatz erhöht. Die Kolbenmulde ist zur Absenkung des Verdichtungsverhältnisses auf 17,3 vergrößert worden. Die Spritzlöcher der Einspritzdüsen wurden im Durchfluss vergrößert. Die Einspritzpumpe mit 11 mm Plunger stammte aus dem Versuchsteileregal. Der Abgas-Turbolader mit verstellbarer Turbinengeometrie Garrett VNT NG 22, stammte vom Fünfzylinder-TDI-Vorentwicklungsmotor. Der Ladedruck wurde elektronisch geregelt. Den großen Ladeluftkühler steuerte der Rallye Golf mit G60-Ottomotor bei. Ein Remus- Sportauspuff mit Katalysator senkte den Abgasgegendruck. In der ersten Baustufe leistete der R*TDI-Motor 130 kW (177 PS), und der Mitteldruck von 20 bar übertraf Serienversionen deutlich. Dabei betrug der Ladedruck 2,53 bar und der Zylinder-Spitzendruck 175 bar bei einer Rauchzahl von 2,0.

Das Rennfahrzeug

Als Fahrzeug stand der Golf III zur Verfügung, der von Volkswagen Motorsport modifiziert wurde. Das Reglement schrieb eine viertürige Karosse vor. Für die ersten Versuchsfahrten setzten sie ein T-Car mit dem Rennmotor ein. Für den Renneinsatz wurden zwei Gruppe A- Fahrzeuge mit Elementen der Supertourenwagen aufgebaut. Da das vorgesehene sequenzielle Sechsganggetriebe der englischen Firma Gemini nicht rechtzeitig geliefert wurde, musste das serienmäßige MQ-Getriebe eingebaut werden. Mit dem Inhalt des 100-l-Sicherheitstanks konnte unter Rennbedingungen eine Distanz von ca. 590 km zurückgelegt werden.

Als Fahrer wurde der häufig von Volkswagen Motorsport eingesetzte Raimund Baumschlager verpflichtet. Testfahrten fanden im Prüfgelände Ehra, auf dem Nürburgring und auf dem Hungaroring bei Budapest statt. Auf dem Nürburgring wurde das Drehzahl/Lastkollektiv aufgenommen, das die größte Häufung bei Volllast zwischen 3.500 und 4.500 U/min zeigt.

Der Renndiesel im Vorderwagen des Golf III. Die modifizierte Einspritzpumpe wurde gelb lackiert, um Verwechselungen zu vermeiden. Einen großen Raum nahmen die Luftleitungen vom Verdichter zum Ladeluftkühler und zurück zum Saugrohr ein. Foto: Volkswagen Motorsport

Der Kraftstoffverbrauch lag mit ca. 16,5 l/100 km bei ungefähr 50 % vergleichbarer Ottomotoren. Die Durchschnittsgeschwindigkeit betrug ca. 145 km/h.

Das 24-Stunden-Rennen auf dem Nürburgring 1996

Die Gesamtleitung für den Renneinsatz am 15/16. Juni hatte Herbert Horntrich von VW-Motorsport. Pünktlich um 16:00 Uhr am Sonnabend schickte Rennleiter Hans Schock das Feld auf die Jagd durch die »Grüne Hölle«. Mit der Startnummer 155 fuhren neben Baumschlager die Redakteure Droste, Maltzan und Möller-Sonntag. Im zweiten Auto saßen Albig, Hofmayer, Ostmann und Stalmann.

*Am Start lagen unsere R*TDI dank der guten Trainingszeiten im vorderen Mittelfeld, hier mit R. Baumschlager.* Foto: M. Willmann

In der Presseinformation von Volkswagen Motorsport hieß es: *»Raimund Baumschlager machte gleich von Anfang an mächtig Druck und schob sich mit konstant schnellen Rundenzeiten nach vorn. Als dann nach etwa 1,5 Stunden die ersten Fahrzeuge zu Tankstopps an die Box kamen, schlug die Stunde der Renndiesel. Sie konnten die erlaubten drei Stunden pro Fahrer voll ausnutzen. Während die Konkurrenz im Schnitt fünf Minuten an der Box verliert, ziehen die TDI weiter ihre Bahnen und nach etwa 15 Runden ist der beste VW Golf TDI bereits auf dem achten Gesamtrang zu finden. Dann kurz nach 20 Uhr bricht Unruhe im VW-Fahrerlager aus: fast zeitgleich kündigen beide Fahrzeuge Getriebeprobleme an. Durch die Getriebewechsel fallen beide Fahrzeuge weit zurück.«*

Das verwendete Serien-MQ-Getriebe war für ein Drehmoment von 250 Nm und nicht für Rennbetrieb mit 300 Nm ausgelegt und nur wegen der Liefersituation eingesetzt worden. Dass das Getriebe damit beim Nürburgringrennen einen Risikofaktor darstellen würde, war allen bekannt. Es wurde dennoch für einen Renneinsatz entschieden, um Erfahrungen vor allem mit dem Motor zu sammeln. Da die Getriebeschäden schon nach ca. vier Stunden auftraten, wurde schnell bewusst, dass die als Ersatzteile vorhandenen Zahnräder für mögliche weitere vier Wechsel nicht reichen würden.

»Karies« am 4. und 5. Gang. Foto: M. Willmann

Glücklicherweise hatte Herr Schüttenhelm schon ein Handy dabei, eins der ersten, mit Antenne. Damit rief ich Dr. Schreiber, den Chef des Getriebe-Versuchs, zu Hause an und bat ihn, ins Werk zu fahren und die Zahnräder zur Wache Sandkamp zu bringen. Dann rief ich meine Söhne Christian und Sebastian an und bat sie, Mutters Golf TDI zu nehmen, die Zahnräder an der Wache Sandkamp abzuholen und schnellstmöglich zum Nürburgring zu bringen. Am Golf TDI hatten sie die Nummernschilder mit Dreck ‚getunt'. Dann spielten Geschwindigkeitsbeschränkungen keine Rolle mehr. Nach ca. drei Stunden Fahrt trafen sie um Mitternacht mit den Getrieberädern im Fahrerlager ein. Damit waren die folgenden Reparaturen gesichert.

Im Wohnmobil haben die Renningenieure M. Weiß, D. Woelke, Dr. A. Kracke und S. Köhn ständig die Motordaten im Auge gehabt. Foto: M. Willmann

Nach dem Crash mit einem BMW M3 landete der R*TDI auf dem Randstreifen. Er konnte das Rennen fortsetzen und zu Ende fahren. Quelle: M. Willmann

In den letzten Stunden herrschte banges Warten: Halten die Autos durch? Rallye Racing berichtete nach dem Ausfall aller Benziner-Gölfe: *»Nur die beiden VW Golf TDI drehten munter ihre Runden«*. »Wir können mit einer Tankfüllung fünf Stunden fahren – leider erlaubt das Reglement pro Fahrer nur drei«, schmunzelte Rallye-As »Mundl« Baumschlager. Nach 24 Stunden Renneinsatz wurden die beiden Golf R*TDI auf den Plätzen 25 und 29 von 140 gestarteten Teilnehmern abgewunken. Die schnellste Rundenzeit von Baumschlager betrug 10:29,99 min. Er sagte: *»Meine Anfangszeiten hochgerechnet, hätte es zu Platz drei gereicht.«*

Aber mit »wenn« und »hätte« hat noch niemand gewonnen. Erleichterung nach der Zieldurchfahrt. Die Anspannung war gewichen. Der Reservemotor blieb im Ersatzteilwagen. Nun wurde ein Bier geöffnet.

*Das R*TDI-Team nach dem Nürburgring-Rennen. Von links: Michael Willmann, Detlef Woelke, Mathias Weiß, Detlef Löchel, Stefan Köhn, Dr. Andreas Kracke, H. Wiegratz, Frank Samalakis, Wolfrad Lehmann, kniend »Miami« Weiß.* Archiv: M. Willmann

Heimgekehrt erwartete das R*TDI-Team nicht nur Lob: *»Für das Getriebe sind Sie doch auch verantwortlich«,* war der Kommentar von Dr. Piëch gegenüber Dr. Neumann. Nach dem Nürburgring-Rennen zog das R*TDI-Team Bilanz und erörterte alles, was positiv und negativ aufgefallen war. Daraus resultierten Verbesserungsvorschläge an den Autos, der Boxenausrüstung, dem Boxenteam, der Vorbereitung und auch am Verhalten der Motor-Ingenieure. Als Fahrer sollten nur noch Profis eingesetzt werden.

24 Stunden Spa-Francorchamps 1996

Auf dem Ardennenkurs in Spa starteten wir am 27./28. Juli in der »Eco-Tech-Challenge«. Durch Verbesserungen vorwiegend am Abgas-Turbolader konnte M. Weiß auf dem Funktionsprüfstand die Leistung auf 135 kW (71,2 kW/l, 183 PS) und das Drehmoment auf 350 Nm (23 bar) steigern. In einem Dauerlauf über die dreifache Renndistanz wurden die Schwachstellen ermittelt und Verbesserungen eingeführt. Zur Erprobung der Verbesserungsmaßnahmen an Motor und Getriebe ist mit Unterstützung Motorsport-begeisterter Kollegen und Studenten mit einem umgebauten Serien Golf GTI-TDI überwiegend an Wochenenden in Ehra auf der Schnellbahn und im Innenraum auf einer Wechselstrecke nach einem vorgegebenen Fahrzyklus ein Dauerlauf durchgeführt worden. Die Höchstgeschwindigkeit betrug bei der relativ kurzen Übersetzung ca. 216 km/h.

Dann wurde Anfang Juli endlich das Gemini-Sechsganggetriebe mit sequenzieller Schaltung geliefert. H. Köhn von IAV hat eine Schaltanpassung eingebaut, die bei Zug am Schalthebel für ca. 0,5 Sekunden das Drehmoment des Motors zurücknimmt und damit ein Schalten ohne Kupplung und Gasrücknahme ermöglicht. Baumschlager war von Motor und Getriebe begeistert. Im Qualifying am Freitag drehte der Motor im »gelben« Fahrzeug nur bis 4.100 U/min, deshalb wurde nach dem Abschluss des Trainings der Motor gewechselt. Die Analyse ergab, dass die Hohlschraube für den Kraftstoffzulauf an der Einspritzpumpe eine unbekannte Drossel enthielt. Woher stammte diese Schraube?

Nach Abstellung der Probleme wurden beide Autos zur Überprüfung zu mitternächtlicher Stunde mit roten Nummern versehen und durch Begleitfahrzeuge abgesichert über die belgische Autobahn gejagt. Mit dem neuen Motor und der richtigen Schraube war die Leistung o.k. Bei der Rückkehr ins Fahrerlager ergab sich für die Begleitfahrzeuge die Gelegenheit, die Rennstrecke kennenzulernen. Herr Dubois, der belgische Organisator des VW-Renneinsatzes, gab dem nahezu vollbesetzten T4-Bus mit Fünfzylinder-TDI-Motor gehörig »die Sporen« und demonstrierte seine ausgezeichnete Streckenkenntnis. Mein Fazit: Für mich war es ein Erlebnis, mit dem Audi 80 Avant TDI »hinterherzuheizen«.

Volkswagen Motorsport berichtete: *»Währenddessen (nachdem das Fahrzeug von Leinders/Close/Seidel wegen Turboladerschadens aufgeben musste) zieht der Golf TDI von Hermroulle/Baumschlager/Aberdein (Start-Nr. 81) seine Runden und kann sich immer mehr von seinen Verfolgern absetzen. Nach drei Stunden hat sich Startfahrer Jean-Francois Hermroulle bis auf den 15. Platz des Gesamtklassements vorgearbeitet und führt die Eco Tech-Challenge mit einem überlegenen Vorsprung an. Nach dreieinhalb Stunden übergibt Hermroulle an den Südafrikaner Chris Aberdein, der jedoch bereits nach nur einer Runde wieder an die Box kommt«.*

Weiter Volkswagen Motorsport: *»Probleme mit dem englischen sequenziellen Sechsganggetriebe zwingen das Volkswagen Team zu einem Getriebewechsel. Als Testfahrer Raimund Baumschlagen danach wieder auf die Strecke geht, ist der Volkswagen Golf GTI (R*TDI) bis auf den 54. Platz zurückgefallen. Doch Baumschlager startet eine furiose Aufholjagd... ist bereits nach einer Stunde (22:00 Uhr) wieder auf Platz 40 zu finden.«*

Ursache für den Getriebedefekt waren drei nicht richtig angezogene Schrauben an der Lagerung der Schaltwalze, von denen eine zwischen die Zahnräder geraten war: Triumph der Hektik!

Der Peugeot 306 TD, Sieger der Eco-Tech-Challenge 1995, »verreckte« nach einem Crash, der einen Kühlerschaden verursachte. Trotz mehrfacher Versuche konnte das Leck nicht abgedichtet werden. Schließlich landete unser Golf R*TDI auf Platz 15 vor dem nächsten Diesel, dem BMW auf Platz 41. Damit war die Eco Challenge gewonnen.

Raimund Baumschlager, Sieger der Eco Challenge. Foto: M. Willmann

Weitere Renneinsätze

Unser R*TDI-Team nahm 1996 noch an zwei Rennen zum Veedol-Cup auf dem Nürburgring teil. Beim 250 Meilen-Rennen fuhr das Golf R*TDI-»Tandem« mit Baumschlager und Seidel drei Stunden wie durch ein Abschleppseil verbunden. Nach 23 Runden ohne Tankstopp erzielten unsere Renner hinter einigen Porsche und Mercedes die Plätze 12 und 16 in dem 120 Fahrzeuge starken Feld.

R. Baumschlager vor J. Seidel im Karussell. Archiv: M. Willmann

Beim Veedol-Langstreckenpokal starteten dann drei R*TDI. Deren Motoren der Baustufe 3 hatten jetzt 140 kW (190 PS) und 350 Nm Drehmoment. Mit der Einsatzleitung wurde nun auf Wunsch von VW Motorsport der langstreckenerfahrenen Peter Seikel beauftragt. Er hat alles professionell abgewickelt.

Presseinformation: *»In der Startphase des Rennens bot sich den Zuschauern dann ein schönes Bild, als die drei in dunkelblau und silber lackierten VW Golf TDI von Jörg Seidel, Raimund Baumschlager und dem Schweizer Peter Wyss im Formationsflug die Start-Ziel-Gerade herunterkamen. Bereits in den ersten Runden konnte sich Jörg Seidel von seinen Teamkollegen etwas absetzen und markierte eine neue Diesel-Bestzeit von 9.20 Minuten. Leider wurde der Weilerswister bei einem Überrundungsmanöver in der vierten Runde das Opfer eines anderen Piloten, der den VW Golf TDI in die Leitplanken abdrängte und zur Aufgabe zwang. Von solchen Vorfällen verschont, erreichte die beiden anderen VW-Piloten nach dreieinhalb Stunden das Ziel und bescherten der Volkswagen-Crew mit den Plätzen 12 bzw. 16 des Gesamtklassements das bislang beste Ergebnis in der noch jungen Rennkarriere des VW Golf TDI. Bei ihrem vierten Renneinsatz ließen die Diesel-Renner aus Wolfsburg zudem erneut über 30 Porsche-, Mercedes- und BMW-Fahrzeuge hinter sich.«*

Zum Dank und zur Anerkennung an die Mannschaft trafen wir uns am 4. Februar 1997 zu einer kleinen Feier im Brauhaus Fallersleben. Dr. Neumann (Yogi) zahlte die Zeche. Wir ließen die Rennen noch einmal Revue passieren, mit allen Höhen und Tiefen und freuten uns über die Leistungssteigerung an den Motoren. Wir fanden aber den Einsatz von VW Motorsport wenig professionell. Dann schauten wir nach vorn. Nach etlichen Bieren saß das Kernteam an einem Tisch und es begann ein Brainstorming über weitere Verbesserungen. Dr. Kracke schrieb dann die Ideen auf die Rückseite einer Serviette.

Das gelbe Cabrio

Um selber mehr Erfahrungen zu sammeln und Schwachstellen aufzudecken, bat ich meine Kollegen im Sommer 1996, einen Serien-Golf mit dem R*TDI-Motor aufzubauen. Es wurde ein gelbes Cabrio. Volke-Mitarbeiter haben die Radhäuser aufgedengelt, um Platz für das Gruppe-A-Fahrwerk zu schaffen. Ein Motor der Baustufe 2 wurde eingebaut.

*Das gelbe Golf Cabrio mit dem R*TDI-Motor.* Archiv: M. Willmann

Als das Auto fertig war, prüfte ich es. Komfortabel war es nicht. Alles war viel härter und lauter. Aber es lag satt auf der Straße und mit 215 km/h Spitze und vehementer Beschleunigung begeisterte es. Danach gab ich es auch unserem Chef, Dr. Neumann, zum Testen mit ins Wochenende. Montags sagte er: *»Damit lassen wir auch Dr. Piëch fahren.«* Als der ausstieg, fragte er Neumann: *»Wann gehen's in Serie?«* Das war unser neuer Auftrag.

Saison 1997

Seit dem 1. Februar 1997 war Andre van der Watt neuer Motorsportchef bei Volkswagen. Vorher war er Leiter von VW und Audi Sport in Südafrika. Ich setzte Semih Gökesme als motorseitigen Koordinator für unsere R*TDI-Aktivitäten ein.

In einem Interview mit den Wolfsburger Nachrichten sagte S. Gökesme: *»Gleichzeitig werden Erfahrungen gewonnen, die in die Produktion der Serienmotoren einfließen. Renneinsatz ist wie ein Langzeittest im Zeitraffer. Alle Teile werden ungewohnt stark strapaziert, und es zeigt sich auch, wo Potenziale liegen.«*

Veedol-Langstreckenpokal im März 1997

Nach 23 Runden lagen nur zehn Porsche, ein Mercedes und ein BMW, alle mit Benzinmotoren vor unseren R*TDI auf den Plätzen 13 und 14.

Nach dem Rennen hat Matthias Weiß eine kritische Analyse des Einsatzes verfasst und Vorschläge für Verbesserungen gemacht. Er beanstandete, dass sich zu viele Leute in der Box aufhielten und die Zuständigkeiten nicht geklärt waren. Daraufhin habe ich ein Gespräch mit Herrn van der Watt über unsere Zusammenarbeit herbeigeführt. Ich beanstandete, dass wir keinen Terminplan hatten, keine Führung und die Erfahrungen der letzten Einsätze nicht berücksichtigt wurden. Wir, Herr Gökesme und ich (M. Willmann), waren nicht bereit, weiter in diesem Rennteam mitzuarbeiten. Als ich das meinem Chef sagte, war er nicht begeistert.

24 Stunden Nürburgring 1997

Matthias Weiß berichtete während des Rennens: *»Die Durchführung läuft wesentlich professioneller als bisher. Baumschlager ist 10 Sekunden schneller als Abt und Nissen (alle auf Golf R*TDI). Bei Baumschlages Auto musste dreimal der Turbolader gewechselt werden. Ursache war eine gebrochene Getriebestütze. Dadurch wurde die Ölleitung zum ATL unterbrochen. Nissen pendelte zwischen Platz 5 und 1, alles o.k.«*

Motorsport Aktuell: *»In der Nacht und am Sonntag stellten ständig wechselnde Witterungsbedingungen die Teams auf die Probe. Ein Wetterchaos sorgte in der letzten Stunde für das große Showdown zwischen dem Scheid- und dem VW-Dieselteam. Während sich Sabine Reck nach einem weiteren Gewitter für Regenreifen entschied, wechselte Kris Nissen auf abtrocknender Strecke von Regen- auf Trockenreifen. Der Däne und die gesamte VW-Mannschaft verlor den Reifenpoker.«* Anmerkung: Sabine Reck hieß früher Scheid und wurde später als Sabine Schmitz eine Institution, zu deren Ehre nach ihrem frühen Tod eine Kurve auf der Nordschleife benannt wurde. Sie stammte aus der Eifel und kannte die Strecke und das wechselhafte Wetter.

»Angriff der Diesel« schrieb mot 16/1997. *»Paukenschlag am Nürburgring. Trainingsschnellster beim diesjährigen 24 Stunden-Rennen war ein BMW 318 tds. Und in der Endabrechnung lag ein Golf TDI auf Platz 2.«* Sieger war ein benzingetriebener BMW. Nach dem Rennen stand auf einem Plakat von Volkswagen Motorsport: *»Den einen schaffen wir auch noch!«*

24 h Spa im Juli 1997

Die VW-Gazette autogramm lobte: *»Die 80.000 Zuschauer sahen ein sehr ausgeglichenes Rennen mit wenigen Positionsveränderungen, in dem der Golf TDI von Hermroulle/Baumschlager/Seidel nach vierundzwanzig Stunden ohne Probleme den vierten Rang hinter den drei Erstplatzierten BMWs belegte.«*

In der Eco Tec Challenge lag nur der BMW 318 tds vor unserem Golf R*TDI.

nden-Rennen in Belgien dabei/Vordere Plätze in der EcoTec

Über ihren Erfolg beim 24-Stunden-Rennen in Spa-Francochamps freuen sich Jörg Seidel, Jean-Francois Hemroulle und Raimund Baumschlager. Foto: G&H Müller

an-Francois Hemroulle im te von der zehnten Position.

Erfolg beim 24-Stunden-Rennen in Spa: Jörg Seide, Jean-Francois Hermroulle und Raimund Baumschlager. Foto: autogramm

6-Stunden-Rennen Vallelunga 1997

»Nachdem in der ersten Stunde der BMW M3 3.2 von Ex-Formel-2-EM-Pilot Roberto Del Castello bis zum Tankstopp knapp vor Mundl Baumschlager geführt hatte, ließ sich das VW-Team nie mehr von der Spitze verdrängen... Kurz danach fiel der führende TDI von Baumschlager/Hermroulle wegen eines Lochs im Ladeluftkühler, was zu Leistungsverlust führte, weit zurück. Dafür sorgten die Team-Kollegen Rinaldo Capello und Walter Santus für den ersten Diesel-Gesamtsieg« berichtete Motorsport Aktuell.

Ausblick

Inzwischen hatte M. Weiß auf dem Prüfstand weitergearbeitet. Das Volllastdiagramm zeigt die gestiegene Leistung, Mitteldruck und Rußzahl. Volkswagen Motorsport betrieb auch in den folgenden Jahren Langstreckenrennen mit weiterentwickelten R*TDI-Motoren.

M. Weiß bei der Auswertung vor Ort am Computer.
Foto: M. Willmann

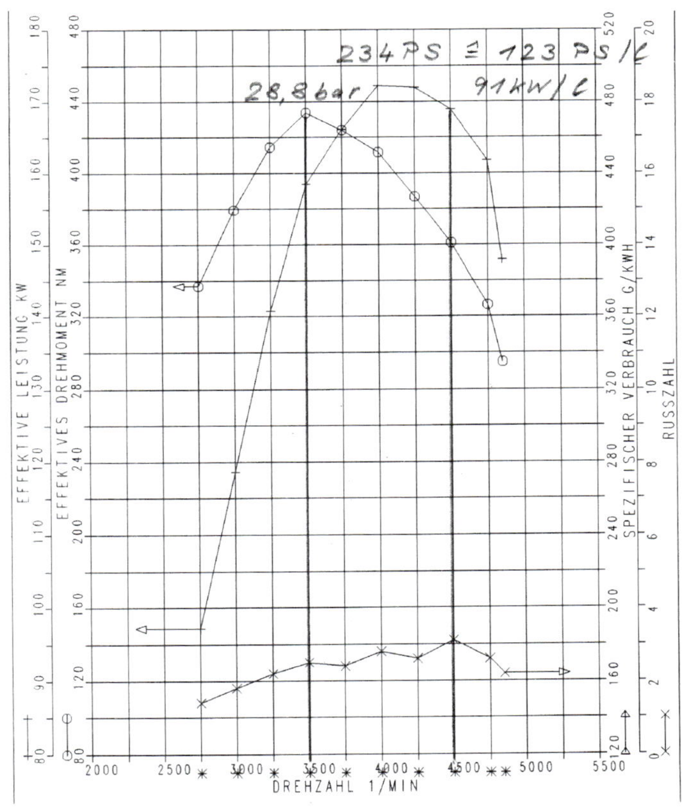

Vollastwerte im August 1997. Diagramm: M. Weiss

Quellen:

➢ Volkswagen Motorsport, Presseinformation, Hannover, 17. Juni 1996
➢ J. Ufer: Perfektion a la Scheid. In: Rallye Racing, Nr. 7/1996

III.7 In 80 Tagen um die Welt

Von Norbert Ermisch

Wohl jeder kennt den berühmten Abenteuerroman von Jules Verne, in dem ein englischer Aristokrat mit den verschiedensten Verkehrsmitteln die Erde umrundet. Bei Volkswagen wurde dieses Thema zwei Jahre nach der Premiere des Lupo 3L wieder aufgegriffen. Dabei sollte der Nachweis erbracht werden, dass der nagelneue Spar-Lupo mit dem neu entwickelten 1,2-Liter-Diesel wirklich maximal 3 Liter/100 km verbraucht. Mit einem Team von insgesamt einem Dutzend Volkswagen-Technikern gingen wir zwischen dem 16. Mai und dem 3. August 2000 auf große Fahrt – und unterboten in puncto Verbrauch tatsächlich die gesteckten Ziele.

autogramm 06/00 AKTUELL 03

Klein wie ein Wiesel, dieser Diesel: Das Wolfsburger Rekordfahrzeug neben zwei großen Brüdern im australischen Outback

MIT 1000 LITERN UM DIE WELT

3-Liter-Lupo auf einer Reise ins Buch der Rekorde / Fahrer und Fahrzeug aus Wolfsburg

Bangkok. Die Sonne sengt. 35 Grad Celsius im Schatten, einhundert Prozent Luftfeuchtigkeit. Bernd Simon, 54, Kfz-Meister in der Abteilung Fahrzeugtest, fährt sich mit der Hand durch die Haare und über die Stirn. Der Schweiß trieft.

Ganz anders der Lupo, in dem Simon gerade Platz genommen hat. Der verschwendet keinen Tropfen. ...

... lung würde den Verbrauch in die Höhe treiben, und der von Shell gelieferte Diesel ist kostbar: Nur in kleinen Portionen verabreicht, sollte er für den ganzen Turn reichen. Wenn nicht, „muss der Rest der Strecke geschoben werden", wie Dr. Klaus Kocks, Vorstand der Marke Volkswagen, beim Start in Berlin erklärte.

Schon lange vor dem Start musste ein Organisationsplan erstellt werden, in dem alle Eventualitäten berücksichtigt waren: Alle Mitfahrer unterzogen sich umfangreichen medizinischen Untersuchungen, Hotels und Flüge wurden gebucht, und die Begleitfahrzeuge wurden mit speziell für diese strapaziöse Reise ausgewählten Ersatzteilen ...

Der kleine Lupo auf großer Fahrt, hier in Australien.

Foto: autogramm

Eingesetzt wurde ein völlig serienmäßiger, silberfarbener Lupo 3L TDI, besetzt von jeweils nur einem Teammitglied (denn ein Beifahrer hätte zusätzliches Gewicht verursacht) – glücklicherweise minderte der Sprechfunk via Walkie-Talkie die Langeweile... Vor allem aber bot das serienmäßige Kassettenradio etwas Abwechslung, wenngleich nur eine einzige Kassette im Schacht festklemmte, die in Dauerschleife »Sex Bomb« von Tom Jones spielte... Ein Lupo-Schwestermodell kam als Ersatzfahrzeug mit und diente unterwegs als Fotofahrzeug, um den anspruchsvollen Ablauf nicht zu verzögern. Immerhin 500 km pro Tag mussten zurückgelegt werden, um die vorgegebenen Etappen in Europa, Südafrika, Australien und USA abzuspulen.

Zwei T4 mit Technikern, Werkzeug und teilweise auch mit Spritkanistern voller schwefelfreiem Dieselkraftstoff begleiteten die Tour. Wo möglich, waren zuvor mit Hilfe von Mineralölpartner Shell Dieselvorräte an der Strecke angelegt worden. Nur ein einziges Mal wurde außerplanmäßig gestoppt – als bei Kilometer 16.665 die Hälfte der errechneten Gesamtstrecke erreicht war. Bis dahin lag der Durchschnittsverbrauch bei 2,63 L/100 km. Das Durchschnittstempo betrug immerhin 88 km/h, wobei fast immer im Eco-Modus gefahren wurde: mit reduzierter Motorkraft, segelnd im Leerlauf und mit Start-Stopp-Funktion, wobei sich das fehlende Restbremsmoment als verbrauchsmindernd auswirkte.

Der 80tägige Dauerlauf führte den Rekord-Tross durch die verschiedensten Klimazonen, über teilweise schwierige, unbefestigte Strecken und über viele Landesgrenzen in Europa, Afrika, Amerika, Asien und Australien (wo Schneefall den Rekordversuch komplizierte). Gemeistert wurden aber auch bis zu 47 Grad Hitze in der Wüste – wobei der Lupo ohne Klimaanlage auskommen musste. Mitreisende Teammitglieder konnten sich im Begleit-T4 erholen. Die Ozeane wurden natürlich mit dem Flugzeug überquert.

Ermisch: *»Die Projektleitung hatte Wolf-Dieter Pokowitz, der aber die Tour nicht mitfuhr. Ich – als Motorenentwickler mit dem Auto bestens vertraut – ko-*

ordinierte die Themen Antrieb und Antriebsstrang und saß während dreier Etappen (Europa, USA und Zieleinfahrt) *selbst am Steuer. Ebenfalls als Fahrer fungierten Michael Bauer, Wolfhard Scheliga, Michael Wulff, Mathias Klapproth und Jürgen Peters. Bernd Simon – ein versierter Schrauber – und Ingbert Czierpka fuhren die beiden Begleit-T4, mussten sich aber mit keinerlei Pannen herumplagen. Nur einmal musste der Ölfilter gewechselt werden…*

Unser ‚Samtpfötchen', Jürgen Peters (heute ehrenamtlich im Freundeskreis des AutoMuseums tätig), schaffte auf seinem Turn von Rom nach Kopenhagen Verbräuche deutlich unter dem Gesamtdurchschnitt. Michael Bauer brach auf der Australien-Etappe mit unter 2 L/100 km alle Rekorde, weil er sich mehrfach den Windschatten der riesigen Roadtrains zunutze machte, – wobei weder der Reifen-Luftdruck unzulässig erhöht, noch zu aerodynamischen Provisorien wie angeklappten Spiegeln oder zugeklebten Fugen gegriffen wurde. Auch die Rücksitzbank war nicht herausgenommen worden, um Gewicht zu sparen. Selbst eine aufblasbare Lordosenstütze war zusätzlich installiert worden, um eine bequemere Sitzposition zu garantieren.

Manche Städte feierten uns wie Popstars: So fuhren wir mit einer Harley-Eskorte durch Dallas, durften – von Motorrad-Polzisten begleitet – durchs Brandenburger Tor rollen. Das Beste aber war der von Fans initiierte Lupo-Konvoi mit 124 knallbunten Fahrzeugen. Mit ihnen zusammen rollte das Rekordteam nach 33.333 km zum Ziel in die Autostadt. Dort empfing uns Martin Winterkorn, damals Entwicklungsvorstand Volkswagen. Der Durchschnittsverbrauch total lag bei 2,38 L/100 km, insgesamt 1.000 Liter Diesel sind verbrannt worden.

Posieren vor dem Bandenburger Tor nach der Durchfahrt via Sondergenehmigung. Von hier aus ging es direkt nach Paris.
Foto: Volkswagen

Mit zwei T4-Begleitfahrzeugen wurden Techniker und Ersatzfahrer transportiert, hier in den USA, als die Hälfte der Strecke realisiert war.
Foto: Volkswagen

Rekordauto in San Francisco.
Foto: Volkswagen

11. OLDIE NIGHT
Boney M.
Dozy, Beaky, Mick & Tich
Ohio Express
Chris Andrews & Band
Hound Dogs

Wolfsburger Allgemeine
Fallersleber Zeitung
Vorsfelder Zeitung

Heute im Lokalteil
Mondo-Club: Kommt Fury nach Wolfsburg?
Populäre Rockband als Top-Act gehandelt

Freitag, 4. August 2000 — WAZ — Nr. 180 • 31. Woche • Preis 1,30 DM

KURZNACHRICHTEN

Mehr tödliche Kinderunfälle
Im vergangenen Jahr sind mehr Kinder auf den Straßen getötet worden als im Jahr zuvor. Die meisten Kinder starben als Mitfahrer in Autos. dpa

Deutsche Bank mit Rekord
Die Deutsche Bank hat im ersten Halbjahr ein Rekordergebnis erzielt und plant den Aufbau einer europäischen Filialbank. Mit rund 3,78 Milliarden Euro (7,5 Mrd. Mark) konnte der Branchenprimus in den ersten sechs Monaten den Konzerngewinn nach Steuern mehr als verdoppeln. dpa/hoen

Baan vor Auflösung
Der Baan-Mehrheitsaktionär Invensys will das niederländische Software-Unternehmen auflösen. Der britische Elektronikkonzern hat nach eigenen Angaben 72

Rekord-Lupo: Korso und großer Empfang in der Autostadt
Großer Bahnhof für einen Wolfsburger Weltenbummler, der gestern heimkehrte: Der Drei-Liter-Lupo, der in 80 Tagen 33.333 Kilometer durch fünf Kontinente fuhr, stellte bei seiner Tour einen neuen Rekord auf. Durchschnittlich verbrauchte der sparsame Flitzer nur 2,38 Liter auf 100 Kilometern. 124 Lupo-Fahrer begleiteten in einem Korso das Rekord-Auto auf den letzten Metern in die Autostadt. Dort gab es einen großen Empfang. Photowerk (mv)

USA sperren sich gegen Klimaschutz
Washington (ap). Die USA wollen sich bei der Reduzierung der Kohlendioxid-Emissionen ihre Wald-, Feld- und Wiesenflächen anrechnen lassen. Das Außenministerium begründete das in einem neuen Bericht damit, dass diese Flächen jährlich 310 Millionen Tonnen Kohlendioxid absorbierten und damit fast für die Hälfte der Schadstoffreduzierung sorgten, die nach dem internationalen Klimaschutzabkommen zwischen 2008 und 2012 von den USA zu leisten sind.
Die Umsetzung des Abkommens von Kyoto ist auch ein Thema im beginnenden Präsidentenwahlkampf in den USA. Der republikanische Kandidat George W. Bush lehnt es als zu kostspielig und belastend für die Industrie ab.

Nach 80 Tagen wieder glücklich im Ziel in Wolfsburg.
Foto: WAZ

Heute befindet sich das Rekordfahrzeug in der Sammlung der damals frisch eröffneten Wolfsburger Autostadt, während der zweite Wagen jahrelang im FE-Gelände verstaubte. Leider gab es keine Möglichkeit für Mitglieder unseres Teams, das Ersatzauto privat zu erwerben. Vergleicht man die gelungene Perfomance des Lupo 3L TDI mit dem, was heute verlangt wird, gibt es nur einen Schluss: Der Wagen kam ein Dutzend Jahre zu zeitig auf den Markt.«

Schlusswort

Von Michael Willmann

In den 30 Jahren, über die wir hier berichtet haben, wurden unsere und die Dieselmotoren unserer Wettbewerber in einem nicht geahnten Ausmaß weiterentwickelt. Trotz des Hin und Her in der Politik konnten alle Ziele erreicht werden. Dazu wurde die Technik, vor allem die Einspritzung, Aufladung und die Triebwerksmechanik ständig weiterentwickelt. Die folgenden Diagramme zeigen die Entwicklung wichtiger Motor-Kennwerte.

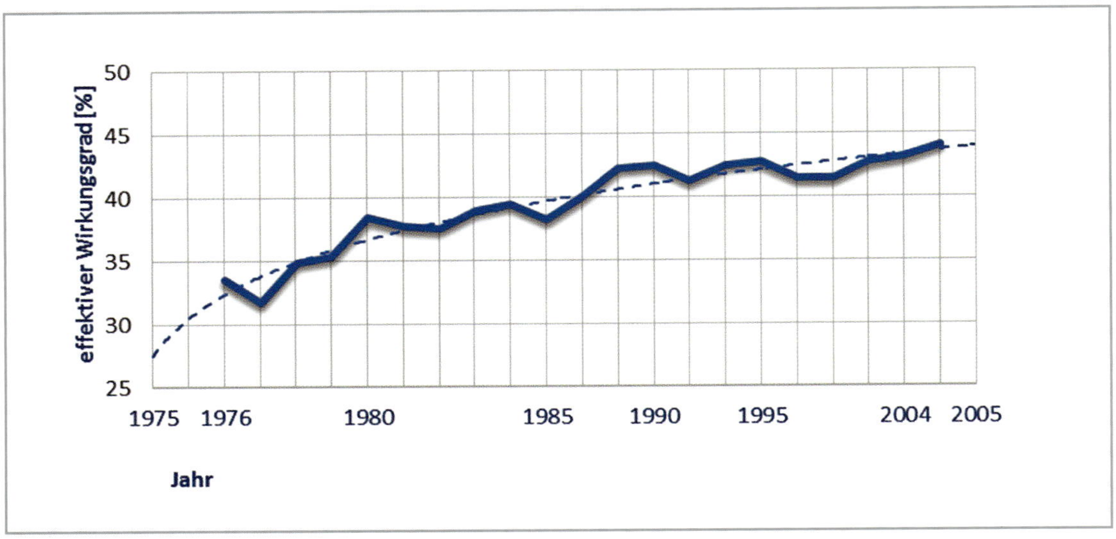

Die Entwicklung des effektiven Wirkungsgrads über der Zeit wurde bestimmt durch Technologie-Sprünge: vom Saugmotor zur Aufladung, von Wirbelkammer zur Direkteinspritzung und von der Verteilerpumpe zur Pumpe-Düse. Jede Verschärfung der Abgasgrenzwerte forderte Maßnahmen am Arbeitsverfahren und der Abgasnachbehandlung, um die negativen Folgen für den Wirkungsgrad zu kompensieren. Diagramm: Willmann/Scher

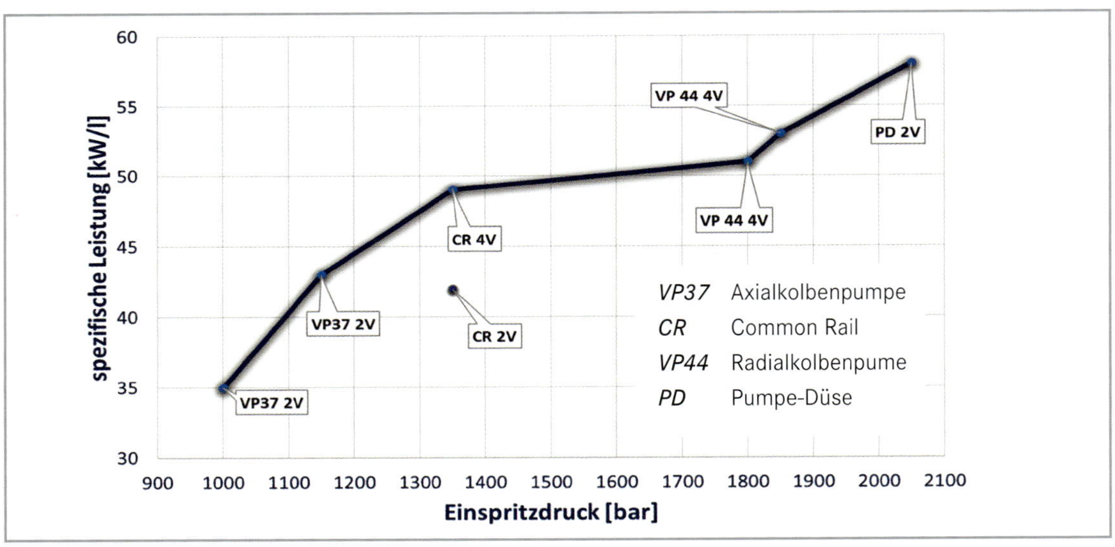

Entwicklung des Einspritzdrucks und sein Einfluss auf die spezifische Leistung bei direkteinspritzenden Dieselmotoren unseres Konzerns im Zeitraum 1993 bis 2000. Diagramm: Willmann/Scher

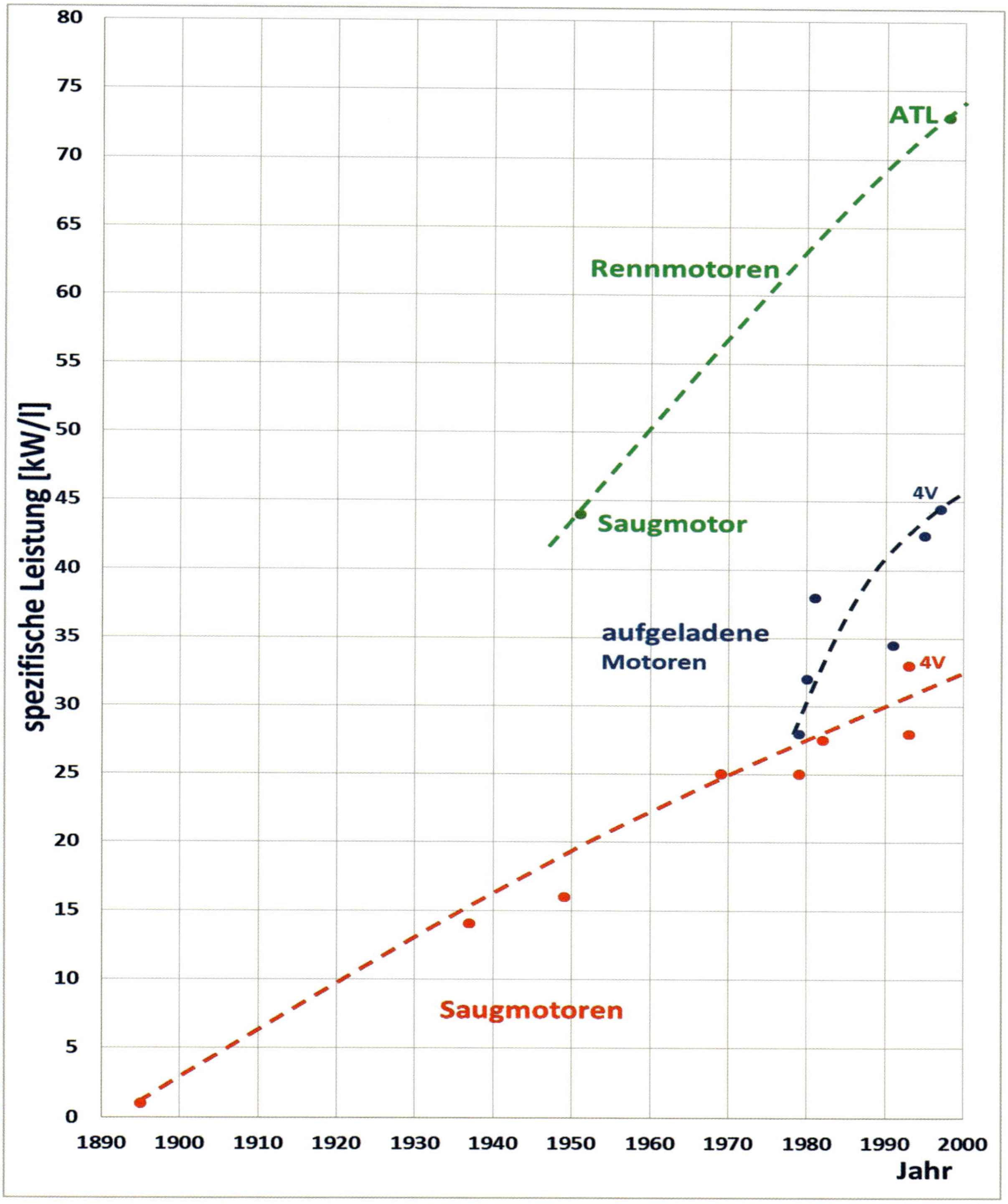

Die Entwicklung der spezifischen Leistung von den Anfängen Rudolf Diesels bis etwa ins Jahr 2000. Mit der Aufladung kamen die Diesel-Motoren den Benzinern sehr nahe. Die Rennmotoren waren Vorreiter für die Serie. Diagramm: Willmann/Scher

Mit unseren TDI-Motoren haben wir weltweit die Führung bei PKW-Diesel-Motoren übernommen. Der Wettbewerb hing einige Jahre hinterher. Ein »Opelaner« soll gesagt haben: *»Die bei VW haben die Latte sehr hoch gehängt.«* Betrachten wir die CO_2-Emissionen realistisch, von der Rohstoffgewinnung über die Nutzungsphase bis zum Recycling, dann kann dem Diesel-Personenwagen mit dem Einsatz von nachhaltigem Kraftstoff auch über 2035 hinaus neben dem Elektro-Auto noch eine lange Zukunft vorausgesagt werden, besonders bei Einbeziehung der Bestandsflotte.

WEITERE INTERESSANTE BÜCHER ZUM THEMA

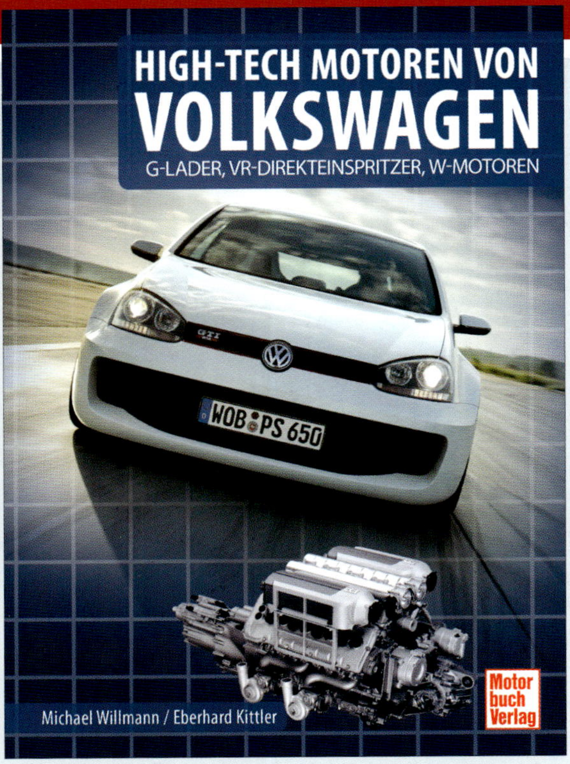

Der Wechsel von den luftgekühlten Boxer-Motoren hin zu wassergekühlten Vierzylinder-Reihenmotoren Anfang der 1970er markierte für VW den Beginn einer Technik-Offensive. Michael Willmann und Eberhard Kittler widmen sich zusammen mit zahlreichen Zeitzeugen akribisch dem nächsten Kapitel der Volkswagen-Erfolgsgeschichte. Sie beschreiben die wichtigsten Entwicklungen aus 30 Jahren der Hightech-Benziner: G-Lader, Direkteinspritzer, VR- und W-Motoren vom Golf 1 GTI RV6 bis zum Bugatti Chiron 8.0 W16. Ihr Buch besticht durch sensationelles Bildmaterial und eine Detail- und Faktenfülle sowie bisher unveröffentlichtes Hintergrundwissen der seinerzeit verantwortlichen Techniker und Motoren-Entwickler. Herausgeber Michael Willmann war leitender Motorenentwickler und ab 1987 verantwortlich für den G-Lader. Mit-Herausgeber Eberhard Kittler war bis 2020 Leiter der Stiftung AutoMuseum Volkswagen.

240 Seiten, 300 Abb., 210x280 mm
ISBN 978-3-613-04428-9
€ 29,90 | € (A) 30,80

Das Standardwerk von H. W. Bönsch! Dieser Klassiker der Motor-Literatur erklärt umfassend und ausführlich die Funktionsweise des Zweitaktmotors. Für Einsteiger und Fachleute gleichermaßen, werden hier die technischen Grundlagen detailliert gezeigt.

211 Seiten, 167 Abb., 170x240 mm
ISBN 978-3-613-03940-7
€ 39,90 | € (A) 41,10

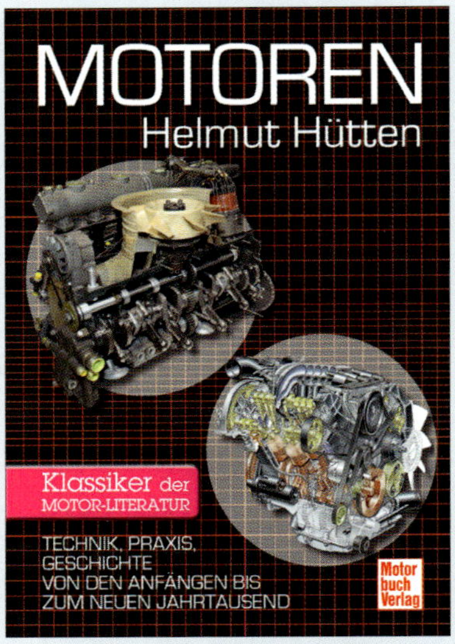

Dieser lange vergriffene Klassiker macht wie kaum ein anderes Buch Motoren verständlich - und zwar auf den Grundlagen der Naturgesetze und der historischen Entwicklung.

488 Seiten, 600 Abb., 170x240 mm
ISBN 978-3-613-02893-7
€ 49,90 | € (A) 51,30

Leseproben zu allen Titeln
auf unserer Internetseite

Stand Februar 2025
Änderungen in Preis und Lieferfähigkeit vorbehalten.

Überall, wo es Bücher gibt, oder unter
WWW.MOTORBUCH-VERSAND.DE
Service-Hotline: 0711 / 78 99 21 51

Motor buch Verlag

www.facebook.com/MotorbuchVerlag